學習方法 系列

如何有效率地準備並順利上榜，學習方法正是關鍵！

榮登金石堂暢銷排行榜

—— 連三金榜 黃禕 ——

三次上榜的國考達人經驗分享！
運用邏輯記憶訓練，教你背得有效率！
記得快也記得牢，從方法變成心法！

作者線上分享

網路書店

作者在投入國考的初期也曾遭遇過書中所提到類似的問題，因此在第一次上榜後積極投入記憶術的研究，並自創一套完整且適用於國考的記憶術架構，此後憑藉這套記憶術架構，在不被看好的情況下先後考取司法特考監所管理員及移民特考三等，印證這套記憶術的實用性。期待透過此書，能幫助同樣面臨記憶困擾的國考生早日金榜題名。

最強校長 謝龍卿

榮登博客來暢銷榜

作者線上分享

經驗分享＋考題破解
帶你讀懂考題的know-how!

open your mind！
讓大腦全面啟動，做你的防彈少年！

108課綱是什麼？考題怎麼出？試要怎麼考？書中針對學測、統測、分科測驗做統整與歸納。並包括大學入學管道介紹、課內外學習資源應用、專題研究技巧、自主學習方法，以及學習歷程檔案製作等。書籍內容編寫的目的主要是幫助中學階段後期的學生與家長，涵蓋普高、技高、綜高與單高。也非常適合國中學生超前學習、五專學生自修之用，或是學校老師與社會賢達了解中學階段學習內容與政策變化的參考。

中鋼新進人員甄試

一、**報名日期：**預計6月。（正確日期以正式公告為準）

二、**考試日期：**預計7月。（正確日期以正式公告為準）

三、**報名資格：**

(一)師級：教育行政主管機關認可之大學（含）以上學校畢業，具有學士以上學位者。

(二)員級：教育行政主管機關認可之高職、高中（含）以上學校畢業，具相關證照者尤佳。

* 為適才適所，具碩士（含）以上學位者，請報考師級職位，如有隱匿學歷報考員級職位者，經查獲則不予錄用。

四、**甄試方式：**

各類組人員之甄試分二階段舉行：

(一)初試（筆試）：分「共同科目」及「專業科目」兩科，均為測驗題（題型為單選題或複選題），採2B鉛筆劃記答案卡方式作答。

　　1.共同科目：含國文（佔40%）、英文（佔60%），佔初試（筆試）之成績為30%。

　　2.專業科目：依各類組需要合併數個專業科目為一科，佔初試（筆試）之成績為70，有關各類組之專業科目，請參閱甄試職位類別之應考專業科目說明。

(二)複試（口試）：依應考人員初試（筆試）成績排序，按各類組（以代碼區分）預定錄取名額至少2倍人數，通知參加複試。

五、**甄試類別、各類組錄取名額、測驗科目如下：**

(一)師級職位：

類組	專業科目
機械	1.固力學及熱力學、2.流體力學、3.金屬材料與機械製造
電機	1.電路學及電子電路、2.電力系統及電機機械、3.控制系統

類組	專業科目
材料	1.物理冶金、2.熱力學
工業工程	1.工程經濟及效益評估、2.生產管理、3.統計及作業研究
資訊工程	1.程式設計、2.資料庫系統 3.資訊網路工程、4.計算機結構
財務會計	1.會計學、2.稅務法規、3.財務管理
人力資源	1.人力資源管理、2.勞動法規

(二)員級職位：

類組	專業科目
機械	1.機械概論、2. 機械製造與識圖
電機	1.電工及電子學、2.數位系統、3.電工機械
化工	1.化工基本概論、2.化學分析

六、進用待遇

(一)基本薪給：師級 NT$40,000 元/月；員級 NT$30,000 元/月。

(二)中鋼公司福利制度完善，每年並另視營運獲利情況及員工績效表現核發獎金等。

～以上資訊請以正式簡章公告為準～

千華數位文化股份有限公司
新北市中和區中山路三段136巷10弄17號
TEL: 02-22289070　FAX: 02-22289076

台灣電力(股)公司新進僱用人員甄試

壹、報名資訊

一、報名日期：2024.01.02～2024.01.15。

二、報名學歷資格：公立或立案之私立高中（職）畢業。

完整考試資訊

http://goo.gl/GFbwSu

貳、考試資訊

一、筆試日期：2024.05.12。

二、考試科目：

(一) 共同科目：國文為測驗式試題及寫作一篇，英文採測驗式試題。

(二) 專業科目：專業科目A採測驗式試題；專業科目B採非測驗式試題。

類別		專業科目
1.配電線路維護	國文(10%) 英文(10%)	A：物理(30%)、B：基本電學(50%)
2.輸電線路維護		A：輸配電學(30%) B：基本電學(50%)
3.輸電線路工程		
4.變電設備維護		
5.變電工程		
6.電機運轉維護		A：電工機械(40%) B：基本電學(40%)
7.電機修護		
8.儀電運轉維護		A：電子學(40%)、B：基本電學(40%)
9.機械運轉維護		A：物理(30%)、 B：機械原理(50%)
10.機械修護		
11.土木工程		A：工程力學概要(30%) B：測量、土木、建築工程概要(50%)
12.輸電土建工程		
13.輸電土建勘測		
14.起重技術		A：物理(30%)、B：機械及起重常識(50%)
15.電銲技術		A：物理(30%)、B：機械及電銲常識(50%)
16.化學		A：環境科學概論(30%) B：化學(50%)
17.保健物理		A：物理(30%)、B：化學(50%)
18.綜合行政類	國文(20%) 英文(20%)	A：行政學概要、法律常識(30%)、 B：企業管理概論(30%)
19.會計類	國文(10%) 英文(10%)	A：會計審計法規(含預算法、會計法、決算法與審計法)、採購法概要(30%)、 B：會計學概要(50%)

詳細資訊以正式簡章為準

台灣中油雇用人員甄選

壹 報名資訊

一、報名期間：113年（正確日期以簡章公告為準）。

二、測驗日期：第一試（筆試）：113年（正確日期以簡章公告為準）。

第二試（口試\現場測試）：113年（正確日期以簡章公告為準）。

三、資格條件：

(一)國籍：具有中華民國國籍者，且不得兼具外國國籍。

(二)年齡、性別、兵役：不限。

(三)學歷：具有下列資格之一者：

1.公立或立案之私立高中（職）畢業。

2.高中（職）補習學校結業並經資格考試及格。

3.士官學校結業比敘高中、高級職業學校或高級中學以上畢業程度之學力鑑定考試及格。

4.五年制專科學校四年級肄業或二專以上學校肄業。

5.具有大專畢業以上學歷均准予報考。

貳 甄選類別及甄選方式

所有類別均分筆試及口試/現場測試。（除「事務類」僅考口試外，其餘類組均須參加口試及現場測試。）

一、共同科目佔第一試（筆試）成績30%，專業科目佔第一試（筆試）成績70%。

二、共同科目：國文、英文。

三、以下分別為甄試類別及應試專業科目

類別	考試科目
煉製類	理化、化工裝置
機械類	機械常識、機械力學
儀電類	1.電工原理、2.電子概論
電氣類	1.電工原理、2.電機機械
電機類	1.電工原理、2.電機機械
土木類	土木施工學、測量概要
安環類	理化、化工裝置
公用事業輸氣類	1.電腦常識、2.機械常識、3.電機常識
油料操作類	1.電腦常識、2.機械常識、3.電機常識
天然氣操作類	1.電腦常識、2.機械常識、3.電機常識
航空加油類	1.汽車學概論、2.機械常識
油罐汽車駕駛員	1.汽車學概論、2.機械常識
探採鑽井類	1.電工原理、2.機械常識
車輛修護類	1.汽車學概論、2.電子概論、3.機械常識
事務類（1、2）	1.會計學概要、2.企管概論
消防類	1.火災學概要、2.消防法規【消防法及其施行細則、各類場所消防安全設備設置標準〈第一篇至第五篇〉】
加油站儲備幹部類	1.電腦常識、2.電機機械、3.工安環保法規及加油站設置相關法規【職業安全衛生法、土壤及地下水污染整治法及施行細則、地下儲槽系統防止污染地下水體設施及監測設備設置管理辦法、石油管理法、加油站設置管理規則、加油站油氣回收設施管理辦法】
護理類	1.職業衛生護理、2.急診醫學、3.重症醫學

⊙詳細資訊請參照正式簡章

千華數位文化股份有限公司
新北市中和區中山路三段136巷10弄17號
TEL: 02-22289070　FAX: 02-22289076

千華影音函授

打破傳統學習模式，結合多元媒體元素，利用影片、聲音、動畫及文字，達到更有效的影音學習模式。

- 自我安排學習時段
- 循序漸進厚植實力
- 節省通勤時間
- 提升準備效率

課程品質
業界No.1

2014、2017 獲頒學習科技金質獎

自主學習彈性佳
- 時間、地點可依個人需求好選擇
- 個人化需求選取進修課程

補強教學效果好
- 獨立學習主題　・區塊化補強學習
- 一對一教師親臨教學

嶄新的影片設計
- 名師講解重點　　・簡單操作模式
- 趣味生動教學動畫　・圖像式重點學習

優質的售後服務
- FB粉絲團、Line@生活圈
- 專業客服專線

系統化學習流程

四大關鍵階段
學習安排，
突破國考重重難關！

- 04 STEP 考前衝刺期
- 01 STEP 實力養成期
- 02 STEP 專業強化期
- 03 STEP 能力檢驗期

超越傳統教材限制，
系統化學習進度安排。

推薦課程

- ■ 公職考試
- ■ 特種考試
- ■ 國民營考試
- ■ 教甄考試
- ■ 證照考試
- ■ 金融證照
- ■ 學習方法
- ■ 升學考試

影音函授包含：
- ・名師指定用書+板書筆記
- ・授課光碟・學習診斷測驗

頂尖名師精編紙本教材

超強編審團隊特邀頂尖名師編撰，
最適合學生自修、教師教學選用！

千華影音課程

超高畫質，清晰音效環
繞猶如教師親臨！

多元教育培訓
數位創新

現在考生們可以在「Line」、「Facebook」
粉絲團、「YouTube」三大平台上，搜尋【千
華數位文化】。即可獲得最新考訊、書
籍、電子書及線上線下課程。千華數位
文化精心打造數位學習生活圈，與考生
一同為備考加油！

面授

實戰面授課程

TTQS 銅牌獎

不定期規劃辦理各類超完美
考前衝刺班、密集班與猜題
班，完整的培訓系統，提供
多種好康講座陪您應戰！

遍布全國的經銷網絡

實體書店：全國各大書店通路

電子書城：
Google play、Hami 書城 …
Pube 電子書城

網路書店：
千華網路書店、博客來
MOMO 網路書店…

書籍及數位內容委製
服務方案

課程製作顧問服務、局部委外製
作、全課程委外製作，為單位與教
師打造最適切的課程樣貌，共創
1+1= 無限大的合作曝光機會！

多元服務專屬社群 @ f You Tube

千華官方網站、FB 公職證照粉絲團、Line@ 專屬服務、YouTube、
考情資訊、新書簡介、課程預覽，隨觸可及！

目 次

第八章 化學鍵 ☆☆☆☆☆

第九章 非金屬元素 ☆☆☆

第十章 金屬元素 ☆☆☆

第十一章 有機化合物 ☆☆☆☆

第十二章 化學與化工 ☆☆☆

第十三章 最新試題及解析

備戰守則

有些同學先天上便認定化學僅是一門強記死背的科目，考前背一背就可以應付，不似數學、物理需要先天之「聰明」。這是很有趣的心理，卻也很危險。這份對化學的誤解，使諸多學生都事倍功半、一知半解，往往導致痛苦學習的開始。

↘ 應有的心態

各科的讀書方法其實相通，市面上介紹讀書方法的書籍很多，但讀者的個性天資各不相同，未必一體適用。只要找到適合個人特性的讀書方法，加上持之以恆的努力，即可有良好的成效。不過，化學科最令學生畏懼的一點，就是記憶性的資料很多。有些學生遇到大量的化學式及方程式，意圖或被迫在極短的時間內死記死背，結果弄得興趣全失。而且光靠記憶還不足以解答化學考題，必須把記憶的內容靈活運用，才能正確解題，難怪有許多學生認為化學科很難。

↘ 大考趨勢

「考試領導教學」、「命題方式是考試的重心」是個不爭的事實。國內諸多化學科大考試題的命題趨向顯然已朝向：試題題材課本化、計算數據簡單化、試題生活化、注重實驗題材。近年來，各項大考化學試題不再艱澀刁鑽冷僻，難度大大降低，屬中間偏易。主要著重「觀念」的釐清與統整、「實驗」的瞭解與應用、「計算能力」的培養，強調「舉一反三」、「旁徵博引」及「融會貫通」，命題範圍原則上分配平均，符合「一綱」的精神，題材兼具理論性、生活化、跨領域性及科學新知，相關概念多為課本主要的觀念及其延伸。

(6) 備戰守則

↘ 應考準備方針

(一) 基本觀念之運用及概念原理之融會理解、釐清名詞定義定律。

(二) 著重閱讀、理解和推理能力。

(三) 著重實驗基本操作與原理。實驗題都相當靈活，貼近學生生活範疇，須注意儀器與試劑的處理能力、實驗原理、實驗結果資料之分析能力，因此不要抄襲報告，要能自行處理數據及製作圖表。

(四) 著重數據分析和圖表判讀。圖表數據多，但提供的圖表或資料已足夠，因此不須強記資料，只要理解圖表中的資料，配合學過的化學原理加以分析、推理，即可判斷出正確答案。

(五) 新課程「生活與科技」較不強調化學方程式的計算，對莫耳數的觀念亦著墨不多。

(六) 多涉及環保（尤其是水污染、空氣污染、溫室效應、廢電池、塑膠限用、核能、臭氧）、生態、時事、生活化、材料化學與科技結合（生化、奈米、資訊）的化學知識等題材。

(七) 不偏重任一單元，需全面性研讀。

↘ 本書特色

本書依照最新命題趨勢精編為十二個章節。每章皆有範例觀摩、重要試題演練、進階難題精粹，以強化應考能力；並搭配迷你實驗室，幫助考生應對實驗操作題型，及輔以圖表重點整理，建立完整概念。最後並收錄最新國民營試題及詳解，透過最新考題，將能助您掌握命題方向，輕鬆答題。

近年來的考試內容、題型和評價體系均發生了深刻的變化，但是對學生而言，考古題仍是最佳的參考依據，許多坊間模擬試題仍是明顯違背潮流卻不自知，往往等到大考一看到試題才恍然大悟，這種迷失了準備方向而加廣加深的試題，不知讓多少年輕學子的青春年華白費，殊為可惜。

第一章　原子結構與週期表 重要度 ★★★★

主題一　原子結構

(一)原子結構發展過程

1. 西元 1897 年湯木生（Joseph John Thomson，1856～1940）從陰極射線的實驗結果推定電子為原子所含的基本粒子。

2. 1911 年拉塞福（Ernest Rutherford，1871～1937）從 α 粒子的散射實驗，建立原子模型：原子是由帶正電的原子核與環繞原子核運動，帶負電的電子組成的。拉塞福並發現質子。

3. 1913 年莫士勒（Henry Moseley，1887～1915），從測量各元素的 X 射線光譜的波長，建立原子序概念，原子序並為原子核中的質子數。

4. 湯木生也使用質譜儀測量各元素原子的質量數，並發現元素的同位素。

5. 1932 年，英國的查兌克（James Chadwick，1891～1974）使用鐳所放射的 α 射線撞擊鈹原子核，獲得中子。$^{4}_{2}He + ^{9}_{4}Be \rightarrow ^{12}_{6}C + ^{1}_{0}n$ （中子是不帶電的粒子，其質量約等於質子的質量）

$$\bigstar \ 電子 \begin{cases} 荷質比(\dfrac{e}{m})=1.759\times10^{8}coul/g（湯木生測出）\\ 帶電量(e)=1.602\times10^{-19}coul（米立坎油滴實驗測出）\\ 質量(m)=9.11\times10^{-31}kg \end{cases}$$

(二)原子模型

$$原子 \begin{cases} 核外電子（占大部分體積）\rightarrow電子帶一單位負電（1.602\times10^{-19}\\ 庫侖），質量約為質子質量之\dfrac{1}{1840}。\\ 原子核（占大部分質量） \end{cases}$$

　　質子　帶一單位正電，質量 1.007825 a.m.u.／個。

　　中子　不帶電，質量 1.008665 a.m.u.／個。

1. 原子之大小：原子之直徑約為 10^{-10} m，而原子核直徑約為 $10^{-15} \sim 10^{-14}$ m。

2. 原子序：原子核中之質子數，即核電荷數。

3. 質量數：原子核中之質子數和中子數之和。

4. 同位素：原子核中的質子數相同而質量數不同（即中子數不同）者稱為同位素，其化性相同。

5. 中性原子：質子數=電子數。

6. 符號：$_{y}^{x}A_{b}^{z}$；x：質量數；y：原子序；z：離子電荷數（得失電子數）；
　b：原子個數；x－y：中子數。

7. 元素之原子量為該元素（同位素質量×含量百分率）之和。

8. 化學反應是價電子之獲得、失去或共用，原子核不變化。

範例觀摩 1

從米立坎油滴實驗中，觀察到的油滴電量有下列五種：
4.32×10^{-9}，3.84×10^{-9}，2.88×10^{-9}，1.44×10^{-9}，9.60×10^{-10} e.s.u.（**靜電單位**）。**若另一油滴之電量為** 5.76×10^{-9} e.s.u.，**則該油滴最少附有多少個電子？**
(A)12　(B)6　(C)4　(D)2。

解析　(A)。五種油滴電量之最大公約數為 0.48×10^{-9} e.s.u.（電子之帶電），
　　　　　而 5.76×10^{-9} e.s.u. 為 0.48×10^{-9} e.s.u. 之 12 倍，可知該油滴附有
　　　　　12 個電子。

範例觀摩 2　　重要觀念

鉛的密度 11.4 g/cm³，原子量 207，則：
(1)利用此資料求出鉛原子直徑約若干 Å？
(2)6×10^{-3} cm 厚度之鉛箔，約合若干個原子之厚度？
(3)以 α 粒子打擊此鉛箔，發現每 2×10^{4} 個 α 粒子中僅 1 個發生大角度之偏向，
則鉛原子核之直徑約若干 Å

解析　(1)3Å　(2)2×10^{5}　(3)5×10^{-5}Å

　　(1)原子直徑 $\fallingdotseq \sqrt[3]{\text{平均每原子占有體積}}$

$$\sqrt[3]{\frac{207/11.4}{6.02\times10^{23}}} \doteqdot 3 \times 10^{-8}（cm）= 3（Å）$$

(2) $\dfrac{6\times10^{-3}}{3\times10^{-8}} = 2 \times 10^{5}$

(3) 若以 α 粒子打擊 1 個原子厚度之鉛箔，則每 $2 \times 10^4 \times 2 \times 10^5 = 4 \times 10^9$ 個 α 粒子才能有 1 個產生大角度之偏向（從原子核邊緣通過，或撞上原子核），故其直徑或半徑比為：

原子核：原子＝$1 : \sqrt{4\times10^9} = 1 : 6.3 \times 10^4$

鉛原子核直徑＝$\dfrac{3}{6.3\times10^4} \doteqdot 5\times10^{-5}（Å）$

範例觀摩 3

M_3^{2+} 陽離子荷質比為 1.2×10^3 庫侖／克，試求 M 之原子量。

解析　53.6 g/mol。$\dfrac{2\times96500}{3x} = 1.2 \times 10^3$ ∴x = 53.6

範例觀摩 4

MnO_4^{2-} 中有電子 59 個，則 ^{55}Mn 核中有中子若干個？
(A)23　(B)25　(C)27　(D)30。

解析　(D)。MnO_4^{2-} 電子 59 個，MnO_4^{-} 電子 57 個，4 個氧有電子 32 個，故 Mn 電子有 25 個即原子序 25，故中子 30 個。

範例觀摩 5　

有關拉塞福原子核存在實驗的下列敘述，何者正確？　(A)拉塞福以 β 粒子撞擊金屬箔　(B)拉塞福發現大部分用來撞擊的粒子皆透過金屬箔，只有少數被反彈回來　(C)拉塞福的實驗顯示出湯木生的原子模型和實驗結果不合　(D)拉塞福的實驗證實原子核是帶正電，並且是原子大部分質量之集中所在　(E)拉塞福的實驗證實了中子的存在。

解析　(B)(C)(D)。(A)拉塞福以 α 粒子撞擊金屬箔。(E)拉塞福的實驗證實了原子核的存在。

範例觀摩 6

鉀同位素之原子量如下：

同位素	質量	單位
^{39}K	38.9637	a.m.u
^{40}K	39.974	a.m.u.
^{41}K	40.974	a.m.u.

依鉀元素的質譜（如右圖），
可求得鉀元素的平均原子量若干 a.m.u.？

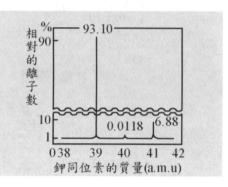

解析 39.098 a.m.u.。

鉀之平均原子量為
38.9637 × 0.931 + 39.974 × 0.000118 + 40.974 × 0.0688
= 39.098（a.m.u.）。

主題二　電子組態

(一)光的二重性 $\begin{cases} \text{波動性：C=}\lambda\text{f 說明光的繞射、干涉現象} \\ \text{粒子性：E=hf 說明光電效應、原子光譜} \end{cases}$

1. 光的波動性：

(1) 光是一種電磁波，其波長（λ）、頻率（f）、光速（c）有下列關係：

$c = \lambda \cdot f$，f 單位為 $\frac{1}{秒}$ 或赫，光速和波長之單位要搭配，

$c = 3 \times 10^8$ m／秒，$1\ m = 10^2\ cm = 10^9\ nm = 10^{10} Å$。

(2) 全電磁光譜：

無線電波→微波→雷達波→紅外線→可見光→紫外線→X 射線→γ 射線。（依頻率小→大次序排列）

(3) 可見光之波長：400 nm～750nm

可見光頻率：7.5×10^{14}～4.0×10^{14} 週／秒。

(4) 物質反射可見光才能顯示顏色。

2. 光的粒子說：

(1) 光子能量和頻率成正比，和波長成反比。

(2) $E = hf = h \cdot \dfrac{c}{\lambda}$（E 和 h 之單位要配合，c、λ 單位要配合）

$E = J／個$，$h = 6.62 \times 10^{-34} J \cdot sec／個$（普朗克常數）

$E = kcal/mol$，$h = 9.52 \times 10^{-14} kcal \cdot sec/mol$

(二)氫原子光譜

1. 明線光譜：

(1) 僅含某些特殊頻率的光，一群在紫外線光區，一群在可見光區，另有數群在紅外線光區。

(2) 同群內頻率愈大，線條之間隔愈小。

2. $E = R \cdot \left(\dfrac{1}{n_1^2} - \dfrac{1}{n_2^2} \right)$，R 為雷得保常數，即 H 原子之游離能，R 和 E 之單位要相同。

$R = 1312 kJ/mol$ 或 $2.18 \times 10^{-18} J／個$

$f = R \cdot \left(\dfrac{1}{n_1^2} - \dfrac{1}{n_2^2} \right)$，$R = 3.29 \times 10^{15} \dfrac{1}{秒}$（$E = hf$，$f = \dfrac{E}{h}$ 求得）

紫外光區 $n_1 = 1$，$n_2 = 2$，3，4……∞　（來曼線系）

可見光區 $n_1 = 2$，$n_2 = 3$，4，5……∞　（巴耳麥線系）

(三)氫原子能階

1. 由氫光譜之明線光譜推出。

2. $E_n = -\dfrac{R}{n^2}$（R 為雷得保常數）

3. 和氫光譜之解釋。（見下頁圖）

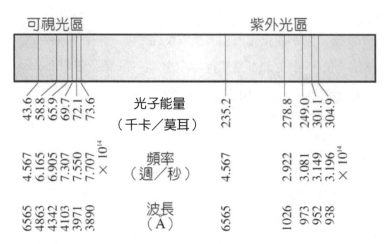

可視光區						光子能量 （千卡／莫耳）	紫外光區				
43.6	58.8	65.9	69.7	72.1	73.6	光子能量 （千卡／莫耳）	235.2	278.8	249.0	301.1	304.9
4.567	6.165	6.905	7.307	7.550	7.707 $\times 10^{14}$	頻率 （週／秒）	4.567	2.922	3.081	3.149	3.196 $\times 10^{14}$
6565	4863	4342	4103	3971	3890	波長 （A）	6565	1026	973	952	938

4. 對氫光譜之解釋：

　　(1)低能階之氫原子接受能量被激發到高能階。

　　(2)當又返回低能階時，減少之能量以光之形式放出。

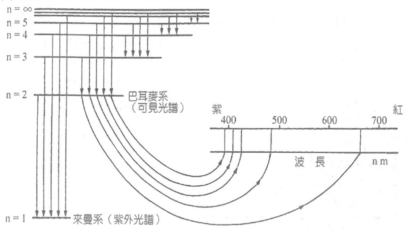

(四) 電子組態

　1. 量子力學：描述電子的波動性及原子內能量的量子化，它的貢獻是：

　　(1)可預測空間某點出現電子之機率，但不能指出電子運動之確實途徑。

　　(2)能指出氫原子之 n 能階有 n^2 個軌域，且同一 n 值之各軌域能量相同。

(3) 能導出 $E_n = \dfrac{-R}{n^2}$（對氫原子）

$E_n = -\dfrac{R}{n^2} \times Z^2$（對質子數為 Z 之單電子離子）

2. 量子數：用來標記原子定常狀態之整數，分為四種：

(1) 主量子數（n）：代表軌域之能階。

n＝1、2、3、4、5、……∞，或以 K、L、M、N、O 表示。

(2) 角量子數（ℓ）：代表每一主層中各軌域之形狀（即副層種類）。

ℓ＝0，1，2，…（n−1）為止。

ℓ	0	1	2	3	4
符號	s	p	d	f	g
個數	1	3	5	7	9
形狀	球形	啞鈴形			

(3) 磁量子數（m）：代表軌域電子雲集中之方向，m 值僅為 ±ℓ 間之整數及零。

(4) 旋轉量子數（s）：用來表示電子自轉的方向，有 s＝±1/2 兩種，即每一個軌域最多可容納二個電子且自轉方向相反。（包力不相容原理）

3.各電子軌域的電子數：

主　　　　　　　層(n)	1	2		3			4			
副　　　　　　　層	s	s	p	s	p	d	s	p	d	f
可容納的最多電子數	2	2	6	2	6	10	2	6	10	14
各主層最多電子數	2	8		18			32			

4. 氫原子能階、軌域→由 n 值決定能量高低，同一 n 值之 n^2 個軌域能量均相同。

5. 多電子原子之能階軌域→由 n+ℓ 值決定能量高低。

(1)n+ℓ 值大者能量高。(2)n+ℓ 值相同時，n 大者能量高。

6. 電子進入各軌域之原則：

(1) 由較低能階到較高能階的順序進入軌域。

(2) 罕德定則（Hund's rule）：數個電子要進入同能階的同型軌域（如 $2p_x$、$2p_y$、$2p_z$）時電子先分別進入不同方位的軌域而不成對，等各軌域均有一個電子時，才允許自轉方向相反之電子進入而成對。

(3) 包力不相容原理（Pauli exclusion principle）：任一軌域內最多填入兩個電子，且在同一軌域內的兩個電子自轉方向必相反。

範例觀摩 1

假設植物行光合作用時吸收波長為 600 nm 之光，合成 36.0 克之葡萄糖須吸收此光子若干莫耳？（合成 1 莫耳 $C_6H_{12}O_6$ 須 673kcal 之能量） (A)0.283 (B)0.351 (C)0.372 (D)0.415 莫耳。

解析 (A)。$E = 9.52 \times 10^{-14} \times \dfrac{3 \times 10^{17}}{600} = 47.6$（kcal/mol）

$47.6 \times x = 673 \times \dfrac{36.0}{180}$ ∴$x = 2.83$（mol）

範例觀摩 2

欲使 Cl_2 之化學鍵斷裂，所需光之波長為何？（Cl_2 之解離熱 240 kJ/mol）
(A)4960Å (B)7260Å (C)6820Å (D)5140Å。

解析 (A)。$240 = 9.52 \times 10^{-14} \times 4.2$（熱功當量，焦耳一卡的轉換）$\times \dfrac{3 \times 10^{18}}{\lambda}$

∴ $\lambda = 4960$ Å

範例觀摩 3

氫原子可見光區中第一條線光譜之波長與第二條線光譜之波長比值為何者？
(A)20：27 (B)27：20 (C)1：3 (D)3：1。

解析 (B)。$h \cdot \dfrac{c}{\lambda_1} = R \cdot \left(\dfrac{1}{4} - \dfrac{1}{9} \right)$ $h \cdot \dfrac{c}{\lambda_2} = R \cdot \left(\dfrac{1}{4} - \dfrac{1}{16} \right)$

∴ $\lambda_1 : \lambda_2 = 27 : 20$

範例觀摩 4　重要觀念

氫原子光譜中，紫外光區第一條線、第二條線，可見光區第一條線，波長分別為 λ_1、λ_2、λ_3，頻率分別為 f_1、f_2、f_3，能量分別為 E_1、E_2、E_3，則下列關係何者有誤？　(A)$E_1 + E_3 = E_2$　(B)$f_1 + f_3 = f_2$　(C)$\lambda_1 + \lambda_3 = \lambda_2$　(D)$E_2 - E_3 > E_2 - E_1$。

解析　(C)。故 $E_2 = E_1 + E_3$　$f_2 = f_1 + f_3$　$\dfrac{1}{\lambda_2} = \dfrac{1}{\lambda_1} + \dfrac{1}{\lambda_3}$

範例觀摩 5　必會！

$5g$、$8s$、$7p$、$5f$、$6p$、$7s$ 把各軌域依能階高低排列。

(1)對氫原子而言。　(2)對多電子原子而言。

解析　(1)$8s > 7p = 7s > 6p > 5g = 5f$　(2)$5g > 8s > 7p > 5f > 7s > 6p$

範例觀摩 6

寫出電子組態（中性氣態之基底狀態）：

(A)Br　(B)F^-　(C)Cu　(D)Fe^{3+}　(E)Al^{3+}。

解析　(A)$1s^2 2s^2 2p^6 3s^2 3p^6 3d^{10} 4s^2 4p^5$　(B)$1s^2 2s^2 sp^6$　(C)$1s^2 2s^2 2p^6 3s^2 3p^6 3d^{10} 4s^1$
(D)$1s^2 2s^2 3p^6 3s^2 3p^6 3d^5$　(E)$1s^2 2s^2 sp^6$

範例觀摩 7

以下的電子組態，何者屬於激發狀態？

(A)$1s^2 2s^1 2p^1$　(B)$1s^2 2s^2 sp^6$　(C)$1s^1 3d^1$　(D)$1s^2 2s^2 2p^6 3s^2$　(E)$1s^2 2s^1$。

解析　(A)(C)。依電子組態三原則所寫出者為氣態原子之基態電子組態，否則為激發狀態。(A)$1s^2 2s^2$ 為基態，故 $1s^2 2s^1 2p^1$ 為激發態。

範例觀摩 8

若氫原子之電子由 2s 軌域升到 4p 軌域，則吸收光之波長若干？（蒲朗克常數：9.52×10^{-14} 千卡－秒／莫耳，雷得保常數：313.6 kcal/mol）　(A)4750　(B)4815　(C)4860　(D)5120　埃。

解析 (C)。$\dfrac{3 \times 10^{18}}{f} = \dfrac{313.6}{9.52 \times 10^{-14}} \left(\dfrac{1}{4} - \dfrac{1}{16} \right)$　∴所求 $\lambda = 4860(\text{Å})$

(五)游離能、電子親和力、電負度

1. 游離能：由氣態原子移去被束縛最鬆之電子所需的能量稱為游離能。

　氣態原子+能量→氣態離子+游離電子

　例：$Na_{(g)} + 496\ kJ \rightarrow Na^{+}_{(g)} + e^{-}_{(g)}$　移去 Na 之 $3s^1$ 電子

　　$\Delta H = 496\ kJ$ 為鈉之第一游離能以 E_1 表示

　　$Na^{+}_{(g)} + 4563kJ \rightarrow Na^{2+}_{(g)} + e^{-}$　移去 Na 之 $2p^6$ 電子

　　$\Delta H = 4563kJ$ 為 Na^{+} 之游離能也是鈉之第二游離能以 E_2 表示

(1)影響游離能大小之因素：

　A.電子所在軌域能階愈高，游離能愈小。

　B.原子核之正電荷愈大，游離能愈大。

　C.電子數愈多時，游離能愈小。

(2)游離能大小之比較：

　A.同一族的元素，其游離能由上而下漸減。

　B.同一週期之 A 族元素，游離能（E_1）由左至右作大→小排列（如下圖）。

　C.同一元素之 $E_1 < E_2 < E_3$……。

　D.同電子組態之不同粒子：核電荷大者，對電子吸引力大，其游離能較大。

　E.金屬之第一游離能一般上小於非金屬。

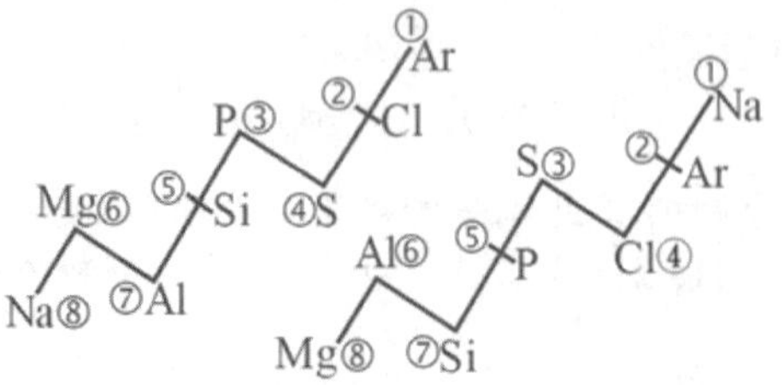

(3)游離能與價電子：

 A.價電子（valence electrons）：價電子即受原子核束縛最鬆的電子，故 n 個價電子之元素，其 E_n 和 E_{n+1} 之值相差特別大。價電子數決定原子的化性，同族元素的價電子數相同，故化性也相似。

 B. 價軌域（valence orbitals）：價電子所占用之軌域及能量與價電子占用軌域接近的空軌域均稱為價軌域。

 C. A 族元素：價電子數= ns + np 電子總數=行數

  過渡元素：價電子數= ns +(n－1)d 電子總數，不一定和行數相同。

2. 電子親和力：氣態原子獲得電子成帶負電的離子時的能量變化，稱為電子親和力（electron affinity），可以右式表示：$e^- + A_{(g)} \rightarrow A^-_{(g)}$

通常是放出能量的過程，所以電子親和力一般都是負值。但是鈍氣為正值（如 ΔH_{He} = +54kJ/mol），Be、Mg、N 等也是正值（吸熱）。電子親和力（放熱值）以 Cl 最大。鹵素中 Cl > F > Br > I。

3. 電負度：分子內，其成分原子對共用電子的吸引力用電負度（electron negativity）表示。

(1) 電負度之來源：化學家包力（Linus Pauling）根據化學鍵強度導出電負度標，以氟原子的電負度最大，定為 4，其他元素原子的電負度為與氟為 4 之比較值。電負度值愈大者，該原子對共用電子的吸引力愈大。

(2) 電負度之變化趨勢：一般而言，高游離能且電子親和力大的元素，有較高的電負度，同列元素電負度由左至右漸增，同行元素，由上至下遞減。氫的電負度介於金屬和非金屬之間。

範例觀摩 9

設有三元素 X、Y 及 Z，其電子組態及第一、二、第三游離能之代表符號，列於下表中，則各游離能之數值大小關係，何者正確？　(A)$E_1(x)$ > $E_2(x)$　(B)$E_1(y)$ > $E_1(x)$　(C)$E_2(y)$ > $E_2(x)$　(D)$E_3(x)$ > $E_3(z)$　(E)$E_2(x)$ > $E_2(z)$。

元素	電子組態	第一游離能	第二游離能	第三游離能
X	$1s^2 2s^2 2p^6 3s^1$	$E_1(x)$	$E_2(x)$	$E_3(x)$
Y	$1s^2 2s^2 2p^6 3s^2$	$E_1(y)$	$E_2(y)$	$E_3(y)$
Z	$1s^2 2s^2 3p^6 3s^2 3p^1$	$E_1(z)$	$E_2(z)$	$E_3(z)$

解析 (B)(D)(E)。比較方式：先看離子電荷是否同級游離能。
若同：(1)由上而下，游離能變小。
(2)由左而右，鋸齒狀增加，若為 E_2，則往前移一位，而最低移到最高位，若為 E_3，則再移一次。
若異：(1)同一元素電子多者游離能小或 $E_1 < E_2 < E_3$……。
(2)同一電子數，原子序大者游離能大。

範例觀摩 10

下列何種原子的電子親和力（千焦／莫耳）為負值（即原子獲得一個電子時，可放出能量）？ (A)H (B)He (C)Be (D)C (E)N。

解析 (A)(D)。中性氣態原子獲取一個電子時，一般為放熱，但 ⅡA、鈍氣及氮為吸熱，又氣態陰離子再得電子也是吸熱。

範例觀摩 11

有關鈉與氯的游離能和電子親和力，下列敘述何者正確？ (A)$Na_{(g)} + e^- \rightarrow Na^-_{(g)}$ 為吸熱反應 (B)$Na_{(g)} \rightarrow Na^+_{(g)} + e^-$ 為放熱反應 (C)$Na_{(g)} \rightarrow Na^+_{(g)} + e^-$ 之 ΔH 值較 $Cl_{(g)} \rightarrow Cl^+_{(g)} + e^-$ 之 ΔH 值小 (D)$Na_{(g)} + Cl_{(g)} \rightarrow Na^+_{(g)} + Cl^-_{(g)}$ 是放熱反應 (E)$Na_{(g)} + Cl_{(g)} \rightarrow (Na^+ Cl^-)_{(g)}$ 是放熱反應。

解析 (C)(E)。(A)為電子親和力，是放熱反應。(B)為游離能，是吸熱反應。
(D)$Na_{(g)}$ 之游離能大於 Cl 之電子親和力，故為吸熱反應。

主題三　週期表與元素之週期性

(一)週期表

	IA	IIA					IIIA	IVA	VA	VIA	VIIA	鈍氣
第一週期→	$1s^1$											$1s^2$
第二週期→	$2s^1$	$2s^2$			B族		$2p^1$	$2p^2$	$2p^3$	$2p^4$	$2p^5$	$2p^6$
第三週期→	$3s$			IIIB、IVB…VIIIB、IB、IIB			3p					
第四週期→	$4s$				3d		4p					
第五週期→	$5s$				4d		5p					
第六週期→	$6s$				5d		6p					
第七週期→	$7s$				6d		7p					
第八週期→	$8s$						8p					

4f	← 鑭系元素
5f	← 錒系元素

1. A 族元素為典型元素，同行元素化性相似。
   B 族元素為過渡元素，化性無規律。
2. 金屬元素通性：
   (1)在室溫下，均為固體（僅汞為液體）。
   (2)具金屬光澤，為熱電之良導體，以銀最佳。
   (3)化合時易失電子，故氧化數為正值。
   (4)氧化物溶於水呈鹼性（尤其是 IA、IIA）。

   $$Na_2O + H_2O \rightarrow 2NaOH \qquad Na_2O_2 + H_2O \rightarrow 2NaOH + \frac{1}{2}O_2$$

3. 非金屬元素之通性：
   (1) 在室溫下為固體者以石字旁表示，氣體者以气字頭表示（僅溴為液體）。
   (2) 固體時以分子固體或網狀固體存在，為熱電之不良導體。
   (3) 化合時得電子。
   (4) 氧化物溶於水呈酸性。

   $$SO_2 + H_2O \rightarrow H_2SO_3$$
   $$SO_3 + H_2O \rightarrow H_2SO_4$$
   $$3NO_2 + H_2O \rightarrow 2HNO_3 + NO$$

(5) 大多數有同素異構物（同素異形體）。

> **例** 磷：紅磷、白磷；氧：氧及臭氧；
>
> 硫：彈性硫、斜方硫、單斜硫；碳：金剛石、石墨、不定形碳。

4. 兩性元素：Be、Al、Zn、Cr、Sn、Pb。元素本身能和強酸或強鹼反應生氫。

> **例**：$2Al + 6H^+ \rightarrow 2Al^{3+} + 3H_2$
>
> $2Al + 2OH^- + 6H_2O \rightarrow 2Al(OH)_4^- + 3H_2$
>
> 其氧化物或氫氧化物既可溶於酸亦可溶於鹼，叫兩性氫氧化物。

> **例**：$Al(OH)_3 + 3H^+ \rightarrow Al^{3+} + 3H_2O$
>
> $Al(OH)_3 + OH^- \rightarrow Al(OH)_4^-$

5. 類金屬：B、Si、Ge、As、Te。

導電性介於金屬和非金屬之間（半導體），若有微量雜質，則導電性增大。

(二)電子組態與元素的分類：元素依電子組態可分成四大類：

1. 惰性氣體：位於每一週期的最後位置。除了 He（$1s^2$）外，其他元素最外層的電子組態都是 ns^2np^6。這些元素都是無色單原子氣體，化學性質不活潑。

2. 典型元素：週期表的 A 族元素叫做典型元素。這些元素價電子數與其所屬的族數相同，其化性與價電子數有密切的關係。

3. 過渡元素：週期表中 B 族元素為過渡元素，這些元素都是金屬元素。最外層的 ns 及(n－1)d 電子參與化學反應。過渡元素通常生成有顏色的化合物。

4. 內層過渡元素：這些元素在週期表底部成兩系列存在，但仍屬於第六週期及第七週期。電子填入 f 軌域。內層過渡元素亦都是金屬元素，其化合物亦多呈顯著的顏色。

(三)元素的週期性

將元素依原子序排列，則見元素的性質按原子序之增加而呈週期性的遞變。

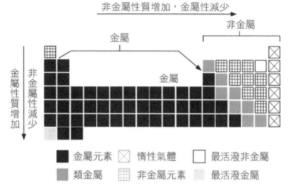

週期表中，金屬、非金屬與類金屬的分類及性質趨勢

1. 鹼金族：Li、Na、K、Rb、Cs、Fr。
   (1) 位於週期表 I A，價電子 1 個（ns^1），易失去 1 個電子而成 M^+。
   (2) 原子量及原子半徑隨原子序增加而變大。
   (3) 游離能及電負度：Li > Na > K > Rb > Cs > Fr。
   (4) 熔點與沸點隨原子序增加而降低。
   (5) 為良好之還原劑與鹵素（X_2）作用產生 MX，與水作用產生 MOH 及 H_2。
2. 鹵素：F、Cl、Br、I、At。
   (1) 各元素最外殼之電子組態均為 ns^2np^5，有 7 個價電子。
   (2) 化學活性很活潑，為強氧化劑：F_2 > Cl_2 > Br_2 > I_2。
   (3) 熔點、沸點：F_2 < Cl_2 < Br_2 < I_2。
   (4) 水溶液呈酸性：$2F_2 + 2H_2O \rightarrow 4HF + O_2$
       $Cl_2 + H_2O \rightarrow HCl + HOCl$
3. 第三列元素：Na、Mg、Al、Si、P、S、Cl、Ar。
   (1) 鈉、鎂、鋁為金屬固體，矽為網狀固體，磷、硫、氯、氬為分子物質。
   (2) Na、Mg 為鹼性元素，Al 為兩性元素，Si、P、S、Cl 之酸性漸次增加。

(3) Na　Mg　Al　Si　P　S　Cl

　　還原劑強 $\longleftarrow\longrightarrow$ 氧化劑強

(4) 原子半徑由 Na→Cl 變小

　　註：原子或離子半徑在週期表之傾向大略和游離能相反，但由左而右時，游離能為鋸齒狀增加，而半徑規律則變小。

範例觀摩 1

下列有關週期表的敘述，何者正確？　(A)一般而言，元素在週期表的位置愈右或愈下方，其金屬性減少　(B)第四週期的過渡元素，其電子填入最高能階為 4d 軌域　(C)鑭系元素，其電子填入的最高能階為 3f 軌域　(D)週期表 A 族的元素，其價電子數目與所屬的族數相同　(E)第ⅦA 族元素的游離能很高，所以化學反應活性不大。

解析　(D)。(A)元素在週期表位置愈右（或上方），其金屬性質減少。

　　　　(B)第四週期之過渡元素，其電子填入高能階之 3d 軌域。

　　　　(C)鑭系元素，其電子填入之最高能階為 4f 軌域。

　　　　(E)ⅦA 族（鹵素）之化學活性大。

範例觀摩 2

指出下列各元素之原子序及價電子數及價電子組態為何？

N、Mg、Si、Cr、Zn、Br

解析　N：7，5，$2s^22p^3$　　　　Mg：12，2，$3s^2$

　　　　Si：14，4，$3s^23p^2$　　　Cr：24，6，$3d^54s^1$

　　　　Zn：30，12，$3d^{10}4s^2$　　Br：35，7，$4s^24p^5$

範例觀摩 3

下列何者之原子半徑最小？

(A)一樣大　(B)$1s^22s^22p^63s^23p^3$　(C)$1s^22s^22p^63s^23p^5$　(D)$1s^22s^22p^63s^1$。

解析　(C)。同列 A 族之同週期元素原子半徑隨原子序增加而減少，

　　　　即 Na > Mg > P > Cl。

範例觀摩 4

下列價電子組態表示之元素符號及原子序為何？　　(A)$3s^2 3p^3$　(B)$3d^{10} 4s^1$
(C)$2s^2 2p^5$　(D)$4s^2 3d^{10} 4p^2$

解析　(1)P，15　(2)Cu，29　(3)F，9　(4)Ge，32
　　　(1)最外層若為 $ns^2 np^x$ 表示第 n 週期之ⅢA→鈍氣的元素。
　　　(2)最外層若為 ns^1、ns^2，而無(n－1)d 軌域，則為第 n 週期之ⅠA及
　　　　ⅡA，若前面有(n－1)d^{10} 則為第 n 週期之ⅠB 或ⅡB。
　　　(3)外層若為(n－1)d^x（x＞10）則為過渡元素（ⅢB→ⅧB）。

範例觀摩 5

半徑大小比較選出不正確者：　　(A)$S^{2-} > F^- > Na^+ > Mg^{2+}$　(B)$Na > Mg > Al$
(C)$Be > Mg > Ca$　(D)$Na > Na^+$　(E)$P > S > Cl$。

解析　(C)。(A)(D)離子電荷不同時，一般上氧化數低者，半徑較大，而游離
　　　　能較小。
　　　(B)(C)(E)離子電荷相同時，由上而下半徑變大，由左而右半徑變
　　　　小。

範例觀摩 6

根據週期表之規律性，吾人所作之預測下列何者正確？　　(A)第八週期全填滿應
有 48 個元素　(B)第七個鈍氣之原子序應為 108　(C)第一個有電子填入 8s 軌域
之元素，原子序為 137　(D)第一個有電子填入 8p 之元素原子序 163　(E)第七
週期若全填滿元素應有 50 個元素。

解析　(D)。(A)每週期之元素數為 2，8，8，18，18，32，32，50，50……；
　　　　故第八週期全填滿應有 50 個元素。(B)應為 118。(C)應為 119。(E)
　　　　應為 32 個。

↘ 重要試題演練

( )　1.下列各組物質中，無法以化學方法鑑別的是　(A)硝酸、硫酸　(B)鐵、鋁　(C)氧、氮　(D)氫、重氫。

( )　2.　對鹼金屬鹼土金屬，游離能具相似大小關係者為何？（E 表游離能）(A)$2E_1 > E_2$　(B)$E_3 - E_2 > E_2 - E_1$　(C)$E_3 > E_2 + E_1$　(D)$E_2 - E_1 > E_3 - E_2$。

( )　3.　下列何者作光電管之材料最佳？　(A)Cs　(B)Ge　(C)Ag　(D)Cu。

( )　4.　A 元素游離能差($E_4 - E_3$)值很大，B 元素游離能差($E_7 - E_6$)值很大，則形成穩定化合物化學式為　(A)A_4B_7　(B)A_3B_2　(C)A_2B_3　(D)A_2B。

( )　5.　氫原子光譜中的紅色光線（波長 6560Å）係電子由何軌域降至何軌域所發生的？　(A)$2s \to 1s$　(B)$3p \to 2s$　(C)$3d \to 1s$　(D)$5f \to 2p$。

( )　6.　若鋁之第二游離能 434 kcal，則其第三游離能下列何者最為靠近？(A)868 kcal　(B)651 kcal　(C)1320 kcal　(D)500 kcal。

( )　7.　第 103 號 Lr 其電子組態為 $_{86}[Rn]5f^{14}6d^17s^2$，試推測若科學家再發現第 104 號新元素，則此新元素最後一個電子應填入　(A)8s　(B)7p　(C)6d　(D)6f　軌道。

( )　8.何者可能為鎂的前三游離能？　(A)118、1090、1650　(B)138、434、656　(C)175、345、1845　(D)140、430、2640。

( )　9.　氫原子從較高能階轉移到 n = 1 能階之光譜線稱為來曼系列。此系列最長之波長為 121.5 nm，問此系列之最短波長會趨近何值？　(A)$\frac{1}{4} \times 121.5$nm　(B)$\frac{1}{2} \times 121.5$ nm　(C)$\frac{3}{4} \times 121.5$ nm　(D)$\frac{1}{3} \times 121.5$ nm。

( )　10.　氯有二種同位素，其質量數為 35 和 37，而氯的原子量為 35.5，試問下列何者不為氯分子的質譜線？　(A)70　(B)71　(C)72　(D)74。

( )　11.　下列有關第 17 族元素(鹵素)的性質中，哪一個隨原子序之增大而降低或變小？　(A)原子半徑　(B)第一游離能　(C)價電子數　(D)電子親和力。

( )　12. 碳的原子量為 12.01，已知碳的同位素有 ^{12}C、^{13}C 及極微量的 ^{14}C。試問下列哪一選項為 ^{12}C 與 ^{13}C 在自然界中的含量比例？　(A)1：1 (B)9：1　(C)49：1　(D)99：1。

( )　13. 下列有關某元素 $^{58}_{28}X$ 的敘述，何者正確？　(A)質子數為 30　(B)價層電子數為 8　(C)核心電子組態為[Ne]　(D)其在化合物中最常見的氧化數為＋2。

( )　14. 下列哪些分子的電子點式，其每個原子（氫除外）均遵循八隅體規則？（多選）　(A)BH_3　(B)N_2O_4　(C)SF_6　(D)O_3　(E)NO_2。

( )　15. 下列有關於週期表的敘述，哪些正確？（多選）
(A)同一週期的氧化物水溶液酸性的趨勢，大致為由左至右逐漸增加
(B)類金屬的化學性質介於金屬與非金屬之間，又稱為過渡金屬
(C)週期表 A 族的元素，其價電子數與所屬的族數相同
(D)鹵族元素的電負度由上而下漸增
(E)同一週期元素第一游離能的趨勢，大致為隨原子序的增加而降低。

( )　16. 一大氣壓下，物質沸點的高低，通常可由液體內粒子間作用力的大小來判斷。試問下列物質沸點高低的比較，哪些是正確的？（多選）
(A)氦的沸點高於氬
(B)氯化鎂的沸點高於二氯化硫
(C)甲胺的沸點高於氟甲烷
(D)正庚烷的沸點高於正丁烷
(E)乙酸的沸點高於乙醇。

( )　17. 下列有關元素性質的敘述，哪些正確？（多選）
(A)同一原子的游離能和電子親和力的大小相同，僅符號相反
(B)第二週期原子的電子親和力中，以氟所釋出的能量最大
(C)第三週期原子的半徑大小隨原子序的增加而增大
(D)氟原子的電子親和力絕對值大於其游離能
(E)一般而言，金屬原子的電負度小於非金屬原子的電負度。

18－19 題為題組

化學元素週期表的前三週期如下表所示。已知原子序 1－18 的元素，其第一主層原子軌域可填入 2 個電子，第二主層原子軌域可填入 8 個電子，第三主層原子軌域可填入 8 個電子。甲與乙為週期表中的兩元素。甲原子的最外兩主層的電子數均為 2，乙原子為地殼中主要的元素之一，其最外主層電子數是次外主層電子數的 3 倍。根據上文所述，並參考週期表，回答下列 18－19 兩題。

1 H											2 He
3 Li	4 Be					5 B	6 C	7 N	8 O	9 F	10 Ne
11 Na	12 Mg					13 Al	14 Si	15 P	16 S	17 Cl	18 Ar

( )　18. 下列何者為甲元素？　(A)Li　(B)Na　(C)C　(D)Be

( )　19. 已知由甲、乙兩元素所構成的化合物，在常溫常壓時為固體。何者敘述正確？　(A)元素乙屬於鹵素族　(B)元素乙的電子數為 4　(C)元素甲與乙組成的化合物為 MgO　(D)元素甲與乙組成的化合物屬於離子化合物。

( )　20. 下列有關電子能階的敘述，哪一項<u>錯誤</u>？
(A)電子由高能階降至較低能階時，放出的光具有連續頻率。
(B)氫原子的電子距離原子核愈遠，其能階愈高。
(C)原子受適當的熱或照光，可使電子躍遷到較高能階。
(D)霓虹燈的發光係來自原子核外電子的躍遷。

解答與解析

1.(D)。同位素化性相同，無法以化學方法區別。

2.(C)。鹼土金屬因 $E_3 \gg E_2$，故 $E_3 > E_2 + E_1$ 成立，鹼金屬 $E_3 \fallingdotseq \dfrac{3}{2} E_2 \fallingdotseq$

$E_2 + \dfrac{1}{2} E_2$，又因 $E_2 \gg E_1$，故 $\dfrac{1}{2} E_2 > E_1$ 故 $E_3 > E_2 + E_1$ 亦成立。

3.(A)。游離能小之金屬易失電子，一般上用 Cs。

4.(C)。$E_4 - E_3$ 值很大，表示三個價電子，故為ⅢA 之+3 價；

$E_7 - E_6$ 值很大，表示六個價電子，故為ⅣA 之−2 價。

5.(B)。6560 Å 為可見光，故 $n_1 = 2$

$$\frac{3 \times 10^{18}}{6560} = 3.29 \times 10^{15} \cdot (\frac{1}{2^2} - \frac{1}{x^2}) \Rightarrow x = 3$$

6.(B)。ⅢA 之 $\dfrac{E_3}{E_2} \fallingdotseq 1.5$。

7.(C)。因 6d 尚未填滿，故電子繼續進入 6d 軌域。

8.(C)。ⅡA 之 $\dfrac{E_2}{E_1} \fallingdotseq 2$，且 $E_3 \gg E_2$（因 2 個價電子）。

9.(C)。能量比為 R：$\dfrac{3}{4}$R $= \dfrac{4}{3}$ 倍，故波長為 $\dfrac{3}{4}$ 倍。

10.(B)。Cl_2^+ 只有 ^{35}Cl—$^{35}Cl^+$，^{35}Cl—$^{37}Cl^+$，^{37}Cl—$^{37}Cl^+$ 三種離子。

11.(B)。(A)原子半徑隨原子序之增大而變大

(B)原子序愈大半徑愈大，最外層電子與原子核距離愈遠，第一游
　離能愈小。

(C)價電子數均為 7 個

(D)電子親和力：Cl > F > Br > I

12.(D)。M（平均原子量）$= M_1X_1 + M_2X_2 + \cdots \Rightarrow 12.01 = 12 \times X + 13 (1-X)$

∴$X = 0.99 \Rightarrow {}_{12}C : {}_{13}C = 99 : 1$

13.(D)。^AX_Z 表一個質量數為 A，原子序為 Z 的元素原子 X。

(A)質子數=28，X 為 Ni。　(B)Ni：$[Ar]3d^84s^2$ 價電子數為 10。

(C)核心電子組態為[Ar]。

14.(B)(D)。

(A) BH_3　　　(B) N_2O_4　　　(C) SF_6　　　(D) O_3　　　(E) NO_2

僅(B)、(D)兩選項的每個原子外圍均有 8 個電子

15.(A)(C)(E)。本題選項(B)與(D)有錯誤，選項(B)類金屬不是過渡金屬，
　　　　　　選項(D)中鹵族元素的電負度應該由上而下漸減。

16.(B)(C)(D)(E)。一般沸點高低：網狀共價固體＞離子化合物＞金屬分子
　　　　　　　　＞化合物。分子化合物沸點判斷：氫鍵→分子量→極性
　　　　　　　　→面積。

17.(B)(E)。(A)原子的游離能與電子親和力無關。(B)同週期元素的電子親
　　　　　和力，均以ⅦA 族最大（放熱最多）。(C)同週期元素的半徑大
　　　　　小隨原子序（正電荷數）的增加而減少。(D)任何元素其游離能
　　　　　$|IE|$＞電子親和力$|EA|$

18.(D)。甲元素的電子排列（2，2）；甲元素為 Be。

19.(D)。乙元素的電子排列（2，6）；甲元素為 O，其化合物為 BeO。

20.(A)。原子光譜為不連續光譜。

↘ 進階難題精粹

(　)　1. 有關游離能之敘述，選出正確者。（多選）
　　　　(A)同原子 E_2＞E_1
　　　　(B)同週期元素，E_1 鈍氣最大，鹼金屬最小
　　　　(C)同週期元素 E_2 鹼金屬最大，鹼土金屬最小
　　　　(D)A 族同族元素之原子序愈大，則 E_1 愈大
　　　　(E)所有元素 E_2 以氦最大。

(　)　2. 下列各原子或離子中，何者具有相同的電子組態？（多選）
　　　　(A)Ca^{2+}　(B)Ar　(C)Na^+　(D)Si　(E)Cl^-。

（　）　3.　有關氫原子的線光譜之下列敘述，何者正確？（多選）

(A)未游離原子中，電子的能階為不連續

(B)電子能階狀態的改變，伴隨著吸收或放出光子

(C)光子的能量與其強度成正比

(D)原子中電子能階之高低與其主量子數(n)成正比

(E)游離能的定義即主量子數 n = 1 至 n = ∞ 之能階差。

（　）　4.　有關 Na、Mg、Al 之游離能比較，何者正確？（多選）

(A)E_2：Na > Mg > Al

(B)Al^{3+} > Mg^{2+} > Na^+

(C)Al 的 E_2-E_1 之差大於 Mg 的 E_2-E_1 之差

(D)Na 之 E_2-E_1 大於自己的 E_3-E_2

(E)E_3：Mg > Na > Al。

（　）　5.　甲、乙、丙、丁、戊五個元素之電子組態各為：甲：$1s^22s^22p^5$；乙：$1s^22s^22p^63s^23p^5$；丙：$1s^22s^22p^6$；丁：$1s^22s^22p^63s^2$；戊：$1s^22s^22p^63s^23p^64s^2$ 下列各項敘述何者正確？（多選）

(A)各元素單質之氧化力以甲最強

(B)各元素單質之還原力以戊最強

(C)各原子之電子親和力以甲最大

(D)各原子之第一游離能(E_1)以乙最大

(E)各原子之半徑以甲最大。

（　）　6.　下列敘述何者正確？（多選）

(A)Sc 的基態電子組態為 $1s^22s^22p^63s^23p^63d^3$

(B)F^- 和 Na^+ 電子組態相同

(C)Ni 和 Zn^{2+} 之電子組態相同

(D)$1s^22s^22p^66s^1$ 可以表示中性鈉原子只是在激發狀態

(E)A 族元素在互相反應時有形成鈍氣電子組態的趨勢。

( )　7.　以 12.5 eV 的電子撞擊基態氫原子（多選）

(A)可激發氫原子之電子到 4s 軌域

(B)不能激發氫原子到任何能階

(C)可使氫原子放出一條可見光、二條紫外光

(D)可使氫原子之電子游離

(E)可使氫原子發出波長約 1026Å 之光（$E_n = -\dfrac{13.6}{n^2}$ eV）

( )　8.甲、乙、丁代表中性原子，丙代表 3 價陽離子，其電子組態分別如下：
（多選）

甲：$1s^2 2s^2 2p^6 3s^2 3p^6 3d^2 4s^1$　　乙：$1s^2 2s^2 2p^6 3s^2 3p^6 3d^1 4s^2$

丙：$1s^2 2s^2 2p^6 3s^2 3p^6$　　丁：$1s^2 2s^2 2p^6 3s^2 3p^6$，

則下列各項敘述中，何者正確？

(A)由甲變為乙時，放出能量

(B)由乙變為丙時，放出能量

(C)乙之第三游離能高於將一個電子自丙游離所需之能量

(D)自丙游離一個電子較自丁游離一個電子為困難

(E)甲與丙為同一元素所構成。

解答與解析

1.(A)(B)(C)。E_2 以鋰最大，E_1 才是 He 最大。

2.(A)(B)(E)。A 族元素之電子數相同，則電子組態相同。

3.(A)(B)(E)。光子能量和頻率成正比，和強度無關（強度表示單位面積之光子數）。

4.(B)(C)(D)(E)。(C)Al 之 $\dfrac{E_2}{E_1} \fallingdotseq 3$ 倍，因 Al 之 E_2 移去 $3s^2$ 電子，故略大一些，而 Mg 之 $\dfrac{E_2}{E_1} \fallingdotseq 2$ 倍。

(D)Na 僅一個價電子，故 $E_2 - E_1$ 之差特別大。

5.(A)(B)。(A)甲為氟，故氧化劑最強，且易得電子。(B)戊為鈣，還原劑比丁之鎂更強。(C)電子親和力以氯最大。

6.(B)(D)(E)。(A)$3d^14s^2$才對。(C)最外層電子組態 Ni 為 $3d^84s^2$，Zn^{2+}為 $3d^{10}4s^0$。

7.(C)(E)。$12.5 = 13.6 \cdot \left(\dfrac{1}{1^2} - \dfrac{1}{x^2} \right)$　　3<x<4，故可激發到第三能階，當又返回第一能階時放出紫外光二種（3→1 及 2→1）可見光 1 種（3→2）。

8.(A)(D)(E)。(1)甲為 Sc 之激發狀態，乙為 Sc 之基底狀態，丙為 Sc^{3+}，丁為 Ar。(2)(B)乙變丙移去電子，故吸收熱量。(C)自丙移去電子為 Sc 的 E_4，故較大。

Notes

第二章　化學反應與反應熱

主題一　基本定律

(一) 質量守恆：1774年法人拉瓦節（Lavisier）提出

　　【內容】：任何一種化學反應，其反應前後的質量總是不會變的。物質質量
　　　　　　　既不會增加也不會減少，只會由一種形式轉化為另一種形式。

(二) 定比定律：1799年法人普魯斯特（J.L. Proust）提出

　　【內容】：不論化合物的來源或製法，組成該化合物之成分元素有固定的
　　　　　　　質量比。

(三) 原子說：1803年英人道耳頓（John Dalton）提出

　　【內容】：1.物質是由原子所構成，原子為最小粒子，不可再分割。
　　　　　　　2.同一元素的原子具有相同的質量和性質，不同元素的原子則
　　　　　　　　不同。
　　　　　　　3.不同元素的原子能以簡單整數比結合成化合物。
　　　　　　　4.化學變化只是原子的重新排列，原子既不創造也不毀滅。

(四)倍比定律：1804年英人道耳頓提出

　　【內容】：若兩元素形成兩種以上化合物時，一元素的質量固定，另一元素
　　　　　　　的質量，恆為簡單的整數比。

(五)氣體化合體積定律：1808年法人給呂薩克（J.L. Gay-Lussac）提出

　　【內容】：同溫同壓下，氣體間以簡單體積比進行反應，亦即生成的氣體產
　　　　　　　物與氣體反應物的體積成簡單整數比。

(六)亞佛加厥定律：1811年義大利人亞佛加厥（A. Avogadro）提出

　　【內容】：1.同溫同壓下，同體積氣體含同數目分子。

　　　　　　　2.道耳吞原子說無法解釋氣體反應體積定律，亞佛加厥定律才能
　　　　　　　　圓滿解釋之。

範例觀摩

有一反應，由 X 與 Y 化合生成 Z。其反應如下：

$2X + 3Y \rightarrow 2Z$ 而反應物 X 與生成物 Z 的質量關係如
右圖（X-軸表示消耗 X 的質量；Y-軸表示生成 Z 的質
量）。已知消耗 15 克 X，生成 20 克 Z。試問當有 4
克的 Z 生成時，需要多少克的 Y？ (A)1　(B)3/2　(C)2
(D)3　(E)6。

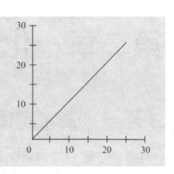

解析　(A)。$15/X = 20/4 \Rightarrow X = 3$ 根據質量守恆：$Y = 4 - 3 = 1$

主題二　化學式（chemical formula）

定義　用元素符號來表示物質的組成的式子稱之。

種類　分為實驗式（簡式）、分子式、結構式、示性式、電子式共五種。

(一) 實驗式（empirical formula）

1. 表示組成物質的原子種類和原子數簡單整數比的化學式。

2. 各元素原子量的和稱為式量。

3. 使用於金屬、離子化合物、網狀共價固體。

(二) 分子式（molecular formula）

1. 表示組成物質的原子種類和實際數目的化學式。

2. 各元素原子量的和稱為分子量。

3. 分子式＝（實驗式）n

(三) 結構式（structural formula）

1. 表示組成物質的原子種類、數目以及結合情形（排列情形）的化學式。

2. 不能表示三度空間的立體結構，亦無法顯示真正的分子形狀。

3. 分子式相同，但結構式不同的化合物，稱為同分異構物。

(四) 示性式（rational formula）

1. 表示組成物質的原子種類、數目以及官能基來顯示其特性的化學式。

2. 能顯示該分子特有的物性與化性。

(五) 電子點式（electron formula）

1. 原子與原子間的化學鍵結情形以電子分布方式表達的化學式，以其點代表電子，經由電子點的位置來表示分子中電子的分布情形。

2. 可顯示共用電子對和未共用電子對。

3. 表達電子點式只需表示原子的價電子（最外層軌域的電子）。

範例觀摩

下列各化合物中，選出其重量百分組成相同者。（多選）

(A)$C_6H_{12}O_6$　(B)CH_3CHO　(C)CH_3COOH　(D)$HCOOCH_3$　(E)$HCHO$。

解析　(A)(C)(D)(E)。有相同實驗式者，其重量百分組成亦相同。

主題三　反應熱

(一) 熱含量（焓）

定義　在定溫定壓下，物質生成時所儲存於其中的能量，稱為熱含量（焓）。

性質　1.熱含量與溫度、壓力及狀態有關。
　　　　例如：固態（s）＜液態（l）＜氣態（g）

　　　2.僅能測其變化值，而不能測其絕對值。例如：1g1℃的水熱含量比1g0℃的水多 1 卡，但 1g1℃的水究竟有多少熱含量則不能測知。

　　　3.各種元素在最穩定狀態時之熱含量定為 0。

(二) 反應熱（ΔH）

定義　化學反應前後熱含量的變化量，稱為反應熱。以 ΔH 表示。

　　　反應熱(ΔH) = 生成物的總熱含量 － 反應物的總熱含量。

1.放熱反應：生成物的總熱含量小於反應物的總熱含量，$\Delta H < 0$。

2.吸熱反應：生成物的總熱含量大於反應物的總熱含量，$\Delta H > 0$。

(三) 反應熱的種類：

1. 標準莫耳生成熱（molar heat of formation）：

　定義 ▶ 25℃、1atm下，1莫耳化合物由其成分元素化合而成之能量變化。

　性質 ▶ (1)標準狀態（25℃、1 atm）下，元素之莫耳生成熱定為0。

　　　　(2)以最常見或最重要的同素異形體（allotropes）莫耳生成熱定為零，例如：碳常見的同素異形體將石墨的莫耳生成熱定為零。

範例觀摩 1

葡萄糖的生成熱為$-1260kJ/mol$，試寫出其熱化學反應方程式。

　解析　$6C_{(s)} + 6H_{2(g)} + 3O_{2(g)} \rightarrow C_6H_{12}O_{6(s)}\ \Delta H = -1260kJ$

1.標準莫耳分解熱（molar heat of decomposition）：

　定義：25℃、1atm下，1莫耳化合物分解為其成分元素時之熱量變化。

　性質：同一種化合物的莫耳分解熱與莫耳生成熱，同值異號。

2.標準莫耳燃燒熱（molar heat of combustion）：

　定義：25℃、1 atm下，1莫耳純物質完全燃燒所放出的熱量。

　性質：a. 燃燒熱必為放熱反應，即$\Delta H < 0$

　　　　b. H_2的莫耳燃燒熱正好是H_2O的莫耳生成熱。

範例觀摩 2

下列有關反應熱之敘述，選出下述正確的說明。（多選）　(A) 碳的莫耳燃燒熱與CO_2之莫耳生成熱同值同號　(B) 金剛石的莫耳生成熱為零　(C) $C_{(s)} + 1/2O_{2(g)} \rightarrow CO_{(g)}$之$\Delta H$可稱為是$C_{(s)}$的莫耳燃燒熱　(D)$NO_{(g)} + 1/2O_{2(g)} \rightarrow NO_{2(g)}$該反應之反應熱$\Delta H$可稱為是$NO_2$的生成熱　(E) CO_2之莫耳生成熱與CO_2之莫耳分解熱為同值異號。

　解析　(A)(E)。(B)石墨莫耳生成熱為零。(C)產物CO表示沒有完全燃燒。(D)反應物NO不是元素，該反應之反應熱不可稱為是NO_2的生成熱。

(四) 赫斯定律(Hess's law)

反應熱具有加成性；即將數個化學方程式相加，則ΔH 也相加。亦即反應熱與變化所經途徑無關，只與變化的最初與最終狀態有關。

範例觀摩 3

已知：$C_{(s)} + 2H_{2(g)} \rightarrow CH_{4(g)}$　　　ΔH＝－75 千焦

　　　$C_{(s)} + O_{2(g)} \rightarrow CO_{2(g)}$　　　ΔH＝－393 千焦

　　　$H_{2(g)} + 1/2O_{2(g)} \rightarrow H_2O_{(l)}$　　ΔH＝－286 千焦

求 $CH_{4(g)} + 2O_{2(g)} \rightarrow CO_{2(g)} + 2H_2O_{(l)}$ 之ΔH 應為多少？

解析　　　　　$CH_4 \rightarrow C + 2H_2$　　　　ΔH＝＋75 千焦

　　　　　　　$C + O_2 \rightarrow CO_2$　　　　　ΔH＝－393 千焦

　　　＋) $2H_2 + O_2 \rightarrow 2H_2O$　　　　ΔH＝－286×2 千焦

　　　―――――――――――――――――――――――――――――

　　　　　　$CH_4 + 2O_2 \rightarrow CO_2 + 2H_2O$　ΔH＝－890 千焦

範例觀摩 4

根據下表化學鍵能(KJ/mol)的值，甲烷（CH_4）的莫耳燃燒熱（KJ/mol）為若干？

(A)－379　(B)－808　(C)－1656　(D)－2532。

化學鍵	O＝O	C―H	O―H	C＝O
鍵能(KJ/mol)	497	414	463	803

解析　(B)。$CH_{4(g)} + 2O_{2(g)} \rightarrow CO_{2(g)} + 2H_2O_{(l)}$

　　　CH_4 4 個 C―H 鍵；O_2 1 個 O＝O 鍵；

　　　CO_2 2 個 C＝O 鍵；H_2O 2 個 O―H 鍵

　　　ΔH＝（4×414＋2×497）－（2×803＋2×2×463）＝－808kJ。

↘ 重要試題演練

題組 1-2

在 25℃及 1 大氣壓的條件下，由實驗測量直鏈烷類化合物的燃燒熱（$\triangle H$），其結果如下表：

碳數 N	5	6	7	8
$-\triangle H$（單位：KJ/mol）	3509	4163	4817	5470

1. 若烷類的碳數 N 與燃燒熱 $\triangle H$ 的關係，可近似於右式：$-\triangle H = aN+b$。試求 a 與 b？（最接近的整數值）

2. 用碳數（N）為 X-軸，以 N=0 為起點；燃燒熱為 Y-軸，作出$-\triangle H$ 與 N 的關係圖，從化學的觀點，上述繪圖中的線條不通過原點（亦即在 Y-軸的截距不為零）的意義為何？

3. 已知；某 R 元素 1.00 克的氧化物中含有 0.40 克的 R。試求出 R 的原子量，並寫出 R 的元素符號。

4. 王同學欲以實驗測定金屬的原子量，請李老師指導。李老師給王同學一瓶未貼標籤的常見金屬粉末，建議王同學以氧化法，測定該金屬的原子量。王同學做實驗，每次以坩堝稱取一定量的金屬，強熱使其完全氧化，冷卻後再稱其重，扣除坩堝重後，可得該金屬氧化物的質量。王同學重複做了十多次實驗，就所得的實驗數據與李老師討論後，選取了較有把握的六次實驗，其數據如下表：

金屬粉末的質量(g)	0.10	0.50	0.60	0.70	0.80	0.90
金屬氧化物質量(g)	0.17	0.91	1.13	1.29	1.50	1.64

根據表中的實驗數據，求出該金屬氧化物可能的化學式。

( )　5. 下列有關反應熱及物質能量轉換的敘述，何者正確？
(A)一莫耳的純物質，液體的汽化熱，少於氣體的凝結熱
(B)有一化學反應，其生成物的莫耳生成熱比反應物的莫耳生成熱小，則此反應為吸熱反應
(C)二氧化碳溶於水的莫耳溶解熱等於二氧化碳的莫耳凝結熱
(D)二氧化碳的莫耳生成熱等於石墨的莫耳燃燒熱。

( )　6. 下列有關化學式的敘述，哪些正確？（多選）

(A)結構式可以表示化合物中原子間的排列情形。

(B)網狀固體因為沒有分子的單位，所以無法以結構式表示。

(C)使用示性式的主要目的是補足分子式未能表示的官能基結構特性。

(D)從分子式可以得知分子中組成原子的種類、數目與原子連結順序。

(E)分子化合物的簡式可以從其元素分析數據及組成原子的原子量求得。

( )　7. 統計資料顯示：國人去年平均每人消耗汽油 448 公升。假設汽油的主要成分為正辛烷（分子式為 C_8H_{18}，密度為 0.70g/mL，燃燒熱為 $-5430kJ/mol$），且所使用的汽油完全燃燒成水與二氧化碳，試問 448 公升的汽油完全燃燒所釋放出的熱量約可使多少質量的 0℃冰塊（熔化熱為 6.0kJ/mol）融化成 0℃的水？

(A)224 公噸　(B)44.8 公噸　(C)2.24 公噸　(D)448 公斤

( )　8. 汽車排氣中的已造成嚴重空氣污染，因此盼望化學家能找到適合的化合物 G 與適當的反應條件，以進行下列反應，而將其變成無害之物：

$NO_2 + G \rightarrow H_2O + N_2 + n\,X$（未平衡的反應式）

上式中 n 是係數，但也可以為 0，而 X 必須為任何無害的物質。試問下列化合物中，哪些可以滿足上述反應式中的 G？（多選）

(A)NH_3　(B)CO_2　(C)SO_2　(D)H_2O_2　(E) CH_3CH_2OH

( )　9. 以 MnO_2 催化 $KClO_3$ 熱分解產生氧氣的反應式如下：

$2KClO_{3(s)} \rightarrow 3O_{2(g)} + 2KCl_{(s)}$

雖然上列反應極近於完全，但不是唯一的反應，亦即尚有少量的副反應，導致所產出的氣體有異常的氣味。為了探究臭味的成分，做了下列的實驗：

(1) 將產生的氣體通過潤濕的碘化鉀－澱粉試紙（如下圖），結果試紙顯現紫藍色。

(2) 將產生的氣體通過硝酸銀溶液，則產生白色沉澱。

(3) 所產生的氣體經質譜儀分析，在複雜的質譜圖中，有質量尖峰（相當於分子量）出現在 67 與 69 的位置，而其強度比約為 3：1。

試問在熱分解 $KClO_3$ 時，可能產生哪些物質以氣體的狀態逸出？（多選）

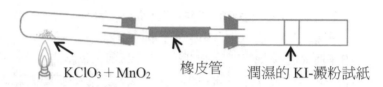

KClO₃＋MnO₂　　　橡皮管　　潤濕的 KI-澱粉試紙

(A)氧氣　(B)氯氣　(C)臭氧　(D)氯化鉀　(E)二氧化氯。

( )　10. 道耳吞提出的原子學說如下：
(1)物質皆由原子組成，原子是不可再分的。
(2)相同元素的原子都相同，每個原子都有固定的質量。
(3)原子以不同的簡單整數比，結合成不同之化合物。
此學說與下列各論述或學說、定律，何者是互相矛盾的？
(A)平衡方程式時，反應物的原子總數與產物的原子總數不變。
(B)倍比定律。
(C)任一物質無論來源為何，其成分組成恆為定值。
(D)自然界中有同位素之存在。

( )　11. 已知 25℃、1atm 下，石墨、金剛石燃燒的熱化學方程式分別為：
$C_{(石墨)} + O_{2(g)} \rightarrow CO_{2(g)}$　$\Delta H_1 = -393.51$ kJ
$C_{(金剛石)} + O_{2(g)} \rightarrow CO_{2(g)}$　$\Delta H_2 = -395.41$ kJ
下列敘述何者正確？（多選）
(A)由石墨製備金剛石是放熱反應；石墨的熱含量比金剛石低
(B)由石墨製備金剛石是放熱反應；表示由石墨轉變為金剛石是自發
性反應
(C)由石墨製備金剛石是吸熱反應；石墨的熱含量比金剛石低
(D)由石墨製備金剛石是吸熱反應；石墨的熱含量比金剛石高
(E)由金剛石製備石墨是放熱反應，其生成熱為 1.9 KJ。

( )　12. 關於甲醛（HCHO）與葡萄糖（$C_6H_{12}O_6$）的敘述何者是正確？（多選）
(A)甲醛與葡萄糖是同分異構物　(B)甲醛與葡萄糖擁有相同的實驗式
(C)等重時，兩者的分子數相同　(D)等重時，兩者的原子數相同
(E)兩分子的元素重量百分組成相同。

( )　13.王老師上高一基礎化學第一章緒論，介紹了化學簡史，並且強調先進化學技術對生活的影響。學生上課後討論心得，下列哪些說法合理？
(甲)實驗是物質科學的基礎，也是學習化學的有效途徑
(乙)道耳頓創立「原子學說」，奠定了化學的重要基礎
(丙)化學技術已可以研製一些原來自然界不存在的新材料
(丁)天然有機食物不是化合物，是最符合健康的食物
(戊)石化工業使用的輕油裂解技術，提供了取代化石燃料的新能源
(A)甲乙　(B)丙丁　(C)丁戊　(D)甲乙丙。

( )　14.已知一定質量的無水乙醇（C_2H_5OH）完全燃燒時，放出的熱量為 Q，而其所產生的 CO_2 用過量的澄清石灰水完全吸收，可得 0.10 莫耳的 $CaCO_3$ 沉澱。若 1.0 莫耳無水乙醇完全燃燒時，放出的熱量最接近下列哪一選項？　(A)Q　(B)5Q　(C)10Q　(D)20Q。

( )　15.碳與氧可形成兩種不同的化合物，這兩種化合物中碳和氧的質量比不同。若將碳的質量固定時，兩化合物中氧的質量之間成一簡單整數比，此稱為倍比定律。下列各組物質，何者符合倍比定律？
(A)C_{60}、C_{80}　　　　　　　　(B)Pb_3O_4、PbO
(C)SiO_2、CO_2　　　　　　　　(D)$GaCl_3$、$AlCl_3$。

( )　16.王老師在教溶液的單元，談到莫耳時，有學生問王老師：「在網上看到『莫耳日』，那是什麼？」王老師說：「莫耳日是一個流傳於北美化學家當中的非正式節日，通常在每年的 10 月 23 日上午六時零二分到下午六時零二分之間慶祝這個節日」。課後有五位學生(A-E)，對此莫耳日以及與莫耳相關的資訊甚感興趣，討論了一番。試問下列哪二位學生說的話正確？（多選）
(A)莫耳日是紀念北美一位偉大的華裔化學家，姓莫名耳而設立的
(B)莫耳是表示溶液濃度的一種單位，是重量百分濃度的莫耳倍
(C)於 10 月 23 日的 6 時 02 分慶祝莫耳日，是與亞佛加厥數有關
(D)亞佛加厥數定義了國際單位制基本單位之一的莫耳
(E)1 莫耳物質中所含電子的總數等於亞佛加厥數。

解答與解析

1. $a ＝（5470 － 3509）／（8 － 5）＝654$

將 $N＝5$ 代入關係式 $-\Delta H＝aN＋b$　$3509 ＝ 654 × 5 ＋b$

$b＝3509 － 3270 ＝ 239$。

2. 直鏈烷烴類通式為 C_nH_{2n+2} 當 $N＝0$，得化學式為 H_2，而其對應的 $-\Delta H＝239$（kJ），故 $-\Delta H$ 軸的截距代表 H_2 的莫耳燃燒熱，或 2 H 的莫耳燃燒熱。

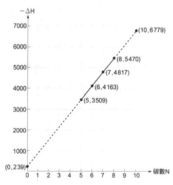

3. 假設R 的原子量為M、價數為a。1 克的氧化物中有0.4 克的R，則氧的重量為0.6 克。$0.4/（M/a）＝0.6/（16/2）\to M＝16×a/3 ＝ 5.33×a$，a 為1~5 時，找不到符合的元素，故$a ＝ 6$。R 的原子量是32，根據週期表得出元素符號為 S

4. 兩元素形成化合物時，當量數相等。

假設金屬的原子量為 M、價數為 a，則：

$0.8／（M／a）＝0.7／（16／2）\to M＝9.1a$

if $a＝1$：原子量約為 $9.1×1＝9.1$（查週期表，沒有相當的元素）

if $a＝2$：原子量約為 $9.1×2＝18.2$（查週期表，沒有相當的元素）

if $a＝3$：原子量約為 $9.1×3＝27.3$（查週期表，只有 $Al＝27.0$ 最接近）

故金屬的大約原子量為 27 ，其氧化物為 Al_2O_3。

5.(D)。(A)一莫耳的純物質，液體的汽化熱等於其氣體凝結熱。

(B)因反應熱 $\Delta H＝$（生成物的生成熱總和）－（反應物的生成熱總和），欲判斷是否為吸熱反應仍需考慮化學反應式之係數。

(C)$CO_{2(g)} \to CO_{2(aq)}$　$\Delta H_1＝$莫耳溶解熱；$CO_{2(g)} \to CO_{2(l)}$　$\Delta H_2＝$莫耳凝結熱。

$\therefore \Delta H_1 \neq \Delta H_2$。

6.(A)(C)(E)。(B)網狀固體主要簡式（實驗式）表示，亦可用結構式表示其組成
　　　　　　原子在空間中的相對位置。
　　　　　　(D)從分子式無法得知分子中原子的連結順序。

7.(B)。汽油燃燒熱＝冰的熔化熱，設融化 W 克的冰
　　　$\Delta H = 448 \times 1000 \times 0.7 \times 5430/114 = W \times 6/18$ ∴$W = 44.8 \times 10^6$ g＝44.8 公噸

8.(A)(D)(E)。由於產物中含 H_2O，可推斷化合物 G 必含有 H 元素，則(B)(C)兩
　　　　　　選項即可剔除。再者 NO_2 變成 N_2 是為還原反應，∴需找還原劑
　　　　　　（找氧化數可上升者）N 的氧化數$-3 \sim +5$，∴NH_3 (−3)可上升，O
　　　　　　的氧化數$-2 \sim 0$，∴H_2O_2 (−1)可上升，C 的氧化數$-4 \sim +4$，∴
　　　　　　CH_3CH_2OH(−1)可上升。

9.(A)(B)。從方程式：$\to O_2$ 符合、KCl 為固體不符合。 從實驗結果：
　　　　　(1)Cl_2 可將 I^- 氧化成 I_2，並使潤濕的碘化鉀－澱粉試紙顯現紫藍色。
　　　　　(2)$Cl_{2(g)} + H_2O_{(l)} \to HCl_{(aq)} + HClO_{(aq)}$ ⇒ Cl^- 可使硝酸銀溶液產生白色沉澱。
　　　　　(3)O_3 符合(1)$O_3 + 2I^- + H_2O \to 2OH^- + O_2 + I_2$，但無法確認 I_2 一定逸出。
　　　　　(4)質譜儀分析⇒ 有分子量 67、69 兩種，且含量比約為 3：1。ClO_2 的
　　　　　　　 Cl 有兩種同位素 ^{35}Cl 及 ^{37}Cl，因此 ClO_2 的分子量為 67 與 69，符合。

10.(D)。自然界中有同位素之存在，因此相同元素的原子不一定相同，每個原子
　　　　也不一定都有相同的質量。

11.(C)(E)。$C_{(石墨)} \to C_{(金剛石)}$　$\Delta H_1 - \Delta H_2 = 1.9$ KJ。$C_{(金剛石)} \to C_{(石墨)}$
　　　　　$\Delta H_2 - \Delta H_1 = -1.9$ KJ。

12.(B)(D)(E)。(A)甲醛與葡萄糖並非同分異構物。
　　　　　　　(C)等重時，兩者的分子數比＝2：1。

13.(D)。(丁)天然有機食物仍是化合物。(戊)不是新能源。

14.(D)。$C_2H_5OH + 3O_2 \to CO_2 + 3H_2O + Q$
　　　　$Ca(OH)_2 + CO_2 \to CaCO_3 + H_2O$　0.1mol CO_2 產生 0.1mol $CaCO_3$
　　　　C_2H_5OH 的量為　0.1mol× 1/2＝0.05mol　1mol C_2H_5OH 釋放出
　　　　(1/0.05)×Q＝20Q。

15.(B)。Pb_3O_4 與 PbO 當氧固定時，Pb 的比為 3：4。

16.(C)(D)。(A)(C)莫耳日是紀念亞佛加厥的非正式節日。(B)莫耳是表示數量
　　　　　的單位。(E)1 莫耳電子所含的總數等於亞佛加厥數。

Notes

第三章　大　氣

主題一　大氣的組成

(一) **大氣**：地球表面上空約一千公里內所覆蓋的氣體，其功用為：調節溫度、保護作用及供給生活所需之氣體。

(二) **大氣的起源**

1. 原始的大氣：主要由 H_2、H_2O、CH_4 和 NH_3 所組成。

2. 現今的大氣：主要成分 N_2（約 78%）、O_2（約 21%）及少量 CO_2、$H_2O_{(g)}$、鈍氣（主要為氬，約占 1%）。

3. 大氣壓力：由大氣的重量所產生之壓力（簡稱氣壓），其單位為：1atm = 76 cmHg = 760 mmHg = 1033.6 gw/cm^2 =1013 mb（毫巴）=1.01 × 10^{5}Pa（帕）

☆換算法：1cmHg = 13.33 mb，1pa = 1 牛頓／米^2

主題二　氮、氧、二氧化碳及鈍氣

(一)**氮的鍵結**：N≡N 為線形分子，鍵能很大（942 千焦/莫耳）。

(二) **氮的化學性質**

1. 氮氣的化學性質頗不活潑，在常溫幾乎不與任何元素化合，只有在高溫時與氧生成一氧化氮，和金屬鋰、鎂化合成氮化鋰、氮化鎂。

$N_2 + O_2 \rightarrow 2NO$

$N_2 + 6Li \rightarrow 2Li_3N$

$N_2 + 3Mg \rightarrow Mg_3N_2$

2. 在高溫時氮可與碳化鈣（俗稱電石）作用產生氰胺基化鈣。

$$N_2 + CaC_2 \rightarrow CaCN_2 + C$$

3. 氮與氫以鐵、氧化鉀和氧化鋁的混合物為催化劑作用下合成氨（哈柏法製氨）。

(三) 氮的製造

1. 工業上：蒸發液態空氣，利用 N_2 之沸點較氧低而將其分離。

2. 實驗室：亞硝酸鈉和氯化銨混合物加熱。

$$NaNO_2 + NH_4Cl \rightarrow NaCl + N_2 + 2H_2O$$

3. 氨氣與高溫的氧化銅作用：

$$2NH_3 + 3CuO \rightarrow N_2 + 3Cu + 3H_2O$$

4. 用排水集氣法收集氮氣。

(四) 氮的用途

1. 氮可充入電燈泡防止鎢絲氧化、液態氮可做冷卻劑（$-196℃$）。

2. 氮可製 NH_3，HNO_3，NH_4NO_3，$(NH_4)_2SO_4$，N_2H_4（火箭燃料）。

3. 食品業常將氮氣通入食品以利久藏。

(五) 氧的化學性質

1. 氧的化學性質相當活潑。除了惰性氣體及不活潑的金屬如金、鉑、鈀外，大部分的元素皆能與氧化合。

2. 氧與金屬反應生成離子性氧化物。IA、IIA 金屬氧化物溶於水中成鹼性。

$$Na_2O + H_2O \rightarrow 2NaOH$$

$$Na_2O_2 + H_2O \rightarrow 2NaOH + \frac{1}{2}O_2$$

3. 氧與非金屬形成酸性氧化物。（形成之酸的氧化數和原來之氧化物相同）

$$SO_2 + H_2O \rightarrow H_2SO_3 \quad P_4O_6 + 6H_2O \rightarrow 4H_3PO_3$$

$$P_4O_{10} + 6H_2O \rightarrow 4H_3PO_4 \quad 3NO_2 + H_2O \rightarrow 2HNO_3 + NO（例外）$$

(六)氧的製造

1. 卜利士力：加熱氧化汞：$2HgO \rightarrow 2Hg + O_2$

2. 實驗室：

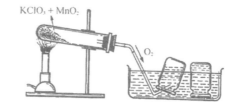

   (1)加熱氯酸鉀：

$$2KClO_3 \xrightarrow[\Delta]{MnO_2} 2KCl + 3O_2$$

   (2)雙氧水分解：

$$2H_2O_2 \xrightarrow{MnO_2} 2H_2O + O_2$$

3. 工業上：

   (1)電解水：$2H_2O \rightarrow 2H_2 + O_2$（加入少量 H_2SO_4 或 $NaOH$ 幫助導電）

   (2)分離液態空氣：氮的沸點較低先蒸發，剩下液態氧。

範例觀摩

(1)製氧時所用之硬試管何以要向下傾斜約 $10°$？

(2)如何防止水槽中的水流入硬試管？

(3)那種性質的氣體可用排水集氣法？

(4)那種氣體用向下排空氣法收集？

(5)為何收集氧氣要用排水集氣法？

(6)利用排水集氣法，為何捨棄開始約 $\frac{1}{3}$ 瓶的氣體？

解析　(1)為防止產生之水蒸氣凝結成水倒流入硬試管灼熱部分。

　　　(2)先移去導管再熄滅火焰。

　　　(3)難溶於水者如 CO，NO，N_2，H_2，O_2，C_2H_2，但 CO_2 雖可溶於水，亦可用排水集氣法。

　　　(4)易溶於水且密度小於空氣（分子量小於 28.8），如 NH_3。

　　　(5)因難溶於水。

　　　(6)因前 $\frac{1}{3}$ 的氣體不純之故。

(七) 臭氧

1. 臭氧的存在：距地表約 13～50km 的空中，以 30km 處最濃。

2. 製造：$3O_2 \rightarrow 2O_3$（高壓放電）

3. 臭氧的性質與反應：

   (1)毒性強，有消毒、殺菌作用。

   (2)檢驗：$2KI + O_3 + H_2O \rightarrow 2KOH + O_2 + I_2$（遇澱粉變為深藍色）

   (3)光化學反應：$3O_2 \xrightarrow[\text{照射}]{\text{紫外線}} 2O_3$，$O_3 \xrightarrow{\text{陽光照射}} O_2 + O$

   (4)氧與臭氧為同素異形體。

(八)二氧化碳的製法

1. 碳酸鹽 + 酸：

   例：$CaCO_3 + 2HCl \rightarrow CaCl_2 + H_2O + CO_2$

2. 工業上：$CaCO_3 \xrightarrow{\Delta} CaO + CO_2$

(九) 二氧化碳之物理性質與化學性質及用途

1. $CO_{2(s)}$俗稱乾冰，有昇華現象。

2. 溶於水，可與水作用：$H_2O + CO_2 \rightleftarrows H_2CO_3$（弱酸）。

3. 比重大於空氣，可用作滅火劑，因不助燃。

4. 乾冰常用作冷卻劑（乾冰 + 丙酮可達 $-78℃$）。也常用以製造煙幕，增加舞臺場面的景觀。

5. CO_2 之溫室效應：可以阻止地球的紅外線輻射逸入太空，具有增高地球的氣溫的效應。

主題三　理想氣體

(一)基本定律

1. 波以耳定律：

(1)內容：一定量之氣體若溫度保持不變，其體積與壓力成反比。

(2)公式：$PV = K$ 或 $P_1V_1 = P_2V_2$。

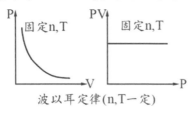

波以耳定律(n,T一定)

2. 查理－給呂薩克定律：

(1)氣體體積之膨脹特性：在一定壓力下，定量之氣體每升降 $1°C$，體積增減 $0°C$ 時體積之 $\dfrac{1}{273}$。

(2)查理定律：定量氣體，在一定壓力時，其體積（V）與絕對溫度（T）成正比。

(3)公式：$\dfrac{V}{T} = K$，即 $\dfrac{V_1}{T_1} = \dfrac{V_2}{T_2}$

(4)在定量定容下之氣體壓力，亦和絕對溫度成正比。公式：$\dfrac{P_1}{P_2} = \dfrac{T_1}{T_2}$

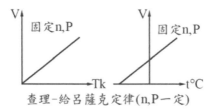

查理－給呂薩克定律(n,P一定)

氣體壓力(P)、體積(V)、溫度(T 或 t)、莫耳數(n)關係函數圖

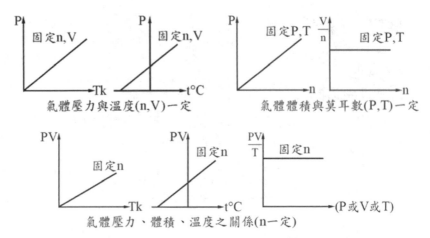

氣體壓力與溫度(n,V)一定　　　氣體體積與莫耳數(P,T)一定

氣體壓力、體積、溫度之關係(n一定)

3. 理想氣體與其方程式：

(1)理想氣體之體積為各分子間之間隔，意即分子自身之體積視為零。氣體分子間無引力存在。

(2)理想氣體方程式：$PV = nRT$　$PV = \dfrac{W}{M}RT$　$PM = dRT$

(3)氣體常數 $R = 0.082$ atm-L/mol-K $= 8.31$ J/mol-K $= 1.987$ cal/mol-K

(4)分子之平均速率：$\bar{v} = \sqrt{\dfrac{3RT}{M}}$

(5)分子間之平均距離：ℓ（cm）$= \sqrt[3]{\dfrac{氣體體積(mL)}{分子數}}$

(6)每莫耳分子之平均動能：$3RT/2$

4. 擴散速率：

(1)同溫、同壓下，擴散速率和分子量平方根成反比 $\dfrac{R_A}{R_B} = \sqrt{\dfrac{M_B}{M_A}}$ 。

(2)不同溫度或壓力，擴散速率比即分子對器壁碰撞頻率比。

5. 分壓定律：

(1)總壓是分壓之和。(2) 分壓 ＝ 總壓 × 莫耳分率。

範例觀摩 1

將 0.5 克某一有機化合物液體，注入於 1.60 升的真空容器中使其完全氣化。在 40℃時其壓力為 190mmHg。該有機化合物可能為　(A)甲醇　(B)乙醇　(C)乙醚　(D)丙酮。

解析　(A)。$PV = \dfrac{W}{M}RT \Rightarrow \dfrac{190}{760} \times 1.6 = \dfrac{0.5}{M} \times 0.082 \times 313$

∴$M = 32$ 而 $CH_3OH = 32$。

範例觀摩 2

在高溫時，$AB_{(g)}$部分解離成 $A_{(g)}$ 及 $B_{(g)}$。設在一個容積不變的密閉容器中，將一莫耳的 $AB_{(g)}$加熱，在 500K 平衡時，25％的 $AB_{(g)}$解離而壓力為 2.00 大氣壓。若在 800K 平衡而 50％的 $AB_{(g)}$解離時，壓力為若干大氣壓？　(A)3.20　(B)3.84　(C)4.27　(D)6.40。

解析　(B)。

$$
\begin{array}{ccccc}
AB & \rightarrow & A & + & B \\
1 & & 0 & & 0 \\
- \ 0.25 & + & 0.25 & + & 0.25 \\
\hline
0.75 & & 0.25 & & 0.25
\end{array}
\qquad
\begin{array}{ccccc}
AB & \rightarrow & A & + & B \\
1 & & 0 & & 0 \\
-0.5 & + & 0.5 & + & 0.5 \\
\hline
0.5 & & 0.5 & & 0.5
\end{array}
$$

$2 \times V = 1.25 \times R \times 500$ 　　　$P \times V = 1.5 \times R \times 800$

兩式相除　$P = 3.84atm$

範例觀摩 3

在一項實驗裡濃鹽酸與鋁粉反應，產生的氣體經排水集氣法收集得 300 毫升；此氣體溫度 27℃，大氣壓力 784mmHg。在 27℃，水的蒸氣壓是 24mmHg，問由鹽酸與鋁產生的氣體有多少克？　(A)1.258 克　(B)0.0122 克　(C)0.0244 克　(D)0.0251 克。

解析　(C)。鹽酸與鋁粉反應產生 $H_{2(g)}$

依 $PV = (W/M)RT$

$\dfrac{784 - 24}{760} \times \dfrac{300}{1000} = \dfrac{W}{2} \times 0.082 \times 300$　∴氫重 $= W = 0.0244$ 克

範例觀摩 4

一密閉器內裝有乙炔及氧的混合物。乙炔的分壓為 100 mmHg 而氧的分壓為 500 mmHg，溫度為 27℃。當通電完全燃燒後，溫度升到 627℃。假設密閉器容積不變，下列有關燃燒後氣體的敘述中何者正確？ (A)在 627℃ 時，總壓為 550 mmHg (B)該氣體只含二氧化碳及水蒸氣 (C)在 627℃ 時，二氧化碳分壓為 600 mmHg (D)冷卻至 27℃時（水的蒸氣壓為 27 mmHg，CO_2 對水之溶解度忽略不計），總壓為 470 mmHg (E)冷卻至 27℃時，總壓為 550 mmHg。

解析 (C)。

$$2C_2H_2 \quad + \quad 5O_2 \quad \rightarrow \quad 4CO_2 \quad + \quad 2H_2O$$

300K 反應前	100	500	0	0

↓

300K 反應後	0	250	200	100＞27

↓

900K 反應後	0	750	600	300

由上所列可知：

(A)627℃（900K）時之總壓＝7250＋600＋300＝1650（mmHg）

(B)氣體有 O_2，CO_2 及 $H_2O_{(g)}$存在。

(C)在 627℃時 CO_2 分壓＝600mmHg

(D)27℃時之總壓＝250＋200＋27＝477（mmHg）

範例觀摩 5

如右圖有三個定容之容器甲、乙、丙，以及一可膨脹之氣球用管路聯結在一起。開始時各活栓關閉，各容器之體積及壓力如右圖所示。現將各活栓打開，當系統內之壓力達到一大氣壓時，問氣球的體積為何？（假設氣體之初體積以及管路之體積皆可不計。系統前後之溫度保持一定） (A)1.13 升 (B)1.50升 (C)3.24升 (D)13.5升。

解析 (B)。$0.20 \times 5.0 + 2.0 \times 4.0 + 1.5 \times 3.0 = 1.0 \times (5.0 + 4.0 + 3.0 + V)$

∴V＝1.5 升

範例觀摩 6

有同體積之氦（27℃），氫（77℃），及臭氧（127℃）三氣體，在等壓下時，下列對比何者正確？（**註**：上述三氣體在該情況下皆可視為理想氣體，對比皆以氦：氫：臭氧為序。） (A)氣體莫耳數比為 $\dfrac{1}{27} : \dfrac{1}{77} : \dfrac{1}{127}$ (B)分子數比為 400：350：300 (C)各氣體所含原子數比為 $\dfrac{1}{300} : \dfrac{2}{350} : \dfrac{3}{400}$ (D)氣體密度比為 $\dfrac{1}{300} : \dfrac{1}{350} : \dfrac{1}{400}$。

解析 (C)。(A)$PV = nRT$ ∵PV 相同 ∴$n_1T_1 = n_2T_2 = n_3T_3$

$n_1 : n_2 : n_3 = \dfrac{1}{T_1} : \dfrac{1}{T_2} : \dfrac{1}{T_3} = \dfrac{1}{300} : \dfrac{1}{350} : \dfrac{1}{400}$

(B)分子數比等於莫耳數比 $= \dfrac{1}{300} : \dfrac{1}{350} : \dfrac{1}{400}$

(C)原子數比 $= \dfrac{1}{300}$（He）$: \dfrac{1}{350} \times 2$（$H_2$）$: \dfrac{1}{400} \times 3$（$O_3$）

(D)$D = \dfrac{PM}{RT}$ ∵P 相同 ∴密度比等於 $\dfrac{M}{T}$ 之比

∴密度比為 $\dfrac{4}{300} : \dfrac{2}{350} : \dfrac{48}{400}$（He：$H_2$：$O_3$）

範例觀摩 7

在同溫時，將一定量的氮氣裝入 A 瓶，並將同重量的氬氣裝入 B 瓶中，若 A、B 二瓶的體積相等，則下列敘述何者正確？（原子量：Ar = 40，N = 14） (A)A 瓶的氣體分子數目比 B 瓶少 (B)A 瓶與 B 瓶的氣體分子的平均動能相同 (C)A 瓶內氣體分子的平均運動速率比 B 瓶小 (D)A 瓶的壓力比 B 瓶小 (E)A 瓶的氣體密度比 B 瓶大。

解析 (B)。(A)分子數比 N_2：Ar = 1/28：1/40 = 10：7

(B)∵溫度相同 ∴分子平均動能相同 (C)$V_{N_2} : V_{Ar} = \sqrt{40} : \sqrt{28}$

(D)$P_{N_2} : P_{Ar} = 10 : 7$ (E)同重同體積 ∴密度相同

範例觀摩 8　重要觀念

一定量的氣體裝於可調整溫度及體積容器內，其壓力與體積關係如下圖，已知 A 點溫度為 300K。則：

(1)C 點溫度若干 K？

(2)B → D 之控制變因是什麼？

(3)A → D 之變化因素為何？

(4)B → D 之變化合於那一定律？

(5)B、E 點的溫度是否相同？

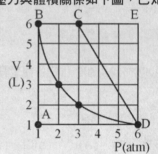

解析　(1) $\dfrac{P_A V_A}{P_C V_C} = \dfrac{T_A}{T_C}$ ； $\dfrac{1 \times 1}{3 \times 6} = \dfrac{300}{T_C}$ 　$\therefore T_C = 5400K$

　　(2)B → D，$P_B V_B = 1 \times 6 = P_D V_D = 6 \times 1$，故為恆溫進行適於波以耳定律，即溫度為控制變因。

　　(3)A → D 恆容，而壓力變化，故溫度為變化因素。

　　(4)B → D，PV = K（定值）合於波以耳定律。

　　(5)B，E 之體積相等壓力不等，故 T（溫度）不同（$\because P \propto T$）。

範例觀摩 9

某生依照下列實驗各製得氣體甲～丁：

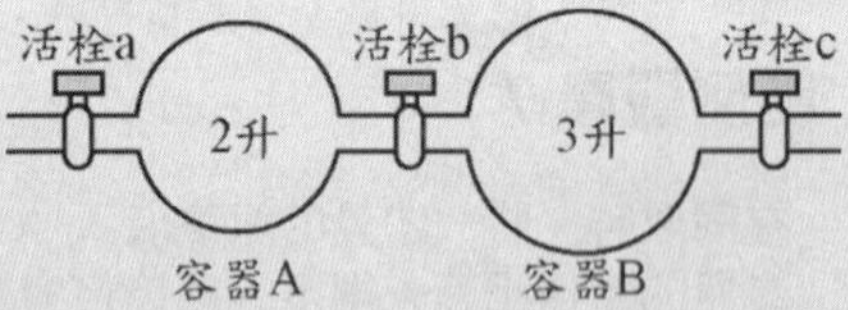

氣體甲：將氯化銨和氫氧化鈣混合加熱。

氣體乙：將過氧化氫水溶液加入二氧化錳。

氣體丙：將氯化鈉和濃硫酸混合加熱。

氣體丁：於碳酸氫鈉中加入鹽酸。

並將體積 2 升的玻璃容器 A 和體積 3 升的玻璃容器 B 連接，如上圖。則：

(1)試問氣體甲，乙，丙，丁各為何物？寫出其分子式？

(2)在 27℃時，氣體乙裝入封閉的容器 A 中，使其壓力為 1 大氣壓，氣體丁裝入封閉的容器 B 中，使其壓力為 2 大氣壓，然後開啟兩容器中間的活栓 b，靜置一段時間後，試問容器內混合氣體的壓力為多少？

(3)在 27℃時，將氣體甲裝入封閉的容器 A 中，使其壓力為 2 大氣壓，氣體丙裝入封閉的容器 B 中，使其壓力為 1 大氣壓，然後開啟兩容器中間的活栓 b，靜置一段時間後，試問容器內混合氣體的壓力為多少？

解析 (1)甲：NH_3，乙：O_2，丙：HCl，丁：CO_2　(2)1.6atm　(3)0.2atm。

(2) $1 \times 2 = P_{O_2} \times 5$，$P_{O_2} = 0.4$（atm）

　　$2 \times 3 = P_{CO_2} \times 5$，$P_{CO_2} = 1.2$（atm）

　　∴混合氣體壓力 = 0.4 + 1.2 = 1.6（atm）（大氣壓）

(3) $2 \times 2 = P_{NH_3} \times 5$，$P_{NH_3} = 0.8$（atm）

　　$1 \times 3 = P_{HCl} \times 5$，$P_{HCl} = 0.6$（atm）

　　$NH_{3(g)} + HCl_{(g)} \rightarrow NH_4Cl_{(s)}$　∴混合氣體壓力 = 0.8 － 0.6 = 0.2（atm）

範例觀摩 10

室內之氣溫自 25℃上升到 30℃時，有多少量的空氣逃逸到室外？

(A)$\dfrac{5}{298}$　(B)$\dfrac{5}{303}$　(C)$\dfrac{5}{300}$　(D)$\dfrac{5}{273}$。

解析 (B)。$PV = n_1R \cdot 298$ 又 $PV = n_2R \cdot 303 \Rightarrow \dfrac{n_1}{n_2} = \dfrac{303}{298}$，$\dfrac{n_1 - n_2}{n_1} = \dfrac{5}{303}$

範例觀摩 11

有氮和氫同莫耳數混合所成之氣體，欲使其重量和同溫同體積之 1atm 氖相同，則混合氣體之壓力為　(A)7.5　(B)3.75　(C)1.00　(D)0.267　atm。

解析 (D)。$PV = \dfrac{W}{M}RT$

　　在同 V、W、T 之下，P 和 M 成反比，$P_1M_1 = P_2M_2$

　　$1 \times 4 = P_2 \times \left(28 \times \dfrac{1}{2} + 2 \times \dfrac{1}{2}\right)$　$P_2 = \dfrac{4}{15}$ atm

範例觀摩 12

25℃時水蒸氣壓為 24mmHg，取 1.8 克 H_2O 置入下列容器中，則何者錯誤？　(A)10 升密閉容器內 25℃時，器內壓力為 24mmHg　(B)10 升密閉容器內 100℃時，器內壓力為 760mmHg　(C)2 升密閉容器內 100℃時，器內壓力為 760mmHg　(D)定量 1.8 克 $H_2O_{(l)}$ 在定容積（10 升）下，P_{H_2O} 與 t℃之關係圖形為右圖。

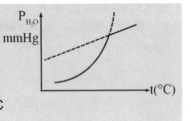

解析　(B)。(A) $\dfrac{P}{760} \times 10 = 0.1 \times 0.082 \times 298$

$P = 185.7$ mmHg > 24 mmHg（蒸氣壓力不得大於飽和蒸氣壓）

(B) $\dfrac{P}{760} \times 10 = 0.1 \times 0.082 \times 373 \Rightarrow P = 232$ mmHg

(C)$232 \times 5 > 760$ mmHg（100℃純水的飽和蒸氣壓為 1 atm）

(D)轉折點為液體正好完全蒸乾時。

(二) 真實氣體

1. 理想氣體與真實氣體之比較：

理想氣體	真實氣體
分子本身不占有體積（氣體之體積完全由分子間之間隔形成）	氣體分子本身占有體積
分子間無作用力	**分子間有引力存在**
PV=nRT	$(P+\dfrac{n^2}{V^2}a)(V-nb)=nRT$ （凡得瓦方程式） a、b 因氣體種類而異

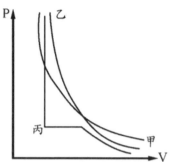

定量氣體定溫度
甲：理想氣體
乙：真實氣體(溫度在臨界溫度以上)
丙：真實氣體(溫度在臨界溫度以下)

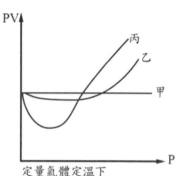

定量氣體定溫下
甲：理想氣體
乙：分子間引力較小之真實氣體
丙：分子間引力較大之真實氣體

2. 理想氣體能適用於氣體方程式（如波以耳定律等），真實氣體用於氣體方程式時因氣體種類及條件不同而有不同程度的偏差，此偏差因甚小，一般上忽略。

3. 分子量愈小且為非極性分子（如 He、H_2、N_2、CH_4 等）及沸點愈低之氣體，分子間引力愈小，其性質愈接近理想氣體。

4. 在高溫低壓時氣體之體積很大，分子距離遠，分子間引力小，其性質接近理想氣體。

(三)液體蒸氣壓

1. 高動能之分子正好出現在液面，則克服分子間之吸引力而脫離液面變成蒸氣。

2. 液面上的飽和蒸氣之壓力，叫該液體在該溫度之飽和蒸氣壓，簡稱蒸氣壓。

3. 飽和蒸氣壓之大小僅和溫度及液體種類有關和液面壓力、表面積、容器體積無關。

    (1)同一液體於高溫時蒸氣壓較大。

    (2)同一溫度下，沸點高的物質蒸氣壓較小。

4. 未飽和狀態下，若有液體則又可蒸發而飽和，若無液體只好維持未飽和狀態。

5. 過飽和狀態下，多餘蒸氣應凝結而變飽和。

6. 以液體重代入 $PV = \dfrac{W}{M}RT$ 時，是假設該液體完全變成蒸氣時的蒸氣壓

力為 P，故所求之 P 若 $\begin{cases} \text{大於飽和蒸氣壓，則只能蒸發到飽和為止} \\ \text{小於飽和蒸氣壓，則蒸氣壓力即為P} \end{cases}$

範例觀摩 13

將 18.0 克水盛入容積固定為 9.0 升的真空器中加熱至 100°C時，容器內壓力為
(A)1　(B)1.25　(C)1.31　(D)1.34　atm。

解析 (A)。$P \cdot 9 = \dfrac{18}{18} \times 0.082 \times 373 \Rightarrow P = 3.4\ (\text{atm}) > 1\ (\text{atm})$

∴仍為 1atm

注意：上題若加大體積為 50 升，則壓力變為多少 atm？

key：$P \cdot 50 = \dfrac{18}{18} \times 0.082 \times 373 \Rightarrow P = 0.612\ (\text{atm}) < 1\ (\text{atm})$

∴為 0.612 atm

範例觀摩 14

一容器中有氧及少許液態苯，25°C時總壓力 690 mmHg，若將溫度升至 60°C並將
體積加倍，此時仍有苯存在，則總壓變為：（已知 25°C及 60°C苯的飽和蒸氣壓
分別為 94 及 482 mmHg）　(A)762　(B)783　(C)815　(D)824　mmHg。

解析 (C)。25°C、V 升時，苯之蒸氣壓 94mmHg，故氧分壓為 690－94 = 596
（mmHg），60°C及 2V 升時，氧之壓力設為 P，P × 2V = n × R ×
333，596 × V = n × R × 298，得 P = 333mmHg，故器內總壓力
333 + 482 = 815（mmHg）

↘ 重要試題演練

(　)　1. 在一大氣壓下，25°C時，下列何種氣體的性質最接近理想氣體？
(A)氮氣　(B)氨氣　(C)氯化氫　(D)正丁烷。

( )　2.　在同溫同壓時，擴散同重的氧氣和氫氣，所需時間比為：　(A)4：1
(B)1：4　(C)1：2　(D)2：1。

( )　3.　由氫與氧所組成的混合氣體，在 S.T.P.時的密度為 0.424 克／升，則氫對氧分子數之比為（H_2/O_2）　(A)1：2　(B)2：1　(C)3：1　(D)3：2。

( )　4.　在 1atm 下於 100℃時水蒸氣之莫耳體積約為 100℃時水莫耳體積之若干倍？　(A)1200　(B)1700　(C)2100　(D)800。

( )　5.　在定壓下，使定量氣體之溫度由 10℃升到 11℃，則體積增加 10℃時體積的　(A)1/10　(B)1/283　(C)1/284　(D)1/273。

( )　6.　下列何種氣體處於附列之情形下，其性質最近理想氣體？
(A)25℃，1 atm，CO_2　　　　　(B)100℃，1 atm，H_2O
(C)0℃，1 atm，O_2　　　　　　(D)300K，0.1 atm，He。

( )　7.　下列各項氣體，分子間平均距離最小的是
(A)27℃，1 atm 之氮氣　　　　　(B)327℃，2 atm 之氧氣
(C)240K，0.8 atm 之氦氣　　　　(D)0℃，1 atm 之 H_2。

( )　8.　在 10 升容器中置入 2.0 克氫及 8.0 克氧，點火發生反應後溫度升到 100℃，則此時器內壓力為　(A)2.53 atm　(B)1.53 atm　(C)1 atm　(D)3.06 atm。

( )　9.　已知三個相同材質的汽球，分別裝有等莫耳數的 H_2、He、CH_4 等三種氣體。假設這些氣體均為理想氣體，則在標準狀態下，對汽球內三種氣體的敘述，哪些是正確的？（多選）
(A)H_2 的壓力為 He 的 4 倍
(B)H_2 汽球內的原子數為 He 汽球內原子數的 2 倍
(C)當 H_2 汽球內的 H_2 逸散出 50%時，則在同一時間，約有 35%的 He 從 He 汽球內逸散出來
(D)He 的逸散速率為 CH_4 的 2 倍
(E)CH_4 的密度(克/升)為 He 的 4 倍。

( ) 10.家用的瓦斯有天然氣（主成分 CH_4）或液化石油氣（主成分 C_3H_8）。若在同溫同壓，分別使同體積的 CH_4 與 C_3H_8 完全燃燒，則 C_3H_8 所需空氣的量是 CH_4 的幾倍？
(A)11/5　(B)7/3　(C)2　(D)2.5。

( ) 11.若壓力不變，溫度由 27℃ 升高為 327℃ 時，理想氣體分子間的平均距離會增為原來的幾倍？
(A)1.26　(B)1.41　(C)1.73　(D)1.85。

( ) 12.氣體燃燒時非常劇烈，若控制不當常引致爆炸，稱為氣爆。下列(A)至(E)選項中數字比值分別代表五支試管中混合均勻的天然氣與空氣的體積比。若將混合氣體點火，試問哪一個混合比的爆炸最劇烈？
(A)1：1　(B) 1：2　(C)1：10　(D)1：15。

13.已知丙烷熱裂解後產生丙烯與氫氣，其平衡反應式如下：

$C_3H_{8(g)} \rightarrow C_3H_{6(g)} + H_{2(g)}$

今將1.0莫耳的丙烷置於一個22.4升的密閉容器中，並使容器溫度維持在427℃經一段時間，反應達平衡後，測得容器內的總壓力為3.0 大氣壓。假設容器內每一氣體均可視為理想氣體，試列出計算式，求出該反應達平衡後，下列各項數值。

(1)容器內丙烯的莫耳數。(2)容器內氫氣的質量。(3)容器內氫氣的分壓。

14-15 題為題組

黑火藥燃燒時的化學反應式如下：

$2 KNO_{3(s)} + 3 C_{(s)} + S_{(s)} \rightarrow K_2S_{(s)} + N_{2(g)} + 3 CO_{2(g)}$ ....(1)

在一個內容量為 8.2 升的炸彈型容器內，在常溫常壓，裝入由硝酸鉀 2200 克（21.8mol），碳 360 克、硫粉 340 克（10.6mol）磨成的均勻混合物與引信。假設黑火藥一經引燃，就依式 (1) 反應，溫度快速升高，容器內的壓力隨之增大，溫度最高可達 1000K，而產生的氣體均可視同理想氣體，未反應的剩餘物均以固體的狀態留存。據此回答 14-15 題。

( )｜14. 若裝黑火藥的容器可耐壓 200 大氣壓，則引燃後容器爆炸時的壓力（單位：大氣壓），最接近下列的哪一數值？　(A)100　(B)200　(C)300　(D)400。

( )｜15. 若裝黑火藥的容器可耐壓 500 大氣壓，則引燃後的最大壓力（單位：大氣壓），最接近下列的哪一數值？　(A)100　(B)200　(C)300　(D)400。

( )｜16. 甲、乙兩容器中間以附有閘門的狹管相連，閘門關閉時，體積為 20 公升的甲容器內裝有 3.0 大氣壓的氮氣，體積為 40 公升的乙容器內裝有 6.0 大氣壓的空氣，兩容器的氣體溫度均為 300 K。閘門打開後兩容器氣體開始混合，並且將混合後氣體的溫度加熱至 420 K。若兩容器與狹管的體積不隨溫度而變，則平衡後容器內混合氣體的壓力為幾大氣壓？　(A)3.0　(B)4.0　(C)5.0　(D)7.0。

解答與解析

1.(A)。分子間之吸引力（凡得瓦力）最小者，即分子最小者即 N_2。

2.(B)。同溫、同壓、同重之氧和氫之體積比為 1：16。

$$\frac{\dfrac{V_{H_2}}{t_{H_2}}}{\dfrac{V_{O_2}}{t_{O_2}}} = \sqrt{\frac{32}{2}} \quad , \quad \frac{\dfrac{16}{t_{H_2}}}{\dfrac{1}{t_{O_2}}} = \sqrt{\frac{32}{2}} = \frac{4}{1} \quad \therefore \frac{t_{O_2}}{t_{H_2}} = \frac{1}{4} \, 。$$

3.(C)。設氫 x mol，氧 y mol $\dfrac{2x + 32y}{x + y} = 0.424 \times 22.4$，x：y = 3：1。

4.(B)。100°C 純水 1 莫耳 18 克約為 18 mL。

100°C、1 atm 下水蒸氣 1 莫耳，由 PV = nRT 求出 V = 30600 mL

故為 30600 ÷ 18 = 1700 倍。

5.(B)。$\dfrac{V_{11}}{V_{10}} = \dfrac{284}{283}$　故 $\dfrac{V_{11} - V_{10}}{V_{10}} = \dfrac{1}{283}$。

6.(D)。溫度高、壓力低、分子間引力小之氣體，性質接近理想氣體。(B)雖溫度較高，但 100℃，1atm 下之水蒸氣，甚易因降溫或加壓而液化。

7.(D)。溫度愈低，壓力愈大，分子間平均距離愈小。

8.(A)。

$$2H_2 + O_2 \rightarrow 2H_2O$$

反應前　1　　$\dfrac{1}{4}$　　0

反應後 0.5　　0　　0.5

$P_{H_2} \times 10 = 0.5 \times 0.082 \times 373$，$P_{H_2} = 1.53atm$

$P_{H_2O} \times 10 = 0.5 \times 0.082 \times 373$，$P_{H_2O} = 1.53atm > 1atm$

總壓 1.53 + 1 = 2.53（atm）。

9.(B)(C)(D)(E)。(A)汽球體積具可塑性，故三個氣球壓力應皆約為 1 大氣壓

(B)H_2 為雙原子分子、He 為單原子分子

(C)擴散速率與分子量呈根號反比。$R_{H_2}/R_{He} = \sqrt{2}$

(D)擴散速率 $R_{He}/R_{CH_4} = 2$

(E)$d \propto M$，密度比 CH_4：He＝16：4＝4：1

10.(D)。$CH_4 + 2O_2 \rightarrow CO_2 + 2H_2O$ ；$C_3H_8 + 5O_2 \rightarrow 3CO_2 + 4H_2O$

5：2＝2.5

11.(A)。根據查理定律：定壓下，定量氣體的體積與絕對溫度成正比。

$V_2/V_1 = T_2/T_1 = 600/300 = 2 \Rightarrow$ 其直線距離為：$(2)^{1/3}$

12.(C)。$CH_4 + 2O_2 \longrightarrow CO_2 + 2H_2O$

$\therefore V_{CH_4}:V_{O_2} = 1:2$，又空氣中 O_2 約占 1/5 $\Rightarrow V_{CH_4}:V_{空氣} = 1:10$

13.(1)　$C_3H_8 \rightarrow C_3H_6 + H_2$

初始　1　　0　　0

反應　−x　+x　+x

平衡後總莫耳數 = 1 − x + x + x = 1 + x

根據 PV = nRT　解得 1 + x ≒ 1.17 $\therefore$ x = 0.17 mol

(2)反應後產生 H_2 0.17mol　$W_{H_2} = 0.17 \times 2 = 0.34$ g

(3)H_2 的分壓 $P_{H_2} = P_t \times X_{H_2} = 3.0 \times 0.17 / 1.17 ≒ 0.44$ atm

14.(B)。反應物中碳的莫耳數＝360／12＝30 mol 為限量試劑。

可生成的氣體生成物（N_2＋CO_2）共有 10＋30＝40（mol）。

利用氣體方程式 PV＝nRT　　P＝400（atm）

由於容器最大耐壓為 200 atm，所產生的最大氣壓為 200 atm。

15.(D)。當容器耐壓限度為 500 atm，容器內壓力維持 400 atm。

16.(D)。20×3＋40×6＝60×P_1　　P_1＝5atm　　5/300K＝ P_2/ 420K　　P_2＝7atm。

↘ 進階難題精粹

( )　1. 用下列何種方法可以得到氧？（多選）　(A)將紅色氧化汞加熱，逸出氣體為氧氣　(B)將鹽酸與二氧化錳混合加熱至約 90℃，逸出氣體為氧氣　(C)分餾液態空氣，在氮氣汽化後，殘餘者大部分為液氧　(D)電解水在陰極可收集氧氣　(E)鹼金屬與水作用，所冒的氣泡即為氧氣。

( )　2. 有 A、B 兩氣體，分別放在兩球形容器內，已知 A 氣體之溫度比 B 氣體高，下列何者為真？（多選）　(A)A 分子運動速率一定比 B 分子快　(B)A 分子平均動能一定比 B 分子平均動能大　(C)若同壓，同體積，則 B 氣體所含分子數較多　(D)A 分子對器壁每單位面積之碰撞頻率較大　(E)同壓同體積下，A 分子間之平均距離比 B 大。

( )　3. 下列有關氣體之定性敘述，何者錯誤？（多選）　(A)定量真實氣體，於定溫下壓力愈低，PV 乘積愈近於常數　(B)理想氣體分子僅具質量，不占體積　(C)真實氣體在 S.T.P.時之莫耳體積並不等於 22.414 升，而液化溫度高及分子量大的氣體偏差較大　(D)同狀況時，同體積之真實氣體必具有等數之分子　(E)同溫時，任何氣體每個分子之動能均相等。

(　)　4. 關於混合氣體之敘述何者正確？（多選）　(A)分子量愈大，則分壓愈小　(B)分子數愈多，則分壓愈大　(C)恆容下加入 He，物系之總壓增加，但對原成分之分壓無影響　(D)分子之平均速率愈快，壓力愈大　(E)恆壓下加入 He，則分壓均變小。

(　)　5. 已知 60℃ 的飽和水蒸壓 150mmHg，水的臨界溫度 374℃，臨界壓力 218atm，指出那一情況下水將是液體？（多選）　(A)400℃，400atm 下　(B)300℃，300atm 下　(C)2atm，100℃　(D)0.1atm，60℃　(E)150mmHg，50℃。

(　)　6. 在某一溫度下當一種化合物的液態與氣態呈平衡狀態時，下列敘述何者正確？（多選）　(A)液態的蒸氣壓必為一特定值　(B)體積愈小，蒸氣壓愈大　(C)平衡溫度愈高，蒸氣壓愈大　(D)液體分子可隨時間漸漸吸收熱量增多氣體分子　(E)液體的莫耳汽化熱和氣體的莫耳凝縮熱，熱量相等但符號相反。

(　)　7. A、B 兩種氣體已知分子量 $M_A > M_B$，則同溫度下，下列那一敘述不正確？（多選）　(A)平均動能相等　(B)平均運動速率相等　(C)密度 $D_A > D_B$　(D)平均動量 $M_A V_A > M_B V_B$　(E)壓力 $P_A > P_B$。

8. 在水面上收集氧氣一段時間後，得知右圖所示之情形，當時之溫度為 25℃，水的飽和蒸氣壓為 23.8 mmHg，大氣壓為為 760 mmHg，則：

(1)收集到之氧氣，壓力為若干？

(2)收集到之氧氣莫耳數為若干？（設25℃下汞之密度為13.6 g/cm³）

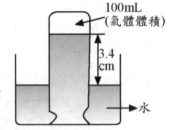

9. 試以 SI 單位，計算氣體常數（R）的值。

10. 試計算氫氣在 S.T.P.的密度，以(1)每升含的克數；(2)SI 單位分別表示。

11. 如右圖，一密閉箱中央有一可自由滑動之隔板（先使之固定），把兩邊隔成相同的體積（各 1 升），在各過程中溫度均保持在 27℃。則：

(1)甲區置入 100 mmHg 之氧而乙區置入 200 mmHg 之氮，使隔板滑動後甲區之壓力變為若干 mmHg，體積有若干升？

(2)甲區置入 100 mmHg 之氧而乙區置入足量之液態乙醇，使隔板滑動後，乙區之體積剩下若干升？（27℃乙醇飽和蒸氣壓 80 mmHg）

(3)甲區置入足量的甲醇液體，乙區置入足量的乙醇液體，使隔板滑動後，乙區之體積剩下若干升？（27℃甲醇飽和蒸氣壓 120 mmHg）

12. 1公升燒杯裝滿水，將10毫升的量筒倒扣入水中，如右圖(A)所示。冷卻至7℃量記量筒上端空氣體積，如右圖(B)所示。加熱至82℃再量記量筒中氣體體積，如右圖(C)所示。當日大氣壓力為1.0atm，若7℃的水蒸氣壓力很小可忽略不計，（氣體常數R = 0.082 atm-L-mol^{-1}-K^{-1}）則：

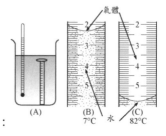

(1)82℃時量筒內氣體體積為_____毫升。（答案須取最多有效位數）

(2)若溶解於水的空氣不計。7℃時量筒內的空氣有多少莫耳？

(3)82℃時的水飽和蒸氣壓為多少 atm？

解答與解析

1.(A)(C)。(B)生成 Cl_2。(D)陽極得氧，陰極得 H_2。(E)氫。

2.(B)(C)(E)。(A)尚需考量分子量。(D)條件不足太多無法比較。

3.(D)(E)。(A)壓力低時性質接近理想氣體。(C)真實氣體在 S.T.P.下莫耳體積會因分子間引力之大小，而略有改變。故每升之分子數亦略有不同。(E)平均動能相同，但每個分子之動能不一定相同。

4.(B)(C)(E)。(A)$PV = \dfrac{W}{M} RT$，故還要有等重氣體才能成立。(D)兩者無關。（只要考慮分子數之多少。）

5.(B)(C)(E)。液化的條件：(1)溫度必低於臨界溫度。(2)壓力必高於該溫度之飽和蒸氣壓（過飽和現象）。

6.**(A)(C)(E)**。(B)飽和蒸氣壓之大小僅和溫度及液體種類有關。(D)已達飽和平衡狀態，故不會再增多氣體分子。

7.**(B)(C)(E)**。(B)同溫下分子量小者，平均速率大。(C)PM = DRT，故還要考慮壓力大小。(D)平均動量 $mv \propto M \cdot \sqrt{\dfrac{3RT}{M}} \propto \sqrt{3MRT}$。

(E)要看分子數之多少。

8.大氣壓力 = 氣體壓力＋飽和水蒸氣壓力＋水柱壓力

(1)$P = 760 - 23.8 - \dfrac{3.4}{13.6} \times 10 = 733.7$（mmHg）

(2)$\dfrac{733.7}{760} \times 0.1 = n \times 0.082 \times 298$，$n = 3.95 \times 10^{-3}$ mol

9.取1莫耳氣體在0℃（273K）及1atm（1.01×10^5Pa）下測體積22.4升（22.4×10^{-3}m³）則$1.01 \times 10^5 \times 22.4 \times 10^{-3} = 1 \times R \times 273$，R=8.31J/mol－K

10.(1)$1 \times 2 = d \times 0.082 \times 273$，$d = \dfrac{2}{22.4}$ g/L

(2)SI 制之密度單位為 kg/m³，$\dfrac{2}{22.4} \times 10^{-3} \times 10^3 = \dfrac{2}{22.4}$（kg/m³）

11.(1)$100 \times 1 = P \cdot V$　$200 \times 1 = P \cdot (2 - V)$　$P = 150$mmHg，$V = \dfrac{2}{3}$（升）

(2)甲區壓力較大，故體積增加而使壓力降到和乙區相同 80mmHg
$100 \times 1 = 80 \times V$　V＝1.25（升）　$2 - 1.25 = 0.75$（升）

(3)因甲區永遠保持 120mmHg 而乙區保持 80mmHg，故乙區最終體積約為零（完全液化）。

12.(1)有效數字要取到最小刻度的下一位，故 5.60 mL
(2)$1 \times 2.30 \times 10^{-3} = n \cdot 0.082 \cdot 280$，$n = 1.00 \times 10^{-4}$mol
(3)$P \times 5.60 \times 10^{-3} = 1.00 \times 10^{-4} \cdot 0.082 \times 355$，$P = 0.52$（atm），
故 $1 - 0.52 = 0.48$（atm）為所求。

第四章 溶液

重要度
★★★

主題一 溶液的分類與濃度

(一)溶液的分類

1. 溶液依其形態分成：

    (1) 氣態溶液：氣體溶於氣體（如空氣）。

    (2) 液態溶液：氣體溶於液體（氨溶於水），液體溶於液體（如酒精溶於水），固體溶於液體（如糖溶於水）。

    (3) 固態溶液：氣體溶於固體（如氫溶於鈀），固體溶於固體（銅溶於鋅→黃銅）。

2. 依溶液的導電性分為：

    (1) 電解質溶液：包括酸、鹼、鹽等溶液，又分為強電解質與弱電解質溶液。

    (2) 非電解質溶液：如糖水及多數有機物（有機酸、鹼、鹽除外）之溶液。

(二)溶液和純質之區別

1. 純質有固定的熔點、沸點、密度、蒸氣壓等物理性質，溶液之此等性質會因濃度而異。

2. 溶液沸騰時，先汽化之物質所凝結而得之液體，成分和原溶液不同。

3. 溶液凝固時，凝固點低於純溶劑，且先凝固之物質幾乎是純溶劑或和原溶液成分不同。

(三) 膠體溶液

1. 膠體溶液：由高分子或粒子的結合或離子吸附溶劑分子所構成的原子集團（直徑大小介於 1nm～100nm 間），原子數目達 10^3～10^9，所構成的溶液。

2. 膠體溶液的特性：

(1) 廷得耳效應：光線通過膠體溶液，由於膠質粒子散射光線，顯出一條光亮的通路，此現象稱為廷得耳效應。

(2) 布朗運動：膠質粒子由於受到溶劑分子的不均碰撞，在膠體溶液中不停地作急速運動，此稱為布朗運動。

(3) 膠質粒子的帶電：膠質粒子帶有電荷，是由於膠質粒子吸附溶液中已有的離子或極性分子而來。若加入電解質以抵消所帶電荷，可使膠質粒子凝聚，如豆漿中加入石膏可成豆花。

(四)溶液濃度表示法

1. 重量百分率濃度（％）：每 100 克溶液所含有之溶質克數。

$$\% : \frac{溶質重}{溶質重+溶劑重} \times 100\%$$

2. 容積莫耳濃度（M）：每升溶液所含溶質莫耳數。

$$M : \frac{溶質莫耳數}{溶液體積(升)} \quad 溶液體積 = \frac{溶質重}{溶液密度} \times \frac{1}{1000}$$

3. 重量莫耳數濃度（m）$= \frac{溶質莫耳數(mol)}{溶劑千克數(kg)}$

每公升的溶劑之溶質的莫耳數。

4. 莫耳分率（X）$= \frac{溶質莫耳數(n_1)}{溶液莫耳數(n_1+n_2+\cdots\cdots)}$

各成分莫耳分率的總和為 1。

5. 體積百分率：以溶液 100 毫升中所含溶質的毫升數來表示的濃度。

$$體積\% = \frac{溶質的體積}{溶液總體積} \times 100\%$$

對氣體而言，相當於莫耳分率。

6. 當量濃度或規定濃度（N）$= \frac{溶質當量數}{溶液升數}$

☆ 各種濃度的換算：

(1)％、m、x 無涉及溶液體積，不隨溫度變化而改變。

(2)M 及 N 與溶液之體積有關，溫度變化時其值會改變。

☆ 重要觀念：

A. 如何用 $Na_2CO_3 \cdot H_2O$ 之結晶調製 0.5M 的 $Na_2CO_{3(aq)}$？

key：0.5M 意即 1 L 溶液中含 Na_2CO_3 0.5 mol

∴須 $Na_2CO_3 \cdot 10\ H_2O$ 0.5 mol

即需 $Na_2CO_3 \cdot 10\ H_2O$ 142 克

先將 142 克 $Na_2CO_3 \cdot 10\ H_2O$ 溶於適量水

中，將所得溶液倒入 1000 mL 之量瓶中，然後再加水沖稀

至刻畫線 1000mL 即可。

B. 一般濃鹽酸的重量百分率濃度為 35％，比重為 1.20，試描述從濃鹽酸來配製 1 升 0.20M 鹽酸溶液的方法？

key：取 1000 mL 的容量瓶加入水後，再加入 17.4 mL 的 35％濃鹽酸，再加水成 1000mL，故 x×1.2 × 35％ = 0.2 × 1 × 36.5，x = 17.4 mL 為所求。

範例觀摩 1

690mL 的乙醇（比重 = 0.8）與 650mL 的水混合所得溶液乙醇的濃度為 9.2M。

(1)求混合溶液的密度為若干 g/mL？(2) 求混合液含乙醇的重量百分率濃度。

(3)求混合液含乙醇的重量莫耳濃度。

解析 混合液體積設為 V 升，則 $9.2 = \dfrac{690 \times 0.8/46}{V}$ ∴V = 1.304 升。

(1) 密度 $= \dfrac{690 \times 0.8 + 650 \times 1}{1304} = 0.92$（g/mL）為所求。

(2) $\dfrac{690 \times 0.8}{690 \times 0.8 + 650 \times 1} \times 100\% = 46\%$ 為所求。

(3) $\dfrac{690 \times 0.8 / 46}{\dfrac{650}{1000}} = 18.5$（m）為所求。

範例觀摩 2

將濃度 2M 溶液一瓶，倒去半瓶再用水加滿，拌勻後再倒去 3/4 瓶，然後再以 3 M溶液加滿，則最後濃度為　(A)1M　(B)$\dfrac{5}{2}$M　(C)$\dfrac{2}{3}$M　(D)$\dfrac{1}{2}$M。

解析　(B)。倒出液體時，濃度不變，再加水時若溶液體積n倍，則濃度為1/n倍。

範例規摩 3

欲由重量百分率 90% 的硫酸配成重量百分率 30% 的硫酸（比重 1.23）1 公升時，約需若干毫升的蒸餾水？　(A)408　(B)606　(C)820　(D)616。

解析　(C)。設需水 x 克，90%硫酸溶液重 y 克

$y \times 90\% = 1000 \times 1.23 \times 30\% \Rightarrow y = 410g$

又 $1230 = x + 410$ ∴$x = 820$ 克 $= 820$ mL

主題二　溶解度

(一)溶解度的表示法

1. 定溫時，溶劑 100g 所能溶解溶質（無水物）之最大克數。（單位：溶質 g/100g 溶劑）。適用溶解度大者。

2. 定溫時，1 L 飽和溶液所溶溶質（無水物）之莫耳數。（單位：溶質 mol/L 溶液）。適用溶解度小者。

(二) 溶質溶於液態溶劑之溶解度大小之分類

1. 可溶：溶解度大於 0.1 M 稱為可溶。

2. 微溶：溶解度介於 10^{-1} 與 10^{-4} M 之間稱為微溶。

3. 難溶：溶解度低於 10^{-4} M 稱為難溶，有時稱為不溶。

(三) 影響溶解度的主要因素

1. 溶質和溶劑的本性：同質互溶原理；極性易與極性互溶，非極性易與非極性互溶。

2. 溫度：

   (1) 固體或液體溶解時吸熱者，溫度升高溶解度變大，若放熱者，溫度改變對溶解度之影響無規則可循。

   (2) 氣體之溶解度隨溫度升高變小。

3. 壓力：壓力對固體或液體的溶解度影響很小，而氣體之溶解度隨壓力增加變大。

(四) 亨利定律

溫度不變時，氣體的溶解度與其平衡存在的氣體壓力成正比。但如氨和氯化氫等易溶於水或與水起反應之氣體，不適用於亨利定律。

範例觀摩 1

在 50℃時 $NaClO_3$ 和 KNO_3 對 100 克水的溶解度分別為 138.5 克和 85.8 克。而在同一溫度時 $KClO_3$ 和 $NaNO_3$ 對 100 克水的溶解度分別為 18.4 克和 114 克。如果在 50℃時，欲製備含 $NaClO_3$ 和 KNO_3 的飽和溶液而加 138.5 克 $NaClO_3$ 和 85.8 克 KNO_3 於 100 克的水中時將會發生何種結果？（分子量：$NaClO_3 = 106.5$，$KNO_3 = 101$，$KClO_3 = 122.5$，$NaNO_3 = 85$） (A)析出 67.4 克 $KClO_3$ (B)析出 85.7 克 $KClO_3$ (C)析出 120 克 $KClO_3$ (D)析出 24.3 克 $NaNO_3$。

解析　(B)。$NaClO_3 = \dfrac{138.5}{106.5} = 1.30$（莫耳）　$KNO_3 = \dfrac{85.8}{101} = 0.850$（莫耳）

$$NaClO_3 \quad + \quad KNO_3 \quad \rightarrow \quad KClO_3 \quad + \quad NaNO_3$$

原　來：　1.30 莫耳　　0.85 莫耳

作　用：　－0.85 莫耳　－0.85 莫耳　＋0.85 莫耳　＋0.85 莫耳

作用後：　0.45（餘）　　0　　　　0.85（生成）　0.85（生成）

作用後：$NaClO_3 = 0.45 \times 106.5 = 47.93$（克）＜138.5

$KClO_3 = 0.85 \times 122.5 = 104.12$（克）＞18.4

$NaNO_3 = 0.85 \times 85 = 72.25$（克）＜114

依題意知 $KClO_3$ 為過飽和　∴析出 $KClO_3 = 104.12 - 18.4 = 85.7$（克）

範例觀摩 2

取定量之二氧化碳置入鋼筒中,作下列實驗,如(甲)(乙)(丙)(丁)(戊)(己)各圖所示(設活塞重量不計,砝碼大小相同):(甲)圖:$CO_{2(g)}$體積為 100 mL,(乙)圖:鋼筒塞加上一砝碼,$CO_{2(g)}$ 體積為 60 mL,(丙)活塞上加二塊砝碼,$CO_{2(g)}$體積變為 x mL,(丁)圖:若於(甲)情況中加入定量 H_2O,$CO_{2(g)}$ 體積變為 70 mL,(戊)圖:若於(丁)情況加上一砝碼 $CO_{2(g)}$ 體積變為 y mL,(己)圖若於(丁)情況加上二砝碼,$CO_{2(g)}$體積變為 z mL。

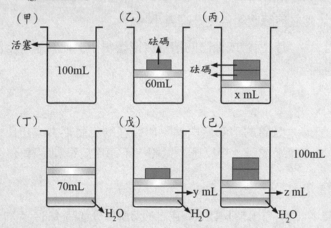

(1)試利用(甲)(乙)(丙)三個實驗決定 x mL 之值為　(A)43　(B)45　(C)48　(D)50。

(2)試利用(甲)(乙)(丁)(戊)四個實驗決定 y mL 之值為　(A)20　(B)25　(C)30　(D)35。

(3)試利用(甲)(丙)(丁)(己)四個實驗決定 z mL 之值為　(A)10　(B)13　(C)15　(D)20。

解析　(1)(A)、(2)(C)、(3)(B)。

設大氣壓力為 1atm,一個砝碼相當於 a atm。

(1)$100 \times 1 = 60 \times (1+a)$,$a = \dfrac{2}{3}$ atm,$100 \times 1 = x (1+\dfrac{4}{3})$,$x = 43.3$ mL

(2)(3)在 1atm 下定量的水溶解 30 mL 之 CO_2,則在 5/3atm 或 7/3atm 時,也可以溶解在該壓力下 30 mL 的 CO_2

∴$y = 60 - 30 = 30$,$z = 43 - 30 = 13$

範例觀摩 3

某不揮發性強電解質 $A_2B_{(s)}$（式量 120 克／莫耳）

對水的溶解度曲線如右圖：

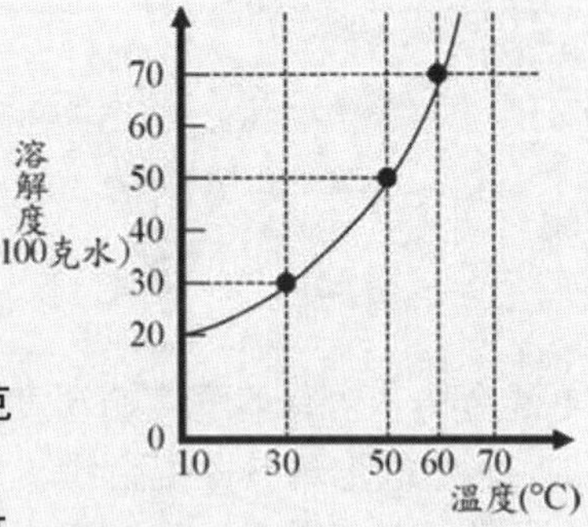

(1) 50℃的飽和溶液之重量百分率濃度若干？
    (A)50%　(B)33.3%　(C)66.7%　(D)25%。

(2) 650 克的 30℃飽和溶液，欲在 50℃也能飽和，
    需要蒸發掉若干克純水？　(A)100 克　(B)200 克
    (C)300 克　(D)250 克。

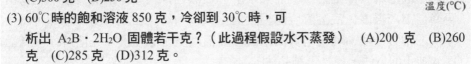

(3) 60℃時的飽和溶液 850 克，冷卻到 30℃時，可
    析出 $A_2B \cdot 2H_2O$ 固體若干克？（此過程假設水不蒸發）　(A)200 克　(B)260
    克　(C)285 克　(D)312 克。

解析　(1)(B)、(2)(B)、(3)(C)。

(1)50℃時，每 100 克水，溶解 50 克 A_2B 而飽和 $\dfrac{50}{100+50} \times 100\% = 33.3\%$

(2)A_2B：$650 \times \dfrac{30}{130} = 150$（克）　水：$650 - 150 = 500$（克）

　　設蒸發掉 x 克水後形成 50℃的飽和溶液 $\dfrac{150}{500 - x} = \dfrac{50}{100}$，x = 200 克

(3)設產生 $A_2B \cdot 2H_2O$ y 克

　　則 A_2B 減少 $y \cdot \dfrac{120}{156}$ 克；H_2O 減少 $y \cdot \dfrac{36}{156}$ 克

$$\frac{850 \times \dfrac{70}{170} - y \cdot \dfrac{120}{156}}{850 \times \dfrac{100}{170} - y \cdot \dfrac{36}{156}} = \frac{30}{100} \quad y = 285$$

迷你實驗室　溶解度與再結晶

濾紙折成波浪狀

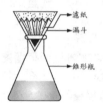

濾紙
漏斗
錐形瓶

1. 混合物若含有溶解度隨溫度變化較大的物質和隨溫度變化較小的物質,則可加適量的溶劑於此混合物,加熱溶解。趁熱過濾,即得溶解度較小之物質,再降低濾液溫度,使溶解度隨溫度變化較大的物質結晶析出,如此可將性質不同的物質分離。利用物質的溶解度對溫度變化的差異,先溶解而後結晶以達到純化的方法,稱為再結晶法。

2. NaCl 在高溫時溶解度小,且高低溫時溶解度差小。

   KNO_3 在高溫時溶解度大,且高低溫溶解度差大。

   故高溫時 KNO_3 完全溶解而可能殘留 NaCl,趁熱過濾即除去之 NaCl。

   熱濾液冷卻時可得大量 $KNO_{3(s)}$ 及少量 $NaCl_{(s)}$ 可再做一次而更加純化。

3. 本實驗使用無莖幹漏斗,濾紙折成波浪狀,過濾裝置要溫熱,都要避免過濾時發生 KNO_3 之結晶。

問題:依據下附表:硝酸鈉在水中的溶解度

溫度(℃)	0	20	40	60	80	100
溶解度(g/100 g H_2O)	73.9	88.0	105	125	148	176

(1)由硝酸鈉之溶解度求 60℃ 時之飽和溶液重量莫耳濃度若干 m?

(2)60℃ 時硝酸鈉的飽和溶液 450 克冷卻至 20℃ 時應析出晶體若干克?

〈分析〉(1)由上表知 60℃ 時之溶解度為 125,$NaNO_3$ = 85

$$\therefore C_m = \frac{125/85}{0.1} = 14.7 \text{(m)}$$

(2)450 克飽和溶液中含 $NaNO_3 = 450 \times \dfrac{125}{100+125} = 250$（克）

設冷卻至 20℃ 時析出溶質 x 克，則 $\dfrac{250-x}{200} = \dfrac{88}{100}$

∴x = 74 克　∴析出 $NaNO_3$ 為 74 克

主題三　拉午耳定律

(一) 拉午耳定律

1. 均具有揮發性之兩液體 A、B，其純質之蒸氣壓為 P_A^o 及 P_B^o，若取 n_A 莫耳 A 液體及 n_B 莫耳 B 液體混合成理想溶液，則此溶液：

$$\begin{cases} \text{A成分之蒸氣分壓} P_A = P_A^o \cdot \dfrac{n_A}{n_A + n_B} \\[2mm] \text{B成分之蒸氣分壓} P_B = P_B^o \cdot \dfrac{n_B}{n_A + n_B} \end{cases}$$

溶液之總蒸氣壓 $P = P_A + P_B$

2. 若溶質為不揮發性（對水溶劑而言，沸點高於水之物質）則：

溶液之蒸氣壓 = 溶劑之蒸氣壓

(二) 理想溶液

有 A、B 兩可互溶之液體，若混合後 A—B 間的引力等於 A—A 及 B—B 間的引力，則混合液的體積等於原來 A、B 兩液體積之和（設 A、B 可互溶）且混合時，不吸熱也不放熱，所形成之溶液為理想溶液。其蒸氣壓遵循拉午耳定律。

(三) 非理想溶液

1. 若 A—B 之引力大於 A—A，B—B 之引力，則混合時放熱且體積不可加成（變得較小），其蒸氣體比拉午耳定律預期者為小，如丙酮和氯仿之混合。

2. 若 A—B 之引力小於 A—A、B—B 之引力時，性質相反。

(四) 沸騰與沸點

1. 沸騰：沸騰時，可使液體從內部產生氣泡，此時液體之蒸氣壓等於液面壓力。

2. 沸騰時之溫度稱為沸點，在一大氣壓時的沸點稱為該液體之正常沸點。液面壓力愈大時，液體愈不容易形成氣泡，所以液面上所受之壓力愈大時沸點愈高，所受之壓力愈小時沸點愈低。

(五) 溶液之沸點上升與凝固點下降

1. 不揮發性溶質所形成之稀薄溶液，其沸點上升的度數（ΔT_b）與溶液重量莫耳濃度（m）成正比，即：$\Delta T_b = K_b m$（K_b 為莫耳沸點上升常數，由溶劑種類決定）。

2. 不揮發性溶質所形成之稀薄溶液其凝固點下降的度數（ΔT_f）與溶液重量莫耳濃度（m）成正比，即：$\Delta T_f = K_f m$（K_f 為莫耳凝固點下降常數，由溶劑種類決定）。

3. $\Delta T_b = K_b m$ 與 $\Delta T_f = K_f m$ 之討論：

   (1) 此二公式均適用於稀薄溶液，非電解質溶質之溶液。（濃溶液之誤差大）

   (2) 使用 $\Delta T_b = K_b m$ 時，溶質必須為不揮發性之物質。

   (3) 若溶質為電解質，則溶液須依解離後之分子和離子總濃度計算。

   $\begin{cases} 溶質完全解離成i個離子時，則\Delta T = Km \times i \\ 僅部分解離成i個離子時，設解離度\alpha，\Delta T = Km[1+(i-1)\alpha]。 \end{cases}$

4. 同一溶劑中溶有不同之溶質而分別形成 m_1、m_2、m_3……之濃度時，則：

   $\Delta T = K \cdot (m_1 i_1 + m_2 i_2 + m_3 i_3 + \ldots)$

5. 溶質若有聚合傾向，則當二聚時（設聚合率為 α）：

$$2A \;\rightleftharpoons\; A_2$$

$$\begin{array}{ll} m & 0 \\ -m\alpha & +\dfrac{1}{2}\,m\alpha \\ \hline m-m\alpha & \dfrac{1}{2}\,m\alpha \end{array}$$

故公式 $\Delta T = K \times m \times (1 - \dfrac{1}{2}\alpha)$

6. 同溶劑之不揮發性溶質之稀、濃兩溶液及純溶劑共置密閉容器中，長久時間達平衡時(1)純溶劑必蒸乾；(2)稀、濃兩溶之沸點、凝固點、蒸氣壓變成相同，溶液之 m×i 也變成相同。

迷你實驗室　凝固點下降的測定

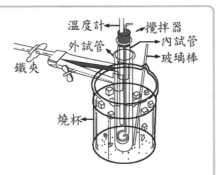

1. 原理：研究拉午耳定律及 $\Delta T_f = K_f m$ 關係，藉測定溶液凝固點下降度數，求溶質之分子量。

2. 實驗結果：

   (1) 測得純溶劑（環己烷）的凝固點= 6.45℃。

   (2) 環己烷溶液的凝固點測量：

   萘（溶質）的質量 = 0.27 克（W）

   環己烷（溶劑）的質量 =15 mL×0.77g/mL=11.52g（w）

   測得環己烷溶液的凝固點=2.03℃

   (3)計算萘的分子量 $K_f = 20.0$℃/m　$\Delta T_f = 6.45 - 2.03 = 4.42$

   分子量計算：　$\Delta T_f = K_f \dfrac{W/M}{w/1000}$ 得 $4.42 = 20.0 \times \dfrac{0.27/M}{11.52/1000}$

   ∴萘的分子量 M = 106 g/mol

問題：環己烷的凝固點測量：

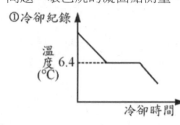
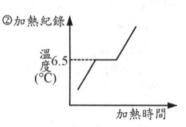

環己烷熔液（ 0.27 克萘 $C_{10}H_8$ 溶於 11.52 克環己烷，K_f=20.0℃/m ）

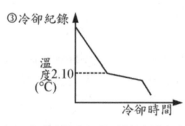
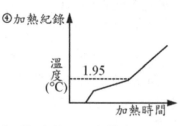

(1)試由以上曲線圖求環己烷溶液凝固點下降度數，並求萘之分子量？

(2)求溶質分子量之實驗誤差百分率？

【分析】

由 $\begin{cases} ①②圖知環己烷的凝固點 = \dfrac{6.4+6.5}{2} = 6.45 \,(℃) \\ ③④圖推測環己烷溶液的凝固點 = \dfrac{2.10+1.95}{2} = 2.03 \,(℃) \end{cases}$

故知環己烷溶液之凝固點下降 = 6.45 － 2.03 = 4.42（℃）

$\Delta T_f = K_f m$，$4.42 = 20.0 \times \dfrac{0.27/M}{0.01152} \Rightarrow$ 萘分子量 M = 106

而 $C_{10}H_8$ = 128 ∴實驗誤差百分率 = $\dfrac{128-106}{128} \times 100\%$ = 17.2%

範例觀摩 1

設尿素〔$CO(NH_2)_2$〕水溶液為理想溶液,在 25℃下,20%(重量百分率)尿素水溶液的蒸氣壓約為若干 mmHg?(原子量:$C = 12$,$N = 14$,$O = 16$;25℃純水的蒸氣壓是 23.8 mmHg) (A)25.6 (B)22.1 (C)19.0 (D)1.67。

解析 (B)。$P = x_A \times P_A^o = \dfrac{\dfrac{80}{18}}{\dfrac{80}{18} + \dfrac{20}{60}} \times 23.8 = 22.1$(mmHg)

範例觀摩 2

某化合物 A,取 W 克溶解於 1000 克水中時,有下列平衡存在:$A + A \rightleftarrows A_2$;設其平衡常數 K 不隨溫度改變。測此溶液之凝固點下降 ΔT,則 ΔT 與 W 間之下列關係(實線部分)何者正確?

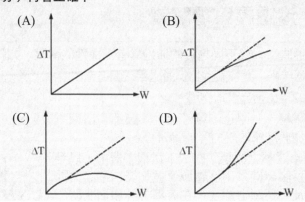

解析 (B)。

$$\begin{array}{ccc} 2A & \rightleftarrows & A_2 \\ m & & 0 \\ -m\alpha & & +\frac{1}{2}m\alpha \\ \hline m - m\alpha & & +\frac{1}{2}m\alpha \end{array}$$

$\Delta T = Km \left(1 - \dfrac{1}{2}\alpha\right)$

若 α 不變,則 ΔT 和 m 成正比得(A)

物質濃度愈大,a 值略為增大,因此曲線向下偏折,故選(B)。

範例觀摩 3

將 1.62 克硝酸汞溶解於 500 克水時，此溶液之凝固點下降度數為 0.0558℃；當 5.42 克氯化汞溶解於 500 克水時，所得溶液之凝固點為—0.0744℃。設水的莫耳凝固點下降常數為 1.86，試問下列各項敘述中，何者正確？（原子量：Hg = 200，N = 14.0，Cl = 35.5）　(A)硝酸汞及氯化汞在水中均不解離　(B)硝酸汞及氯化汞在水中均解離　(C)硝酸汞在水中不解離，但氯化汞在水中解離　(D)硝酸汞在水中解離，但氯化汞在水中不解離。

解析　(D)。$0.0558 = 1.86 \times \dfrac{\frac{1.62}{324}}{0.5} (1 + 2\alpha)$　$\alpha = 1$，故完全解離

$0.0744 = 1.86 \times \dfrac{\frac{5.42}{271}}{0.5} (1 + 2\alpha)$　$\alpha = 0$，表示不解離

主題四　滲透壓與電解質

<table>
<tr><td rowspan="1">滲
透
作
用</td><td>

1.半透膜：對於不同物質的通過具有選擇性的薄膜，如膀胱等。

2.滲透作用：允許某些物質通過半透膜進入濃溶液的現象稱為滲透作用。

3.滲透壓：為阻止溶劑經由半透膜進入溶液所需加於溶液的壓力等於滲透壓。

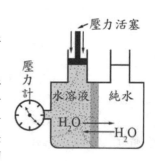

(1)滲透壓之測量：在一不銹鋼容器中，以半透膜隔開成兩個區域，並加裝一個壓力計及一個壓力活塞。在有壓力計和活塞的一邊裝入溶液，另一邊放入純溶劑。為了保持溶液體積一定，所加的壓力就是溶液的滲透壓，可以由壓力計讀出。

(2)滲透壓的數學方程式及性質：

①在稀薄溶液，滲透壓的大小 π 與溶質的莫耳數 n 和絕對溫度 T 成正比，與溶液的體積 V 成反比，而與溶質和溶劑的種類無關。$\pi V = nRT$

②性質與應用：如同理想氣體的狀態方程式。可由溶液的滲透壓、溶液的體積、溶質的質量 W、溶液的溫度，求得溶質的分子量 M，尤其適合分子量極大之物質。即 $\pi V = \dfrac{W}{M} RT$ 或 $\pi = [C] RT$，[C] 表示溶液之容積莫耳濃度，若為電解質溶質，則公式 $\pi = [C] RT \times i$
</td></tr>
</table>

滲透作用	4.滲透作用對生物體的影響： (1)細胞的滲透作用：利用滲透作用能夠使水分傳送到生物體的每一個細胞。 (2)靜脈注射時要考慮滲透壓：打針的溶液必須調整（以食鹽水為主）到其滲透壓（濃度）與血液（血液的平均滲透壓約為 7.7 大氣壓）相等時，才可以使用。 5.逆滲透：如果加一大於滲透壓力的外力於溶液，則溶劑將被迫由溶液進入純溶劑中，此過程稱為逆滲透，逆滲透可用來將海水淡化。
電解質	物質在熔化狀態或水溶液態能夠導電的物質，稱為「電解質」。 1.電解質的種類： (1)離子化合物：如鹽、鹼 $M(OH)_n$，熔化或水溶液中可導電。 (2)極性共價化合物：如酸、NH_3，熔化不導電，水溶液中可導電。 2.電解質之強弱：解離度大者為強電解質，解離度小者為弱電解質。 強電解質包括：(1)離子化合物；(2)強酸（HCl、H_2SO_4、HNO_3 等）。 弱電解質包括：(1)弱酸和 CH_3COOH；(2)氨水或氫氧化銨。 3.電解質之濃度愈稀薄或離子間之引力愈小（電荷小、半徑大），則解離度愈趨近 100%。 4.電解質水溶液的依數性質： 依數性質：溶液的有些性質與溶質的本性無關，而只決定於溶液的濃度，亦即只依溶質的粒子數目而定，這種性質叫做依數性質，例如蒸氣壓降低量、沸點上升度數、凝固點下降度數、滲透壓。

☆物質之導電性：

1. 靠自由電子導電者比靠離子導電者之導電性佳。

2. 固體能導電者如金屬、石墨均靠自由電子導電。

3. 靠離子導電者：（離子化合物之熔融態及電解質水溶液）

   (1) 導電時產生電解現象。

   (2) 離子濃度（用 N 做單位）愈大，導電性愈好，一般上，強電解質溶液＞弱電解質溶液＞非電解質溶液。

範例觀摩 1

人血液的滲透壓在 37℃時約為 7.5 大氣壓。在同一溫度和血液呈相同滲透壓的食鹽水（生理食鹽水）的凝固點是多少℃？（此食鹽水的濃度不大，體積莫耳濃度可視為與重量莫耳濃度相等，而水的莫耳凝固點下降常數是 1.86） (A) －1.13 (B) －0.57 (C) －0.41 (D) －0.28。

解析 (B)。設食鹽水之濃度為 M = m

$$M \times i = \frac{\pi}{RT} = \frac{7.5}{0.082 \times 310} = 0.295 = m \times i$$

$$\Delta T_f = 1.86 \times 0.295 = 0.55℃$$

範例觀摩 2

在體溫（37℃）時，血液的滲透壓與0.160 M NaCl溶液相同，依滲透壓公式（π = iMRT），若NaCl溶液在此濃度的i值為1.85，試計算：

(1)在 37℃，血液的滲透壓為何？

(2)如將血球放在滲透壓 4.02 atm 的溶液中，則有何現象發生？（破裂？皺縮？）

(3)與血球等滲透壓的葡萄糖點滴，其重量百分率濃度約若干？

解析 (1)7.52atm　(2)血球會破裂　(3)5.3％

(1) $\pi = \frac{n}{V} RTi = 0.160 \times 0.082 \times 310 \times 1.85 = 7.52$（atm）

(3) $7.52 = \frac{n}{V} RT = \frac{n}{V} \times 0.082 \times 310$ ∴ $\frac{n}{V} = 0.296$（M）

$$\frac{0.296 \times 180}{1000 \times 1} = 5.3\%$$

範例觀摩 3

一截面積為 1.00 cm^2 的 U 形管，正中間以一半透膜隔如右圖，在 27℃時，U 形管一端注入 10mL 純水，試另一邊應注入多少毫升的 1 × 10^{-4} M NaCl$_{(aq)}$，才能使純水液面保持原來的高度，假設鹽水及純水密度皆 1 g/mL，半透膜只允許水分子進出，1 atm = 1000 gw/cm^2 (A)10 (B)12.5 (C)14.9 (D)17.4。

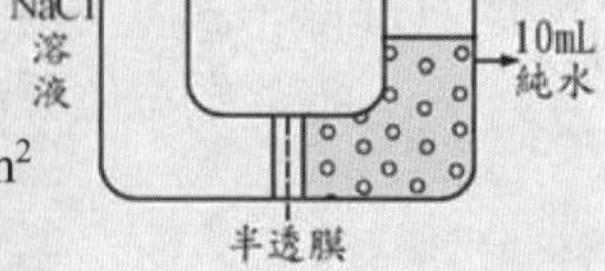

解析　(C)。$NaCl_{(aq)}$ 所造成之液柱壓力要和此溶液之滲透壓相等。

$\pi = 1 \times 10^{-4} \times 0.082 \times 300 \times 2 \times 1000 = h \times 1$　$h = 4.92$ cm

故鹽水液面要比純水液面高 4.92cm　$4.92 \times 1 + 10 = 14.92$（$cm^3$）

↘ 重要試題演練

( )　1. 於甲、乙、丙三個 100 毫升的燒杯中，分別加入三種不同溶液。甲：30.0 毫升 1.00M 氯化鈉溶液；乙：20.0 毫升 1.50M 氯化鈉溶液；丙：10.0 毫升 3.00M 氯化鈉溶液。並將三燒杯置於如右圖的密閉容器 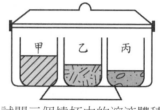 中，經充分的時間，整個系統達平衡後，試問三個燒杯中的溶液體積是 (A)一樣多　(B)甲燒杯中最多　(C)乙燒杯中最多　(D)丙燒杯中最多。

( )　2. 在 100℃ 時蒸氣壓為 740mmHg 的尿素水溶液欲使其蒸氣壓達 760mmHg，則溫度要上升到約　(A)100.4℃　(B)100.8℃　(C)101.2℃ (D)102.4℃。

( )　3. 一理想溶液含有二成分，其莫耳分率為 X_A 與 X_B，又知成分 A 之純蒸氣壓 P_A° 大於成分 B 之純蒸氣 P_B°，蒸餾後的蒸氣之冷凝液之莫耳分率分別為 Y_A 與 Y_B，（均在同溫下），則下列關係中何者正確？
(A)$X_A > Y_A$，$X_B > Y_B$　　　　　(B)$X_A < Y_A$，$X_B > Y_B$
(C)$X_A > Y_A$，$X_B < Y_B$　　　　　(D)$X_A < Y_A$，$X_B < Y_B$。

( )　4. 右圖曲線，a、b、c 分別為溶液 a、溶液 b 及純溶劑 c 之蒸氣壓曲線，d 線為該溶劑之固態物質蒸氣壓曲線。溶液 a、b 的組成如下表，則溶液中溶質之分子量為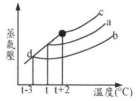
(A)10　　　　(B)50
(C)150　　　(D)100　g/mol。

溶液	a	b
溶質	3 克	0.15mol
溶劑	50 克	100 克

( )　5. 假設苯和甲苯互溶形成理想溶液，在 25℃時，苯的蒸氣壓為 a 毫米汞柱，甲苯的蒸氣壓為 b 毫米汞柱。下列敘述何者正確？

(A)b＞a　(B)當溶液中苯的莫耳分率為 0.5 時，溶液的蒸氣壓為 $\dfrac{a+b}{2}$

(C)苯和甲苯混合互溶的過程為放熱反應　(D)苯和甲苯之分子間沒有作用力。

( )　6. 將0.05莫耳的Na_2O、$Ba(OH)_2$、醋酸及食鹽分別溶入一升的水中。在 20℃下，那一溶液的飽和蒸氣壓最低？　(A)Na_2O溶液　(B)$Ba(OH)_2$溶液　(C)醋酸溶液　(D)食鹽溶液。

解答與解析

1.(A)。平衡後的濃度＝$\dfrac{1\times30+1.5\times20+3\times10}{60}$＝1.5（M）

＝$\dfrac{某杯中溶質莫耳數}{某杯之體積}$，故各燒杯內均有 1.5M NaCl 20mℓ。

2.(B)。$740=760\cdot x\Rightarrow x=\dfrac{37}{38}$，$\therefore\Delta T=0.52\times\dfrac{1000}{37\times18}=0.78$。

3.(B)。蒸氣壓較大者易蒸發，故蒸氣中該成分之莫耳分率大於原溶液中該成分之莫耳分率。

4.(D)。由溶液b之$\Delta T_b=5℃$，m=1.5，故K=$\dfrac{5}{1.5}$；再由溶液a之$\Delta T_b=2$，

即$2=\dfrac{5}{1.5}\times\dfrac{3/x}{0.05}$　$\therefore x=100$。

5.(B)。(A)甲苯之分子量較大，凡得瓦力較大，故蒸氣壓較小。

(C)理想溶液混合無熱量增減。

(D)甲苯和苯混合仍存有分子間作用力。

6.(A)。$Na_2O+H_2O\rightarrow 2NaOH$，故粒子的總數有 0.2mol。

↘ 進階難題精粹

( )　1.下列溶液之性質，那些為依數性質（colligative properties）？（多選）
(A)導電度　(B)pH 值　(C)沸點上升　(D)密度　(E)滲透壓。

( )　2. 有關物質之沸點與熔點之敘述，下列何者正確？（多選）　(A)熔點愈高，莫耳熔解熱愈大　(B)A 的沸點比 B 的沸點高，則 A 的熔點亦比 B 的熔點高　(C)沸點愈高，莫耳蒸發熱愈大　(D)同溫下，蒸氣壓愈高其沸點愈低　(E)任何物質之沸點均隨壓力增大而升高。

( )　3. 容器以半透膜（僅水分子能通過）隔成 A、B 兩區。在 A、B 中分別裝入等高度的兩種溶液。下列那些組合，會使 A 區域的溶液升高？（多選）　(A)A 中有 0.5 M BaI_2；B 中為 0.5 M H_2NCONH_2（尿素）　(B)A 中有 10%蔗糖；B 中為 10%葡萄糖　(C)A 中為 1.0 M NaCl；B 中為 1.0 M Na_2SO_4 (D)A 中為 10% NaCl；B 中為 10% NaI　(E)A 中為 1.0M NaCl；B 中為 0.5M BaI_2。

( )　4. 將以苯為溶劑之甲、乙二杯溶液並置於密閉容器中。當二溶液在 t℃ 時與容器中苯之蒸氣達平衡後，分析其組成而知每 100 克甲溶液含 1.28 克之萘（$C_{10}H_8$），100 克乙溶液中含 2.00 克之某有機化合物 X。（設在此溫度萘及 X 均為非揮發性，且甲、乙均為理想溶液）則（多選）　(A)甲與乙溶液之重量百分率濃度相同　(B)甲與乙溶液之重量莫耳濃度相同　(C)甲與乙溶液之凝固點相同　(D)X 之分子量為 200　(E)X 之分子量為 128。

( )　5. 在某定溫下甲、乙二液體之蒸氣壓分別為 120 及 160 mmHg，以等莫耳數混合甲、乙二液體，實驗測溶液之氣壓以 P 表示，以下說明何者正確？（多選）　(A)P = 150 mmHg 時，表示甲、乙混合時將會放熱　(B)P = 140 mmHg 時，表示甲、乙混合成理想溶液　(C)P = 130 mmHg 時，表示甲、乙混合後溶液之體積將比原成分體積總和要小　(D)P = 150 mmHg 時，表示甲—乙分子之間之引力大於甲—甲、乙—乙分子之間之引力　(E)P = 140 mmHg 時，表示甲—甲、乙—乙、甲—乙分子間之吸引相同。

6.截面積為 5 cm² 的玻璃圓筒底面被半透膜包緊，筒內放入 0.02M 葡萄糖水，在 27°C 時放入右圖的水中並固定，今放一個重量可忽略的板浮在溶液上，並在板上放置重物 W，結果一、二日後並沒有看到有何變化，求：

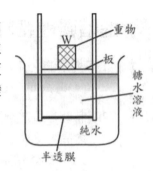

(1)此水溶液之滲透壓？

(2)W 有若干克？（1atm = 1033.6 g/cm²）

7.阿拉伯膠（最簡式的 $C_6H_{10}O_5$）之 3%水溶液於 25°C 時，具有 0.0272atm 之滲透壓，試問溶質之平均克分子量及由若干個單元分子聚合而成？（溶液之比重視為 1）

8.設 $CuSO_4$ 在水中溶解度 50 克/100 克水（80°C）20 克/100 克水（20°C），則：

(1)80°C時 100 克水最多可溶解 $CuSO_4 \cdot 5H_2O$ 若干克？

(2)80°C時的飽和溶液 600 克，冷卻到 20°C時，則能析出 $CuSO_4 \cdot 5H_2O$ 晶體若干克？

9.在某溫度下純苯及甲苯之蒸氣壓分別為 75 mmHg 及 25 mmHg，則苯和甲苯之混合液，其蒸氣壓苯和甲苯正好相同，則此混合液之蒸氣總壓為若干 mmHg？

10.沸點 101.04°C的尿素水溶液密度 1.06g/mL，則此溶液：

(1)在 1 atm 下凝固點若干°C？

(2)在 100°C時蒸氣壓若干 mmHg？

(3)在 27°C時滲透壓若干 atm？

11.純水在 25°C時飽和蒸氣在 23.8 mmHg，則 25°C時飽和蒸氣壓 23.0 mmHg 的尿素水溶液在 1 atm 下，沸點若干°C？

12.一 U 形管分 A、B 兩邊，兩邊管徑與形狀相同，中間以半透膜分離，半透膜只有水分子能通過，若於 A 中倒入 50 毫升 2.0M 之 $BaCl_2$ 水溶液，試問 B 中應倒入多少毫升 1.0M 之 NaCl 水溶液，才能使 A、B 兩邊平衡後，液面的高度相同？

13. 某非電解質之分子化合物 0.400 克溶於水成 100 毫升的溶液，將其與純水各裝在水中央有一半透膜之 U 形管兩側且令其高度相同（圖 A）。

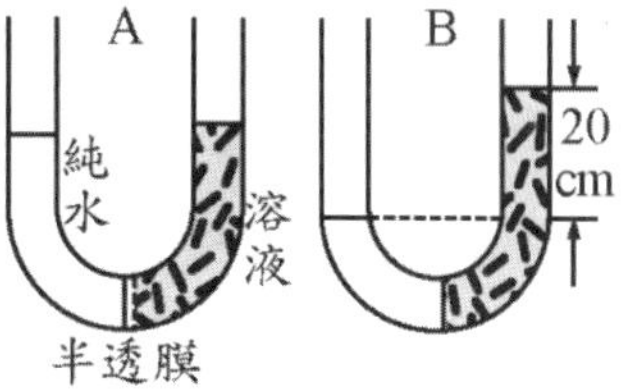

當平衡時兩液面之差為 20 cm（圖 B），實驗溫度為 27℃。（1atm ＝ 1000gw/cm²，U 形管大小均勻，截面積 2cm²）求該化合物之分子量為若干？

( )　14. 在室溫，將 1.17 克氯化鈉加入於一裝有 400 克水的燒杯中，充分攪拌，俟完全溶解後，置燒杯於溫度為−0.46℃的冰箱中。試問經長時間後，此溶液最多能析出約幾克的冰？（已知水的莫耳凝固點下降常數為 1.86℃/m）　(A)80　(B)160　(C)240　(D)320。

( )　15. 水溶液的沸點與其所含溶質的性質及其濃度有關。試問濃度均為 1.0m 的葡萄糖、果糖及蔗糖水溶液，三者沸點高低順序符合下列哪一項敘述？　(A)葡萄糖溶液＞ 果糖溶液＞ 蔗糖溶液　(B)蔗糖溶液＞ 葡萄糖溶液＞ 果糖溶液　(C)蔗糖溶液＞ 葡萄糖溶液＝ 果糖溶液　(D)葡萄糖溶液＝ 果糖溶液＝ 蔗糖溶液。

( )　16. 在 25℃，某非離子型樹脂在水中的溶解度為 0.1%（重量百分率濃度）。已知水的 K_b 為 0.512℃/m，K_f 為 1.86℃/m。右表所列為該樹脂飽和水溶液所測得的物理性質。試問該樹脂的平均分子量（克/莫耳），最接近下列哪一數值？
(A) 1500　(B) 2500　(C) 3500　(D) 4500。

物理性質	數值
沸點	100.0℃
凝固點	0.0℃
滲透壓（298K）	7.6 mmHg

( )　17. 某離子交換樹脂的裝置如下圖所示：甲管裝填 RNa 型陽離子交換樹脂，乙管裝填 R'OH 型陰離子交換樹脂。當含硫酸鈣的水溶液依序通過甲、乙兩管時，下列哪些敘述正確？（多選）
(A)在甲管內，鈣離子會與氫離子交換。
(B)當甲管的交換率降低後，可用飽和食鹽水再生。

(C)在乙管內，硫酸根離子會與氫離子交換。
(D)在乙管內，硫酸根離子會與氫氧根離子交換。
(E)當乙管交換率降低後，可用鹽酸再生。

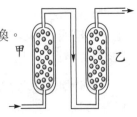

解答與解析

1.(C)(E)。依數性質指蒸氣壓下降，沸點上升，凝固點下降及滲透壓。

2.(C)(D)(E)。(1)一般而言，分子間引力大者，沸點較高，氣化時吸收熱量多，但熔點還要考慮分子之對稱性，故和沸點、氣化熱大小、熔解熱大小均無明確關係。

(2)壓力愈大，沸點愈大無例外，熔點也愈高，但冰、鑄鐵、銻、鉍、熔點降低。

3.(A)(D)(E)。（容積莫耳濃度 × 解離之離子數）之數值愈大者，滲透壓愈大 ⇒ 滲透而液面上升。

4.(B)(C)(D)。(1)當二溶液達平衡時，蒸氣壓必相等，故二溶液之溶劑莫耳分率，溶質莫耳分率，重量莫耳濃度（若為電解質溶質則 m × i 相同，i 為解離之離子數），又溶液之沸點、凝固點亦相同。(2) (D) $\dfrac{1.28}{128} \times \dfrac{1000}{98.72} = \dfrac{2.00}{M} \times \dfrac{1000}{98.0}$ $\therefore$ M=200。

5.(B)(C)(E)。如為理想溶液 $P = 120 \times \dfrac{1}{2} + 160 \times \dfrac{1}{2} = 140$（mmHg）。

(A)(D)P = 150＞140 表混合後異類間吸引力變小，混合過程吸熱。

(C)P=130＜140 表混合後異類間吸引力變大，混合過程為放熱。

(B)(E)為理想溶液，吸引力不變，不吸熱也不放熱。

6.(1)$\pi = 0.02 \times 0.082 \times 300 = 0.492$（atm）

(2)$W = P \times A = \pi \times A = 0.492 \times 1033 \times 5 = 2541$（克）

7.$\because 0.0272 \times 0.1 = \dfrac{3}{M} \times 0.082 \times 298 \Rightarrow M = 2.7 \times 10^4$

又 $C_6H_{10}O_5 = 162$　$\therefore$所求為 $(2.7 \times 10^4) \div 162 \doteqdot 167$（個）

8.(1) $\dfrac{x \cdot \dfrac{160}{250}}{100 + x \cdot \dfrac{90}{250}} = \dfrac{50}{100}$，$x = 108.7g$　(2)$\because 600 \times \dfrac{50}{150} = 200$（克）

由 $\dfrac{200 - \dfrac{160}{250}y}{400 - \dfrac{90}{250}y} = \dfrac{20}{100}$　$\therefore$所求 $y = 211$（克）

9.設溶液中苯之莫耳分率 x，則甲苯為 $1 - x$

$75x = 25(1 - x)$，$x = \dfrac{1}{4}$，$75 \cdot \dfrac{1}{4} + 25 \cdot \dfrac{3}{4} = 37.5$（mmHg）為所求

10.(1)$1.04 = 0.52 \cdot m$，$m = 2$，$\triangle T = 1.86 \times 2 = 3.72$，故 $-3.72℃$

(2)$P = 760 \cdot \dfrac{\dfrac{1000}{18}}{\dfrac{1000}{18} + 2} = 733$（mmHg）

(3)$\pi = \dfrac{2}{\dfrac{1000 + 120}{1.06} \times \dfrac{1}{1000}} \times 0.082 \times 300 = 46.7$（atm）

11.$\dfrac{n_1}{n_1 + n_2} = \dfrac{23.0}{23.8}$，$\triangle T = 0.52 \times \dfrac{\dfrac{0.8}{23 \times 18}}{1000} = 1$　$\therefore$所求為 $101℃$。

12.設加入 x mL1M NaCl 可使平衡後（雙方滲透壓相同）兩管液面同高

$\dfrac{2 \times \dfrac{50}{100}}{\dfrac{50 + x}{2} \cdot \dfrac{1}{1000}} \times 3 = \dfrac{1 \times \dfrac{x}{1000}}{\dfrac{50 + x}{2} \times \dfrac{1}{1000}} \times 2 \Rightarrow 2 \times 50 \times 3 = 1 \times x \times 2$

$\therefore x = 150$（mL）

13. 液面相差20cm，表示有$2 \times 10cm^3$的水由純水進入溶液，故溶液共有

120mL，$20 \times 1 \times \dfrac{120}{1000} = \dfrac{0.4}{M} \times 0.082 \times 300 \times 1000$ ∴M＝4100為所求。

14.(C)。$\Delta T_f = K_f \times C_m \times i$

∴$0.46 = 1.86 \times C_m \times 2$ 且 $C_m = (1.17/58.5) / w \times 10^{-3} = 0.23/1.86$

⇒w ≒ 160，故最多能析出$(400 - 160) = 240$ 克冰

15.(D)。沸點上升量$\triangle T_b = K_b \times C_m \times i$

因葡萄糖、果糖、蔗糖均非電解質，i＝1、且 C_m 均為 1.0 m，故

$\triangle T_b$ 均相同 → 三者沸點相同。

16.(B)。因溶液濃度極低，溶液密度當成 1 g／cm^3，溶液濃度由 0.1%→

C_M（容積莫耳濃度）　$C_M ＝（1/M）／1L$　（M 表示分子量）。

滲透壓 $\pi ＝ C_M RT \times i$　（非電解質溶質 i＝1）

$7.6/760 ＝（1／M）\times 0.082 \times（25＋273）\times 1$ 解得 M＝2444

17.(B)(D)。甲管反應：$CaSO_4 + 2RNa \rightarrow CaR_2 + Na_2SO_4$

乙管反應：$Na_2SO_4 + 2R'OH \rightarrow R'_2SO_4 + 2NaOH$

甲管的交換率降低後，可用飽和食鹽水再生；

乙管的交換率降低後，可用氫氧化鈉再生。

第五章　反應速率與化學平衡

主題一　反應速率

(一)反應速率：反應物系中，在單位時間內，（在一定條件下）反應物之消耗量（或生成物的生成量）稱之，即：

$$r（反應速率）= \frac{反應物消耗量}{反應時間} = \frac{生成物生成量}{反應時間}$$

1. 單位：$\dfrac{濃度(mol/L)}{時間(年，月，日，時，分，秒……)}$ 或 $\dfrac{壓力}{時間}$。

2. 數學表示法：$aA + bB \rightarrow cC + dD$

$$r = -\frac{\Delta[A]}{a\Delta t} = -\frac{\Delta[B]}{b\Delta t} = \frac{\Delta[C]}{c\Delta t} = \frac{\Delta[D]}{d\Delta t}$$

(二)影響反應速率的因素：(1)反應物本質；(2)反應物濃度與接觸面積；(3)溫度；(4)催化劑。

1. 反應物本質：

 (1) 一般在室溫下：

  A.不涉及鍵的破壞及重排，必快。

  B.涉及鍵的破壞及重排，通常反應較慢（一般性原則，但有例外）。

 (2) 離子間的反應較分子間快。

 (3) 愈活潑的反應物或愈穩定生成物反應速率愈快。

 (4) 一般反應速率：酸鹼中和最快，離子間反應、電子轉移反應、錯離子的生成反應也很快，而有機物或要點火才能反應的，在室溫下很慢。

2. 反應物濃度與接觸面積：

　(1) 碰撞學說：

　　　A.內容：反應物間要碰撞才有機會起反應。

　　　B.有效碰撞的條件：足夠的能量與正確的位向。

　　　C.反應速率與有效碰撞次數成正比。

　(2) 增加碰撞次數的方法：增加反應物濃度或接觸面積。

　　　A.勻相反應系中，改變反應物濃度的方法：增加或減少反應物，改變體積、增加或減少溶劑。

　　　B.非勻相反應中，改變接觸面積對反應速率影響較大。

　　　　例：將正立方體每邊 n 等分，可得 n^3 個小立方體，總表面積可增為 n 倍。

　(3) 反應機構：

　　　A.大部分的反應都分成幾個小步驟連續進行，這些小步驟稱為反應機構。

　　　B.須由實驗得知。

　　　C.反應過程的每一步驟大多為2個粒子相互碰撞。

　　　D.反應機構中之最慢者可決定反應速率，稱為瓶頸反應或反應速率決定步驟。

　　　E.各步驟代數和即稱為全反應。

　　　F.反應過程中有中間產物出現，中間產物較產物不穩定。

　　　　例：$4HBr_{(g)} + O_{2(g)} \rightarrow 2H_2O_{(g)} + 2Br_{2(g)}$ 在400～600℃時反應極速，實驗測得其過程如下：

　　　　　(A)$HBr + O_2 \rightarrow HOOBr$（慢）……………………決定步驟

　　　　　(B)$HOOBr + HBr \rightarrow 2HOBr$（快）

　　　　　(C)$2HOBr + 2HBr \rightarrow 2H_2O + 2Br_2$（快）

　　　　　HOOBr，HOBr為中間產物，將上述三式相加即可得全反應。

(4) 速率定律式：反應速率與反應物濃度或分壓之定量關係式。

$aA + bB \rightarrow cC + dD$ 之速率定律式表為 $r = k[A]^m[B]^n$；

或 $-\dfrac{\Delta[A]}{\Delta t} = k_1[A]^m[B]^n$；或 $-\dfrac{\Delta[B]}{\Delta t} = k_2[A]^m[B]^n$；

或 $\dfrac{\Delta[C]}{\Delta t} = k_3[A]^m[B]^n$；或 $\dfrac{\Delta[D]}{\Delta t} = k_4[A]^m[B]^n$；

其中 $-\dfrac{\Delta[A]}{\Delta t} : -\dfrac{\Delta[B]}{\Delta t} : \dfrac{\Delta[C]}{\Delta t} : \dfrac{\Delta[D]}{\Delta t} = k_1 : k_2 : k_3 : k_4$

$= a : b : c : d$

A.反應次數：$m + n$。

　　m、n 由實驗決定與 a、b 無關（即 m 不一定等於 a，而 n 不一定等於 b），反應次數可為0，正整數，負整數，負分數，正分數等。

> 零次反應：反應速率與反應物濃度無關，相同的時間內反應掉的反應物量相同。
>
> 一次反應：相同的時間反應的百分率相同，若每分鐘的分解率為 x，則 n 分鐘後剩下的量(N)為：$N = N_0(1-x)^n$（N_0 表原初的量)

B.k：速率常數，單位為 $\dfrac{1}{(\text{濃度})^{m+n-1}} \times \dfrac{1}{\text{時間}}$

　　（與濃度、壓力無關，隨溫度、反應物種類、活性、活化能、催化劑而改變）

C.反應物濃度與反應時間的關係：

次數	速率定律式	濃度－時間關係	直線圖	半生期
0	$-dA/dt = k$	$[A]_0 - [A] = kt$	$[A]$ 對 t	$[A]_0/2k$
1	$\dfrac{-dA}{dt} = k[A]$	$\log\dfrac{[A]_0}{[A]} = \dfrac{kt}{2.3}$	$\log[A]$ 對 t	$0.693/k$
2	$\dfrac{-dA}{dt} = k[A]^2$	$\dfrac{1}{[A]} - \dfrac{1}{[A]_0} = kt$	$\dfrac{1}{[A]}$ 對 t	$1/k[A]_0$

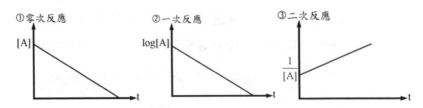

①零次反應　②一次反應　③二次反應

3. 溫度增高對反應速率之定性影響：

　(1)溫度增高（不論吸熱或放熱），其反應速率均增大，其理由如下：

　　A.主因：溫度愈高，分子動能愈大，具有低限能之分子數增加，愈
　　　易產生有效碰撞，r增大。

　　B.次因：溫度愈高，其運動速率愈快，碰撞次數增大，反應機會增加。

　(2)增高溫度，對馬克斯威爾－波茲曼動能
　　分布曲線之影響如右圖，具高動能的分
　　子數增加。

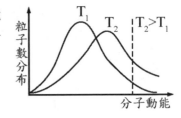

4. 溫度增高對反應速率之定量影響：

　溫度每升高10℃，反應速率增為原來

　之2倍。

　計算公式：$r_2 = r_1(2)^{\frac{t_2-t_1}{10}}$

5. 活化能（E_a）：

　(1) 活化錯合物：當反應分子相撞的那一瞬間，動能轉變成位能來將某
　　些鍵變弱，且某些原子間也漸發展成鍵，形成一種高能量而不安定
　　的中間體，稱活化錯合物。

　(2) 為反應物變成生成物所需之最低能，即活化錯合物與反應物之位能差。

　(3) 與反應熱無關，但正反應之活化能－逆反應活化能＝反應熱。

　(4) 速率常數 k 隨活化能與溫度而異，其關係式為 $\log k = (-E_a/2.303RT)$
　　$+B$，E_a為活化能，T 為絕對溫度，B 為常數。

　　　①E_a愈大的反應，k值愈小，反應速率愈慢，受溫度影響較顯著
　　　②E_a愈小的反應，k值愈大，反應速率愈快，受溫度效應愈不顯著

(5) 右圖為　$CO+NO_2 \rightarrow CO_2+NO$　之反
　　應位能變化圖。

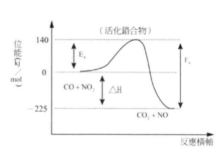

　　A.正向活化能 $E_a = 140kJ/mol$。

　　B.逆向活化能 $E_a' = 365kJ/mol$。

　　C.反應熱 $\Delta H = -225kJ/mol$。

6. 催化劑（又稱為觸媒）：

(1) 能加速化學反應速率，反應過程中參與，而反應終結時，其化學本
　　性與質量仍保持不變的物質，稱為催化劑（又叫觸媒）。一般只需
　　少量的催化劑，就可達成催化的作用，當然催化劑濃度大或接觸面
　　增大，其催化效果更佳。降低反應速率的物質，則稱為抑制劑
　　（inhibitor）或負催化劑。

　　A.勻相催化反應：催化劑與反應物為同一相，可混合均勻。

　　例：$2H_2O_2 \xrightarrow{Fe^{2+}或Fe^{3+}} 2H_2O + O_2$

　　　　$SO_2 + \dfrac{1}{2}O_2 \xrightarrow{NO} SO_3$（鉛室法製硫酸）

　　B.非勻相催化反應：催化劑與反應物為不同相。

　　例：$N_{2(g)} + 3H_{2(g)} \xrightarrow[400\sim500^\circ C \cdot 500\sim1000atm]{Fe \cdot 少量的K_2O與Al_2O_3} 2NH_{3(g)} + 91.5\ kJ$

　　　　一般而言，不均勻催化反應的速率與催化劑反應的有效接觸面積
　　　　成正比，因此催化劑常是粉末狀或海綿狀。催化劑表面提供了活
　　　　化部位（active site），在活化部位反應物彼此反應成生成物。

(2) 加入催化劑後，提供一個新反應機構，一般分為多段簡單步驟，經過一
　　個新又較低活化能障礙，使更多反應粒子可以越過而反應加快。

(3) 催化劑：

①能改變者：
- ❶降低活化能　　　　❷改變反應途徑
- ❸改變反應級數　　　❹使正逆雙方速率等量增加
- ❺縮短到達平衡的時間　❻使正逆雙方速率常數等量增加
- ❼增加有效碰撞數　　❽反應位能圖

②不能改變者：
- ❶反應熱　　　　　　❷分子的動能分布曲線移動
- ❸平衡及平衡常數　　❹生成物的產率
- ❺碰撞總數

(4) 催化劑對正逆反應活化能降低量一樣，不改變反應熱 $\rightarrow \Delta H = E_a - E'_a = E_{ac} - E'_{ac}$ 催化劑對正逆雙方皆等量加速，故只能加速達到平衡，而不能改變平衡位置。

(5) 反應物相同，催化劑及反應條件不同，可能產生不同的生成物。

例：$CO_{(g)} + 3H_{2(g)} \xrightarrow[100^o C，1atm]{Ni} CH_{4(g)} + H_2O_{(g)}$

　　$CO_{(g)} + 2H_{2(g)} \xrightarrow[400^o C，500atm]{ZnO，Cr_2O_3} CH_3OH_{(g)}$

(6) 酶（enzyme）是生物體內的催化劑：酶（酵素）是分子量相當大的蛋白質分子（但並非所有蛋白質分子均可做酶），其表面可能有一處或數處活化中心，可和受質（受酶催化作用的物質，與酶相比較顯得非常小）發生作用，而將受質轉變為生成物。

酶＋受質（受酶質）→酶－受質複合體→酶+ 反應生成物

目前我們從生物組織萃取出的酶在工業上有用途，例如：由木瓜汁萃取的木瓜蛋白酶（papain）作為肉類的嫩化；由麥芽萃取的麥芽糖化酶（malt diastase）會催化澱粉水解為麥芽糖。

範例觀摩 1

在某溫度時，測定$2NO_{(g)} + 2H_{2(g)} \rightarrow N_{2(g)} + 2H_2O_{(g)}$ 的反應初濃度和反應初速率
得下表結果：

	[NO]，M	[H₂]，M	初速率，M·S⁻¹
①	0.10	0.20	0.0150
②	0.10	0.30	0.0225
③	0.20	0.20	0.0600

(1)依據上面數據，此反應的速率式是_____。

(2)在該溫度的速率常數是_____（註明單位）。

(3)當[NO] = 0.3M，[H₂] = 0.1M 時速率變成_____。

解析　(1)$r = k[NO]^2[H_2]$　(2)$7.5M^{-2}s^{-1}$　(3)$0.0675Ms^{-1}$

(1)由①③可知當[H₂]一定時，[NO]倍增，則速率變為 4 倍

∴$r \propto [NO]^2$

由①②可知當[NO]一定時，[H₂]增為 $\dfrac{3}{2}$ 倍，速率亦為 $\dfrac{3}{2}$ 倍

∴$r \propto [H_2]$，故 $r \propto [NO]^2[H_2]$，即 $r = k[NO]^2[H_2]$

(2)將①代入 $r = k[NO]^2[H_2]$

$0.015 = k(0.1)^2(0.2)$　∴$k = 7.5M^{-2}s^{-1}$

(3)$r = k[NO]^2[H_2] = 7.5 \times [0.3]^2[0.1] = 0.0675$（$Ms^{-1}$）

範例觀摩 2

下列為氣相反應於定溫時，反應速率之數據。$4HBr_{(g)} + O_{2(g)} \rightarrow 2H_2O_{(g)} + 2Br_{2(g)}$

實驗編號	HBr 之初分壓 (mmHg)	O₂之初分壓 (mmHg)	起初時總壓力之變化速率 (mmHg/min)
①	50	50	1.2
②	100	50	2.4
③	100	100	4.8

(1)總壓力之變化速率相當於　(A)HBr 分壓之減少速率　(B)O₂分壓之減少速率　(C)$H_2O_{(g)}$分壓之增加速率　(D)$Br_{2(g)}$分壓之增加速率。

(2)$-\Delta P_{O_2}/\Delta t = k \cdot P_{HBr}^{x} \cdot P_{O_2}^{y}$ 中（x＋y）等於若干？

(3)上述之 k 值為若干？

(4)若以$-P_{O_2}/\Delta t$為縱軸，$P_{HBr}^{x} \cdot P_{O_2}^{y}$為橫軸，所得圖形為何？

(5)$-\Delta P_{HBr}/\Delta t = k' \cdot P_{HBr}^{x} \cdot P_{O_2}^{y}$ 中 k' 值與(2)式中 k 值有何關係？

解析 (1)(B)　(2)2　(3)見說明　(4)見說明　(5)見說明

(1)　　　　　　$4HBr_{(g)} + O_{2(g)} \rightarrow 2H_2O_{(g)} + 2Br_{2(g)}$

原來：　　m　　　　n　　　　0　　　　0

某時間：m－4x　n－x　　2x　　　2x

總壓 m+n－x

總壓變化：(m+n－x)－(m+n)＝－x ⎫相同

O_2之壓力變化：(n－x)－n＝－x ⎭

(2)$\dfrac{①}{②}:\dfrac{1.2}{2.4} = \dfrac{k(50)^x(50)^y}{k(100)^x(50)^y}$ ∴x=1

$\dfrac{②}{③}:\dfrac{2.4}{4.8} = \dfrac{k(100)^x(50)^y}{k(100)^x(100)^y}$ ∴y=1

∴$-\dfrac{\Delta P_{O_2}}{\Delta t} = kP_{HBr}P_{O_2}$

x + y = 2

(3)①:$1.2 = k(50)(50)$

　　∴$k = 4.8 \times 10^{-4} (mmHg)^{-1}(min)^{-1}$

　②:$2.4 = k(100)(50)$

　　∴$k = 4.8 \times 10^{-4} (mmHg)^{-1}(min)^{-1}$

　③:$4.8 = k(100)(100)$

　　∴$k = 4.8 \times 10^{-4} (mmHg)^{-1}(min)^{-1}$

平均4.8×10^{-4} $mmHg^{-1} min^{-1}$

(4)∵$-\Delta P_{O_2}/\Delta t = kP_{HBr}P_{O_2}$　∴y = kx，故如右圖

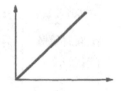

(5)∵$-\Delta P_{HBr}/\Delta t = 4 \times (-\Delta P_{O_2}/\Delta t) = 4kP_{HBr}P_{O_2}$

即$-\Delta P_{HBr}/\Delta t = k'P_{HBr}P_{O_2}$　∴k' = 4k

範例觀摩 3

某一反應物 A，起化學作用，其濃度隨時間變化如下：

時間（分）	0	10	20	30
[A]（莫耳／升）	8	4	2	1

求反應級數與速率常數。

解析　一級，6.7×10^{-2} min^{-1}

先求 $-\dfrac{\Delta[A]}{\Delta t}$ 即 $-\dfrac{[A]_2-[A]_1}{t_2-t_1}$

再代入 $-\dfrac{\Delta[A]}{\Delta t}=k[A]^m$ 求 m，而[A]要用平均濃度

$$\begin{cases} -(\dfrac{4-8}{10-0})=k(\dfrac{4+8}{2})^m\ \cdots\cdots\cdots① \\ -(\dfrac{2-4}{20-10})=k(\dfrac{4+2}{2})^m\ \cdots\cdots\cdots② \end{cases}$$

由 $\dfrac{①}{②}$ 得 m＝1，$k=\dfrac{1}{15}$ 為所求

範例觀摩 4　　重要考題

右圖為某假想反應之進行過程中，所含物質及位能的關係，求下列各項：

(1)反應機構如何？　　(2)中間產物如何？

(3)正反應活化能若干？

(4)淨反應的反應熱為何？

(5)淨反應式？

(6)速率定律式？

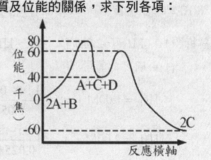

解析　(1)分成二階段進行，即 A＋B→C＋D（慢），A＋D→C（快）

　　　(2)中間產物為 D。

(3)最高活化錯合物與反應的位能差即為全反應的正反應的活化能：80－0＝80（kJ）〔若求全反應的逆反應活化能則為最高活化錯合物與產物的位能差，如本題應為 80 －（－60）＝140（kJ）〕

(4)$\Delta H = -60 - 0 = -60$（kJ）

(5)$2A + B \rightarrow 2C$

(6)$r = k[A][B]$

> **要訣**
> 含最高點的步驟為
> 速率決定的步驟。

範例觀摩 5　活用觀念題

某生為了解$2A + B \rightarrow C + D$的反應速率，在25℃下做了兩個測定反應速率的實驗。每次實驗所配之 A 與 B 初始濃度（分別以$[A]_0$及$[B]_0$表示）都不同。右圖為所測得之 A 濃度隨時間的變化。此兩實驗所用的濃度$[B]_0$遠大於$[A]_0$，試回答下列問題：（除(2)外，所有答案必須附上單位）

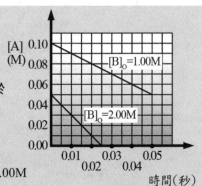

(1) 由圖中數據計算，當$[B]_0 = 1.00M$ 及$[B]_0 = 2.00M$時，A 的初始消失速率分別為_____和_____。

(2)由圖中數據判斷，此反應的速率表示法為____。此反應的反應級數為_____。

(3)由 A 的消失速率計算反應速率常數為_____。

(4)在25℃下，當$[A] = 0.08M$，$[B] = 0.10M$ 時，A 的消失速率為_____。

解析　(1)1.0M/秒，2.0M/秒　(2)$r = k[B]$，一級　(3)$k = 1$ 秒$^{-1}$　(4)0.1M/秒

(1)由圖可計算當

$$[B]_0 = 1.00M，\quad r_A = \frac{0.10 - 0.05M}{0.05秒} = 1.0M/秒$$

$$[B]_0 = 2.00M，\quad r_A = \frac{0.05 - 0M}{0.025秒} = 2.0M/秒$$

可推斷$r \propto [B]$

(2)由圖知[A]對時間的關係圖為直線關係（如右圖），

　對 A 是零級反應

$r = k[A]^0[B]^1 = k[B]$

(3)$k = \dfrac{r}{[B]} = \dfrac{1}{1.0} = 1$（秒$^{-1}$）

(4)$r = k[B] = 1 \times 0.10 = 0.10$（M/秒）

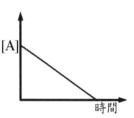

主題二　化學平衡

(一) 基本認識

平衡的狀態：反應達巨視性（如：顏色、濃度、壓力等）不變，微視性變化仍繼續進行，並保持正、逆向反應速率相等→平衡為動態的，可由兩邊達成（與反應方向無關）。

☆平衡的條件為：密閉系、可逆反應、溫度均一。

(二)平衡常數

1. 反應達平衡時生成物濃度係數次方乘積與反應物濃度係數次方乘積比值在定溫下恆為常數，此常數稱為平衡常數（K）。

即 $aA_{(g)} + bB_{(g)} \rightleftarrows eE_{(g)} + fF_{(g)}$，其平衡定律式：$K = \dfrac{[E]^e[F]^f}{[A]^a[B]^b}$

(1)如反應為一步完成者 $K = \dfrac{k}{k'} \begin{cases} k\ldots\ldots\ldots\ldots正反應速率常數 \\ k'\ldots\ldots\ldots\ldots逆反應速率常數 \end{cases}$

　如非一步完成者 K

$= \dfrac{k_1 k_2}{k_1' k_2'} = K_1 \times K_2 \begin{cases} k_1 k_2\ldots\ldots\ldots\ldots各步正反應速率常數乘積 \\ k_1' k_2'\ldots\ldots\ldots\ldots各步逆反應速率常數乘積 \\ K_1 \times K_2\ldots\ldots\ldots各步平衡常數乘積 \end{cases}$

(2)固態、液態純質、稀薄水溶液中的水以及溶劑，因其濃度為定值，不列入平衡定律式中（已合併於 K 中）。

2. 平衡常數的種類：K_c 與 K_p 之關係：

例：$aA_{(g)} + bB_{(g)} \rightleftarrows eE_{(g)} + fF_{(g)}$

$$濃度平衡常數 K_c = \frac{[E]^e[F]^f}{[A]^a[B]^b} \text{（一般寫為K）}$$

$$分壓平衡常數 K_p = \frac{[P_E]^e[P_F]^f}{[P_A]^a[P_B]^b}$$

$$K_p = K_c(RT)^{\Delta n}$$
Δn = 氣體產物係數和 －
　　　氣體反應物係數和
$= (e+f)-(a+b)$

3. 影響平衡常數的因素：

(1)本性：不同的方程式，K 不同。

(2)溫度：放熱反應，溫度升高，K 變小；溫度變低，K 變大。吸熱反應，溫度升高，K 變大；溫度降低，K 變小。

(3)方程式係數：

A.方程式相加，平衡常數相乘。B.方程式相減，平衡常數相除。

C.方程式逆寫，平衡常數倒數。D.方程式 n 倍，平衡常數 n 次方。

E.方程式 $\frac{1}{n}$ 倍，平衡常數 n 次方根。

(4)K 與濃度、壓力、催化劑無關。

(三) 平衡之預測 ⇒ 影響平衡的因素有：濃度、壓力、溫度（但催化劑不影響平衡狀態）

1. 勒沙特列原理：原來呈平衡狀態之物系，其平衡因素（濃度、溫度、壓力）改變時，平衡向減少此因素之方向移動。

(1)濃度效應：影響平衡定律式中各物濃度方可影響平衡。

A. 增大反應物濃度或降低生成物濃度，平衡向生成物移動。

B. 增大生成物濃度或降低反應物濃度，平衡向反應物移動。

C. 以同等比率增加反應物及生成物之濃度，平衡向莫耳數較少之一方移動。

D. 以同等比率降低反應物及生成物之濃度，平衡向莫耳數較多之一方移動。

E. 加入原平衡系中的固體，不影響平衡。

(2)壓力之效應：壓力改變，僅影響反應物與生成物係數不同之平衡系，故常限於氣體莫耳數不等之反應。減小體積（增壓），或擴大體積（減壓），增加反應物或生成物應依改變濃度來推測。

　　A. 減小容器體積（或增壓）時，平衡向氣體莫耳數減少之一方移動。

　　B. 增大容器體積（或減壓）時，平衡向氣體莫耳數增多之一方移動。

　　C. 恆容下若加入鈍性氣體，則平衡不移動。

　　D. 恆壓下若加入鈍性氣體，則平衡向氣體莫耳數增多之一方移動。

(3) 溫度效應：

　　A. 升高溫度，則平衡向吸熱方向移動，降低溫度平衡向放熱一方移動。

　　B. 再達平衡雙方速率皆改變，且各物濃度皆改變，故其平衡常數亦因而改變。

2. 利用平衡定律預測反應方向：$aA + bB \rightleftarrows cC + dD$，$Q = \dfrac{[C]^c[D]^d}{[A]^a[B]^b}$

　　(1)$Q > K$ 向左。　　(2)$Q = K$ 已平衡。　　(3)$Q < K$ 向右。

(四) 有關平衡常數之計算

1. 由平衡濃度求平衡常數：利用化學方程式及已知初量，先求平衡系中之各物濃度，然後將各值套入平衡定律中，則可求得其 K 值。

2. 由平衡常數求平衡濃度：利用化學方程式及已知 K 值，先求各物的消耗或增加濃度，然後將各值套入平衡定律式中，則可求得各物的濃度。

範例觀摩 1

右圖表示在定溫、定壓時，$A + B \underset{k_r}{\overset{k_f}{\rightleftarrows}} C + D$ 反應過程中，各濃度變化與時間的關係。設[　]$_0$為反應開始前之濃度，[　]$_e$為平衡時之濃度，且以 f、r 分別表示正、逆方向，則下列何者正確？　(A)$[B]_0 \gg [A]_0$，$[C]_0 = [D]_0 = 0$　(B)$(R_f)_0 \neq 0$，〔R：反應速率。$(R)_0$為初速率〕　(C)$R_f = k_f[A][B] \cong k'_f[A]^2$，（$k'_f$為常數）　(D)$(R_f)_e = (R_r)_e = 0$，$[(R)_e$為平衡時的速率〕　(E)若$[A]_0$、$[B]_0$都不改變而$[C]_0 \neq [D]_0 \neq 0$，則 k_f 變小，因此$(R_f)_0$變小。

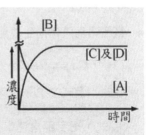

解析 **(A)**。(1)由圖知，$[B]_0$ 是很大的數目，$[C]_0 = [D]_0 = 0$

故 $(R_r)_0 = k_r[C]_0 [D]_0 = 0$

(2)依速率定律式知 $\begin{cases} (R_f)_0 = k_f[A]_0[B]_0 = k[A]_0 \ 或 \\ (R_f)_t = k_f[A]_t[B]_t = k'[A]_t \end{cases}$

(3)k_f 或 k_r 與 $[A]$，$[B]$，$[C]$，$[D]$ 無關，而與溫度、活化能及碰撞頻率因子、活性有關。

範例觀摩 2　重要觀念題

在 $A_{(g)} + B_{(g)} \rightleftarrows 2C_{(g)} + 2D_{(g)}$ 的反應達到平衡時，下列敘述何者為不正確？

(A)$[A][B] = [C]^2[D]^2$　(B)正逆兩方向的反應速率相等　(C)$[A]$、$[B]$、$[C]$、$[D]$都不隨時間而改變　(D)$\dfrac{\sqrt{[A][B]}}{[C][D]} = $ 常數（溫度固定）　(E)反應前後，A 和 B 的莫耳數減少量不等於 C 和 D 的莫耳數增加量。

解析 **(A)**。(1)平衡時 $K = \dfrac{[C]^2[D]^2}{[A][B]}$ 且 K 不一定等於 1

$\therefore$(A)不正確　又 $\sqrt{K} = \dfrac{[C][D]}{\sqrt{[A][B]}}$

(2)　　A　＋　B　　$\rightleftarrows$　　2C ＋ 2D

平衡：1－x　　1 － x　　　　2x　　2x

反應前後 $\begin{cases} A和B的莫耳數共減少2×mol \\ C和D的莫耳數共增加4×mol \end{cases}$

範例觀摩 3　重要觀念題

氫氣與氯氣作用生成氯化氫氣體，為放熱反應，可以下列二式表示。

$H_2 + Cl_2 \rightleftarrows 2HCl \cdots\cdots$ ①　　$\dfrac{1}{2}H_2 + \dfrac{1}{2}Cl_2 \rightleftarrows HCl \cdots\cdots$ ②

若式①及式②之平衡常數分別為 K_1 及 K_2，其正反應之速率常數分別為 k_1 及 k_2，則在相同實驗條件下，下列敘述何者正確？　(A)$k_1=k_2$　(B)$K_2=(K_1)^{1/2}$　(C)式①正反應之速率等於 $k_1[H_2][Cl_2]$，而式②正反應之速率等於 $k_2[H_2]^{1/2} \cdot [Cl_2]^{1/2}$　(D)K_1/K_2 隨著溫度之上升而變小　(E)定溫時添加催化劑可能改變 K_1 與 K_2 之比值。

解析　**(A)(B)(D)**。(A)①與②為相同實驗條件下的同一反應。

　　　　(C)全反應的係數與反應的級數無關。

　　　　(D)平衡向左←移動，$K_2 \downarrow$，故 $\dfrac{K_1}{K_2} \downarrow$，$K_1 = K_2{}^2$，$\dfrac{K_1}{K_2} = K_2$。

　　　　(E)催化劑不影響平衡常數。

範例觀摩 4

設有反應：$aP_{(g)} + bQ_{(g)} \rightleftarrows cR_{(g)} + dS_{(g)}$ 在定容下反應物 P 之分壓在200℃時比在300℃時為大，且使反應容器體積縮小時 P 之莫耳數減少，則　(A)a＋b＞c＋d，$\Delta H > 0$　(B)a＋b＞c＋d，$\Delta H < 0$　(C)a＋b＜c＋d，$\Delta H > 0$　(D)a＋b＜c＋d，$\Delta H < 0$。

解析　**(A)**。反應物 P 之分壓在 200℃時比在 300℃時為大，表示此反應為吸熱反應，才會使溫度升高，反而不利於逆向反應之進行。此外縮小反應容器，反應物 P 之莫耳數減少，表示反應物之總莫耳數（a+b）應大於生成物之總莫耳數（c+d），才使得縮小容器時有利於正向反應。

範例觀摩 5

在800℃時，$CaCO_{3(s)} \rightleftarrows CaO_{(s)} + CO_{2(g)}$，$K_p = 190 \text{mmHg}$，今於8.8升真空容器內，置入CaO5.6g及$CO_2$6.6g；加熱至800℃，問系統內之壓力約為　(A)220　(B)230　(C)320　(D)380　mmHg。

解析　**(D)**。$CaO = \dfrac{5.6}{56} = 0.1$（mol）　$CO_2 = \dfrac{6.6}{44} = 0.15$（mol）

　　　　$K_p = P_{CO_2} = 190 \text{mmHg}$

　　　　依 $PV = nRT$　$190 \times 8.8 = n \times 62.4 \times 1073$

　　　　$\therefore n = 0.025$ mol……平衡時，CO_2 之最大莫耳數

	$CaO_{(s)}$	＋	$CO_{2(g)}$	→	$CaCO_{3(s)}$
初：	0.10		0.15		0
最後：	(0.10－0.10) mol		（0.15－0.10）mol		0.10 mol

　　　　因 $CaO_{(s)}$ 少量，CO_2 過量，最後 $CO_{2(g)}$ 餘留 0.05mol，永不能達平衡，系內之壓力為 $P \propto n$，故定溫定容下

　　　　$\dfrac{190}{0.025} = \dfrac{P}{0.05}$　$\therefore P = 380 \text{ mmHg}$

範例觀摩 6

(1) 下列兩個化學反應①及②中，$\triangle H_1$ 及 $\triangle H_2$ 為各反應的反應熱。

$A_2B_{2(g)} + B_{2(g)} \rightleftarrows A_2B_{4(g)}$ ，$\triangle H_1$ ‥‥‥①

$AB_{4(g)} \rightleftarrows B_{2(g)} + \dfrac{1}{2} A_2B_{4(g)}$ ，$\triangle H_2$ ‥‥‥②

當溫度下降時反應①的平衡向右移動，反應②的平衡反而向左移動，則下列各項敘述中，何者正確？　(A)$\triangle H_1 > 0$　(B)$\triangle H_1 = 0$　(C)$\triangle H_2 < 0$　(D)$\triangle H_2 > 0$ (E)$\triangle H_2 = 0$。

(2) 承(1)之事實，下列③、④及⑤三個反應的反應熱 $\triangle H_3$、$\triangle H_4$、$\triangle H_5$ 彼此間的大小關係中，何者正確？

$A_{(s)} + 2B_{2(g)} \rightarrow AB_{4(g)}$ ，$\triangle H_3$ ‥‥‥③

$A_{(s)} + \dfrac{1}{2} B_{2(g)} \rightarrow \dfrac{1}{2} A_2B_{2(g)}$ ，$\triangle H_4$ ‥‥‥④

$A_{(s)} + B_{2(g)} \rightarrow \dfrac{1}{2} A_2B_{4(g)}$ ，$\triangle H_5$ ‥‥‥⑤

(A)$\triangle H_4 > \triangle H_3$　(B)$\triangle H_3 > \triangle H_5$　(C)$\triangle H_4 < \triangle H_5$　(D)$\triangle H_5 > \triangle H_3 > \triangle H_4$

(E)$\triangle H_4 > \triangle H_3 > \triangle H_5$

解析　**(1)(D)　(2)(A)**。

(1)當溫度下降時：

①向右移，故向右為 $\Delta H_1 < 0$ ⎫
②向左移，故向右為 $\Delta H_2 > 0$ ⎭ $\therefore \Delta H_1 < 0$，$\Delta H_2 > 0$

(2)由⑤－③得②，故 $\triangle H_5 - \triangle H_3 = \triangle H_2 > 0$　$\therefore \triangle H_5 > \triangle H_3$

由⑤－④得 $\dfrac{①}{2}$ ，故 $\triangle H_5 - \triangle H_4 = \dfrac{\Delta H_1}{2} < 0$　$\therefore \triangle H_5 < \triangle H_4$

範例觀摩 7　活用觀念題

平衡物系 $N_2O_4 \rightleftarrows 2NO_2$ 定溫下，擴大容器體積使成為原來二倍，則達新平衡時 (A)$[NO_2]$變小　(B)總莫耳數增加　(C)壓力變為原來一半　(D)PV 乘積變大 (E)$[N_2O_4]$變小　(F)混合氣體平均分子量變大　(G)$[N_2O_4]/[NO_2]$比值變小　(H)解離度變小　(I)K_c變大　(J)混合氣體的密度變小　(K)紅棕色變淡。

解析　(A)(B)(D)(E)(G)(J)(K)。

(A)∵N_2O_4 的 mol 變少，體積又變大

∴$[N_2O_4]$變小。而體積改變，不會改變 K 值

∴$[NO_2]$非小不可

(B)∵右移　∴變多

(C)$N_2O_{4(g)} \rightleftarrows 2NO_{2(g)}$若設平衡不動（即總莫耳數不變），則當體積加倍，總壓力減半。事實上平衡右移，即總莫耳數變多。

∴總壓力應比原來一半大

(D)由 PV＝nRT 知，R、T 固定　∴PV∝n，今 n 變大　∴PV 也變大

(E)解釋同(A)

(F)平均分子量＝（所有氣體重）/（所有氣體莫耳數和），今所有氣體重不變（質量不滅定律），但莫耳數變多　∴平均分子量變小

(G)$[N_2O_4]/[NO_2]$＝N_2O_4 之 mol/NO_2 之 mol（∵體積恰抵消）；今右移，∴N_2O_4mol 變少，NO_2mol 變多　∴此比值將變小

(H)右移，∴更多 N_2O_4 解離，即解離度變大

(I)應不變。(J)總重不變，但體積變大　∴密度變小

(K)N_2O_4 無色，NO_2 紅棕色，雖右移，NO_2 mol 多，但體積已變大而顏色應看濃度，今由(A)知$[NO_2]$變小　∴顏色變淡

主題三　溶解平衡

(一)溶解度定性討論：

1. 易溶解（含有下列離子之一者可溶）：

(1)陽離子：H^+，NH_4^+，IA$^+$族。

(2)陰離子：NO_3^-，CH_3COO^-，ClO_4^-（CH_3COOAg 溶解度較小）。

2. 難溶者：

(1) Cl^-，Br^-，I^- 遇 Ag^+，Pb^{2+}，Cu^+，Hg_2^{2+}，Tl^+ 難溶，餘皆可溶，其中 $PbCl_2$ 可溶於熱水，$AgCl$ 可溶於氨水。

(2) F^-（氟化物）：除 H^+，NH_4^+，IA^+，Ag^+ 可溶外，其餘均難溶。LiF 亦難。

(3) S^{2-}（硫化物）：除 IA^+，IIA^{2+}，NH_4^+ 外均難溶。

(4) SO_4^{2-}（硫酸鹽）：(Ca^{2+})，Sr^{2+}，Ba^{2+}，Pb^{2+}，Ra^{2+} 難溶，餘皆可溶；$CaSO_4$ 微溶，溫度升高溶解度降低。

(5) OH^-（氫氧化物）：除 IA^+，NH_4^+，H^+，Sr^{2+}，Ba^{2+}，Ra^{2+}，Tl^+ 可溶外，餘皆難溶，$Ca(OH)_2$ 為微溶。

(6) CO_3^{2-}，SO_3^{2-}，PO_4^{3-}：除了 H^+，NH_4^+，IA^+ 可溶外，餘皆難溶。

(7) CrO_4^{2-}（鉻酸鹽）：常見難溶鹽有 Ag_2CrO_4（磚紅色），$BaCrO_4$，$PbCrO_4$（黃色）。

3. 難溶物可溶於強酸者：

(1)鹼性物質。

(2)含 CO_3^{2-}，SO_3^{2-}，CrO_4^{2-}，$C_2O_4^{2-}$，HSO_3^-，HCO_3^- 的鹽。

(3) Fe^{2+}，Fe^{3+}，Co^{2+}，Ni^{2+}，Mn^{2+}，Zn^{2+}，Al^{3+} 之硫化物。

4. 難溶物可溶於強酸強鹼：兩性元素氫氧化物。

(1) 兩性元素：Al，Zn，Cr，Sn，Pb，Be。

(2) 兩性氫氧化物：$Al(OH)_3$，$Zn(OH)_2$，$Sn(OH)_2$，$Pb(OH)_2$，$Be(OH)_2$，$Cr(OH)_3$。

5. 難溶物可溶於氨水：

(1) $AgCl$，Ag_2CO_3 可溶於氨水，$AgBr$ 微溶，AgI 不溶於氨水。

(2) Co^{2+}（Co^{3+}），Ni^{2+}（Ni^{3+}），Cu^{2+}，Zn^{2+}，Ag^+，Cd^{2+} 初遇氨水產生氫氧化物沉澱，繼續加入氨水即溶解形成錯離子。

(二)**K_sp**：難溶鹽或微溶鹽的飽和溶液與未溶的固體形成平衡時，離子濃度係數次方的相乘積稱為離子積常數或溶解度積，記為 K_{sp}。

例：$AgCl_{(s)} \rightleftarrows Ag^+_{(aq)} + Cl^-_{(aq)}$　　$K_{sp} = [Ag^+][Cl^-]$

$Hg_2Cl_{2(s)} \rightleftarrows Hg^{2+}_{2(aq)} + 2Cl^-_{(aq)}$　　$K_{sp} = [Hg^{2+}_2][Cl^-]^2$

$NH_4MgPO_{4(s)} \rightleftarrows NH^+_{4(aq)} + Mg^{2+}_{(aq)} + PO^{3-}_{4(aq)}$

$K_{sp} = [NH^+_4][Mg^{2+}][PO^{3-}_4]$

☆關於 K_{sp} 之常考題型：

(1)$K_{sp} \xleftrightarrow{互求}$ 溶解度。

(2)判斷是否產生沉澱：溶解度積最有效的應用是能預測當兩種溶液混合時，是否有沉澱發生，當含有鹽類離子的兩種溶液混合時，難溶鹽的離子積已超過 K_{sp} 時，溶液即生沉澱，反之可繼續溶解，若恰等於 K_{sp} 則溶液呈飽和。混合後，若

離子積 $\begin{cases} >K_{sp}時可產生沉澱 \\ =K_{sp}，溶液為飽和溶液，不產生沉澱 \\ <K_{sp}時不會產生沉澱 \end{cases}$

(3)同離子效應：降低溶解度，但溶解度積 K_{sp} 值不變。

共同離子效應，在一離子平衡系中，加入含有與原平衡系中相同離子時，因原平衡時的離子濃度起變化，故平衡隨即發生變化，此即共同離子效應。

(4)沉澱的先後順序。

範例觀摩 1

下列那一種酸，在水溶液中，最易完全溶解 $Ba(OH)_2$，$Fe(OH)_3$，$Pb(OH)_2$ 之混合物而不產生任何沉澱？　(A)H_2SO_4　(B)HCl　(C)HNO_3　(D)H_3PO_4。

解析　**(C)**。(A)如用 H_2SO_4 溶解 $Ba(OH)_2$ 會再產生 $BaSO_{4(s)}$。

(B)用 HCl 溶解會產生 $PbCl_{2(s)}$。

(D)用 H_3PO_4 溶解會產生 $Ba_3(PO_4)_{2(s)}$，$FePO_{4(s)}$，$Pb_3(PO_4)_{2(s)}$。

活用實驗題

範例觀摩 2

含有 Ba^{2+}，K^+，Cu^{2+}，Al^{3+}，Ag^+，Zn^{2+}的水溶液，按下列的操作，寫出所產生沉澱(A)、(B)、(C)、(D)、(E)的化學式及顏色；加入稀鹽酸發生沉澱(A)。過濾，以氨水調節濾液的鹽酸濃度，在0.3M 鹽酸酸性時，通硫化氫時發生沉澱(B)。過濾，把濾液加熱煮沸，逐出硫化氫，加入過量之氨水時發生沉澱(C)。過濾，使硫化氫通過濾液時發生沉澱(D)。過濾，把濾液加熱煮沸，然後加入碳酸銨溶液時發生沉澱(E)。

解析 (A)AgCl 白色　(B)CuS 黑色　(C)Al(OH)₃ 白色膠狀　(D)ZnS 白色

(E)BaCO₃ 白色

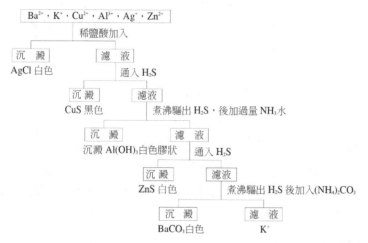

範例觀摩 3

用100毫升的蒸餾水沖洗3.30克的鉻酸銀，問可能損失的最大百分率為何？（原子量：Ag = 108，Cr = 52；K_{sp} = 4.0 × 10⁻¹²）　(A)0.10%　(B)0.33%　(C)1.0%　(D)3.3%。

解析 **(A)**。設鉻酸銀溶解度為 S mol/L，則

$$Ag_2CrO_{4(s)} \rightleftarrows 2Ag^+ + CrO_4^{2-}$$

平衡：　　　　　　　2S　　　S

$K_{sp} = [Ag^+]^2 [CrO_4^{2-}] = 4S^3 = 4.0 \times 10^{-12} \Rightarrow S = 1.0 \times 10^{-4}$

在 100mL 中溶解了：

$(1.0 \times 10^{-4} \text{ mol/L})(\dfrac{100}{1000} \text{ L})(332\text{g/mol}) = 3.32 \times 10^{-3}$（克）

$\therefore$所求 $= \dfrac{3.32 \times 10^{-3}}{3.30} \times 100\% = 0.10\%$

注意：底下這一類題很重要！必會！

Hg_2Cl_2 的溶解度積常數（K_{sp}）為 3.2×10^{-17}。試計算：（原子量：Hg = 200）

(1)Hg_2Cl_2 的溶解度。

(2)250 毫升的 Hg_2Cl_2 飽和溶液中所含亞汞離子的量（以克為單位）。

key：(1)2×10^{-6}（mol/L），　(2)2×10^{-4} 克；求法如下：

設 Hg_2Cl_2 溶解度為 S mol/L

(1)$Hg_2Cl_2 \rightleftharpoons \quad Hg_2^{2+} \qquad +2Cl^-$

平衡前：　　　　0　　　　　0

平衡時：　　　　S　　　　　2S

$4S^3 = 3.2 \times 10^{-17}$

$\therefore S = 2 \times 10^{-6}$（mol/L）

(2)Hg_2^{2+} 重：$2 \times 10^{-6} \times 0.25 \times 400 = 2 \times 10^{-4}$（克）

範例觀摩 4

將50.0毫升中含有0.001莫耳銀離子的溶液和50.0毫升的0.10M 的 HCl 溶液混合後，留存在溶液中的銀離子有：（氯化銀之溶度積為1×10^{-10}）　(A)2.5×10^{-9}　(B)3.5×10^{-10}　(C)2.5×10^{-10}　(D)3.5×10^{-9}mol。

解析　**(C)**。　　　　　$Ag^+ \qquad + \qquad Cl^- \qquad \rightarrow \qquad AgCl\downarrow$

反應前：　0.01M　　　　　0.05M

反應後：　x + 0M　　　　0.04M + x

AgCl 之 $K_{sp} = 1 \times 10^{-10} = (x)(0.04)$　$\therefore x = [Ag^+] = 2.5 \times 10^{-9}$M

故 Ag^+ 之 mol $= 2.5 \times 10^{-9} \times 0.1 = 2.5 \times 10^{-10}$（mol）

範例觀摩 5

已知$CaSO_4$之$K_{sp}2.0 \times 10^{-5}$，$SrCO_4$之$K_{sp}7.5 \times 10^{-7}$，今在一溶有相同濃度（0.02M）的Ca^{2+}及Sr^{2+}的溶液中分別加入等體積而濃度不同的下列各Na_2SO_4水溶液，何者可使溶液中Sr^{2+}發生沉澱，而Ca^{2+}不發生沉澱？　(A)3×10^{-1}M　(B)5×10^{-3}M　(C)1×10^{-4}M　(D)2×10^{-1}M　(E)4×10^{-4}M。

解析 **(E)**。若 $SrSO_4$ 沉澱，所須加入 Na_2SO_4 之濃度為 xM，則$[Sr^{2+}][SO_4^{2-}] >$

K_{sp}，即$\dfrac{0.02}{2} \times \dfrac{x}{2} > 7.5 \times 10^{-7}$

$\therefore x > 1.5 \times 10^{-4}$M

若 $CaSO_4$ 不沉澱，所須加入 Na_2SO_4 之濃度為 yM

則$[Ca^{2+}][SO_4^{2-}] \leq K_{sp}$

$\Rightarrow \dfrac{0.02}{2} \times \dfrac{y}{2} \leq 2 \times 10^{-5}$　即 $y \leq 4 \times 10^{-3}$M

因此要使 $SrSO_4$ 沉澱，而 $CaSO_4$ 不沉澱，須

1.5×10^{-4}M$<[SO_4^{2-}] \leq 4 \times 10^{-3}$M

範例觀摩 6

已知 CaF_2 之溶解度為1.7×10^{-2} g/L，求：（原子量：Ca＝40，F＝19）

(1)CaF_2之 K_{sp}。

(2)CaF_2在0.10M 之 $NaF_{(aq)}$中之溶解度。

解析 (1)4.2×10^{-11}　(2)4.2×10^{-9}M

CaF_2 之溶解度＝1.7×10^{-2} g/L＝$\dfrac{1.7 \times 10^{-2}}{78} = 2.2 \times 10^{-4}$M

(1)　　CaF_2　$\rightleftarrows$　Ca^{2+}　　＋　　$2F^-$

初　：　　　　　　　0　　　　　　　0

平衡：　　　　　2.2×10^{-4}　　4.4×10^{-4}

$\therefore K_{sp} = [Ca^{2+}][F^-]^2 = 2.2 \times 10^{-4} \times (4.4 \times 10^{-4})^2 = 4.2 \times 10^{-11}$

(2)在 0.10 M NaF 中，設溶解度為 SM

$$CaF_2 \rightleftarrows Ca^{2+} + 2F^-$$

初　：　　　　　　0　　　　0.1

平衡：　　　　　　S　　0.1 + 2S

$K_{sp} = [S][0.1]^2 = 4.2 \times 10^{-11}$

$\therefore S = 4.2 \times 10^{-9} M$

迷你實驗室　溶度積

難溶性鹽之飽和溶液中離子濃度的乘積，稱為溶度積常數（K_{sp}），如：

$$PbCl_{2(s)} \rightleftarrows Pb^{2+}_{(aq)} + 2Cl^-_{(aq)}$$

$K_{sp} = [Pb^{2+}][Cl^-]^2$ 又因 $[Pb^{2+}] = \frac{1}{2}[Cl^-]$（無共同離子時）

$\therefore K_{sp} = 4[Pb^{2+}]^3 = \frac{1}{2}[Cl^-]^3$，如設 $PbCl_2$ 在純水中溶解度為 S mol/L，則 $[Pb^{2+}]$ = S M，$[Cl^-] = 2S$，則 $K_{sp} = 4S^3$。故知本實驗可由(1)溶解的 $PbCl_2$ 質量 (2)溶液中 Pb^{2+} 濃度及(3)溶液中 Cl^- 濃度三方面來計算氯化鉛的溶度積常數。

1. 可將溶解前和溶解後剩餘的氯化鉛的質量差算出來，即可求得（此法最為簡便）。

2. 可加入過量的鉻酸鉀，由產生的鉻酸鉛質量，可求得 Pb^{2+} 濃度，知道 Pb^{2+} 濃度，即可求得 $PbCl_2$ 的 K_{sp}。（$Pb^{2+} + CrO_4^{2-} \rightarrow PbCrO_{4(s)}$）

3. 為使用 Ag^+ 來滴定 Cl^-，而用 CrO_4^{2-} 為指示劑，於是氯離子先與銀離子產生氯化銀沉澱，當氯離子用完時，過量的 Ag^+ 與 CrO_4^{2-} 生成紅色的鉻酸銀沉澱滴定即到達終點。

問題 1. 關於氯化鉛溶解度積常數實驗，試簡答下列各問題：

(1)本實驗是用那些方法可以求出氯化鉛之 K_{sp}？

(2)在實驗中，你曾以那些試劑來洗滌漏斗上的氯化鉛？為何？

(3)用 $AgNO_3$ 滴定 Cl^- 時，需用_____做指示劑（寫其正確化學式）並寫出反應方程式，滴定時先做空白實驗其目的為何？

【分析】(1)A.測定氯化鉛溶解的質量。B.測溶液中〔Pb^{2+}〕。C.測溶液中〔Cl^-〕。

(2)A.冰水：冰水可將附著於固體氯化鉛表面的離子沖洗乾淨。因溫度較低將氯化鉛固體溶解的量較少。

B.丙酮：丙酮除可沖洗表面雜質外，並可將附著於氯化鉛和濾紙的水沖掉，如此則固體和濾紙易乾，因丙酮揮發性較大。

(3)A.K_2CrO_4；$2Ag^+ + CrO_{4(aq)}^{2-} \rightarrow Ag_2CrO_{4(s)}$（磚紅色）

B.空白試驗的目的，在於了解到達滴定終點時顏色的變化情形，增加實驗的正確性。

問題2.氯化鉛溶解度積 K_{sp} 測定實驗數據如下：一、氯化鉛原來質量：5.03克；二、蒸餾水體積100mL；三、濾紙質量0.59克；四、剩餘氯化鉛及濾紙質量：4.79克；五、原子量 Pb = 207，Cl = 35.5，用以上數據計算(1)氯化鉛在純水中溶解度（mol/L）。(2)求 K_{sp} = ？

【分析】(1)溶去 $PbCl_2$ 質量 =（5.03 + 0.59）－ 4.79 = 0.83 克 = m

$$\therefore PbCl_2 之溶解度（S）= \frac{m}{PbCl_2 式量} \times \frac{1000}{溶液體積(V)}$$

(2)K_{sp} =（0.0299）×（2×0.0299）^{2} = 1.07×10^{-4}

問題3.取氯化鉛飽和溶液 20mL，加入 0.20M K_2CrO_4 溶液 5mL，加熱使沉澱凝聚後，冷卻至室溫過濾，乾燥後測得固體質量 0.20g，(1)寫出反應的方程式並註明沉澱物顏色。(2)求〔Pb^{2+}〕= ？ (3)$PbCl_2$ 之 K_{sp}= ？

解析 (1) $Pb_{(aq)}^{2+} + CrO_4^{2-}_{(aq)} \rightarrow PbCrO_{4(s)} \downarrow$ （黃色）

(2)〔Pb^{2+}〕= $\dfrac{PbCrO_4 之質量}{PbCrO_4 式量} \times \dfrac{1000}{溶液體積(mL)}$ = $\dfrac{0.20}{323} \times \dfrac{1000}{20}$

(3)$K_{sp} = [Pb^{2+}][Cl^-]^2 = 4[Pb^{2+}]^3 = 4[0.031]^3 = 1.19 \times 10^{-4}$

重要試題演練

( )　1. 於常溫下，分別從貼有標籤為 NO_2 及 CO_2 的兩鋼瓶中吸入等體積氣體於 A 及 B 兩注射針筒內。兩注射筒的壓力，一直保持與外界壓力一樣。下列之敘述何者正確？　(A)於常溫下 A 內 NO_2 的分子數等於 B 內 CO_2 的分子數　(B)於冰水中，A 內氣體的體積大於 B 內氣體的體積　(C)於熱水中，A 內氣體的體積小於 B 內氣體的體積　(D)將 A 由熱水中移至冰水中，其顏色由濃轉淡。

( )　2. 假設(甲)$Mg(OH)_2$　(乙)$Al(OH)_3$　(丙)Hg_2Cl_2　(丁)$AgCl$，具有相同的溶解度，則其溶度積大小次序為　(A)(乙)＞(甲)　(B)(甲) = (丙)　(C)(丙)＞(丁)　(D)四者均相同。

( )　3. 將 $COCl_2$ 氣體置於一 2 升容器中，加熱使之分解為 CO 及 Cl_2，達平衡時，$COCl_2$ 之濃度為 4 莫耳／升。若再添加 $COCl_2$ 氣體於容器中並使再度達到平衡時，測得 $COCl_2$ 之濃度為 16 莫耳／升。問再度達到平衡時之 CO 濃度與首次平衡時之 CO 濃度比較有何變化？　(A)減為三分之一　(B)不變　(C)增為二倍　(D)增為四倍。

( )　4. 化合物 A 依據 A → B……1；R_1 = $k_1[A]$：B → C……2；R_2 = $k_2[B]$生成化合物 C，R_1、R_2 均為反應速率，k_1、k_2 為反應速率常數，今取 1mol A 溶於溶劑得 1 升的溶液而開始反應；反應過程中 [A]、[B]、[C]

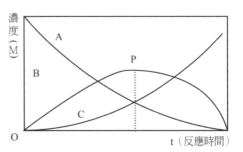

濃度變化與時間之關係如上圖所示，於圖中所示，時間為 t 時，A 有 70%反應，而 [B]為最大，[C]為 0.25mol/L，試求 $\dfrac{k_1}{k_2}$ 之值接近下列何者？

(A)0.36　(B)0.67　(C)1.5　(D)2.8。

( ) 5. 某反應 $2A_{(s)} + 3B^{2+}_{(aq)} \rightleftarrows 2A^{3+}_{(aq)} + 3B_{(s)}$ 之平衡常數為 $10.0M^{-1}$。將 A 之固體加入只含 $B^{2+}_{(aq)}$ 之溶液中，攪拌使達平衡，此時 $B^{2+}_{(aq)}$ 之濃度為 0.100M。則最初溶液 $B^{2+}_{(aq)}$ 之濃度是多少？

(A)0.150M (B)0.167M (C)0.200M (D)0.250M。

( ) 6. 如右圖，活門未開啟前，A 球內含少量某揮發性液體，$P^o_A = 0.6atm$ 為其飽和蒸氣壓；B 球內含 N_2，$P^o_B = 0.7$ atm。在活門開啟後再達平衡時，仍見少量液體殘留於球中，則兩球壓力 P_A、P_B 之壓力依次為若干 atm？

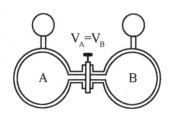

(A)0.6，0.7 (B)0.6，0.6 (C)0.65，0.65 (D)0.95，0.95。

( ) 7. 承上題，若 A 球原先放的為 H_2（$P^o_A = 0.60atm$），B 球原先所放的為 $H_2 + CO_2 \rightleftarrows H_2O + CO$ 之平衡混合氣體（$P^o_B = 0.7atm$），則於活門開啟後，再平衡時，兩球之壓力 P_A、P_B 依次為 (A)0.6，0.7 (B)0.4，0.4 (C)0.65，0.65 (D)0.95，0.95 atm。

( ) 8. 承上題，若 A 球原先所放的為 CO（$P^o_A = 0.60atm$），B 球所放的為 Cl_2（$P^o_B = 0.700atm$），當活門開啟後，達 $COCl_{2(g)} \rightleftarrows CO_{(g)} + Cl_{2(g)}$ 的平衡，則平衡時兩球的壓力為 P_A、P_B 依次為 (A)0.25，0.25 (B)0.4，0.4 (C)0.65，0.65 (D)0.95，0.95（atm）。已知 $COCl_{2(g)} \rightleftarrows CO_{(g)} + Cl_{2(g)}$ 之 $K_P = 0.02$。

( ) 9. $aA_{(g)} + bB_{(g)} \rightleftarrows cC_{(g)} + Q$ kcal 之反應〔C〕與反應時間之關係圖如右，甲、乙、丙為同一存在量沿三種不同狀態反應生成 C 之曲線，則不正確者為何？

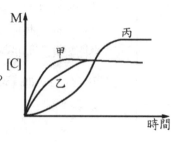

(A)溫度以丙最低 (B)Q 為正值 (C)甲、乙為同溫 (D)平衡常數甲＞乙＞丙。

解答與解析

1.(D)。A 會有下列平衡 $2NO_2 \rightleftarrows N_2O_4 +$ 熱，溫度下降平衡向右，故顏色變淡。（紅棕色）

2.(B)。(丙)$Hg_2Cl_{2(s)} \rightleftarrows Hg_{2(aq)}^{2+} + 2Cl_{(aq)}^{-}$。

3.(C)。其平衡常數為 $K = \dfrac{[CO][Cl_2]}{[COCl_2]}$ 由題目知分母之濃度$[COCl_2]$增為四倍，而在溫度不變之狀況下，K 值與先前比較並不會改變，因此$[CO][Cl_2]$應各增為二倍。

4.(C)。$[B]$最大時　$R_1 = R_2$　$\therefore \dfrac{k_1}{k_2} = \dfrac{[B]}{[A]} = \dfrac{0.45}{0.30} = 1.5$。

5.(D)。設$[B^{2+}]$初濃度為 x M，平衡時為 0.100 表$[B^{2+}]$被反應了 x -0.1，則$[A^{3+}]$

可得 $\dfrac{2}{3}(x-0.1)$

初：$2A_{(s)} + 3B_{(aq)}^{2+} \rightleftarrows 2A_{(aq)}^{3+} + \quad 3B_{(s)}$

$$\quad\quad\quad\quad x \quad\quad\quad 0$$

平：$\quad\quad 0.1 \quad\quad \dfrac{2}{3}(x-0.1)$

$K = 10 = \dfrac{[\frac{2}{3}(x-0.1)]^2}{[0.1]^3}$　$\therefore x = [B^{2+}] = 0.250M$。

6.(D)。活門打開後體積加倍，$\therefore P_{N_2} = \dfrac{0.7atm}{2} = 0.35$ atm 而 A 球內之液體蒸氣壓不隨體積改變，仍保持 0.6atm　$\therefore P_t = 0.35 + 0.6 = 0.95$（atm）。

7.(C)。體積加倍後壓力均減半，故未發生反應前總壓（P_t）$= \dfrac{0.7}{2} + \dfrac{0.6}{2}$

$= 0.65$，但 $H_2 + CO_2 \rightleftarrows H_2O + CO$ 二邊氣體莫耳數相同，不管平

衡向何方移動總莫耳數均不變　$\therefore$ 總壓不變仍為 0.65（atm）。

8.(B)。$COCl_{2(g)} \rightleftarrows CO_{(g)} + Cl_{2(g)}$

打開 $\begin{cases} \text{反應前：}0 \qquad \dfrac{0.6}{2} \qquad \dfrac{0.7}{2} \\ \text{平衡：}\quad x \quad 0.3 - x \quad 0.35 - x \end{cases}$

$K_P = \dfrac{(0.3 - x)(0.35 - x)}{x} = 0.02$　解得 $x \fallingdotseq 0.25$

$\therefore$ 總壓 $P_t = x + 0.3 - x + 0.35 - x = 0.65 - x \fallingdotseq 0.4$（atm）。

9.(D)。丙最慢達成平衡表反應最慢，溫度最低，又其平衡濃度較大，表
本題為放熱反應。$\therefore Q > 0$ 而甲乙平衡時〔C〕相同表溫度相同，
平衡常數相同，甲反應較快，故知有加催化劑，活化能較低。

↘ 進階難題精粹

( )　1. 有關下列平衡物系的說明，何者不正確？（多選）　(A)在$N_{2(g)} + 3H_{2(g)}$
$\rightleftarrows 2NH_{3(g)} + 22$千卡的平衡系中，增加壓力，則平衡必向右方移動，
增加氨的產率　(B)$CH_3COOH_{(aq)} \rightleftarrows CH_3COO^-_{(aq)} + H^+_{(aq)}$ 的解離平衡系
中，加入 CH_3COONa 時，平衡必向左方移動　(C)
$AgCl_{(s)} \rightleftarrows Ag^+_{(aq)} + Cl^-_{(aq)}$ 的平衡系中，若在定溫時加入$AgCl$，平衡必
向右移動，增加Ag^+和Cl^-的濃度　(D)鹽酸溶液中，加入KCl時，其
pH值會增加　(E)$H_2S_{(aq)} \rightleftarrows 2H^+_{(aq)} + S^{2-}_{(aq)}$ 的平衡系中，因加入強酸而
減少S^{2-}離子的濃度。

( )　2. 鹵化銀的溶度積各為 $AgI：2 \times 10^{-16}$，$AgBr：1 \times 10^{-12}$，$AgCl：2 \times$
10^{-10}。某溶液，體積 200 毫升中〔Cl^-〕$= 10^{-2}M$，〔Br^-〕$= 10^{-3}M$
而〔I^-〕$= 10^{-4}M$。於此溶液加入固態 $AgNO_3$（式量 $= 170$），每次
少量逐次加到 $AgNO_3$ 累積為 0.051 克時，有關鹵化銀沉澱的下列敘
述中何者正確？（多選）　(A)只有 AgI 沉澱　(B)沉澱是 AgI 及

　　　　AgBr，但不包括 AgCl　(C)AgI，AgBr，AgCl 都沉澱　(D)沉澱是
　　　　純白色　(E)再續加 AgNO₃，繼續有沉澱的產生。

( )　3.　承上題，平衡後如〔Ag⁺〕= 10⁻⁶M，下列有關鹵離子的敘述中何者
　　　　錯誤？（多選）　(A)殘留濃度的大小順序是[Cl⁻]＞[Br⁻]＞[I⁻]　(B)
　　　　殘留濃度的大小順序是[Cl⁻]＜[Br⁻]＜[I⁻]　(C)沉澱率（$\frac{沉澱量}{總量}$）高
　　　　低順序是 Cl⁻＜Br⁻＜I⁻　(D)沉澱率高低順序是 Cl⁻＞Br⁻＞I⁻　(E)沉
　　　　澱量（莫耳數）大小順序是 Cl⁻＞Br⁻＞I⁻。

( )　4.　在一飽和Ag₂CrO₄水溶液（含有Ag₂CrO₄固體）中，添加下列試劑
　　　　（添加後仍有Ag₂CrO₄固體存在），何者會減少CrO₄²⁻的濃度？（多
　　　　選）　(A)NH₃　(B)水　(C)硝酸　(D)NaCl　(E)AgNO₃。

5.　有一反應 A + B₂ → AB + B。由實驗知，生成 AB 的速率和 B₂ 或 C 的濃度
　　各成正比，而和 A 的濃度無關。試問：

　　(1)其反應速率定律式為何？

　　(2)寫出其二步驟的反應機構。

　　(3)此反應中，C 的功用為何？　重要觀念題！

6.　在 500℃ 時，水的分解平衡常數為 6.0 × 10⁻²⁸。若將 2.0 莫耳水裝於 5.0 升
　　容器中，維持在 500℃。求在 500℃ 時各物種的平衡濃度。2H₂O₍g₎ ⇌ 2H₂₍g₎
　　+ O₂₍g₎

7.　已知 PbSO₄、SrSO₄ 的 Ksp 分別為 K₁、K₂。當此二種物質在水溶液中達到平
　　衡時，求[SO₄²⁻]、[Pb²⁺]、[Sr²⁺]各若干？（以 K₁、K₂ 表之）

8.　在 100℃ 時，CO₍g₎ + Cl₂₍g₎ ⇌ COCl₂₍g₎，Kc = 5 × 10⁹，今 100℃，將 1 mol
　　COCl₂ 放在 1 升真空密閉容器內，100℃ 達平衡時〔CO〕= ？

9.　承上題，若將 1 mol CO 及 1 mol Cl₂ 同時放在 1 升真空密閉容器內，100℃
　　達平衡時，〔CO〕= ？

10.反應 CaCO₃₍s₎ ⇌ CaO₍s₎ + CO₂₍s₎的平衡常數 KP = 1.16 大氣壓（800℃），試
　　計算將 20.0 克碳酸鈣置於 10.0 升的真空容器中，加熱至 800℃，而達到平
　　衡時，未變化碳酸鈣的百分率。

11.設於 $0.10M$ $Cu_{(aq)}^{2+}$ 中加入 $Cu_{(s)}$，則 Cu^+ 之平衡濃度為何？

（已知 $Cu_{(s)} + Cu_{(aq)}^{2+} \rightleftarrows 2Cu_{(aq)}^+$，$K = 1.024 \times 10^{-6}$）

12.於 $27^\circ C$ 將 N_2O_4 放於某容器內，達 $N_2O_4 \rightleftarrows 2NO_2$ 的平衡時，總壓為 1atm，氣體混合物的密度為 $3.2g/L$，求：(1)平均分子量。(2)解離度。(3)N_2O_4 的莫耳分率。(4)N_2O_4 的分壓。(5)K_P。(6)K_c。(7)總壓力變成 0.1atm 時，N_2O_4 的分解度變成若干？ 觀念整合題！必會！

13.某定溫下 $I_{2(aq)} \rightleftarrows I_{2(CCl_4)}$，$K = \dfrac{[I_{2(CCl_4)}]}{[I_{2(aq)}]} = 50$，有一含 1 克碘之 100 mL 碘水溶液，各用 50 mL 之四氯化碳萃取二次後尚有若干克碘存在水中？

14.以 0.285 克 $Na_2S_2O_5(s)$ 及 4 克可溶性澱粉、5 mL 1M H_2SO_4 配成的溶液中，至少需加入多少克之 $KIO_3(s)$ 才能使溶液呈藍色？（$Na_2S_2O_5 = 190$，$KIO_3 = 214$）

15.若 $0.0128M$ 的 $Fe(NO_3)_3$ 溶液 10mL 與 $0.002M$ 的 KSCN 溶液 10mL 混合後，和 $0.001M$ 的 $FeSCN^{2+}$ 的標準溶液比色，當兩溶液的高度分別為 6 公分和 3.2 公分時，明暗度恰好相同，則：　(1)$Fe^{3+} + SCN^- \rightleftarrows FeSCN^{2+}$ 的平衡常數若干？　(2)$[Fe^{3+}]$，$[SCN^-]$，$[FeSCN^{2+}]$ 各若干？

16.某溶液中含有 $0.1M Cl^-$，$0.01M CrO_4^{2-}$。將濃 $AgNO_3(aq)$ 漸漸加入此溶液中，則：(1)首先沉澱者為何？(2)又當第二種沉澱物開始沉澱時，第一種沉澱物的陰離子留下百分之幾？$AgCl$，Ag_2CrO_4 的 K_{sp} 依次為 2.8×10^{-10}，1.9×10^{-12}（設溶液體積無變化）。(3)又為何可用 K_2CrO_4 作為滴定〔Cl^-〕的指示劑？

17.將體積莫耳濃度為 $0.10\ MA^{m+}$ 水溶液與 $0.20\ MB^{n-}$ 水溶液以不同體積多次混合，得離子化合物 A_nB_m 沉澱毫莫耳數如右圖所示。則：

(1)該沉澱物之化學式為何？

(2)該沉澱物之溶解度積常數為若干？

(3)該沉澱物的溶解度為若干 M？

(4)若該沉澱物之溶解度為 $0.4g/L$，則離子化合物之式量為若干？ 活用觀念題！必會！

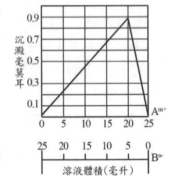

( )　18. 血紅素（Hb）在血液中扮演輸送氧氣的重要角色，其與氧氣的結合會受血液中 pH 值與溶氧量的影響。下式為血紅素、氧氣和氫離子間的平衡關係：

$$HbH^+_{(aq)} + O_{2(aq)} \rightleftharpoons HbO_{2(aq)} + H^+_{(aq)}$$

下列有關血紅素攜氧量的敘述，哪些正確？（多選）

(A)在高壓氧氣下，血紅素的攜氧量會下降。

(B)由上式可知，在氧分壓高的情況下，血紅素的攜氧量較高。

(C)某人登上玉山頂時，血液中血紅素的攜氧量，會比在平地時高。

(D)若血液 pH 值為 7.4，則此時血紅素的攜氧量，會比 pH 值為 7.0 時高。

(E)運動時，血液中的二氧化碳會增加，此時血紅素的攜氧量，會比運動前低。

19-20 題為題組

在某固定溫度，化學反應的反應物初始濃度、溶液中的氫氧根離子初始濃度及初始速率間的關係如下表所示：$I^-_{(aq)} + OCl^-_{(aq)} \rightarrow OI^-_{(aq)} + Cl^-_{(aq)}$

實驗編號	I^- 的初始濃度（M）	OCl^- 的初始濃度（M）	OH^- 的初始濃度（M）	初始速率（mol/L s）
1	2×10^{-3}	1.5×10^{-3}	1.00	1.8×10^{-4}
2	4×10^{-3}	1.5×10^{-3}	1.00	3.6×10^{-4}
3	2×10^{-3}	3×10^{-3}	2.00	1.8×10^{-4}
4	4×10^{-3}	3×10^{-3}	1.00	7.2×10^{-4}

( )　19. 上述化學反應的速率常數（k）為何？　(A) k = 0.1　(B) k = 6　(C) k =10　(D) k = 60。

( )　20. 若實驗編號 1 的其他濃度不變，僅將溶液的酸鹼值變更為 pH＝13，反應的初始速率為何（mol/Ls）？　(A)1.8×10^{-2}　(B)1.8×10^{-3}　(C) 1.8×10^{-4}　(D) 1.8×10^{-5}。

( )　21. 在固定溫度與體積時，於密閉系統中進行下列反應且也達到平衡：

$$H_{2(g)} + I_{2(g)} \rightleftharpoons 2HI_{(g)}$$

若所有的氣體均符合理想氣體的條件，而加入少量的 $Ar_{(g)}$ 使系統的總壓力增大，則下列敘述何者正確？

(A)加入 $Ar_{(g)}$ 後，各反應物的濃度不變。

(B)當再加入更多的 $Ar_{(g)}$ 後，達到平衡時會產生更多的 $HI_{(g)}$。

(C)反應會向左進行而達到平衡。

(D)反應的平衡常數會變大。

( ) 22. 過氧化氫的分解反應如式(1)，其反應的活化能（Ea）為 17.9kcal/mol，反應熱（ΔH）為 −23.4 kcal /mol

$$2 H_2O_{2(aq)} \rightleftarrows O_{2(g)} + 2 H_2O_{(l)} \tag{1}$$

實驗發現加入碘離子可有效加速過氧化氫的分解，其反應機構如下：

$$H_2O_{2(aq)} + I^- \rightarrow H_2O_{(l)} + IO^-_{(aq)} \quad （慢）\tag{2}$$
$$IO^-_{(aq)} + H_2O_{2(aq)} \rightarrow O_{2(g)} + H_2O_{(l)} + I^-_{(aq)} \quad （快）\tag{3}$$

而此時的活化能為 Ea'，反應熱為 $\Delta H'$。

試問下列有關此反應的敘述，哪些正確？(多選)

(A)速率決定步驟的反應速率 = $k[H_2O_2][I^-]$

(B)加入催化劑的總反應式與反應式(1)相同

(C) Ea ' = 17.9 kcal/mol ΔH ' = −23.4 kcal/mol

(D) Ea ' < 17.9 kcal/mol ΔH ' = −23.4 kcal/mol

(E) Ea ' =17.9 kcal/mol ΔH ' < −23.4 kcal/mol

23-24 題為題組

測量醋酸銀溶解度積（Ks_p）的步驟如下：量取 0.20M 的硝酸銀溶液及 0.20M 的醋酸鈉溶液各 10.0mL，令其混合產生醋酸銀沉澱，待反應達到平衡後，過濾分離沉澱物。取出 10.00mL 濾液，加入數滴適當指示劑後，隨即以 0.050M KSCN 滴定之。當滴定到達終點時，共耗去 10.00mL KSCN。

( ) 23. 以 SCN^- 滴定銀離子時，何者是最常使用的指示劑為何？   (A)Fe^{3+} (B)Mg^{2+} (C)酚酞 (D)甲基橙。

24.醋酸銀飽和溶液中的醋酸根離子濃度為何？並計算醋酸銀的溶度積？

( ) 25. 右圖為某反應的反應途徑與能量變化
的關係。

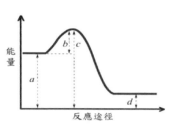

根據右圖，試問下列敘述，何者正確？
（甲）此反應為放熱反應
（乙）此反應的能量變化$\Delta E=a-d$
（丙）正反應的活化能＝b
(A)只有甲　(B)只有乙　(C)只有丙
(D)甲與丙。

( ) 26. 下列五個反應式，何者同時具有(甲)、(乙)所敘述的性質？
(甲)當反應達平衡後，增加反應容器的體積，可使反應向右移動。
(乙)若將反應溫度由 300K 提高到 600K，其壓力平衡常數和濃度平衡
常數的比值（Kp/Kc）變為原來的兩倍。（多選）
(A)$N_2O_4 \rightleftharpoons 2NO_2$　(B)$2NH_{3(g)} \rightleftharpoons N_{2(g)}+3H_{2(g)}$　(C)$2SO_{2(g)}+O_{2(g)} \rightleftharpoons 2SO_{3(g)}$
(D)$CaCO_{3(s)} \rightleftharpoons CaO_{(g)}+CO_{2(g)}$　(E)$C_2H_{4(g)}+H_{2(g)} \rightleftharpoons C_2H_{6(g)}$

( ) 27. 光合作用是大自然節能減碳的重要程序，其熱化學反應式如下：
$6CO_{2(g)} + 6H_2O_{(l)} \rightarrow C_6H_{12}O_{6(s)} + 6O_{2(g)}$　$\Delta H° = 2801$ kJ
下列關於光合作用的敘述，何者正確？（多選）
(A)降低溫度有利於此反應的平衡往產物的方向移動
(B)由此反應式可知，葡萄糖的莫耳生成熱為 2801 千焦
(C)此反應每產生一個葡萄糖分子，至少需要 6 個二氧化碳分子共獲
得 24 個電子
(D)此反應的平衡常數等於葡萄糖與氧氣反應的反應速率常數（k
逆向）和二氧化碳與水的反應速率常數（k正向）的商值（Kc
＝k逆向/k正向）。
(E)葉綠素未出現在此反應式中，是因其不是反應物也不是生成物，
但是葉綠素實際上，確有參與光化學氧化還原反應。

( )　28. 在 27℃、一大氣壓下，將 20.0g 的 $MgCO_3$ 加入 500mL 的純水中。經充分攪拌，並靜置一段時間後，取出上層澄清液，並測得其滲透壓為 112mmHg。試問在一大氣壓、27℃ 時，$MgCO_3$ 的溶度積常數（Ksp）最接近下列哪一個數值？　(A)$3.0×10^{-3}$　(B)$1.0×10^{-3}$　(C)$9.0×10^{-6}$　(D)$3.0×10^{-6}$。

29.已知笑氣 N_2O 分解成 N_2 與 O_2 為一級反應，其半生期為 100 秒。在定溫下，若將 0.10 莫耳的 N_2O，置於一固定容器中，試回答下列各題。

(1)當反應時間為 100 秒時，容器內的氣體總共有多少莫耳？

(2)當容器內的氣體總莫耳數為 0.1375 時，需經多少反應時間（秒）？

解答與解析

1.(C)(D)。(C)加 $AgCl_{(s)}$不影響平衡狀態。

(D) 鹽酸為強酸已完全解離，無平衡問題可言，故加 KCl 不影響 pH 值。

2.(C)(E)。

3.(B)(D)。若 $AgNO_3$ 加到平衡後，溶液中[Ag^+] = 10^{-6}M 溶液中均有三種固體與 Ag^+共存，則下列三式恆成立。

$$[Cl^-] = \frac{2×10^{-10}}{10^{-6}} = 2 × 10^{-4}（M）$$

$$[Br^-] = \frac{1×10^{-12}}{10^{-6}} = 10^{-6}（M）$$

$$[I^-] = \frac{2×10^{-16}}{10^{-6}} = 2 × 10^{-10}（M）$$

(A)殘留濃度大小：[Cl^-]＞[Br^-]＞[I^-]

(E)所用去沉澱之〔X^-〕：

$$\begin{cases}[\text{Cl}^-]=10^{-2}-2\times10^{-4}=9.8\times10^{-3}\\ [\text{Br}^-]=10^{-3}-10^{-6}=9.99\times10^{-4}\\ [\text{I}^-]=10^{-4}-2\times10^{-10}=9.9999\times10^{-5}\end{cases}\begin{array}{l}\text{再乘體積即為}\\\text{沉澱莫耳數}\end{array}$$

(C)沉澱率 $=\dfrac{[\text{X}^-]沉澱}{[\text{X}^-]原來}\times100\%$

$$\begin{cases}[\text{Cl}^-]=\dfrac{9.8\times10^{-3}}{10^{-2}}=9.8\times10^{-1}=98\%\\[2mm] [\text{Br}^-]=\dfrac{9.99\times10^{-4}}{10^{-3}}=99.9\%\\[2mm] [\text{I}^-]=\dfrac{9.9999\times10^{-5}}{10^{-4}}=99.9999\%\end{cases}$$

$\therefore \text{Cl}^-<\text{Br}^-<\text{I}^-$。

4.(C)(E)。理由如下：

溶解平衡：$Ag_2CrO_{4(s)}\rightleftarrows 2Ag^++CrO_4^{2-}$

(A) 加入 NH_3，產生 $Ag^++2NH_3\rightarrow Ag(NH_3)_2^+$，平衡有利於向右，故 $\left[CrO_4^{2-}\right]$ 增加。

(B) 加入水，平衡向右移動，但再次達平衡時溶解度不變，故 $\left[CrO_4^{2-}\right]$ 不變。

(C) 加入硝酸，產生 $2CrO_4^{2-}+2H^+\rightarrow Cr_2O_7^{2-}+H_2O$，平衡有利於向右，但 $\left[CrO_4^{2-}\right]$ 減少。

(D) 加入 NaCl，產生 $Ag^++Cl^-\rightarrow AgCl_{(s)}$（白），平衡有利於向右，且 $\left[CrO_4^{2-}\right]$ 增加。

(E) 加入 $AgNO_3$，產生同離子效應，平衡有利於向左，致 $\left[CrO_4^{2-}\right]$ 減少。

5. (1) $\dfrac{\Delta[AB]}{\Delta t} = k[B_2][C]$

(2)$B_2 + C \rightarrow BC + B$（慢）　　$BC + A \rightarrow AB + C$（快）

(3)為催化劑。

6.　　　　$2H_2O_{(g)}$　　$\rightleftarrows$　　　$2H_{2(g)}$　＋　$O_{2(g)}$

前　：$\dfrac{2.0}{5.0} = 0.40$　　　　　0　　　　　0

平衡：$0.40 - 2x$　　　　$2x$　　　　x

∵K 太小，x 很小　∴$0.4 - 2x \fallingdotseq 0.4$

$K = \dfrac{(2x)^2 \times (x)}{(0.4)^2} = 6.0 \times 10^{-28}$，解得 $x = 2.9 \times 10^{-10}$

∴$[H_2O] = 0.40$，$[H_2] = 2x = 5.8 \times 10^{-10}$，$[O_2] = 2.9 \times 10^{-10}$

7.設 $PbSO_4$，$SrSO_4$ 溶解度分別為 x，yM

$PbSO_{4(s)} \rightleftarrows Pb^{2+} + SO_4^{2-}$; $SrSO_4 \rightleftarrows Sr^{2+} + SO_4^{2-}$

　　　　　　x　　$x+y$　　　　　y　　$x+y$

$\left.\begin{matrix} K_1 = (x)(x+y) \\ K_2 = (y)(x+y) \end{matrix}\right\}$ 相加$(x+y)^2 = K_1 + K_2$

∴$x + y = [SO_4^{2-}] = \sqrt{K_1 + K_2}$

$x = [Pb^{2+}] = \dfrac{K_1}{x+y} = \dfrac{K_1}{\sqrt{K_1 + K_2}}$ ；$y = [Sr^{2+}] = \dfrac{K_2}{x+y} = \dfrac{K_2}{\sqrt{K_1 + K_2}}$

8.　　　　$CO_{(g)}$　＋　$Cl_{2(g)}$　$\rightleftarrows$　$COCl_{2(g)}$

原來：　0　　　　0　　　　$1M$

平衡：　x　　　　x　　　　$1 - x$

但因 K_c 值甚大，表向右的趨勢很大　∴向左分解的機會不大，即

$x \ll 1$　$\therefore 1 - x \doteqdot 1$

$\therefore K = \dfrac{1}{x \cdot x} = 5 \times 10^9$，$X = 1.41 \times 10^{-5}M$

$\therefore [CO] = 1.41 \times 10^{-5}M$ 為所求

9.　　　$CO_{(q)}$　+　$Cl_{2(q)}$　$\rightleftarrows$　$COCl_{2(q)}$

原來：　1　　　　1　　　　　0

看成：　0　　　　0　　　　　$1 - x$

（因平衡的達成與反應方向無關）

本題結果與上題相同，即 $[CO] = 1.41 \times 10^{-5}M$

10. 因 $K_P = 1.16\,atm$，即 $P_{CO_2} = 1.16\ atm$

$1.16 \times 10 = n \times 0.082 \times 1073$，$n = 0.132$

表平衡時有 $0.132\ mol\ CO_2$，即耗用 $0.132\ mol$ 的 $CaCO_3$

$\therefore \dfrac{20 - 0.132 \times 100}{20} = 34\%$ 為所求

11.　　　$Cu_{(s)}$　+　$Cu^{2+}_{(aq)}$　$\rightleftarrows$　$2Cu^{2+}_{(aq)}$

平衡：　　　　　$0.10 - x$　　　$2x$

$1.024 \times 10^{-6} = \dfrac{(2x)^2}{(0.10 - x)} \cong \dfrac{(2x)^2}{0.10}$

（K 小表 x 太小，$\therefore 0.1 - x \doteqdot 0.1$）

$(2x)^2 = 10.24 \times 10^{-8}$　$\therefore 2x = [Cu^+] = 3.2 \times 10^{-4}$（M）為所求

12.(1)$PM = dRT$

即 $M = \dfrac{dRT}{P} = \dfrac{3.2 \times 0.082 \times 300}{1} = 78.72$ 為所求

(2)設原來 N_2O_4 有 n 莫耳，解離了 x mol

$$N_2O_4 \quad \rightleftarrows \quad 2NO_2$$

原來： n　　　　　0

平衡：n － x　　　2x

$$M = 92\left(\frac{n-x}{n+x}\right) + 46\left(\frac{2x}{n+x}\right) = 78.72$$

解得 $\dfrac{X}{n} = \alpha = 0.169 = 16.9\%$ 為所求

(3)莫耳分率 $= \dfrac{n-X}{n+X} = 0.711$ 為所求

(4)$P_{N_2O_4} = 1 \times 0.711 = 0.711$（atm）為所求

(5)$K_P = \dfrac{(1-0.711)^2}{(0.711)} = 0.117$（atm）為所求

(6)$K_c = K_P(RT)^{-\Delta n} = 0.117(0.082 \times 300)^{-1} = 5 \times 10^{-3}$ 為所求

(7)設總壓 0.1atm 時 N_2O_4 原有 n mol，解離了 x mol

$$N_2O_4 \rightleftarrows 2NO_2$$

原來： n　　　　0

平衡：n － x　　　2x

$$K_P = \frac{(P_{NO_2})^2}{(P_{N_2O_4})} = \frac{(0.1 \times \frac{2x}{n+x})^2}{(0.1 \times \frac{n-x}{n+x})} = 0.117 \text{（atm）} \quad 解得 \alpha = \frac{X}{n} = 0.44 = 44\%$$

13.第一次抽取 x 克 I_2，第二次抽取 y 克 I_2

$$I_{2(aq)} \rightleftarrows I_{2\,(CCl_4)}$$

原來　：　1 克　　　　0

第一次：　1 － x　　　 x

第二次：1 － x － y　　 y

$$K = \frac{\left[I_{2(CCl_4)}\right]}{\left[I_{2(aq)}\right]} = 50 = \frac{\left[\dfrac{x}{254} \times \dfrac{1000}{50}\right]}{\left[\dfrac{1-x}{254} \times \dfrac{1000}{100}\right]} = \frac{\left[\dfrac{y}{254} \times \dfrac{1000}{50}\right]}{\left[\dfrac{1-x-y}{254} \times \dfrac{1000}{100}\right]}$$

解得 $x = \dfrac{25}{26}$，$y = \dfrac{1}{26} \times \dfrac{25}{26}$

∴水中剩 I_2：$1 - x - y = 1 - \dfrac{25}{26} - \dfrac{1}{26} \times \dfrac{25}{26} = \dfrac{1}{676}$（克）為所求

14. 須 $\dfrac{IO_3^- \text{之mol}}{HSO_3^- \text{之mol}} > \dfrac{1}{3}$，才呈藍色　∴ $\dfrac{IO_3^- \text{之mol}}{(0.285/190) \times 2} > \dfrac{1}{3}$

則 IO_3^- 之 $mol > (\dfrac{0.285}{190}) \times 2 \times (\dfrac{1}{3}) = 10^{-3}$

∴KIO_3 之克數大於 $10^{-3} \times 214 = 0.214$（克）為所求

15. 等體積混合後在反應前 $[Fe^{3+}] = 0.0064M$，$[SCN^-] = 0.001M$

利用比色法 $c_1 h_1 = c_2 h_2$

求得反應後 $= c_2 = [FeSCN^{2+}] = \dfrac{c_1 h_1}{h_2} = \dfrac{0.001 \times 3.2}{6} = 5.33 \times 10^{-4}$（M）

	Fe^{3+}	$+$	SCN^-	$\rightleftarrows FeSCN^{2+}$
原來：	0.0064M		0.001M	0

平衡：$6.4 \times 10^{-3} - 5.33 \times 10^{-4}$　　$0.001 - 5.33 \times 10^{-4}$　　$5.33 \times 10^{-4}M$

　　　$= 5.9 \times 10^{-3}$　　　　　　　$= 4.7 \times 10^{-4}$

(1) $K = \dfrac{\left[FeSCN^{2+}\right]}{\left[Fe^{3+}\right]\left[SCN^-\right]} = \dfrac{[5.33 \times 10^{-4}]}{[5.9 \times 10^{-3}][4.7 \times 10^{-4}]} = 192$

(2) $[Fe^{3+}] = 5.9 \times 10^{-3}$；$[SCN^-] = 4.7 \times 10^{-4}$

　　$[FeSCN^{2+}] = 5.33 \times 10^{-4}$

16.(1)要生 AgCl 沉澱，須 $[Ag^+] > (\dfrac{K_{SP}}{[Cl^-]}) = \dfrac{2.8 \times 10^{-10}}{0.1} = 2.8 \times 10^{-9}$（M）

要生 Ag_2CrO_4 沉澱，須 $[Ag^+] > (\dfrac{K_{SP}}{[CrO_4^{2-}]})^{\frac{1}{2}} = (\dfrac{1.9 \times 10^{-12}}{0.01})^{\frac{1}{2}} = 1.4 \times 10^{-5}$(M)

所須 Ag^+ 濃度最少的該物先沉澱（因其離子積先超過其 K_{sp}），故 AgCl 先沉澱。

(2)當 Ag_2CrO_4 沉澱時，$[Ag^+]$須大於 1.4×10^{-5}(M)，則在 $[Ag^+] = 1.4 \times 10^{-5}$M 時，因早有 AgCl 固體在，依據「平衡原理」知$[Ag^+][Cl^-] = K_{sp}$

$\therefore [Cl^-] = \dfrac{K_{SP}}{[Ag^+]} = \dfrac{2.8 \times 10^{-10}}{1.4 \times 10^{-5}} = 2 \times 10^{-5}$（M）

此時 $[Cl^-]$ 剩原來的 $\dfrac{2 \times 10^{-5}}{0.1} \times 100\% = 0.02\%$

(3)由(2)知當紅色沉澱（Ag_2CrO_4）一出現溶液中 $[Cl^-]$ 只剩原來的 0.02 ％可說已幾乎完全沉澱，故 K_2CrO_4 可做為指示劑。

17.(1)由圖知 A^{m+}用 20mL，B^{n-}用 5mL 沉澱最完全，其用去的莫耳數比

$A^{m+} : B^{n-} = 0.1 \times 20 : 0.2 \times 5 = 2 : 1$　$\therefore$化學式為 A_2B

(2)　　　　　$A_2B_{(s)} \rightleftarrows$　$2A^{m+}$　　　　　　$+$　　　　　B^{n-}

沉澱前：　　　　　$\dfrac{0.1 \times 20}{25}$　　　　　　　　$\dfrac{0.2 \times 5}{25}$

沉澱後：　　　$0.08 - 0.036 \times 2$　　　　　$0.04 - 0.036$

　　　　　　$= 0.008$　　　　　　　　$= 0.004$

$\therefore K_{sp} = (0.008)^2(0.004) = 2.56 \times 10^{-7}$ 為所求

(3)設溶解度為 S，則 $K_{sp} = 4S^3 = 2.56 \times 10^{-7}$

$\therefore S = 0.0040$（mol/L）為所求

(4)設式量為 x g/mol，則 $0.0040x = 0.4$，$x = 100$（g/mol）為所求

18.(B)(D)(E)。依據勒沙特列原理：平衡向抵消變因之方向移動。

　　　(A)(B)高壓氧使溶氧量$[O_2]$上升，平衡向右，使$[HbO_2]$增加，則攜氧量應上升。

　　　(C) 高山上氣壓低，則 O_2 分壓下降使溶氧量$[O_2]$下降，平衡向左移動，此時$[HbO_2]$ 降低，則攜氧量應較低。

　　　(D) PH7.4$[H^+]$較 pH 7.0 低，則 pH 7.4 的平衡比 pH 7.0 的平衡更趨於向右，則 pH 7.4 的$[HbO_2]$會比 pH 7.0 高。

　　　(E) 當CO_2含量增加，血液中$[H^+]$會上升，使平衡反應趨於向左，$[HbO_2]$會較低。

19.(D)。由實驗 1、2 R$[I^-]^1$　，2、4　R $[OCl^-]^1$　，1、3　R $[OH^-]^{-1}$

　　∴反應速率定律式 R = k　$[I^-]^1[OCl^-]^1[OH^-]^{-1}$

　　$1.8×10^{-4}$= k $(2×10^{-3})$ $(1.5 ×10^{-3})$ $(1)^{-1}$　∴k = 60 (1/s)

20.(B)。pH = 13　$[OH^-]$ = 10^{-1} M，代入速率定律式

　　R = 60 $(2×10^{-3})(1.5 ×10^{-3})$ $(10^{-1})^{-1}$= $1.8 ×10^{-3}$ (M/s)

21.(A)。加入鈍氣或不與平衡系中之物種起反應的氣體：若為定溫定容，總壓雖增大，但平衡系中各物種的分壓不變（濃度不變），平衡不移動，平衡常數不變。

22.(A)(B)(D)。a.反應機構中，反應最慢的步驟為速率決定步驟。

　　　　　b.催化劑可降低活化能，但不影響反應熱。

23.(A)。Fe^{3+}＋SCN^-→$FeSCN^{2+}$（血紅色）

　　　因溶液顏色變化極為明顯，故可以 Fe^{3+}作為 SCN^-滴定銀離子的指示劑。

24.$Ag^+_{(aq)}$ ＋ $SCN^-_{(aq)}$ → $AgSCN_{(s)}$↓（白色）

　　Ag 莫耳數 = SCN^- 莫耳數

　　$[Ag^+]$×10mL= 0.05M×10mL　$[Ag^+]$ = 0.05 M

　　又因為 $CH_3COOAg_{(s)}$ →$Ag^+_{(aq)}$＋$CH_3COO^-_{(aq)}$

　　所以$[CH_3COO^-]$ = $[Ag^+]$ = 0.05 M

　　醋酸銀 K_{sp} ＝$[CH_3COO^-]$×$[Ag^+]$=0.05×0.05＝$2.5×10^{-3}$

25.**(D)**。(甲)此反應的反應物能量高於生成物，則此反應 $\Delta H < 0$ 為放熱反應。

　　　　(乙)根據活化能的定義：Ea（正）＝b，Ea（逆）＝c－d。

　　　　　　ΔH＝生成物的能量－反應物的能量＝d－a。

　　　　(丙)正反應的活化能 Ea（正）＝b

　　　　答案中只有乙是錯的，故選 (D)。

26.**(A)(D)**。(甲)當反應達平衡後，增加反應容器的體積，則平衡趨向氣態

　　　　　　　成分係數總和大的一方移動。選項(A)(B)(D)符合前述，

　　　　　　　可使反應向右移動。

　　　　　　(乙)若將反應溫度由 300 K 提高到 600 K，其壓力平衡常數和

　　　　　　　濃度平衡常數的比值$(K_p / K_c) = 2 = (RT)^{\Delta n} = (600R /$

　　　　　　　$300R)^{\Delta n}$

　　　　　　　得 $\Delta n = 1$；符合 $\Delta n = 1$ 結論的反應方程式僅有(A)及(D)。

　　　　　　綜合(甲)(乙)所得，答案為：(A)(D)。

27.**(C)(E)**。(A)$\Delta H > 0$，是為吸熱反應，降低溫度有利於此反應往生成物的

　　　　　　 方向移動。

　　　　　　(B)反應 $3C_{(s)} + 6H_{2(g)} + 3O_{2(g)} \rightarrow C_6H_{12}O_{6(s)}$ 之 ΔH 才是葡萄糖的

　　　　　　 莫耳生成熱。

　　　　　　(C)碳原子的氧化數從+4 變為 0，變化量為－4，6 個碳原子的總

　　　　　　 氧化數變化量為－24，意即此過程中共獲得 24 個電子。

　　　　　　(D)平衡常數等於 k 正向和 k 逆向的商值，K_c＝k 正向/k 逆向

　　　　　　(E)葉綠素為催化劑，參與光化學中的氧化還原反應。

28.**(C)**。 $\pi = iC_M RT \Rightarrow 112/760 = 2 \times C_M \times 0.082 \times 300 \Rightarrow C_M = 0.003(M)$

　　　　$MgCO_3 \rightleftharpoons Mg^{2+} + CO_3^{2-}$　　$Ksp = [Mg^{2+}][CO_3^{2-}] = 9.0 \times 10^{-6}$

29. (1) 經過一次半生期，有一半的 N_2O 氣體會產生反應

　　　$2N_2O \qquad\qquad \rightarrow \quad 2N_2 \quad + \quad O_2$

　　　$0.1 - 0.05 \qquad\quad 0.05 \qquad\quad 0.025 \Rightarrow$ 總莫耳數為：0.125mol。

　　(2) $0.1375 = 0.1 - 2X + 2X - X \Rightarrow N_2O$ 剩餘的 mol 數為 $0.1 - 2X = 0.025$

　　　　$\Rightarrow N_2O$ 初始的莫耳數為 0.1 莫耳，經兩個半生期變為 0.025 莫耳，

　　　　故反應時間 t ＝ 200 秒。

第六章 酸鹼鹽

主題一 水溶液的酸鹼性

(一) 水的解離（K_w 與 K_a 值）與 pH 值

1. 定義 $pH = -\log[H^+] = \log\dfrac{1}{[H^+]} \Rightarrow [H^+]=10^{-pH}$

$pOH = -\log[OH^-] = \log\dfrac{1}{[OH^-]} \Rightarrow [OH^-]= 10^{-pOH}$

2. pH 值與溶液之酸鹼性：

(1) 在24℃之 $\begin{cases} 純水中[H^+]=[OH^-]=10^{-7}M，即pH = pOH = 7 \\ 水的溶液，若 \begin{cases} pH > 7 \Leftrightarrow 溶液呈鹼性 \\ pH < 7 \Leftrightarrow 溶液呈酸性 \end{cases} \end{cases}$

(2) 在 $\begin{cases} 高於24°C時pH+pOH<14 \Rightarrow 純水中：pH=pOH<7 \\ 低於24°C時pH+pOH>14 \Rightarrow 純水中：pH=pOH>7 \end{cases}$

(3) 水的解離為吸熱反應 $\Rightarrow$ 溫度升高，則 K_a、K_w、$[H^+]$ 及 $[OH^-]$ 均增大。

$H_2O_{(l)} \rightleftarrows H^+_{(aq)} + OH^-_{(aq)}\ \Delta H = 56\ kJ/mol$

平衡時 $K_a = \dfrac{[H^+][OH^-]}{[H_2O]} = K_b = 水的解離常數$

K_w（離子積或溶度積）$= [H^+][OH^-] = K_a[H_2O]$

在24℃時 $K_w = 10^{-14}$，$K_a = 1.8 \times 10^{-16}$，$[H_2O] = \dfrac{1000}{18}$ M

範例觀摩 1

100℃的水，假設其 $K_w=1.0\times10^{-12}$，則下列之敘述，何者錯誤？　(A)100℃之純水的 pH = 6　(B)pH = 7的100℃之水為鹼性　(C)pH = 1的100℃及25℃的水各有相同之[H^+]　(D)pH = 1的100℃及25℃的水各有相同之[OH^-]。

解析 (D)。(A)100℃的水[H^+] = [OH^-]=$(K_w)^{1/2}$ = 1.0×10^{-6}　∴pH=6 = pOH

(B)pH = 7 > 6 為鹼性

(C)pH = 1 時，[H^+] = 10^{-1} M 與溫度無關

(D)pH = 1，在 100℃，pOH = 12 - 1 = 11

pH = 1，在 25℃，pOH = 14 - 1 = 13

(二)酸鹼的學說

1.阿瑞尼士學說：

(1)酸：水溶液中能釋出 H^+ 者。如：HCl → $H^+_{(aq)}$ + $Cl^-_{(aq)}$

(2)鹼：水溶液中能釋出 OH^- 者。如：NH_4OH → $NH^+_{4(aq)}$ + $OH^-_{(aq)}$

2.布忍司特－羅瑞學說（可用於非水溶液）：

(1)酸：供給（質子）H^+ 者　　　　鹼：接受質子者

　　⇒強酸：放出 H^+ 傾向大者　⇒強鹼：易與 H^+ 結合者

　　⇒K_a 大者　　　　　　　　⇒K_b 大者

(2)酸鹼反應：酸競放 H^+ 反應　　　鹼競取 H^+ 反應

(3)強酸放出H^+後變成弱鹼 ⎫
　弱鹼接受H^+後變成強酸 ⎭各形成其共軛酸鹼對

（酸）　（鹼）　（酸）　（鹼）　　HA 的共軛鹼為 A^-

HA　+　B^-　→　HB　+　A^-　　B^- 的共軛酸為 HB

共軛酸鹼對

(4)平衡方向利於弱酸弱鹼生成的方向，即強酸 + 強鹼 → 弱酸 + 弱鹼

3.路易士之電子對說：

(1)酸：能接受電子對者，其條件為具有空價軌域。如 BF_3，H^+，陽離
　　子等。

　　鹼：能供給電子對者，其條件為具有未鍵結電子對者如 NH_3，OH^-，
　　陰離子等。

(2)酸、鹼中和形成配位化合物。

　　例：1.$BF_3 + F^- \leftrightarrows BF_4^-$

　　　　　酸　鹼　　配位化合物

　　　　2.$Ag^+ + 2CN^- \leftrightarrows Ag(CN)_2^-$

　　　　　酸　　鹼　　配位化合物

(三)酸的命名

1.不含氧者，在常溫時多為氣體，稱為某化氫，其水溶液稱為氫某酸。如：

$H_2S_{(g)}$硫化氫，$H_2S_{(aq)}$氫硫酸

$HCl_{(g)}$氯化氫，$HCl_{(aq)}$氫氯酸或鹽酸

$HCN_{(g)}$氰化氫，$HCN_{(aq)}$氫氰酸

2.含氧酸依照其含的元素命名。如：

H_3PO_4（磷酸），H_3PO_3（亞磷酸），H_3PO_2（次磷酸），$HClO_4$（過氯酸），

$HClO_3$（氯酸），$HClO_2$（亞氯酸），$HClO$（次氯酸），$HMnO_4$（過錳酸），

H_2MnO_4（錳酸），H_2SO_4（硫酸），H_2SO_3（亞硫酸）

(四)鹼的命名

鹼是金屬的氫氧化物，所以稱為氫氧化某，但金屬若以不同氧化數和氫氧
根結合時，將金屬的氧化數加以圓括號附於金屬名稱的後面。如金屬有二
種氧化數者，通常高氧化數者稱為氫氧化某，低氧化數者稱為氫氧化亞某。
如：

NaOH 氫氧化鈉，$Ca(OH)_2$ 氫氧化鈣

Fe(OH)₂ 氫氧化鐵（Ⅱ）或氫氧化亞鐵

Fe(OH)₃ 氫氧化鐵（Ⅲ）或氫氧化鐵

Sn(OH)₂ 氫氧化錫（Ⅱ）或氫氧化亞錫

Sn(OH)₄ 氫氧化錫（Ⅳ）或氫氧化錫

範例觀摩 2　　重要觀念題

在 $CH_3COOH_{(aq)} + HS^-_{(aq)} \rightleftharpoons H_2S_{(aq)} + CH_3HOO^-_{(aq)}$ 反應中，有關酸鹼之敘述，何者正確？　(A)HS⁻為酸，CH_3COOH 為鹼　(B)H_2S 為 HS^- 之共軛酸　(C)CH_3COO^- 為 CH_3COOH 之共軛鹼　(D)HS⁻較 CH_3COO^- 鹼性為強，故反應之趨勢由左到右　(E)H_2S 較 CH_3COOH 酸性為弱，故反應之趨勢由右到左。

解析　(B)(C)(D)。(A)HS⁻鹼，CH_3COOH 酸。(E)H_2S 較弱，故由左向右。

範例觀摩 3

下列各反應均利於向右進行，指出下列敘述何者正確？$H_2O + CH_3O^-_{(aq)} \rightarrow CH_3OH + OH^-_{(aq)}$；$HNO_{3(aq)} + H_2O \rightarrow H_3O^+ + NO^-_{3(aq)}$；$H_3O^+ + CN^-_{(aq)} \rightarrow HCN_{(aq)} + H_2O$；$HCN + OH^-_{(aq)} \rightarrow H_2O + CN^-_{(aq)}$　(A)上列物質中，最強鹼為 CH_3O^-　(B)比水較強而比 H_3O^+ 較弱的酸為 $HNO_{3(aq)}$　(C)上列物質中最強的酸為 H_3O^+　(D)比 OH⁻較強的鹼為 $CN^-_{(aq)}$　(E)$CN^- + H_2O \rightleftharpoons HCN + OH^-$ 利於向右。

解析　(A)。酸：$H_2O > CH_3OH$，$HNO_3 > H_3O^+$，$H_3O^+ > HCN$，$HCN > H_2O$

∴酸性：$HNO_3 > H_3O^+ > HCN > H_2O > CH_3OH$

故鹼性：$NO_3^- < H_2O < CN^- < OH^- < CH_3O^-$

範例觀摩 4

下列何者不能作為布—洛（Brønsted-Lowry）酸？　(A) NH_4^+　(B)H_2O　(C) HSO_3^-　(D)$H_2PO_2^-$　(E)CH_3COOH

解析　(D)。依據布—洛酸鹼理論，布—洛酸需要能釋放出質子，選項中的(A) NH_4^+ (B) H_2O (C) HSO_3^- (E) CH_3COOH

$$O=\overset{\displaystyle H}{\underset{\displaystyle H}{\overset{|}{\underset{|}{P}}}}-OH$$

均可釋出 H^+。而(D) $H_2PO_2^-$ 是次磷酸 H_3PO_2 釋出 H^+
所得到的共軛酸根（如上頁圖所示），僅有一個 H 連接在 O 上
另兩個 H 鍵結在 P 上，無法以 H^+ 釋出。

主題二　酸鹼中和與酸鹼滴定

(一)酸+鹼→鹽+水（加熱蒸發即可得鹽）

離子方程式	1.強酸+ 強鹼：$H^+_{(aq)} + OH^-_{(aq)} \rightarrow H_2O_{(l)} + 56\ kJ$ 2.強酸+ 弱鹼(BOH)：$H^+_{(aq)} + BOH_{(aq)} \rightarrow B^+_{(aq)} + H_2O_{(l)}$ 3.弱酸(HA) +強鹼：$HA_{(aq)} + OH^-_{(aq)} \rightarrow A^-_{(aq)} + H_2O_{(l)}$
酸鹼中和熱的決定原則	1.設酸為HA，鹼為BOH，則其中和反應包括下列三個步驟： 　(1)游離：所需熱量（吸熱）為H_i 　　　$HA_{(aq)} \rightleftarrows H^+_{(aq)} + A^+_{(aq)}$ ；$BOH_{(aq)} \rightleftarrows B^+_{(aq)} + OH^-_{(aq)}$ 　(2)氫離子和氫氧根離子結合成水：設放熱$\triangle H_n$， 　　　$H^+_{(aq)} + OH^-_{(aq)} \rightarrow H_2O_{(l)}$ 　(3)A^-與B^+有可能沉澱（結晶）析出：設放熱H_s 　　　故知酸鹼中和熱$\triangle H = \triangle H_i + \triangle H_n + \triangle H_s$ 　　　　　　　　　　　　　（吸熱）（放熱）　（放熱） 2.強酸強鹼之中和$\triangle H_i \fallingdotseq 0$，故若鹽不結晶，則強酸強鹼的莫耳中和熱大於弱酸弱鹼mol 中和熱，但若鹽會結晶，則mol 中和熱的比較將更趨複雜。

(二)滴定 $\Rightarrow$ 利用一種已知濃度的溶液，測定另一種溶液的濃度或體積的方法。

1. 酸之當量：能提供 1mol H^+的酸重。如：H_2SO_4當量= 49。

　鹼之當量：能提供1mol OH^-或接受1molH^+的鹼重。如：NaOH 當量=40。

2. 酸或鹼之（克）當量$= \dfrac{\text{分子量或式量}}{\text{每分子被中和之}H^+\text{或}OH^-\text{數（稱為價數）}}$

3. 酸（鹼）的克當量數$= \dfrac{\text{溶質的重量}}{\text{酸（鹼）的當量}} = \text{莫耳數} \times \text{價數}$

4. 滴定原理：酸的克當量數 = 鹼的克當量數。

5.終點：指示劑改變顏色且呈穩定的中間色為止，所加入標準液的體積數，稱為終點。

6.當量點：酸的克當量數=鹼的克當量數時，稱為當量點。

(三) 指示劑

1.定義：指示劑為一種有機弱酸或弱鹼，其在不同的 pH 值下會呈現不同顏色，故可用以指示一溶液之 pH 值。

2.指示劑之變色範圍：一般指示劑當外界 pH 值= pK_a + 1 時呈鹼型之色（K_a為指示劑之解離常數），當外界 pH 值= pK_a － 1 時呈酸型之色。

3.指示劑之選擇：

(1)強酸或強鹼滴定：當量點即為中和點，又因當量點附近溶液之 pH 值變動甚大，大部分指示劑幾乎皆可用。

(2)強酸和弱鹼滴定：當達當量點時所生鹽類起水解作用而呈酸性，故選用酸性下變色之指示劑。如甲基橙、甲基紅。

(3)強鹼和弱酸滴定：當達當量點時所生鹽類起水解作用而呈鹼性，故選用鹼性下變色之指示劑。如酚酞。

☆ 計算原則：$N_1V_1 = N_2V_2$即酸的（毫）當量數=鹼的（毫）當量數。（見底下說例分析）

說例 1.〔實驗 I 〕取 0.05 M 草酸 $H_2C_2O_4$ 水溶液 10.0 毫升於錐形瓶中，加入一滴酚酞為指示劑，從裝有濃度為 C 之氫氧化鋇水溶液的滴管中滴入 5.70 毫升氫氧化鋇溶液始達當量點（終點）。

〔實驗 II 〕取此氫氧化鋇水溶液 10.0 毫升，通入含有氮、氧和二氧化碳 0℃、1 大氣壓的混合氣體 V 升，使其充分反應後，過濾並洗淨所生的沉澱。所得的濾液及洗淨液的混合水溶液，用 0.10 M 的鹽酸水溶液中和滴定，需要 12.0 毫升的該鹽酸水溶液始達當量點。

試問：(1)在實驗 I 中，滴定達當量點時，酚酞指示劑呈什麼顏色？

(2)氫氧化鋇水溶液的濃度（C）為多少 M？

(3)在實驗 II 中，所得的沉澱為何物？

(4)在實驗 II 中，和氫氧化鋇水溶液反應的氣體有多少莫耳？

解析　(1)粉紅色：強鹼（$Ba(OH)_2$）與非強酸（$H_2C_2O_4$）

中和達當量點時溶液呈鹼性。故酚酞指示劑成粉紅色。

(2)$N_1V_1 = N_2V_2$，$0.05 \times 2 \times 10 = C \times 2 \times 5.7$　$\therefore C = 8.77 \times 10^{-2}$ M

(3)$BaCO_3$：$Ba(OH)_2 + H_2CO_3 \rightarrow BaCO_3 + 2H_2O$

(4)設和 $Ba(OH)_2$ 反應的氣體 CO_2 有 n 莫耳，則

$$8.77 \times 10^{-2} \times \frac{10}{1000} \times 2 = n \times 2 + 0.1 \times \frac{12}{1000}$$

$$\therefore n = 2.77 \times 10^{-4} mol$$

說例 2. 某一元弱酸（$K_a = 10^{-3} \sim 10^{-7}$）之溶液 100

毫升，以 0.50N 氫氧化鈉溶液滴定後得滴定

曲線如右圖所示： 重要考型！務必會！

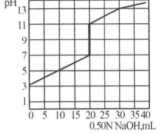

(1) 該弱酸在滴定前的濃度是　(A)0.05M

(B)0.10M　(C)0.15M　(D)0.20M　(E)0.05 M。

(2) 該弱酸的電離常數（或游離常數）是

(A)10^{-3}　(B)10^{-4}　(C)10^{-5}　(D)10^{-7}。

(3) 滴定前該弱酸溶液中[OH^-]離子濃度應為　(A)10^{-3} M　(B)10^{-5} M

(C)10^{-7} M　(D)10^{-9} M　(E)10^{-11} M。

(4) 當量點的 pH 值約為　(A)5　(B)7　(C)9　(D)11　(E)13。

(5) 在上列滴定中，為求滴定終點，下表各項指示劑中，何者最合適？

指示劑	變色範圍(pH)	顏色	
		酸性	鹼性
(A)	2.9~4.0	紅	黃
(B)	3.1~4.4	紅	黃
(C)	4.2~6.3	紅	黃
(D)	8.0~9.6	無色	紅
(E)	10.1~12.0	無色	藍

解析　(1)(B)，(2)(C)，(3)(E)，(4)(C)，(5)(D)。

(1)由滴定曲線知 100 mL 之酸需用 0.50N 之 $NaOH_{(aq)}$

20mL 始達當量點。依 $N_1V_1 = N_2V_2$

得 $N_1 = \dfrac{0.50 \times 20}{100} = 0.10(N)$，即 0.10 M

(2)由滴定曲線之起點知滴定前酸中之$[H^+] = 10^{-3}$ M

依 $HA_{(aq)} \rightleftharpoons H^+_{(aq)} + A^-_{(aq)}$

平衡時：$0.10 - 10^{-3}$ 10^{-3} 10^{-3} M

故 $K_a = \dfrac{(10^{-3})(10^{-3})}{0.10 - 10^{-3}} \fallingdotseq 10^{-5}$。

(3)滴定前酸中之$[H^+] = 10^{-3}$M

故$[OH^-] = \dfrac{K_w}{[H^+]} = \dfrac{10^{-14}}{10^{-3}} = 10^{-11}$(M)。

(4)由滴定曲線知當量點時之 pH＝9

(5)因當量點之 pH＝9，故應選用 pH＝9 附近變色之指示劑為宜。

迷你實驗室　酸鹼性質

1. 酸鹼指示劑是一種隨溶液的 pH 值而改變顏色的物質，故可以用來指示溶液的 pH 值。

2. 甲基橙（Methyl orange）及橙 IV（Orange IV）在酸性範圍變色；靛胭脂（Indigo Carmine）及茜素黃 R（Alizarine yellow R）在鹼性範圍變色，其變色範圍如下：

指示劑	$[H^+]$範圍	pH 範圍	顏色變色
橙 IV	$(500{\sim}6) \times 10^{-4}$	1.3~3.2	紅→黃
甲基橙	$(80{\sim}4) \times 10^{-5}$	3.1~4.2	紅→橙黃
茜素黃 R	$(100{\sim}1) \times 10^{-12}$	10~12	黃→紅
靛胭脂	$(25{\sim}1) \times 10^{-13}$	11.6~13	藍→黃

問題：(1)如何利用 0.1MHCl 配製實驗要用的 pH=2，pH=3，pH=4 之溶液？

(2)如何使用吸量管？

(3)本實驗對氫離子濃度的測定採用簡便的估計方法，若要比較準確地測定氫離子濃度，應該怎麼辦？

【分析】(1)用吸量管吸取 0.1 M HCl 0.5 毫升於含有 4.5 毫升蒸餾水的試管中並使其混合均勻。得$[H^+] = 10^{-2}$ M 即 pH＝2 之溶液。依同法配製$[H^+] = 10^{-3}$ M 及 10^{-4}M 的溶液。

(2)吸量管除吸取蒸餾水外，請勿使用嘴來吸取，應使用安全吸球，使用時先將上面橡皮球壓扁，再吸取液體，但應避免溶液跑入橡皮球。

(3)用 pH 測定計或滴定法。

範例觀摩 1　

小蘇打（$NaHCO_3$）與食鹽（$NaCl$）混合物共4.0克，先以蒸餾水溶成200毫升溶液，取出50毫升，然後加入三滴適當之指示劑，最後從裝0.50N HCl標準溶液的滴定管中滴入10毫升，始達當量點（終點），試問：（原子量：Cl=35.5，Na=23）

(1)該實驗中僅有甲基橙和酚酞兩種指示劑，你選用何者為適當？

(2)原混合物中含小蘇打若干克？

(3)在滴定當量點時，溶液中 NaCl 濃度為若干？

解析　(1)甲基橙：因強酸弱鹼（$NaHCO_3$）達當量點溶液呈酸性。

(2)NaCl 與 HCl 無作用，設 $NaHCO_3$ 有 x 克，則

$$\frac{x}{84} \times \frac{50}{200} = 0.5 \times \frac{10}{1000} \quad \therefore x = 1.68g$$

(3)$NaHCO_3 + HCl \rightarrow NaCl + CO_2 + H_2O$

∴NaCl 包括由 $NaHCO_3$ 來的與原混合物的

$$[NaCl] = \frac{(\frac{1.68}{84} + \frac{4-1.68}{58.5}) \times \frac{50}{200}}{0.06} = 0.25（M）$$

範例觀摩 2　實驗活用觀念題！務必理解！

含碳、氫及氧三元素，且含2分子之結晶水的雙質子酸。取其結晶0.945克溶於水使成200mL 溶液，取出20mL 以0.10N 之 NaOH 滴定達當量點須15ML 則：
(1)該酸之最初濃度為若干 N？　(2)該酸結晶的分子量若干？　(3)該酸之結晶的構成元素 C：H：O（原子數）＝ 1：3：3，則示性式及名稱各為何？　(4)若將此滴定實驗按照如右圖所示來進行，即一面滴定，並以電流計測定電流值時，則會發生怎樣的變化呢？
(5)步驟(4)之滴定曲線，若 NaOH 溶液改換成同濃度之氫氧化鋇溶液，則其圖形又為下圖之何者？

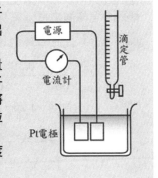

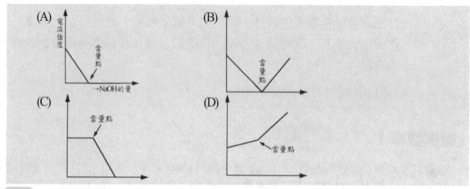

解析　(1)0.075　　(2)126　　(3)(COOH)$_2$·2H$_2$O 草酸　　(4)(D)　　(5)(B)

(1)設酸當量濃度為 xN，則 x × 20 = 0.1 × 15

∴x = 0.075N

(2)設分子量 x，則 $\dfrac{0.945}{x} \times 2 \times \dfrac{20}{200} = 0.1 \times \dfrac{15}{1000}$　　∴x = 126

(3)實驗式 CH$_3$O$_3$　　(CH$_3$O$_3$)$_n$ = 126　　∴n = $\dfrac{126}{63}$ = 2

分子式 C$_2$H$_6$O$_6$，因有機酸含 COOH 的官能基又因共為雙質子酸，所以含 2 個 COOH　∴示性式(COOH)$_2$·2H$_2$O

(4)H$_2$C$_2$O$_4$·2H$_2$O + 2NaOH → Na$_2$C$_2$O$_4$（可溶鹽為強電解質）+ 4H$_2$O

(5)H$_2$C$_2$O$_4$·2H$_2$O + Ba(OH)$_2$ → BaC$_2$O$_{4(s)}$（難溶鹽）+ 4H$_2$O

範例觀摩 3

一不純的冰醋酸10克，溶於水中，以0.50N 之 NaOH$_{(aq)}$滴定，滴入45mL 時發現過量，立即再以0.30 M 之 H$_2$SO$_4$反滴定，至當量點時用去此硫酸溶液2.50mL，此冰醋酸中含醋酸之百分率為　(A)10.50　(B)11.30　(C)12.60　(D)13.25　%。

解析　(C)。設此不純的冰醋酸 10 克中含有 x 克的純醋酸，依題意：

$$\dfrac{x}{60} + \dfrac{0.30 \times 2 \times 2.50}{1000} = \dfrac{0.50 \times 45}{1000}$$

$\Rightarrow$ x = 1.26（克）

即含醋酸之百分率為 $\dfrac{1.26}{10}$ × 100%

= 12.6%

要訣▶
醋酸克當量數+H$_2$SO$_4$當量數
= NaOH 之克當量數

範例觀摩 4

指示劑 HIn，其游離常數 $K_a = 5.0 \times 10^{-8}$，若此指示劑之酸型顏色為黃色，鹼型為藍色，若以黃色之型存在者為藍色之20倍以上時由肉眼所見為黃色，反之若以藍色之型存在者為黃色2倍以上時，則為藍色（肉眼所見），此指示劑之變色範圍為：　(A)5至6.4　(B)6至7.6　(C)7.2至8.3　(D)8.25至9.3。

解析　(B)。$HIn \rightleftarrows In^- + H^+$

$$K_a = \frac{[In^-][H^+]}{[HIn]} \quad, [H^+] = \frac{K_a[HIn]}{[In^-]}$$

酸型為 HIn，黃色；鹼型為 In^-，藍色

若 $[HIn] \geq 20[In^-]$ 時，指示劑為黃色

故 $[H^+] = \dfrac{K_a[HIn]}{[In^-]} = \dfrac{5.0\times10^{-8}\times 20}{1} = 10^{-6}$，pH $= 6$

若 $[In^-] \geq 2[HIn]$ 時，指示劑為藍色

故 $[H^+] = \dfrac{K_a[HIn]}{[In^-]} = \dfrac{5.0\times10^{-8}\times 1}{2} = 2.5 \times 10^{-8}$

pH $= -\log(2.5 \times 10^{-8}) = 8 - \log 2.5 = 7.6$

即變色範圍為 pH：6 至 7.6

範例觀摩 5

若 CH_3COOH 與 NaOH 之中和熱為13.3 Kcal / mol，用0.5 M 的 NaOH 滴定0.2 M 的 $CH_3COOH_{(aq)}$ 50c.c.完全中和後，則溫度上升　(A)1.7℃　(B)1.8℃　(C)1.9℃　(D)2.0℃　(E)2.1℃。（溶液比熱和比重均為1）

解析　(C)。設達當量點用去 NaOH V mL，則 $0.5V = 0.2 \times 50$

解得 V $= 20$mL　∴總體積 70mL

又因 CH_3COOH 莫耳數 $=$ NaOH 莫耳數 $= 0.2 \times 50/1000 = 0.01$(mol)

反應熱 $= 13.3 \times 0.01 = 0.133$(kcal) $= 133$(cal)

∴$133 = 70 \times 1 \times \Delta t$　解得 $\Delta t = 1.9$℃

主題三　鹽的種類、水解與緩衝液

(一)鹽⇒酸（或鹼）： 其中可游離的 H^+（或 OH^-）被金屬（或非金屬）所取代。

鹽的分類	正鹽	1.酸中可解離之 H^+ 或鹼中可解離 OH^- 皆已被完全取代者。 NaClO$_4$ 過氯酸鈉；NaClO$_3$ 氯酸鈉；NaClO$_2$ 亞氯酸鈉；NaClO 次氯酸鈉；(NH$_4$)$_2$SO$_4$ 硫酸銨；FeSO$_4$ 硫酸鐵（II）或硫酸亞鐵；Fe$_2$(SO$_4$)$_3$ 硫酸鐵（III）或硫酸鐵。 2.酸鹼性： (1)強酸強鹼所形成鹽類：不起水解呈中性。 (2)強酸弱鹼所形成鹽類：弱鹼的陽離子水解後呈酸性。 例：NH$_4$Cl 中 NH$_4^+$ 會水解： $$NH_{4(aq)}^+ + H_2O_{(l)} \rightarrow NH_{3(aq)} + H_3O_{(aq)}^+$$ (3)弱酸強鹼所形成鹽類：弱酸根水解後呈鹼性。 例：CH$_3$COONa 中 CH$_3$COO$^-$ 會水解： $$CH_3COO_{(aq)}^- + H_2O_{(l)} \rightarrow CH_3COOH_{(aq)} + OH_{(aq)}^-$$ (4)弱酸弱鹼所形成鹽類：若 $K_a > K_b$ 水解後呈酸性，如 NH$_4$F；若 $K_b > K_a$ 水解後呈鹼性如(NH$_4$)$_2$S，(NH$_4$)$_2$CO$_3$；若 $K_a = K_b$ 呈中性如 CH$_3$COONH$_4$。
	酸式鹽	1.酸式鹽：酸中可解離之 H^+ 部分未被取代者。 NaHCO$_3$ 碳酸氫鈉或酸式碳酸鈉；NaHSO$_4$ 硫酸氫鈉或酸式硫酸鈉；NaH$_2$PO$_4$ 磷酸二氫鈉；Na$_2$HPO$_4$ 磷酸氫二鈉。 2.酸鹼性： (1) 若原二元酸之 $K_{a_1}K_{a_2} > K_w$，酸式鹽呈酸性。如：NaHSO$_4$，NaHC$_2$O$_4$，NaHSO$_3$，NaH$_2$PO$_4$，NaH$_2$PO$_3$。 (2) $K_{a_1}K_{a_2} < K_w$，酸式鹽呈鹼性。如 NaHCO$_3$，NaHS，Na$_2$HPO$_4$。 (3) $K_{a_1}K_{a_2} = K_w$ 酸式鹽呈中性。

鹽的分類	鹼式鹽	鹼中可解離之 OH^- 部分未被解離之鹽類。 $Bi(OH)(NO_3)_2$：硝酸氫氧鉍；$Bi(OH)_2NO_3$：硝酸二氫氧鉍； $Mg(OH)Cl$：氯化氫氧鎂或鹼式氯化鎂
	複鹽	二種或二種以上的鹽結合而成的複合物，在溶液中仍然解離為其成分鹽的組成離子者。如 $Fe(NH_4)_2(SO_4)_2$ 硫酸鐵（II）銨或硫酸亞鐵銨；$NaKCO_3$ 碳酸鉀鈉；$KAl(SO_4)_2 \cdot 12H_2O$ 十二水合硫酸鋁鉀；$Ca(OCl)Cl$ 氯化次氯酸鈣俗稱漂白粉。
	錯鹽	含有（除水合離子外）錯離子的鹽，如 $K_4[Fe(CN)_6]$（黃血鹽），$[Co(NH_3)_6]Cl_3$，Na_3AlF_6（冰晶石）。

（二）離子酸鹼性判斷

1.陽離子
- 中性：Na^+, K^+, Rb^+, Cs^+, Ca^{2+}, Sr^{2+}, Ba^{2+}（由強鹼來的陽離子不會水解，故呈中性）
- 酸性：除上述之陽離子會水解，故呈酸性

2.陰離子
- 中性：ClO_4^-, Cl^-, Br^-, I^-, NO_3^-, SO_4^{2-}, ClO_3^-……（由強酸來的陰離子不會水解，故呈中性）
- 酸性：HSO_4^-, HSO_3^-, $HC_2O_4^-$, $H_2PO_4^-$, $H_2PO_3^-$ 等，其二元酸 $K_{a_2} > K_H$ 即原二元酸 $K_{a_1}K_{a_2} > K_w$，故呈酸性
- 鹼性：其他陰離子會水解或 $K_{a_2} < K_H$，故呈鹼性

迷你實驗室　胃酸劑片中制酸量的測定

1.市面上所售胃酸劑片種類很多，但多數係由制酸劑、鎮靜劑、黏膜保護劑等多種成分配合而成。其中制酸劑常由碳酸氫鈉（速效性制酸）、碳酸鈣（持續性制酸）、鎂的鋁酸鹽、矽酸鹽（制酸、保護胃黏膜）或氫氧化鎂等所構成。碳酸鈣以及鎂鹽的溶解度不大。胃酸劑片尚含有些不溶性的填料，但若選對方法，則不影響本實驗的進行。
　註：因為碳酸鈣的溶解較慢，故為持續性制酸劑。

2. 直接以鹽酸滴定需要較長時間或因滴定終點即現即失,所以較難判定終點。胃酸劑溶於水,以 pH 在 8 至 9 之間,表示碳酸氫根離子的存在。

3. 胃酸劑片制酸量的測定步驟:

(1) 由濃鹽酸配製0.1 N HCl 250毫升,並以標準鹼溶液0.1N NaOH 標定其濃度至小數點3位。

(2) 取胃酸劑片2粒研磨成粉,分成兩分,精確秤量後分別置於250毫升錐形瓶。

(3) 加入蒸餾水50毫升,以甲基橙(或溴甲酚綠)為指示劑,用標定的鹽酸溶液滴定至終點,記錄所用的量(A 毫升)。

(4) 取另一半試樣,加入0.1N 鹽酸(A + 25)毫升攪拌煮沸(約3分鐘)以趕出二氧化碳。

　A. 因制酸劑內所含的鹼均為弱鹼,而且制酸劑常含有碳酸鈣、鎂鹽等溶解度不大的成分,導致滴定終點即現即失,較難判斷。

　B. 先加過量酸,再以氫氧化鈉反滴定的步驟較好,因為試樣胃酸劑中常含有碳酸鈣、碳酸氫鈉或矽酸鋁等不易溶於水,但易溶於酸,故先將試樣溶於過量鹽酸,煮沸趕出二氧化碳,冷卻滴定較快,而且滴定終點比較容易判定。

(5) 冷卻至室溫,以酚酞為指示劑,用0.1N 標準 NaOH 溶液滴定。

問題:若市售胃酸劑片中所含的制酸劑只含碳酸鈣與碳酸氫鈉,今為測胃酸劑片中鹼的含量作如下實驗:A.已知胃酸劑片粉末重 0.500 克,其含碳酸氫鈉與碳酸鈣莫耳數比為 3:1。B.把胃酸劑片粉末置入 250mL 的錐形瓶中,先加入 0.120 M 的 $HCl_{(aq)}$75.0 mL,然後攪拌煮沸 3 分鐘,冷至室溫。C.以酚酞為指示劑,用 0.100N 的 $NaOH_{(aq)}$ 滴定,共用去 $NaOH_{(aq)}$65.0mL,試問:

(1) 寫出碳酸鈣與鹽酸反應之反應方程式,並平衡之。

(2) 計算此胃酸劑片中含碳酸氫鈉的重量百分率。

【分析】(1)$CaCO_3 + 2HCl \rightarrow CaCl_2 + CO_2 + H_2O$

(2)設 $CaCO_3$ 有 x mol，$NaHCO_3$ 則有 3x mol

$x \times 2 + 3x + 0.1 \times 0.065 = 0.12 \times 0.075$　　$x = 5 \times 10^{-4}$

故($3 \times 5 \times 10^{-4} \times 84/0.5) \times 100\% = 25.2\%$為所求

(三)緩衝液

所謂緩衝溶液即弱酸及其鹽類共存的溶液，或弱鹼及其鹽類共存之溶液，此溶液中若加入少量酸或鹼，其 pH 值不會有太大的改變，即使加入少量強酸或強鹼亦然，稱為緩衝溶液；常見組成有二：

1. 弱酸和其鹽類共存之溶液，如 CH_3COOH 及 CH_3COONa 共存之溶液。

2. 弱鹼和其鹽類共存之溶液，如 NH_4Cl 及 NH_4OH 共存之溶液。

☆ 體內血液便是靠 $H_2CO_3 - HCO_3^-$ 所組成的緩衝液，來中和進入體內多餘的酸（$H^+ + HCO_3^- \rightarrow H_2CO_3$）與多餘的鹼（$OH^- + H_2CO_3 \rightarrow H_2O + HCO_3^-$）使血液維持最適合我們生存的 pH（7.40－7.42）。

主題四　酸鹼計算問題分類

(一) 一種弱酸或一種弱鹼的水溶液，以 C_0 表弱酸或弱鹼的初濃度，K_a、K_b 表解離常數，α 表解離度，若 $C_0/K > 1000$ 及 $C_0K > K_w$ 時：

1. 弱酸之$[H^+] = \sqrt{C_0 K_a}$ ，$\alpha = \sqrt{\dfrac{K_a}{C_0}} = \dfrac{[H^+]}{C_0}$

2. 弱鹼之$[OH^-] = \sqrt{C_0 K_a}$ ，$\alpha = \sqrt{\dfrac{K_b}{C_0}} = \dfrac{[OH^-]}{C_0}$

3. 同溫時 K_a 愈大酸性愈強，K_b 愈大鹼性愈強。

(二) 有共同離子存在解離度會降低。

$$\begin{cases}
\text{1.弱酸+弱酸鹽：把弱酸鹽當共同離子} \\
\text{2.弱鹼+弱鹼鹽：把弱鹼鹽當共同離子}
\end{cases}\text{緩衝液}$$

3.弱酸與強酸混合 $\Rightarrow [H^+]$ 視為由強酸解離而來

4.弱鹼與強鹼混合 $\Rightarrow [OH^-]$ 視為由強鹼解而來

　　註：一般多元酸 K_{a_1}：K_{a_2}：$K_{a_3} \fallingdotseq 1 : 10^{-5} : 10^{-10}$，故多元酸之強度由 K_{a_1} 決定，欲算多元酸之 $[H^+]$ 亦由 K_{a_1} 求即可。

範例觀摩 1

某單元酸 $K_a = 10^{-5.0}$，則其濃度為 $10^{-5.0}$M 之溶液的解離度約為
(A)1%　(B)31%　(C)62%　(D)93%。

解析 (C)。

$$HA \quad \rightleftharpoons \quad H^+ + A^-$$

解離前：10^{-5}　　　　0　　　0

平衡時：$10^{-5} - x$　　x　　x

$$K_a = 10^{-5} = \frac{x^2}{10^{-5} - x} \quad \text{，} x = [H^+] = 6.2 \times 10^{-6}$$

$$\therefore \alpha = \frac{6.2 \times 10^{-6}}{10^{-5}} \times 100\% = 62\%$$

範例觀摩 2

將0.02M 鹽酸溶液100毫升與0.20M 醋酸溶液與（$K_a = 1.8 \times 10^{-5}$）100毫升混合而得溶液200毫升。下列各項敘述何者正確？　(A)$[H^+]$約等於0.1莫耳／升　(B)$[H^+]$約等於0.01莫耳／升　(C)$[CH_3COO^-]$約等於1.34×10^{-3}莫耳／升　(D)$[CH_3COOH]$約等於0.40莫耳／升　(E)$[Cl^-]$約等於0.02莫耳／升。

解析 (B)。

$$CH_3COOH_{(aq)} \quad \rightleftarrows \quad CH_3COO^- \ + \quad H^+$$

解離前：　$\dfrac{0.20}{2}$　　　　　　　0　　　　　　$\dfrac{0.02}{2}$ ←HCl 提供

平衡時：　$0.1 - x$　　　　　　x　　　　　$0.01 + x$（x 很小）

$$K_a = \frac{(x)(0.01)}{0.1} = 1.8 \times 10^{-5}$$

∴$x = 1.8 \times 10^{-4} = [CH_3COO^-]$

故$[H^+] \fallingdotseq 0.010$，$[CH_3COO^-] = 1.8 \times 10^{-4}$

　$[CH_3COOH] \fallingdotseq 0.10$

　$[Cl^-] = [HCl] = 0.02 \times 100/200 = 0.01$（M）

範例觀摩 3　活用題型

在某溫度下，硫酸之第一步游離近乎完全，第二步游離之常數 $K_2 = 1.00 \times 10^{-2}$，則：

(1)試求1.00 M 硫酸溶液中氫離子及硫酸根的濃度。

(2)若將0.50升2.00M 硫酸與0.50升2.00M NaOH 混合，則此溶液的氫離子濃度為何？

解析 $HSO_4^- \rightleftarrows H^+ + SO_4^{2-}$（$H_2SO_4$ 第一段可完全解離）

$1.00 - x \quad x + 1 \quad x$

$$K_{a_2} = 1.0 \times 10^{-2} = \frac{[1.0+x][x]}{[1.0-x]} \Rightarrow x = 10^{-2}$$

(1)$[H^+] = 1.00 + 0.01 = 1.01$（M）　$[SO_4^{2-}] = 10^{-2}$ M

(2)$H_2SO_4 + NaOH \rightarrow NaHSO_4 + H_2O$

　產生$[NaHSO_4] = $消耗$[H_2SO_4] = 1.00$ M

　$HSO_4^- \rightleftarrows H^+ + SO_4^{2-}$

$1.00 - x \quad x \quad x$

$$K_{a_2} = \frac{[x][x]}{[1.00-x]} = 1.0 \times 10^{-2} \quad \therefore [H^+] = x = 0.1 \text{ M}$$

↘ 重要試題演練

( ) 1. 維生素 C，又名抗壞血酸，是一種酸，分子式為 $C_6H_8O_6$，每莫耳維生素 C 會和 1 莫耳 OH^- 作用。維生素 C 藥丸中維生素 C 的含量用 0.100 M 氫氧化鈉滴定。某維生素藥丸 0.450 克需用 24.4 毫升 0.100 M 氫氧化鈉滴定。該藥丸含維生素 C 的百分率為　(A)95.3　(B)95.7　(C)96.2　(D)97.3　%。

( ) 2. 將 1.0 毫升的 0.20 M 的鹽酸溶液分別加入 4.0 毫升下列各溶液中，何者的 pH 值改變最小？　(A)純水　(B)醋酸(0.10 M)和醋酸鈉(0.10M)的緩衝液（醋酸的 K_a 值為 1.8×10^{-5}）　(C)0.10M 的氫氧化鈉溶液　(D)0.10 M 的硫酸溶液。

( ) 3. 在 0.10 M 氨水中，加入一些固體氯化銨，完全溶解後，測知溶液中含氫氧根離子濃度為 2.8×10^{-6} M。試求溶液中銨離子濃度。（氨水的 $K_b = 1.8 \times 10^{-5}$）
(A)0.64M　(B)0.32M　(C)0.16M　(D)0.10M。

( ) 4. 下列四種鹽類的 0.1 M 水溶液，其 pH 值由低（左）而高（右）的順序為何？
(甲)KNO_3；(乙)NH_4Cl；(丙)$NaHSO_4$；(丁)Na_2CO_3
(A)(丁)＜(甲)＜(丙)＜(乙)　(B)(甲)＜(乙)＜(丁)＜(丙)
(C)(丙)＜(乙)＜(甲)＜(丁)　(D)(乙)＜(丙)＜(丁)＜(甲)。

( ) 5. 下列各為 0.1 M 之水溶液：
HCl－(a)，NaOH－(b)，CH_3COONH_4－(c)，CH_3COONa－(d)，NH_4Cl－(e)　其 pH 值從小排到大之順序（左小右大）為何？
(A)(a)(e)(c)(d)(b)　(B)(a)(b)(c)(d)(e)
(C)(b)(c)(d)(a)(e)　(D)(b)(e)(a)(d)(c)。

( ) 6. 若干 3 M H_2SO_4 溶液與若干 1 M NaOH 溶液混合所得的中性溶液中 Na_2SO_4 的莫耳濃度約為　(A)0.75M　(B)0.68M　(C)0.43M　(D)0.36M。

( )　7. 將 0.1M NaOH 溶液 2 容積和 0.2 M H_2SO_4 溶液 1 容積混合後所得溶液
　　　(A)呈中性　　　　　(B)能使酚酞變紅色
　　　(C)為 Na_2SO_4 溶液　(D)相當於 $NaHSO_4$ 溶液。

解答與解析

1.(A)。因為 1 莫耳維生素 C 和 1 莫耳 OH^- 作用，所以維生素 C 的克當量
＝分子量＝176　維生素 C 0.450 g 含維生素 C 的毫克當量數＝24.4
× 0.100＝2.44（毫克當量）$\dfrac{2.44 \times 176}{1000}$ ＝0.429（g）

∴該藥丸含維生素 C 百分率＝$\dfrac{0.429}{0.450}$ × 100%＝95.3%。

2.(D)。(B)$CH_3COONa \ + \ HCl \ \rightleftarrows \ CH_3COOH + NaCl$

原來　0.1 M　　　　　　　　　　0.1 M

現在 $\begin{cases} \text{前} & 0.1M \times \dfrac{4}{5} & 0.2 \times \dfrac{1}{5} & 0.1 \times \dfrac{4}{5} \\ \text{後} & \dfrac{0.2}{5} & 0 & \dfrac{0.6}{5} \end{cases}$

原來$[H^+] = \dfrac{[CH_3COOH]}{[CH_3COO^-]} \times K_a = \dfrac{0.1}{0.1} \times K_a = K_a$

加入 HCl 後$[H^+] = \dfrac{0.6/5}{0.2/5} \times K_a = 3K_a$ 　　　3 倍

(D)0.1 M H_2SO_4 之$[H^+]$介於 0.1 M～0.2 M 之間，加入 0.2 M HCl 後
$[H^+]$仍介於 0.1 M～0.2 M 之間。

3.(A)。$NH_{3(aq)} + H_2O_{(l)} \rightleftarrows NH_{4(aq)}^+ + OH_{(aq)}^-$

$K_b = 1.8 \times 10^{-5} = \dfrac{[NH_4^+][OH^-]}{[NH_3]} = \dfrac{[NH_4^+][2.8 \times 10^{-6}]}{[0.10]}$

解得$[NH_4^+] = 0.64$ M。

4.(C)。(甲)中性，(乙)酸性，(丙)酸性，(丁)鹼性。

5.(A)。CH₃COONH₄ 為中性。

6.(C)。成 Na₂SO₄ 中性液，表示兩者依反應式完全用完

$$H_2SO_4 + 2NaOH \rightarrow Na_2SO_4 + 2H_2O$$

設硫酸有 1 升，須 NaOH V 升，Na₂SO₄ x mol

$$3 \times 1 \times \frac{2}{1} = 1 \times V \quad V = 6 升，3 \times 1 = x \quad x = 3 \text{ mol}$$

$$[Na_2SO_4] = \frac{3}{6+1} = 0.43(M)。$$

7.(D)。$NaOH + H_2SO_4 \rightarrow NaHSO_4 + H_2O$。

↘ 進階難題精粹

1. 在 0.100 M HCl 50.0 mL 中各加入 0.100 M NaOH　(1)49.9 mL，(2)50 mL，(3)50.1 mL 時，各溶液之[H⁺] = ？

2. 有三種單質子酸 HA，HB 及 HC，它們在水中的解離常數 K_a 分別為 3.20×10^{-7}，7.5×10^{-8}，及 5.0×10^{-9}。現在各取 0.100 莫耳之量，混合後溶成 1 升之水溶液，問此溶液中之[H⁺]及[A⁻]為何？又 HB 的解離度若干？

( )｜ 3. 若 0.80g 之單質子弱酸溶於水，配成 100 mL 溶液以 0.20 N　NaOH 滴定之，其 pH 值變化曲線如右圖，則下列敘述何者錯誤？
(A)酸之分子量為 80
(B)該弱酸之 K_a 約為 10^{-5}
(C)該弱酸酸根之水解常數約為 10^{-9}
(D)同重量該弱酸若配成 200 mL 溶液以 0.20 N NaOH 滴定，則需 NaOH 25 mL。

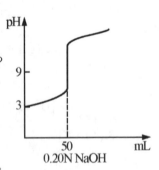

( )　4. 已知 $HA_{(aq)} + B^-_{(aq)} \rightleftarrows HB_{(aq)} + A^-_{(aq)}$ 之平衡常數小於1，則下列敘述何者正確？（多選）　(A)當 $[HA_{(aq)}]=[B^-_{(aq)}]=[HB_{(aq)}]=[A^-_{(aq)}]$ 時，反應必往左進行才可達平衡　(B)HA 之酸性比 HB 之酸性強　(C)HB 之 K_a 必比 HA 之 K_a 大　(D)A^- 鹼性比 B^- 強　(E)HA 與 HB 稱為共軛酸鹼對。

( )　5. 將 0.10 N H_2SO_4 溶液 40 毫升和 0.10 N $Ba(OH)_2$ 溶液 30 毫升混合，該混合溶液中，各離子濃度大小次序為（$BaSO_4$ 之 $K_{sp} = 1.0 \times 10^{-10}$，水的 $K_w = 1.0 \times 10^{-14}$）（多選）
(A)$[H^+] > [SO_4^{2-}]$　(B)$[OH^-] > [Ba^{2+}]$　(C)$[OH^-] > [SO_4^{2-}]$　(D)$[H^+] > [OH^-]$　(E)$[SO_4^{2-}] > [Ba^{2+}]$。

( )　6. 已知 $BaSO_4$ 之溶度積常數(K_{sp})為 1.0×10^{-10}，若將濃度均為 2×10^{-2}M 的 H_2SO_4 及 $Ba(OH)_2$ 以等體積相混合，達平衡時，溶液中各離子濃度的關係何者正確？　(A)$[H^+]+[Ba^{2+}]=[OH^-]+[SO_4^{2-}]$　(B)$[OH^-]=2[Ba^{2+}]$　(C)$[H^+]= 2[SO_4^{2-}]$　(D)$\dfrac{[H^+]}{[Ba^{2+}]}=10^{-4}$　(E)$\dfrac{[OH^-]}{[SO_4^{2-}]}=10^{-2}$。（多選）

( )　7. 下列那些溶液加入 0.10 莫耳 $NaOH_{(s)}$ 後再加入 2～3 滴酚酞可使溶液呈紅色（CH_3COOH 之 $K_a = 1.8 \times 10^{-5}$）（多選）　(A)1 M 的 HCl 100 毫升　(B)含 0.1 M CH_3COOH 及 0.2 M CH_3COONa 之 1 升溶液　(C)含 1 M NH_4OH 及 1 M NH_4Cl 之 100 毫升溶液　(D)0.2 M CH_3COOH 1 升　(E)0.1 M $H_3PO_{4(aq)}$ 1 升。

8. 某雙質子酸 0.945g 溶成 100 mL 溶液，取其 20 mL 以 0.075 M 之 $NaOH_{(aq)}$ 滴入 50 mL 時因過量而再以 0.15 M 之 HCl 滴入 5 mL 恰達當量點，則此酸之分子量為若干？

9. 以 1 M 醋酸溶液和 1 M 醋酸鈉溶液，如何配製成體積為 1 L 之 pH = 7 的混合溶液？（醋酸 $K_a = 1.8 \times 10^{-5}$）

( )　10. 一溶液中 CN^- 及 CH_3COO^- 的莫耳濃度相同。加過氯酸於此溶液中直至 H^+ 莫耳濃度等於 10^{-4} 時，下列各項關係式何者正確？（多選）（HCN，$K_a = 4 \times 10^{-10}$；CH_3COOH，$K_a=1.8 \times 10^{-5}$）　(A)$[CN^-] = [CH_3COO^-]$　(B)$[CH_3COOH] > [HCN]$　(C)$[CH_3COO^-] < [CN^-]$

(D)$[CH_3COO^-] \div [CH_3COOH] > [CN^-] \div [HCN]$　(E)$[CH_3COO^-] \div [CH_3COOH] + [CN^-] \div [HCN] \cong 0.180$。

11.$Ba(OH)_2$ 溶液為強鹼，今以 0.05 M $Ba(OH)_2$ 50 mL 放入容器內，並加 3 滴酚酞及 2 個 Pt 電極，於一定電壓下測量其電流。再將 0.1 M H_2SO_4 徐徐加入，測得電流與所加 H_2SO_4 體積關係圖如下。求：

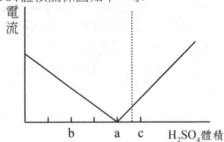

(1)b 點時，溶液的$[H^+]$ = ？

(2)c 點時，所生沉澱若干克？

(3)原先溶液呈何色？至 c 點，除去沉澱後溶液呈何色？（電解所生溶液變化忽略不計）

( )　12. 下列哪一選項中的各個化合物，溶於水後皆呈鹼性？　(A)NH_4Cl、$Cu(NO_3)_2$、C_2H_5OH　(B)NH_4Cl、KCl、$NaHCO_3$　(C)$Cu(NO_3)_2$、NaF、C_2H_5OH　(D)NaF、K_2CO_3、$NaHCO_3$

( )　13. 下列相同質量的制酸劑，哪一個能中和最多的鹽酸？（式量：$NaHCO_3 = 84$、$CaCO_3 = 100$、$Mg(OH)_2 = 58$、$AlPO_4 = 122$、$[Al(H_2O)_5(OH)]SO_4 = 230$）　(A)$NaHCO_3$　(B)$CaCO_3$　(C)$Mg(OH)_2$　(D)$AlPO_4$

( )　14. 濃度均為 0.1M 的下列五種物質的水溶液：(甲)NH_3　(乙)NH_4Cl　(丙)CH_3COOH　(丁)CH_3COONa　(戊)CH_3COONH_4　試問其 pH 值由低至高的排列順序，下列哪一選項正確？　(A)乙丙戊甲丁　(B)丙乙丁戊甲　(C)乙丙丁甲戊　(D)丙乙戊丁甲

( )　15. 室溫時，若將 20mL 4.0×10^{-2} M HCl 的溶液與 40mL 5.0×10^{-3} M NaOH 的溶液，均勻混合，則混合後溶液的 pH 值最接近下列哪一個數值？　(A)2.0　(B)3.5　(C)7.0　(D)8.0

(　) 16. 已知醋酸、醋酸根離子與水在常溫下會進行下述反應，其平衡常數分別為 K_1、K_2 與 Kw；

$CH_3COOH_{(aq)}+H_2O_{(l)} \leftrightharpoons CH_3COO^-_{(aq)}+H_3O^+_{(aq)}$　　$K_1=1.8×10^{-5}$
$CH_3COO^-_{(aq)} + H_2O_{(l)} \leftrightharpoons CH_3COOH_{(aq)} + OH^-_{(aq)}$　　K_2
$2H_2O_{(l)} \leftrightharpoons H_3O^+_{(aq)} + OH^-_{(aq)}$　　　　　　　　　K_w

今以 50mL、0.50M 的醋酸水溶液與等體積、等濃度的醋酸鈉溶液混合製得溶液甲，試問下列敘述，哪一項是正確的？　(A)K_1 小於 K_2 (B)於溶液甲中加入少量 0.10M 的 $HCl_{(aq)}$，則溶液的 pH 值會大幅下降 (C)若在溶液甲中加入 5.0mL、0.10M 的 $HCl_{(aq)}$，則醋酸液的平衡常數會變大　(D)K_w 等於 K_1 與 K_2 的乘積。

17-18為題組

甲、乙、丙為三種不同濃度的鹽酸溶液，將不同體積的甲、乙、丙溶液分別和過量的強鹼水溶液混合，反應後之總體積皆為10毫升。在反應完全後，所測得溶液之溫度變化（ΔT）如右圖所示：

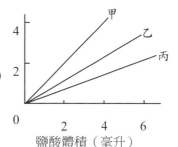

(　) 17. 下列有關上述反應的敘述，何者**錯誤**？　(A)反應後，水溶液的溫度都升高　(B)反應後，水溶液的 pH 值都大於 7.0　(C)由反應可推知，此過量的強鹼水溶液為氫氧化鈉水溶液　(D)反應前，甲、乙與丙三種鹽酸溶液的濃度大小順序為：甲＞乙＞丙。

(　) 18. 根據上圖，約多少毫升的甲溶液與過量的強鹼水溶液反應後，其所產生之溫度變化，相當於 5 毫升的乙溶液與過量的強鹼水溶液反應，所產生的溫度變化？　(A)1　(B)2　(C)3　(D)4。

解答與解析

1. (1)$[H^+] = \dfrac{0.100×50.0 - 0.100×49.9}{50.0 + 49.9}$ M $= 10^{-4}$ M

(2)$[H^+] = 10^{-7}$M 恰中和

$(3)[OH^-] = \dfrac{0.100 \times 50.1 - 0.100 \times 50.0}{50.0 + 50.1} M = 10^{-4} M$

$[H^+] = (10^{-14}/10^{-4}) M = 10^{-10} M$

2.　$HA \rightleftarrows H^+ + A^-$　　　　$HC \rightleftarrows H^+ + C^-$

　　$0.100 - \cancel{x}$　　x　　x　　　$0.100 - \cancel{z}$　　z　　z

　　　　$HB \rightleftarrows H^+ + B^-$

　　$0.100 - \cancel{y}$　　　y　　y

$3.20 \times 10^{-7} \fallingdotseq \dfrac{(x+y+z) \cdot x}{0.100}$ ，$3.20 \times 10^{-8} = (x+y+z) \cdot x$……①

$7.5 \times 10^{-8} \fallingdotseq \dfrac{(x+y+z) \cdot y}{0.100}$ ，$7.5 \times 10^{-9} = (x+y+z) \cdot y$……②

$5.0 \times 10^{-9} \fallingdotseq \dfrac{(x+y+z) \cdot z}{0.100}$ ，$5.0 \times 10^{-10} = (x+y+z) \cdot z$……③

①+②+③：$3.2 \times 10^{-8} + 7.5 \times 10^{-9} + 5.0 \times 10^{-10} = (X+Y+Z)^2 = 4.0 \times 10^{-8}$

$[H^+] = x + y + z = 2.00 \times 10^{-4}(M)$

$[A^-] = x = \dfrac{3.2 \times 10^{-7} \times 0.1}{x+y+z} = \dfrac{3.2 \times 10^{-7} \times 0.1}{2.00 \times 10^{-4}} = 1.6 \times 10^{-4}$（M）

$y = \dfrac{7.5 \times 10^{-8} \times 0.1}{x+y+z} = \dfrac{7.5 \times 10^{-8} \times 0.1}{2.00 \times 10^{-4}} = 3.75 \times 10^{-5}$（M）

$\therefore HB$ 之 $\alpha = \dfrac{3.75 \times 10^{-5}}{0.1} \times 100\% = 3.75 \times 10^{-2}\%$

☆由本題可知：多種弱酸濃度分別為 C_1，C_2…，解離常數分別為 K_1，K_2…時，則$[H^+] = \sqrt{C_1 K_1 + C_2 K_2 + ...}$

3.(D)。(A)$(0.8/M) \times 1 = 0.2 \times 0.05$，$M = 80$

　　(B)$[HA] = (0.8/80) \times 10 = 0.1$（M）　　$\therefore K_a = (10^{-3})^2/0.1 = 10^{-5}$

　　(C)$K_H = 10^{-14}/10^{-5} = 10^{-9}$　(D)弱酸的當量數不變　$\therefore$體積仍為 50mL

4.(A)(C)(D)。$K < 1$ 表利於向左　$\therefore$酸性 $HB > HA$，鹼性 $A^- > B^-$。

5.(A)(D)(E)。$H_2SO_{4(aq)} + Ba(OH)_{2(aq)} \rightarrow BaSO_{4(s)} + 2H_2O_{(l)}$。

6.(A)(E)。完全中和 $Ba(OH)_2 + H_2SO_4 \rightarrow BaSO_{4(s)} + 2H_2O$

$\therefore [Ba^{2+}] = [SO_4^{2-}] = \sqrt{10^{-10}} = 10^{-5}$ M，$[H^+] = [OH^-] = 10^{-7}$ M。

7.(B)(C)。(A)呈中性　(B)已完全變成 CH_3COONa 呈鹼性　(C)完成，以 NH_4OH 存在故呈鹼性　(D)形成 0.1 M CH_3COOH 與 0.1 M CH_3COONa 之緩衝液　(E)形成 0.1 M NaH_2PO_4（酸性）。

8. 設分子量為 x，則 $\dfrac{0.945}{x} \times 2 \times \dfrac{20}{100} + 0.15 \times \dfrac{5}{1000} = 0.075 \times \dfrac{50}{1000}$，

故 x = 126 為所求。

9. 設 1 M CH_3COOH 用 x 升，則 CH_3COONa 需 1 − x 升

$1.8 \times 10^{-5} = \dfrac{(1-x)(10^{-7})}{x}$ $\therefore x = 5.5 \times 10^{-3}$ 升

故 CH_3COOH 用 5.5×10^{-3} 升，CH_3COONa 用 0.9945 升

10.(D)(E)。平衡時 $K_a = \dfrac{[CH_3COO^-][H^+]}{[CH_3COOH]}$

$\therefore \dfrac{[CH_3COO^-]}{[CH_3COOH]} = \dfrac{K_a}{[H^+]} = \dfrac{1.8\times10^{-5}}{10^{-4}} = 0.18$

同理 $\dfrac{[CN^-]}{[HCN]} = \dfrac{4\times10^{-10}}{10^{-4}} = 4 \times 10^{-6}$。

11.(1) $[OH^-] = \dfrac{0.05\times50}{62.5} \times 2 - \dfrac{0.1\times12.5}{62.5} \times 2 = 0.04$

$\therefore [H^+] = \dfrac{1.0\times10^{-14}}{0.04} = 2.5 \times 10^{-13}$（M）

(2)c 點 $Ba(OH)_2$ 已完全沉澱　$\therefore 0.05 \times \dfrac{50}{1000} \times 233 = 0.583$（g）

(3)原先溶液呈粉紅色，至 C 點，除去沉澱後溶液為無色

12.(D)。NH_4Cl、$Cu(NO_3)_2$ 酸性。C_2H_5OH、KCl 中性。$NaHCO_3$、NaF、K_2CO_3 鹼性。

13.(C)。(A)$HCO_3^- + H_2O \rightarrow H_2CO_3 + OH^-$

$\therefore NaHCO_3$ 單位質量能提供的 OH^- 有 = 1／84 mol。

(B)$CO_3^{2-} + 2 H_2O \rightarrow H_2CO_3 + 2 OH^-$

　　$\therefore CaCO_3$ 單位質量能提供的 OH^- 有 $= 2 \times (1/100)$ mol。

(C)$Mg(OH)_2 \rightarrow Mg^{2+} + 2OH^-$

　　$\therefore Mg(OH)_2$ 單位質量能提供的 OH^- 有 $= 2 \times (1/58)$ mol。

(D)$AlPO_4 + 3 H_2O \rightarrow H_3PO_4 + Al^{3+} + 3OH^-$

　　$\therefore AlPO_4$ 單位質量能提供的 OH^- 有 $= 3 \times (1/122$ mol$)$。

14.(D)。(1)室溫下，NH_3 的 K_b 與 CH_3COOH 的 K_a 幾乎相等

(2)NH_4^+的水解 $\fallingdotseq 10^{-9}$ 故 NH_4Cl 的酸性小於 CH_3COOH

(3)CH_3COO^-的水解：$\fallingdotseq 10^{-9}$ 故 CH_3COONa 的鹼性小於 NH_3

(4)因 NH_4^+的 K_a 與 CH_3COO^- 的 K_b 相等，故 CH_3COONH_4 為中性

(5)各水溶液 pH 值大小：

　　$CH_3COOH < NH_4Cl < CH_3COONH_4 < CH_3COONa < NH_3$

15.(A)。$[H^+] = (20 \times 4.0 \times 10^{-2} - 40 \times 5.0 \times 10^{-3})/60 = 1.0 \times 10^{-2}$ M $\therefore$ pH $= 2$

16.(D)。(A) $\because K_w = K_1 \times K_2$ 　$\therefore K_2 = 5.5 \times 10^{-10}$

(B)溶液甲為緩衝溶液 $\therefore$加入少量的強酸時 pH 值改變不大。

(C)平衡常數只受溫度影響。

17.(C)。不一定是氫氧化鈉。

18.(C)。根據圖示；5ml 的乙液與過量的強鹼水溶液反應，溫度上升 3℃，對應到甲液所需的體積為 3ml。

第七章　氧化還原反應

主題一　氧化還原反應

(一)**氧化數**：假設將鍵結電子分配給電負度較大的元素後，各原子所得失的電子數。

1. 氧化數的規則：

   (1) 元素態物質中，元素的氧化數為0，如：Na，F_2，O，O_2……。

   (2) 單原子離子中，元素的氧化數等於電荷數。

   　　例：Na^+（＋1），O^{2-}（－2）……。

   (3) 氟化物中，氟的氧化數為－1。

   (4) 化合物中，鹼金屬元素的氧化數為+1。鹼土金屬元素的氧化數為+2。

   (5) 化合物中氫的氧化數常為＋1，但鹼金屬、鹼土金屬及活性大的金屬氫化物中氫的氧化數為－1；B_2H_6中 H 亦為－1。

   (6) 化合物中，氧的氧化數為－2。但有以下三種例外：

   　　a. OF_2中，氧的氧化數為＋2。

   　　b. 過氧化物中（含 O－O 單鍵的化合物），氧的氧化數為－1。如 H_2O_2，Na_2O_2，BaO_2等。

   　　c. 超氧化物中（含 O_2^- 的化合物），氧的氧化數為$-\dfrac{1}{2}$。如 KO_2等。

   (7) 化合物中，高電負度元素的氧化數為負；而低電負度元素的氧化數為正。

   (8) 化合物中，各原子氧化數的代數和為0；離子團中各原子氧化數代數和等於電荷數。

   (9) 有機物中 C 的氧化數決定法：以結構式求。

2. 氧化數的範圍（在化合物中）：

　　(1) A 族元素：超出範圍一定不對

　　　　　a. I A：＋1　　　　b. II A：＋2　　　　c. III A：＋1〜＋3

　　　　　d. IVA：－4〜＋4　e. VA：－3〜＋5　f. VIA：－2〜＋6

　　　　　g. VIIA：－1〜＋7

　　(2) 第一列過渡元素：

Sc	Ti	V	Cr	Mn	Fe	Co	Ni	Cu	Zn
+2	+2	+2	+2	+2	+2	+2	+2	+1	+2
+3	+3	+3	+3	+3	+3	+3	+3	+2	
+4	+4	+6	+4						
		+5			+6				
					+7				

　　(3) 鑭系元素：以＋3為主。

　　(4) 金屬典型元素通常僅具有正的氧化數。

(二)氧化還原之意義

　1.

	電子得失	氧化數增減	功用
氧化	失去電子	氧化數增加	還原劑
還原	獲得電子	氧化數減少	氧化劑

　　(1) 氧化還原同時發生同時結束。

　　(2) 在反應中，氧化劑所獲得的電子數，恰等於還原劑失去的電子數。

　　(3) 在反應中，氧化劑減少的氧化數，恰等於還原劑增加的氧化數。

　　(4) 氧化還原二半反應，可在同一杯中發生（如電解），亦可在不同
　　　　一杯中發生（如電池）。

　2. 氧化還原反應之認識 ⇒ 反應前後原子氧化數有改變之反應。

　　(1) 氧化還原反應包括兩個半反應：

　　　　a.氧化半反應：（還原劑）$_1$ →（共軛氧化劑）$_1$＋ne$^-$

　　　　b.還原半反應：（氧化劑）$_2$＋ne$^-$ →（共軛還原劑）$_2$

(2) 全反應：（還原劑）₁ ＋（氧化劑）₂ ⇌（氧化劑）₁ ＋（還原劑）₂

3. 自身氧化還原條件：

同一物中的同一種原子氧化數同時增加和減少。

範例觀摩 1

下列反應之中，何者為氧化還原反應？
(A)$3BaO_2 + 2H_3PO_4 \rightarrow 3H_2O_2 + Ba_3(PO_4)_2$　(B)$CaH_2 + 2H_2O \rightarrow 2H_2 + Ca(OH)_2$
(C)$Sb_2O_3 + 2H^+ + 2NO_3^- \rightarrow 2SbONO_3 + H_2O$　(D)$2MgNH_4PO_4 \cdot 6H_2O \rightarrow Mg_2P_2O_7$
$+ 2NH_3 + 7H_2O$　(E)$(NH_4)_2Cr_2O_7 \rightarrow Cr_2O_3 + N_2 + 4H_2O$。

解析　(B)(E)。(A)$3BaO_2 + 2H_3PO_4 \rightarrow 3H_2O_2 + Ba_3(PO_4)_2$

　　　　　　　(+2)(−1)　(+5)　　(−1)　　(+2)(+5)

　　　　(B)$CaH_2 + 2H_2O \rightarrow 2H_2 + Ca(OH)_2$

　　　　　　(−1)　(+1)　　(0)　　(+1)

　　　　(C)$Sb_2O_3 + 2H^+ + 2NO_3^- \rightarrow 2SbONO_3 + H_2O$

　　　　　　(+3)　(+5)　　　(+3)　(+5)

　　　　(D)$2MgNH_4PO_4 \cdot 6H_2O \rightarrow Mg_2P_2O_7 + 2NH_3 + 7H_2O$

　　　　　　　(−3)(+5)　　　　(+5)　　(−3)

　　　　(E)$(NH_4)_2CrO_7 \rightarrow Cr_2O_3 + N_2 + 4H_2O$

　　　　　　(−3)　(+6)　　(+3)　(0)

4. 氧化劑還原劑條件：

(1)氧化劑：本身被還原，其氧化數需有降低的可能，如 MnO_4^-，NO_3^-……。

(2) 還原劑，本身被氧化，其氧化數需有升高的可能，如 Na，Mg，Al……。

(3) 氧化劑兼還原劑：其氧化數需有降低或升高的可能，如 SO_2，H_2O_2，HNO_2…。

範例觀摩 2

下列各項中那一個化學變化需要還原劑參與？　(A)$Na_2CO_3 \rightarrow NaHCO_3$　(B)$Cr_2O_7^{2-} \rightarrow CrO_4^{2-}$　(C)$AgCl \rightarrow [Ag(NH_3)_2]^+$　(D)$Hg_2Cl_2 \rightarrow HgCl_2$　(E)$I_2 \rightarrow HI$。

解析　(E)。需要還原劑參與的反應為還原反應，即氧化數減少的反應。

(E)$I_2 \rightarrow HI$　I 的氧化數 0 →（−1）為還原反應，須還原劑。

範例觀摩 3

下列各化合物中，何者可以在某一反應中作為還原劑而在另一反應中作為氧化劑？　(A)二氧化硫　(B)過氧化氫　(C)氯化亞鐵　(D)硫化氫　(E)亞硝酸。

解析　(A)(B)(C)(E)。找氧化數可增加亦可減少的。

(A)SO_2 中之 S（+4）介於 +6 → −2 之間。

(B)H_2O_2 中之 O（−1）介於 0 → −2 之間。

(D)H_2S 中 S 氧化數為最低者，只能做還原劑。

(E)HNO_2 中之 N（+3）介於 +5 → −3 之間。

範例觀摩 4　活用觀念題

有關氧化−還原反應下列各項敘述中，何者正確？　(A)H_2O_2在硫酸酸性溶液中與 $KMnO_4$ 作用產生 Mn^{2+} 時，H_2O_2是氧化劑　(B)O_3與 PbO_2作用產生 PbO 時，O_3是還原劑　(C)H_2O_2與 PbO_2作用產生 PbO 時，H_2O_2是氧化劑　(D)O_3與 PbS 作用產生 $PbSO_4$時，O_3是氧化劑　(E)H_2O_2與 PbS 作用產生 $PbSO_4$時，H_2O_2是還原劑。

解析　(B)(D)。(A)H_2O 使 MnO_4^-(+7) → Mn^{2+}(+2)，故 H_2O_2 為還原劑。

(B)O_3 使 PbO_2（+4）→ PbO（+2），故 O_3 為還原劑。

(C)H_2O_2 為還原劑。

(D)O_3 使 PbS 之 S（−2）→$PbSO_4$ 之 S（+6），故 O_3 為氧化劑。

範例觀摩 5　重要觀念

(1) 根據氧化數判斷，下列何者化合物不應該存在？（註：假定化合物內同原子的氧化數相同）　(A)$H_5P_3O_9$　(B)$BaAl_2Si_2O_8$　(C)$Be_2Al_3Si_6O_{18}$　(D)$H_4P_2O_7$　(E)$Ca_2(OH)_2Mg_5(Si_4O_{11})_2$。

(2) 一超導金屬氧化物的組成是 $YBa_2Cu_3O_{7-x}$（Y 與 Sc 同族）。如果 x = 0.1，則在此超導氧化物中　(A)正離子的總氧化數為+14　(B)釔的氧化數為+3　(C)鋇的氧化數為+4　(D)銅的平均氧化數是2.27　(E)銅的氧化數可能有2種以上。

解析　(1)(A)(C)　(2)(B)(D)(E)。

(1) (A)$H_5P_3O_9$ 中 H 氧化+1，氧為−2 而 P 氧化$+\dfrac{13}{3}$ 不合，氧化數要以整數存在，如有非整數表該原子在化合物中至少有二種不同的氧化數存在。
(C)$Be_2Al_3Si_6O_{18}$ 中正負氧化數和不為 0。

(2) Y 與 Sc 同為ⅢB 族氧化數均為「+3」，Ba 為ⅡA 族氧化數為「+2」而氧原子的氧化數為「−2」，設 Cu 氧化數平均值為 x，則：
$(+3)+2(+2)+3x+(7-0.1)(-2)$　∴x = 2.27

(三)常見氧化劑、還原劑及其產物

氧化劑	產物	還原劑	產物
H_2O_2（酸性）	H_2O	鹼金屬 M	M^+
X_2（鹵素）	X^-	鹼土金屬 M	M^{2+}
O_3 在酸中	O_2+H_2O	Al	Al^{3+}
H_2SO_4（濃，熱）	SO_2	CO	CO_2
HNO_3（濃）	NO_2（紅棕）	SO_2（酸性）	SO_4^{2-}
HNO_3（稀）	NO	H_2S（或 S^{2-}）	S
$KMnO_4$（酸性）	Mn^{2+}（淡紅）	Sn^{2+}	Sn^{4+}
$KMnO_4$（中性或弱鹼性）	MnO_2（黑褐）	Fe^{2+}	Fe^{3+}
$KMnO_4$（強鹼性）	MnO_4^{2-}（綠）	SO_3^{2+}（或 HSO_3^-）	SO_4^{2-}
$K_2Cr_2O_7$（酸性）	Cr^{3+}（綠）	H_2O_2	O_2
MnO_2（酸性）	Mn^{2+}	$C_2O_4^{2-}$	CO_2
Fe^{3+}（黃色）	Fe^{2+}（淡綠）	Mn	Mn^{2+}
Ce^{4+}	Ce^{3+}	$S_2O_3^{2-}$	I_2 → $S_4O_6^{2-}$; Cl_2 → SO_4^{2-}

(四)方程式平衡

1. 半反應法平衡方程式：

(1) 原理：氧化劑得到的電子數＝還原劑失去的電子數。

(2) 步驟：

a.寫出反應之共軛氧化還原劑

b.以電子數平衡氧化數之變化

c.以H^+或OH^-平衡電荷數，使二邊電荷數相等

d.以水平衡H，O原子

} 平衡半反應

e.令氧化、還原兩半反應式之得失電子數相等，合併寫出全反應方程式。

範例觀摩 6

以半反應式法完成且平衡下列方程式：$Cr_2O_7^{2-} + H^+ + SO_2 \rightarrow$

解析 (1)分別寫出氧化劑被還原，還原劑被氧化之主要產物。

還原半反應　　　氧化半反應

$Cr_2O_7^{2-} \rightarrow 2Cr^{3+}$　　　$SO_2 \rightarrow SO_4^{2-}$

(2)求氧化數的增減數以電子數表示之。

$Cr_2O_7^{2-} + 6e^- \rightarrow 2Cr^{3+}$

$SO_2 \rightarrow SO_4^{2-} + 2e^-$

(3)酸中以H^+平衡兩端荷電數。

$Cr_2O_7^{2-} + 6e^- + 14H^+ \rightarrow 2Cr^{3+}$

$SO_2 \rightarrow SO_4^{2-} + 2e^- + 4H^+$

(4)以H_2O平衡兩端H、O原子數。

$Cr_2O_7^{2-} + 6e^- + 14H^+ \rightarrow 2Cr^{3+} + 7H_2O$

$SO_2 + 2H_2O \rightarrow SO_4^{2-} + 2e^- + 4H^+$

(5)兩半反應式消失 e^-。

$$[Cr_2O_7^{2-} + 6e^- + 14H^+ \rightarrow 2Cr^{3+} + 7H_2O]$$
$$+) \ 3 \times [SO_2 + 2H_2O \rightarrow SO_4^{2-} + 2e^- + 4H^+]$$
$$\overline{Cr_2O_7^{2-} + 2H^+ + 3SO_2 \rightarrow 2Cr^{3+} + 3SO_4^{2-} + H_2O}$$

2. 氧化數平衡方程式：

(1) 原理：還原劑與氧化劑增減氧化數相等。

(2) 步驟：

　　a.找出氧化數改變之原子並決定其改變量。

　　b.最小公倍數法平衡氧化數使增減相等。

　　c.以 H^+ 或 OH^- 平衡電荷數。

　　d.以 H_2O 平衡 H、O 二原子並驗算。

(五)氧化還原反應之計量（滴定）

1. 氧化劑（或還原劑）當量（E）：

$$= \frac{氧化劑(或還原劑)的一莫耳重量}{氧化劑(或還原劑)在反應中每分子獲取(或失去)電子數}$$

例：$Cr_2O_7^{2-} + 6e^- + 14H^+ \rightarrow 2Cr^{3+} + 7H_2O$

$K_2Cr_2O_7$之 $E = \dfrac{294}{6} = 49$

氧化劑或還原劑得失1莫耳電子所需的重量稱為克當量或當量。

2. 當量數 $= \dfrac{重量(W)}{E} =$ 莫耳數 × 每個化學式得失電子之個數

　　　 $=$ 得失電子的莫耳數

3. 當量濃度（N）：每升溶液所含溶質的當量數。

$$C_N = \frac{當量數}{V(升)} = C_M \times 每個化學式得失電子之個數。$$

範例觀摩 7

1.30克礦砂中所含的鉻，先經氧化為 $Cr_2O_7^{2-}$，再以40.0毫升2.15 M 的 Fe^{2+} 來還原成 Cr^{3+}；未反應的 Fe^{2+} 需80.0毫升0.200M 的酸性 MnO_4^- 溶液，才能完全氧化成 Fe^{3+}。則：

(1)寫出 Fe^{2+} 於酸性溶液中，還原 $Cr_2O_7^{2-}$ 及 MnO_4^- 的兩個平衡方程式。

(2)未與 $Cr_2O_7^{2-}$ 反應的 Fe^{2+} 為多少莫耳？

(3)礦砂中的鉻的莫耳數為多少？

(4)礦砂中所含鉻的重量百分比為多少？（原子量：$Cr = 52.0$）

解析 (1)$6Fe^{2+} + Cr_2O_7^{2-} + 14H^+ \rightarrow 6Fe^{3+} + 2Cr^{3+} + 7H_2O$

$5Fe^{2+} + MnO_4^- + 8H^+ \rightarrow 5Fe^{3+} + Mn^{2+} + 4H_2O$

(2)設未反應的 Fe^{2+} 之莫耳數為 x

$x \times 1 = 0.2 \times 5 \times 80 \times 10^{-3}$

$\therefore x = 8.0 \times 10^{-3}$ mol

(3)$Cr_2O_7^{2-}$ 之當量數 $+ MnO_4^-$ 之當量數 $= Fe^{2+}$ 之當量數

$y \ mol \times 6 + 0.2 \times 5 \times 80 \times 10^{-3} = 2.15 \times 1 \times 40 \times 10^{-3}$

$\therefore y = Cr_2O_7^{2-}$ 之莫耳數 $= 1 \times 10^{-3}$（莫耳）

$\therefore$ 礦砂中 Cr 之莫耳數 $= 1 \times 10^{-3} \times 2 = 2.00 \times 10^{-3}$（莫耳）

(4)含鉻重量百分比 $= \dfrac{2 \times 10^{-3} \times 52}{1.30} \times 100\% = 8.0\%$

4. 氧化還原滴定：

(1) 原理：氧化劑之總當量數 = 還原劑之總當量數　　$N_oV_o = N_RV_R$

　　N_o：氧化劑的當量濃度；N_R：還原劑的當量濃度

(2) 常見之滴定：

	標準液	指示劑	滴定終點	待測液
過錳酸鉀	酸化 $KMnO_4$	MnO_4^{2-}（紫色）	紫紅色	還原劑

	標準液	指示劑	滴定終點	待測液
二鉻酸鉀	$K_2Cr_2O_7$	二苯胺磺酸鈉	紫紅色	$Fe(NH_4)_2(SO_4)_2$
碘　直接	I_3^-	澱粉	無→藍色	還原劑
間接	$Na_2S_2O_3$	澱粉	藍色→無	氧化劑加過量KI

☆**計算題拿分原則：**

(1) 利用當量數相等之觀念作，即氧化劑當量數=還原劑當量數。

(2) 利用方程式作題：氧化劑或還原劑除作氧化劑或還原劑外還提供其他用途者，一定要用方程式的關係作。

迷你實驗室　氧化還原滴定

1. 氧化還原反應的滴定：

   (1) 一化學反應中的物質若有氧化數的改變，則稱此反應為氧化還原反應。

   (2) 在氧化還原反應中，一克當量的氧化劑可獲得一莫耳電子，一克當量的還原劑會放出一莫耳電子。

   (3) 氧化還原滴定反應的終點，還原劑的當量數，應等於或極接近於氧化劑的當量數。$N_1V_1 = N_2V_2$

2. 指示劑：

   (1) 氧化還原滴定時，被滴定溶液的電位隨滴定過程而變，所以選用適當的指示劑可以顯示滴定終點，而得到正確的結果。

   (2) 本實驗將用 $K_2Cr_2O_7$ 溶液，滴定未知溶液中的 Fe^{2+}，其半反應為：

   $Fe^{3+} + e^- \rightarrow Fe^{2+}$　　　　　　　$E° = 0.77$伏特

   $Cr_2O_7^{2-} + 14H^+ + 6e^- \rightarrow 2Cr^{3+} + 7H_2O$　　$E° = 1.33$伏特

二苯胺磺酸鈉鹽顏色轉變的電位為0.84伏特，適合於本實驗當作指示劑。二苯胺磺酸鈉還原態為無色，其氧化態呈紫紅色。所以在還原劑中加入二苯胺磺酸鈉，滴入氧化劑，當溶液變為紫紅色時即達反應終點。

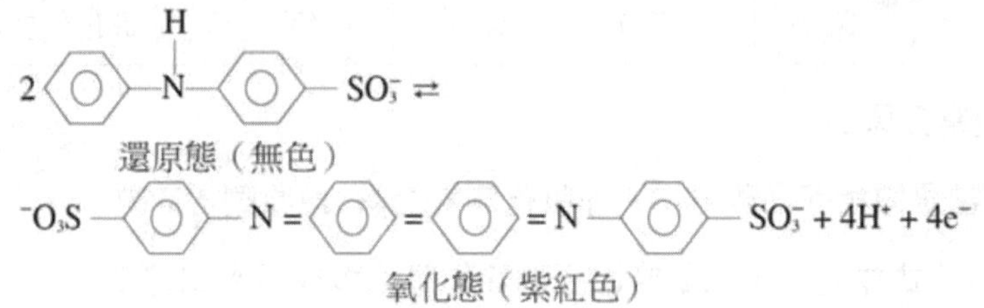

還原態（無色）

氧化態（紫紅色）

問題 1：氧化還原滴定有時可不使用指示劑，何故？

【分析】當還原劑或氧化劑本身在到達當量點前後時有明顯的顏色變化，而不被溶液中其他物質的顏色所干擾時，則還原劑或氧化劑本身即可作為指示劑，例如以過錳酸鉀滴定還原劑時，當還原劑反應完了，則紫色不再消失，而此時已到達滴定終點。

問題 2：若 250mL 錐形瓶中含有 1MHCl100mL，0.574 克 $Fe(NH_4)_2(SO_4)_2 \cdot 6H_2O$ 及 5 滴二苯胺磺酸鈉指示劑，以 $K_2Cr_2O_7$ 溶液滴定時用去 19.92 mL 時溶液變為紫紅色，試問：(1)終點為紫紅色，是指示劑與何種離子反應所生之顏色？(2)寫出此滴定反應之淨離子平衡方程式。(3)二鉻酸鉀之容積莫耳濃度為若干？(4)取 1.00 克含鐵(Ⅱ)（原子量：Fe = 56）之可溶性鹽類，以上述二鉻酸鉀溶液滴定用去 25.0 mL 而達滴定終點，求未知鹽類含鐵(Ⅱ)之重量百分率濃度？(5)終點時指示劑及溶液的顏色各如何改變？

【分析】(1)$Cr_2O_7^{2-}$

(2)$6Fe^{2+} + Cr_2O_7^{2-} + 14H^+ \rightarrow 6Fe^{3+} + 2Cr^{3+} + 7H_2O$

(3)設 $K_2Cr_2O_7$ 濃度為 x M，則

　　$Fe(NH_4)_2(SO_4)_2 \cdot 6H_2O$ 當量數= $K_2Cr_2O_7$ 當量數

　　$\dfrac{0.574}{392} = \dfrac{19.92}{1000} \times x \times 6$　　解得 x = 0.0123 M

(4)設含鐵（Ⅱ）占 x，則

$$\frac{1\times x}{56}\times 1 = 0.0123\times 6\times \frac{25}{1000}$$ 解得 x = 0.103　即 10.3%

(5)指示劑由無色變紫紅色，溶液由綠色變紫紅色。

範例觀摩 8　重要考型！務必會！

(1) 下列有關過氧化氫（H_2O_2）氧化還原的敘述，何者為正確？　(A)在室溫時，H_2O_2尚頗安定，若加入一滴含 Fe^{2+}離子的溶液即可加速其分解　(B)H_2O_2當氧化劑時，產生氧氣　(C)H_2O_2的酸性溶液會使含碘化鉀的澱粉溶液呈藍色　(D)H_2O_2的氧化力在鹼性溶液中比酸性溶液中強　(E)H_2O_2亦可當還原劑，其還原力隨溶液的 pH 值增大而增強。

(2) 下列有關實驗方法或操作，何者為不正確？　(A)稀釋硫酸時，應將水慢慢滴入濃硫酸中，並徐徐攪拌之　(B)做實驗時，若不慎被濃硫酸濺到皮膚，應立即以氨水擦拭，再送往醫務室處理　(C)實驗室製造氧氣時，常用排水集氣法收集氧氣　(D)實驗時未用完之金屬鈉粒，應先以酒精處理，待完全作用後，再倒入水槽　(E)以過錳酸鉀溶液進行氧化還原滴定時，常在酸性溶液中進行，常用的酸為硫酸和鹽酸。

解析　(1)(A)(C)(E)　(2)(A)(B)(E)。

(1)(A)Fe^{2+}為催化劑。

(B)H_2O_2當氧化劑產物為 H_2O。

(C)$H_2O_2 + 2I^- + 2H^+ \rightarrow I_2 + 2H_2O$，$I_2$遇澱粉呈藍色。

(D)$H_2O_2+2e^-+2H^+\rightarrow 2H_2O$，加大[$H^+$]利於向右，即氧化力在酸中較強。

(E)$H_2O_2\rightarrow O_2 + 2e^- + 2H^+$，加大[$OH^-$]利於向右，即還原力在鹼中較強。

(2)(A)濃硫酸加入水才正確。

(B)立即沖水。

(C)$C_2H_5OH + Na \rightarrow C_2H_5ONa + \frac{1}{2}H_2$　∴反應較水緩和。

(E)鹽酸會與 $KMnO_4$作用：

$2MnO_4^- + 16H^+ + 10Cl^- \rightarrow 2Mn^{2+} + 5Cl_2 + 8H_2O$

範例觀摩 9

欲在硫酸酸性溶液中氧化一定量亞鐵離子。下列五種氧化劑水水溶液（濃度皆為0.1 M）中，那一個所需容積最少？寫出該氧化劑之中文名稱。
Br_2，H_2O_2，$Ce(SO_4)_2$，$KMnO_4$，$K_2Cr_2O_7$

解析 二鉻酸鉀

$Br_2 + 2e^- \rightarrow 2Br^-$ ……………………………………………0.1M（0.2N）

$H_2O_2 + 2H^+ + 2e^- \rightarrow 2H_2O$…………………………………0.1M（0.2N）

$Ce^{4+} + e^- \rightarrow Ce^{3+}$………………………………………………0.1M（0.1N）

$MnO_4^- + 8H^+ + 5e^- \rightarrow Mn^{2+} + 4H_2O$…………………………0.1M（0.5N）

$Cr_2O_7^{2-} + 14H^+ + 6e^- \rightarrow 2Cr^{3+} + 7H_2O$……………………0.1M（0.6N）

因氧化一定量 Fe^{2+}，所需各氧化劑之克當量數一定，即 NV＝K，故 N 愈大者，所需體積愈小。

範例觀摩 10

取下列各物質的0.1 M 水溶液各5毫升，分別加入0.3 M 的 $KMnO_4$ 酸性溶液0.5毫升時，何者能使 $KMnO_4$ 的紫色完全消失？　(A)Na_2SO_4　(B)$Na_2C_2O_4$　(C)$BaCl_2$　(D)$Ca(OH)_2$　(E)$FeSO_4$。

解析 (B)(C)。欲使 MnO_4^- 紫色完全消失，必還原劑之克當量數大於或等於 MnO_4^- 克當量數。

MnO_4^-（＋7）$\rightarrow Mn^{2+}$（＋2）

MnO_4^- 克當量數：$0.3 \times \dfrac{0.5}{1000} \times 5 = 7.5 \times 10^{-4}$

(A)(D)無還原劑，故不能。

(B)$C_2O_4^{2-}$ 還原劑，克當量數：$C_2O_4^{2-}$（＋3）$\rightarrow CO_2$（＋4）

$0.1 \times \dfrac{5}{1000} \times 2 = 10 \times 10^{-4} > 7.5 \times 10^{-4}$（要選）

(C)Cl^- 還原劑可和 MnO_4^- 反應，克當量數：$Cl^-(-1) \rightarrow Cl_2$（0）

$0.1 \times 2 \times \dfrac{5}{1000} \times 1 = 10 \times 10^{-4} > 7.5 \times 10^{-4}$（要選）

(E)Fe^{2+} 還原劑可和 MnO_4^- 反應，克當量數：$Fe^{2+} \rightarrow Fe^{3+}$

$$0.1 \times \frac{5}{1000} \times 1 = 5 \times 10^{-4} < 7.5 \times 10^{-4}（不能選）$$

範例觀摩 11

一種過氧化氫溶液1.20克與過量 KI 的酸性溶液反應：

$$2H^+_{(aq)} + H_2O_{2(aq)} + 2I^-_{(aq)} \rightarrow I_{2(aq)} + 2H_2O$$

生成之碘在以標準 $Na_2S_2O_3$ 溶液滴定：$2S_2O_{3(aq)}^{2-} + I_{2(aq)} \rightarrow S_4O_{6(aq)}^{2-} + 2I^-_{(aq)}$

於接近滴定終點 I_2 之顏色開始變化時，加入微量澱粉作為指示劑，滴定繼續進行，直至澱粉－碘錯合物的藍色恰好消失，此時共用去0.100 N 的 $Na_2S_2O_3$ 溶液21.0 mL。試求原過氧化氫溶液中含 H_2O_2 的百分率。

解析　由方程式知，當量數：$H_2O_2 = I_2 = S_2O_3^{2-}$

設 $H_2O_{2(aq)}$，含 H_2O_2 x，則

$$\frac{1.2x}{34} \times 2 = \frac{0.1 \times 21}{1000}$$，解得 x = 0.0298，故所求為 2.98%

範例觀摩 12

乙二酸氫鈉（ $\begin{matrix} COOCH \\ | \\ COONa \end{matrix}$ ）溶液20毫升，在硫酸溶液中以0.1N 過錳酸鉀溶液滴定時需40毫升。同一乙二酸氫鈉溶液20毫升以0.1 N 氫氧化鈉溶液滴定時需用幾毫升方可達到當量點？　(A)40　(B)30　(C)20　(D)10。

解析　(C)。設 $NaHC_2O_4$ 濃度 x M

參加氧化還原反應時，$C_2O_4^{2-}$ 在反應中氧化數改變量為 2（2價）

$$x \cdot \frac{20}{1000} \times 2 = 0.1 \times \frac{40}{1000}$$，x = 0.1 M

參加酸鹼反應時 COOHCOONa 在反應中僅一個 H^+ 而已，故為 1 價

$$0.1 \times \frac{20}{1000} \times 1 = 0.1 \times \frac{V}{1000}$$，V = 20 mL

主題二　電化電池

※電化學即探討氧化還原反應與電流間的交互作用，其可能情形有二：

$\begin{cases} 氧化還原反應可以產生電流 \Rightarrow 自發性反應 \\ 電流可以產生氧化還原反應 \Rightarrow 電解 \end{cases}$

(一)電化電池的原理

1. 電極的反應及電子的流動方向：

    (1) 陽極：發生氧化半反應，符號為「－」，氧化電位大的構成陽極。

    (2) 陰極：發生還原半反應，符號為「＋」，還原電位大的構成陰極。

    (3) 外線路中，電子由陽極流向陰極，伏特計（安培計）之指針偏向陰極。

    (4) 電解液中陽離子趨向陰極，陰離子趨向陽極。

2. 鹽橋：

    (1) 為可溶性鹽類之水溶液，作用是溝通電路，讓離子流過，保持溶液電中性。

    (2) 用一多孔素瓷杯亦可，且效果更佳。

    (3) 外線路中，電子由陽極流向陰極，伏特計（安培計）之指針偏向陰極。

    (4) 電解液中陽離子趨向陰極，陰離子趨向陽極。

(二)電池電位 $\begin{cases} 氧化電位：還原劑失去電子的傾向 \\ 還原電位：氧化劑得到電子的傾向 \end{cases}$

1. 電位的測定（以伏特表示）

    (1) 規定：因電位隨物質的種類，濃度的變化及溫度而異，故化學上規定在下列條件下測得者稱為標準電位，以 $E°$ 表示。

    a.對氣體而言：1 atm，25℃。

    b.對離子而言：1 M，25℃。

    c.對固體而言：25℃最穩定狀態。

(2) 測定：

　　a.參考電極：以標準半電池測定其他半電池相對釋放或爭取電子的能力，稱為參考電極。目前所使用的參考電極為氫標準電極。

　　　$2H^+（aq，1 M）+ 2e^- \rightarrow H_2（g，1 atm）\quad E° = 0.00 V$

　　b.一半電池之電位為其與標準氫電極所組成電池之電位差。

　　　(a) 若伏特計指針偏向氫標準電極，則表示被測定半電池失去電子能力較強，氧化電位為正。

　　　(b) 若伏特計指針偏向被測定半電池，則表示被測定半電池得到電子能力較強，還原電位為正。

　　　(c) 若半反應式逆寫，則電位值（E°）變號。表示－還原劑的氧化電位值愈高，則其共軛氧化劑之還原電位值愈低。

　　　(d) 若半反應式兩端同乘以正數 n 時，則其 E° 不變，但能量變至 n 倍。

(3) 氧化劑$+ ne^- \rightarrow$ 還原劑　　E°＝還原電位

(4) 金屬氧化電位順序：

Li > Rb > K > Cs > Ba > Sr > Ca > Na > Mg > Al > Be > Mn > Zn > Cr > Fe > Co > Ni > Sn > Pb > H₂ > Cu > Hg > Ag > Pt > Au。

(a) 金屬活性比較：

活　　　　性	K Ca Na	MgAl	ZnFe	NiSnPb	(H₂)Cu	HgAg	PtAu
與水作用	冷水	水蒸氣（高溫）	與水無反應				
與酸作用	激←溶於鹽酸或稀硫酸產生氫氣→緩				溶於硝酸及濃硫酸		王水
與氧作用	易←　　　　被氧化生成氧化物　　　　→難					不被氧化	
冶　　煉	電解熔融物		用 C 或 CO 還原		加熱即可		

(b) Li～Na 可以與室溫水或醇類作用產生 H₂。

(c) Mg～Sn 可溶於非氧化性之普通酸（如濃鹽酸，稀鹽酸，稀硫酸）皆生 $H_{2(g)}$；Cu，Hg，Ag 不溶於普通酸，但溶有氧化性的濃硝酸，稀硝酸，濃硫酸，依次產生 NO_2，NO 及 SO_2（不生 H₂）；Pt，Au 只溶於王水（濃鹽酸：濃硝酸＝ 3：1）形成錯離子 $PtCl_6^{2-}$，

$AuCl_4^-$。Pb 與鹽酸、硫酸呈鈍性作用，表面產生不溶性 $PbCl_2$，$PbSO_4$。

(d) Al，Fe，Cr 不溶於濃硝酸中，因此三者與濃硝酸接觸時，表面生成一層氧化物的保護膜（Al_2O_3，Fe_3O_4，Cr_2O_3）。

範例觀摩 1

實驗室中有1 M $Pb(NO_3)_2$，鉛棒，1 M $Cu(NO_3)_2$，銅棒，鹽橋，導線，燒杯，電阻器，安培計： (1)試繪出電池 $Pb-Cu^{2+}$之簡圖。 (2)寫出總反應式。 (3)決定電流及電子流之方向。 (4)若 Pb 用去2.07克，則析出 Cu 若干克？ (5)將 Cu 棒改成 C 棒電壓如何改變？

解析 (1)見右圖。

(2)$Pb+Cu^{2+} \rightarrow Pb^{2+}+Cu$。

(3)電子由 Pb 流向 Cu（電流恰相反）。

(4)1 莫耳 Pb 溶解，有 1 莫耳 Cu 析出，析出

$$Cu 重 = \frac{2.07}{207} \times 63.5 = 0.635（克）$$

(5)不變。

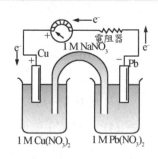

範例觀摩 2

在 A、B、C、D 四燒杯中各放30毫升1 M 的硫酸鋅，硫酸鎳，硫酸銅及硝酸銀，依序以碳棒、鎳片、銅片、碳棒為電極，構成四個半電池，問那兩個半電池所組成化學電池，其電位差最大？試繪簡圖顯示化學電池之組合情形，並標明各部分名稱，注意伏特計之兩端應標示（＋）（－）。

解析 (B)(D)。氧化電位：Zn>Ni>Cu>Ag，選電差最多者，且氧化電位大者要當陽極，但 $Zn(NO_3)_2$ 中插入惰性電極 C 棒不能當陽極；電池與伏特計聯接方式為負接負，正接正。

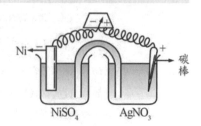

2. 半電池電位表之應用：

(1) 判斷氧化劑及還原劑之相對強度。

(a)氧化電位 $E°$ 值愈大為愈強之還原劑。最強之還原劑為 Li。

(b)還原電位 $E°$ 值愈大為愈強之氧化劑。最強之氧化劑為 F_2。

(2) 電池電壓（$\triangle E°$）：

$\triangle E°$ = 陽極氧化電位－陰極氧化電位

= 陰極還原電位－陽極還原電位

= 陰極還原電位+陽極氧化電位

(a)一半電池的電位隨所定標準半電池之電位之改變而改變，但一電池之電壓不隨之改變。

(b)一電池電壓的大小決定於物種、濃度、溫度；但與電極大小，反應方程式之係數及所定之標準半電池之電位無關。

(c)由2個半反應求另一半反應之 $E°$——不可直接加成，需化成能量才可加成。

能量（電能）= QV（電量×電壓） F = 96500庫侖

例：已知 $Cr \rightarrow Cr^{3+} + 3e^-$　　$E_1°=0.74V$　$\triangle H_1=3F\times0.74$

$\underline{- Cr^{2+} \rightarrow Cr^{3+} + e^-$　　　$E_2°=0.41V$　$\triangle H_2=1F\times0.41}$

$Cr \rightarrow Cr^{2+} + 2e^-$　　$E_3° = ?$　　$\triangle H_3=2F\times E_3°$

$\therefore 3F(0.74) - 1F(0.41) = 2F \cdot E_3°$

即 $E_3° = \dfrac{3\times0.74-1\times0.41}{2} = 0.90 \text{ V} \neq 0.74 - 0.41$

(3)預測在標準狀態下反應可否自然發生：

(a)若全反應 $E° > 0$，可自然發生。

(b)若全反應 $E° < 0$，不可自然發生。

(4)預測之限制：

　　(a)若全反應之 E°值僅為∣ΔE°∣≤ 0.2，則基於標準狀態所做的預測，可能與實際結果有出入。

　　(b)E°值僅可預測反應發生否，無法預測反應速率。

3. 電解液濃度對電池電壓之影響：

(1)定性討論－利用勒沙特列原理。

　　a.反應向生成物方向進行之趨勢增大，電池電壓變大。

　　b.反應向反應物方向進行之趨勢增大，電池電壓變小。

　　c.當正逆兩向反應爭取（或釋放）電子能力相等時，電池電壓等於零，意即反應達成平衡。

(2)定量討論（Nernst 方程式）：補充資料

$$a. \Delta E = \Delta E° - \frac{2.303RT}{nF} \log \frac{[生成物]^{係數}}{[反應物]^{係數}}$$

$\begin{cases} \Delta E\ 為非標準狀態電壓 \\ \Delta E°為標準狀態電壓 \\ n：轉移的電子數 \\ F：96500\ 庫侖 \\ R：氣體常數 = 8.314J/mol-K \end{cases}$

b.當25℃時：$\frac{2.303RT}{F} = 0.0591$

$$\therefore \Delta E = \Delta E° - \frac{0.0591}{n} \log \frac{[生成物]^{係數}}{[反應物]^{係數}}$$

c.平衡時 $\Delta E = 0$，故 $\Delta E° = \frac{0.0591}{n} \log K$

$$\therefore K = 10^{n \Delta E / 0.0591}，\Delta E°愈大者，K 愈大。$$

(3)濃差電池：

　　a.定義：單用同一反應而濃度不同以產生電壓之電池。

　　b.電極：(a)陽極浸於稀溶液中。(b)陰極浸於濃溶液中。

　　c.加大濃度差可加大電壓。

4. 雙電池：

(1)兩電池聯成雙電池時，若同名極相聯（反向串聯，陽對陽，陰對陰）
　　則電壓大者仍為電化電池，電壓小者變成電解電池，全電壓為兩者
　　之差。若異名極相聯（正向串聯，陰對陽聯），兩者仍為電化電池，
　　總電壓是兩者之和。

(2) 若四個不同的半電池，任意組成二個電池，再配成雙電池，則共有
　　六種組合，但僅得三種不同的電壓。

　　(a)最大電壓：由電極氧化電位最大的與最小的配成單電池，再與另
　　　　一單電池的順接算出。

　　(b)中間電壓：由電極氧化電位最大的與最小的配成單電池，再與另
　　　　一單電池的逆接算出。

　　(c)最小電壓：由電極氧化電位最大的與次大的配成單電池，再與另
　　　　一單電池的逆接算出。

迷你實驗室　化學電池

1.化學電池：利用氧化還原反應以產生
　電流的裝置。氧化還原反應，氧化劑
　接受電子，還原劑放出電子。

　若氧化劑與還原劑不以直接接觸的方式
　轉移電子，而使氧化反應在一個半電池
　的電極（陽極）產生，還原反應在另一
　個半電池的電極（陰極）產生，將兩個

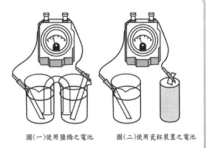

圖(一)使用鹽橋之電池　　圖(二)使用瓷杯裝置之電池

　半電池的溶液用鹽橋相連，電子經由導線傳送，就構成了一個化學電池。
　本實驗採用鹽橋來裝置化學電池（如上圖(一)）。亦可不用鹽橋，而用
　多孔瓷杯（如上圖(二)）。

2.電池電位差：

(1) 電池電位差的大小，表示自發性氧化還原反應進行趨勢的大小。電池電位差的大小，不但與電池反應中所使用的氧化劑與還原劑的性質有關，而且與各溶液的濃度也有關係。

(2) 二個半反應可組合成一個電池，電池的標準電位差可以由兩個半反應的標準電位獲得。如：

$$Zn \rightleftharpoons Zn^{2+} + 2e^- \qquad\qquad \Delta E° = 0.76伏特$$

$$2e^- + Cu^{2+} \rightleftharpoons Cu \qquad\qquad \Delta E° = 0.34伏特$$

$$\overline{Zn + Cu^{2+} \rightleftharpoons Zn^{2+} + Cu \qquad E = 0.76 + 0.34 = 1.10伏特}$$

$Zn \mid Cu^{2+}$ 標準電池，理論上，其電位差應為1.10伏特，但實際量到的電壓比1.10伏特小，除了因內電阻，極化（polarization）現象也會使電壓降低。極化是由於反應產物累積在電極或電極附近而引起的，極化現象會改變局部濃度，因此會使電壓下降，當電流愈大時，極化現象愈容發生。

問題：於一 U 形管中，以碳棒為電極，電解0.5 M 的碘化鉀水溶液一小段時間，試問下列敘述何者正確？　(A)在陰極上，鉀離子發生還原反應生成金屬鉀，金屬鉀與水作用生成氫氣　(B)取出陰極附近溶液檢驗，發現該溶液呈鹼性　(C)在陽極發生氧化反應　(D)陽極上有大量固定碘沉澱析出　(E)陽極附近有深棕色溶液生成。

解析 (B)(C)(E)。(A)K^+之還原電位遠小於水，故無法電解析出。

(D)陽極：$3I^- \rightarrow I_{3(aq)}^- + 2e^-$。

範例觀摩 3

依下列數據，回答有關（秒錶反應）（clock reaction）的問題：

$$IO_3^- + 6H^+ + 5e^- \rightarrow \frac{1}{2}I_2 + 3H_2O \qquad E° = 1.20 \text{ V} \cdots\cdots\cdots ①$$

$$IO_3^- + 6H^+ + 6e^- \rightarrow I^- + 3H_2O \qquad E° = 1.09 \text{ V} \cdots\cdots\cdots ②$$

$$I_2 + 2e^- \rightarrow 2I^- \qquad\qquad\qquad\qquad E° = 0.53 \text{ V} \cdots\cdots\cdots ③$$

$$SO_4^{2-} + 3H^+ + 2e^- \rightarrow HSO_3^- + H_2O \quad E° = 0.11 \text{ V} \cdots\cdots\cdots ④$$

(1) IO_3^- 會先與 HSO_3^- 作用產生 I^-。試寫出此反應的反應方程式。此反應為何自然發生？$\Delta E°$ 為若干伏特？

(2) 當 HSO_3^- 耗盡時，過量的 IO_3^- 又與 I^- 作用產生 I_2，I_2 再與澱粉作用，使溶液顯出藍色。試寫出 IO_3^- 與 I^- 產生 I_2 的反應方程式。此反應的 $E°$ 為若干伏特？

(3) I_2 能氧化 HSO_3^- 否？試寫出其反應方程式，並以 $\triangle E°$ 說明之。

(4) 在酸性溶液中，HSO_3^- 的還原力較 I^- 為強，其理由為何？

解析 (1) ② － ④ × 3：$IO_3^- + 3HSO_3^- \rightarrow 3SO_4^{2-} + 3H^+ + I^-$

$\triangle E° = 1.09 - 0.11 = 0.98$（V）

∵ $\triangle E° > 0$ 故可自然發生。

(2) $\dfrac{① \times 2 - ③ \times 5}{2}$：

$IO_3^- + 5I^- + 6H^+ \rightarrow 3I_2 + 3H_2O$

$\triangle E° = 1.20 - 0.53 = 0.67$（V）

> **要訣**
> 全反應 $E° > 0$ 者可自然發生。

(3) ③ － ④：

$I_2 + HSO_3^- + H_2O \rightarrow SO_4^{2-} + 2I^- + 3H^+$

$\triangle E° = 0.53 - 0.11 = 0.42$（V）$> 0$ 故可反應。

(4) 因 HSO_3^- 的氧化電位（ $- 0.11$ V）大於 I^- 的氧化電位（ $- 0.53$ V）；而氧化電位愈大，愈易失去電子，愈易被氧化。

∴ 還原力愈強。

範例觀摩 4

已知 $Zn \rightarrow Zn^{2+} + 2e^-$ 　 $E° = 0.76$ V，$2I^- \rightarrow I_2 + 2e^-$ 　 $E° = - 0.53$V，則(1)$\triangle E°$ $(Zn - I_2) =$ _____V。若今重新規定 $E°$ $(H_2 - H^+) = 1.00$V，

則(2)$E°$ $(Zn - Zn^{2+}) =$ _____ V，

(3)$\triangle E°$ $(Zn - I_2) =$ _____V。

解析 (1)1.29 V　(2)1.76 V　(3)1.29 V

(1)$\triangle E°$ $(Zn - I_2) = E°(Zn - Zn^{2+}) + E°(I_2 - I^-)$

　　　$= 0.76$ V $+ (+ 0.53$ V$) = 1.29$ V

(2)因 $E°(H_2 - H^+) = 0.00$ V 時　$E°(Zn - Zn^{2+}) = 0.76$（V）

　　故 $E°(H_2 - H^+) = 1.00$ V 時　$E°(Zn - Zn^{2+}) = 0.76 + 1.00 = 1.76$（V）

(3)$\triangle E°(Zn - I_2) = E°(Zn - Zn^{2+}) + E°(I_2 - I^-)$

　　$= 1.76 + (-0.47) = 1.29(V)$

(三) 常用電化電池

1. 常見一次電池

種類	充電	電壓	正極	負極	電解液	用途與優缺點
酸性乾電池（勒克朗舍電池）	否	1.5V	碳棒/MnO_2	Zn	NH_4Cl、$ZnCl_2$	照明與一般用途 缺：電壓不穩、壽命短
鹼性乾電池（鹼錳電池）	否	1.5V	碳棒/MnO_2	Zn	KOH	照明與一般用途 優：電壓穩定
水銀電池（鈕釦型）	否	1.35V	HgO	Zn	KOH	精密儀器 優：電壓穩定 缺：造成水銀污染
氧化銀電池（銀電池）	否	1.5V	Ag_2O	Zn	KOH	較沒污染，逐漸取代水銀電池
鋰碘電池	否	3V	I_2	Li	LiI 晶片	電壓穩、壽命可達十年，用於心律調節器

2. 常見二次電池

種類	充電	電壓	正極	負極	電解液	用途與優缺點
鉛蓄電池	可	2.03V	PbO_2	Pb	H_2SO_4	汽、機車電瓶，通常由3～6個單位串聯，提供6～12V電壓。
鎳鎘電池	可	1.2V	NiO_2或$NiO(OH)$	Cd	KOH	電鬍刀、行動電話 優：體積小 缺：污染與記憶效應

種類	充電	電壓	正極	負極	電解液	用途與優缺點
鎳氫電池	可	1.2V	NiO_2或 $NiO(OH)$	鑭系儲氫材料	KOH	行動電話、notebook 優：記憶效應小 缺：循環壽命短
鋰離子電池	可	3.6V	$LiCoO_2$	Li_xC_6	$LiClO_4$	行動電話、數位相機。優：質量輕、無記憶效應、有最大電壓

3. 燃料電池

(1)一般火力發電：燃料（化學能）→熱能→電能，功率約 40%。

電化電池：化學能→電能，功率理論上可達100%

(2)氫氧燃料電池：

A.陽極：$2H_{2(g)}+4OH^-_{(aq)} \rightarrow 4H_2O_{(l)}+4e^-$

B.陰極：$O_{2(g)}+2H_2O_{(l)}+4e^- \rightarrow 4OH^-_{(aq)}$

C.全反應：$2H_{2(g)}+O_{2(g)} \rightarrow 2H_2O_{(l)}$（產物不會造成環境污染）

D.運作時分別通入氫與氧於陽、陰兩極，電解質為高度的氫氧化鉀，覆蓋金屬的多孔性碳板充做兩極，反應溫度為 70~140°C 之間，可產生電位大約 0.7 伏特。

E.但因造價昂貴（如 Pt），且技術尚待改進（如：如何有效的使三相接觸等），因此除在太空船中使用外，且前尚未大量採用。

主題三　替代能源與核能

(一) 地球能量的來源

【太陽能】：1.大氣 → 風力 → 風力發電

2.水 → 水力與海洋能 → 水力、潮汐發電

3.光合作用 → 古代生物 → 化石燃料 → 火力發電

4.太陽能發電

【其他能源】：1.核能→核能發電

　　　　　　　2.地熱→地熱發電

(二) 生質能：生質能指含一切可以培植、利用的動、植物能源。

1.以甘蔗渣等農作物為原料生產乙醇，摻入汽油中或直接作為汽車燃料。

2.農牧業廢棄物產生的沼氣（主成分：CH_4）可燃燒產生熱能。

3.廢食用油（與甲醇反應、用強鹼當催化劑）製生質柴油（脂肪酸甲酯），甲基酯含氧 11%，燃燒效率高、污染低、生物分解性好。

(三) 核能

【放射性】：不穩定的原子核放出射線或能量而蛻變成他種原子核的現象。

1. 發現：1896 年法國科學家貝克勒發現鈾具有天然放射性。後來居禮夫婦發現 Th 和 Ra 也有放射性。

2. 放射線：α－氦的原子核、β－電子束、γ－高能電磁波

3. 半生期：放射性原子核蛻變至濃度剩餘 1/2 所需的時間。同位素有無放射性，決定於核內組成（中子與質子）與核外的電子組態、溫度、壓力、化學作用無關。

【核反應】：發生於原子核，與電子組態無關，放出遠大於化學反應所放出能量。

1. 核分裂：1938 年德國科學家漢恩（O.Hahn）發現慢中子撞擊 ^{235}U 時，分裂產生更多中子。這些中子繼續撞擊未反應的 ^{235}U，產生一連串連鎖反應，釋出極大能量。

2. 核融合：較輕的原子核在高溫下融合成為一個較重的原子核，並放出巨大能量。其反應式如右：$^2H_1 + {}^3H_1 \rightarrow {}^4He_2 + {}^1n_0$

3. 質能轉換：愛因斯坦於相對論中提出 $E = mc^2$ 質能轉換公式「E：能量 (J)；m：反應損失之質量(kg)；c：光速(m/s)」

【實例】：當 ^{235}U 核分裂時質量損耗約 0.095%，每公斤 ^{235}U 反應約產 $8.5 \times 10^{13}J$，釋放的能量約為液氫的 60 萬倍、液化石油氣的 170 萬倍。

範例觀摩 1

氪與鉛的核融合反應過程為：

(1)高能的 $^{86}_{36}Kr$ 離子轟擊 $^{208}_{82}Pb$ 靶，氪核與鉛核融合，放出1個中子，形成新元素 X。

(2)120 微秒後，X 元素的原子核分裂出1個氦原子核，而衰變成另一新元素 Y。

(3)600微秒後又再釋放出一個氦原子核，形成另一種新元素 Z。

下列有關此核融合反應的敘述，何者錯誤？

(A)氪核與鉛核融合產生 X 之核反應式為； $^{86}_{36}Kr + ^{208}_{82}Pb \rightarrow ^{1}_{0}n + ^{293}_{118}X$

(B)X→Y 之核反應式為； $^{293}_{118}X \rightarrow ^{4}_{2}He + ^{289}_{116}Y$

(C)Y→Z 之核反應式為； $^{289}_{116}Y \rightarrow ^{4}_{2}He + ^{285}_{114}Z$

(D)元素 Z 原子核之中子數為 114

(E)元素 Y 原子核之質子數為173

解析　(D)(E)。根據原子序及質量數不減 X、Y、Z 為正確，Z 的中子數為
285－114＝171、Y 的質子數為 116。

範例觀摩 2

下列有關核能及核反應的敘述，何者正確？

(A) 減少 1 克的物質在核反應中大約會放出 $9 \times 10^{13}J$ 的能量。

(B) 由 $^{238}U_{92}$ 蛻變為 $^{206}Pb_{82}$ 時，有 α 蛻變以及 β 蛻變。

(C) 以 $^{235}U_{92}$ 為核能發電的燃料，並以重水（D_2O）為中子減速劑。

(D) 核能發電除了有核廢料外，還會產生熱汙染。

(E) 現今核能電廠使用核分裂的技術，此核能來自 $^{235}_{92}U$ 原子，參與核反應前
後之電子組態將大幅改變。

解析　(A)(B)(C)(D)。(E)核能電廠使用核分裂不涉及電子組態的改變。

範例觀摩 3

下列哪些選項為臺灣已經作為商業使用的再生能源？

(A)核能發電　(B)潮汐發電　(C)風力發電　(D)海流發電　(E)水力發電

解析 (C)(E)。(A)核能非再生能源。(B)(D)潮汐發電與海流發電尚無法商業使用。

範例觀摩 4

使用「生質能源」，將有可能減緩下列哪些環境問題？

(A)水質優養化　(B)土石流　(C)溫室效應　(D)地層下陷　(E)酸雨

解析 (C)(E)。生質能源係透過植物直接利用太陽能、水分和二氧化碳轉化為能量。使用後所排放的二氧化碳等於植物生長時所吸收的二氧化碳。因此能減緩溫室效應與石化燃料排放所產生的酸雨。

主題四　電解與電鍍

(一)電解：由外界通電（供給能量），使電解質被分解的化學反應稱為「電解」
⇒ 是一種強迫的氧化還原反應。

1. 電解質在水溶液（或熔融態）中產生正負離子。

2. 通直流電於溶液（或熔融液）中，則陽離子游向陰極，而被還原，陰離子游向陽極而被氧化。

3. 電解槽的 $\begin{cases} 陽極（正極，氧化極）接直流電源之正極（陰極，還原極） \\ 陰極（負極，還原極）接直流電源之負極（陽極，氧化極） \end{cases}$

4. 電解時所需電流之最小電位應大於電解質被分解所引起氧化還原的電動場。

　　例：$Cu_{(s)} + Zn^{2+}_{(aq)} \rightarrow Zn_{(s)} + Cu^{2+}_{(aq)}$　$E° = -1.10 \text{ V}$

　　欲電解使上述反應發生需外加電壓大於 1.10 V。

(二) 電解時在電極之反應

1. 常用鉑片或 C 碳棒為電極，構成惰性電極，在電解過程中，僅傳導電子而不得失電子。

2. 電解時在電極所發生的半反應可能有數種，而以半反應之電位來決定何者最可能發生，即半反應電位 $E°$ 值愈大者愈容易發生。

　　(1) 陽極產物（常視電極材料而定）

　　　　a. 活性電極 $\Rightarrow$ 氧化為金屬離子。

　　　　b. 惰性電極

　　　　　　(a) 含 Cl^-，Br^-，I^- 等離子 $\Rightarrow$ 產生鹵素。

　　　　　　(b) 鹼性溶液：$2OH^-_{(aq)} \rightarrow 1/2\ O_{2(g)} + H_2O_{(l)} + 2e^-$

　　　　　　(c) 不含上述離子 $\Rightarrow$ 產生 O_2（在水溶液中：$2H_2O \rightarrow O_2 + 4H^+ + 4e^-$）

　　(2) 陰極產物（常視陽離子種類而定）

　　　　a. 含 H^+，鹼金屬離子（ I A$^+$），鹼土金屬離子（ II A^{2+}）Al^{3+}，Mn^{2+}

　　　　　　(a) 熔融態 $\rightarrow$ 產生 H_2 或金屬。

　　　　　　(b) 水溶液 $\rightarrow$ 產生 H_2。（$2H_2O + 2e^- \rightarrow H_2 + 2OH^-$）

　　　　b. 含其他金屬離子 $\rightarrow$ 析出金屬。

3. 電解稀 $NaOH$，稀 H_2SO_4 等水溶液時，等於電解水。

　　$2H_2O \rightarrow 2H_2 + O_2$

（三）電解的應用

1. 還原力很強的金屬如鹼金屬，鹼土金屬，Al 或氧化性很強的元素如氟等，均需以電解法製備。

2. 食鹽水的電解（鹼－氯工業）：隔膜法

　　陽極（＋）：$2Cl^- \rightarrow Cl_2 + 2e^-$

　　陰極（－）：$2H_2O + 2e^- \rightarrow H_2 + 2OH^-$

　　全反應：$2Cl^- + 2H_2O \rightarrow H_2 + 2OH^- + Cl_2$

　　即 $2NaCl_{(aq)} + 2H_2O \rightarrow 2NaOH + H_2 + Cl_2$

　　由二極的產物可發生反應如下：如降低了產率

$H_2 + Cl_2 \rightarrow 2HCl$

$2NaOH + Cl_2 \rightarrow NaClO + NaCl + H_2O$

通常使用隔膜有石棉隔膜及陽離子交換膜，陽離子交換膜的作用是允許陽離子透過，以防止陰極的 NaOH 與 Cl_2 作用。

3. 鋁的電解製法：

(1) 原料：鋁礬土（含80% Al_2O_3）中的鐵分以化學方法（利用 Al_2O_3 為兩性氧化物的特性）除去而製成 Al_2O_3，然後與助熔劑冰晶石（Na_3AlF_6）混合形成熔融鹽。

(2) 以郝耳電解槽進行電解：$2Al_2O_{3(l)} \xrightarrow[\sim 900°C]{Na_3AlF_6} 4Al_{(l)} + 3O_{2(g)}$

迷你實驗室　電解碘化鉀溶液製碘

1. 裝置圖（如右圖）。

2. 電解 $KI_{(aq)}$：

(1)陰極：$2H_2O + 2e^- \rightarrow H_2 + 2OH^-$

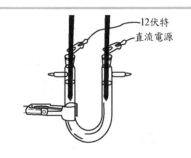
12伏特
直流電源

　a.加酚酞檢驗 OH^- 存在。

　b.加 $FeCl_{3(aq)}$：

　　$Fe^{3+}_{(aq)} + 3OH^-_{(aq)} \rightarrow Fe(OH)_{3(s)}$

（黃褐色）

生成物形態	生成物顏色	電極旁氣味	溶液加入酚酞或廣用指示劑的顏色	溶液加入氯化鐵溶液結果
氣體	無	無	酚酞變紅，廣用指示劑由綠變紫	產生沉澱，溶液變為鐵（III）離子的顏色

(2)陽極：$2I^- \rightarrow I_2 + 2e^-$；$I_2 + I^- \rightleftharpoons I^-_{3(aq)}$ 棕色

加入 CCl_4 時，$I_2 + I^- \rightleftharpoons I^-_{3(aq)}$，碘極易溶解於四氯化碳中，因此平衡左移，因四氯化碳的比重比水大，故下層呈現紫色，而上層水

溶液因 I_3^- 的濃度減少而使褐色變淡，最後二層顏色不再變化表已達成平衡稱為分布平衡。

生成物形態	生成物顏色	電極旁氣味	溶液以四氯化碳萃取後的顏色
溶於 KI 溶液	褐色	略有碘的刺激味道	紫

(3)淨反應：$3I^- + 2H_2O \xrightarrow{2F} I_3^- + 2OH^- + H_2$

問題：$KI_{(aq)}$ 電解之敘述何者正確？　(A)陽極半反應可寫為 $2I^- \rightarrow I_2 + 2e^-$，陰極半反應為 $2H_2O + 2e^- \rightarrow 2OH^- + H_2$　(B)陰極附近溶液呈鹼性，可使酚酞變紅，若加入 $FeCl_{3(aq)}$ 則生成 $Fe(OH)_3$ 棕色沉澱　(C)陽極附近溶液呈棕色，若加入 CCl_4 則下層呈紫色　(D)電解 U 形管底部有極清晰之顏色界線，此因反應為 $3I_2 + 6OH^- \rightarrow 5I^- + IO_3^- + 3H_2O$　(E)若通入 2 法拉第則生成 H_2 在 S.T.P.時體積有 11.2 升。

【分析】(A)(B)(C)(D)，理由如下：

(D)陽極的 I_2 遇陰極的 OH^- 會自身氧化還原

$$3I_{2(s)} + 6OH^-_{(aq)} \rightarrow \underbrace{5I^-_{(aq)} + IO^-_{3(aq)}}_{無色} + 3H_2O$$

(E)2F 可得 H_2 1 mol

☆法拉第電解定律（電解電鍍計算原則）：

1. 電解出 1 克當量的物質所需電量為 1 法拉第（96500 庫侖）。

2. 公式：$n = \dfrac{It}{96500} \times \dfrac{1}{價數}$

3. 電解 1 mol 水需電量 2F。

範例觀摩 1

(1) 以銅作陰陽兩極，電解硫酸銅水溶液，陽極會發生何種變化？　(A)銅溶解　(B)析出銅　(C)產生 SO_2　(D)逸出 H_2。

(2) 有一鉛蓄電池以0.40安培的電流放電5小時，總共消耗了多少克的鉛？（原子量：Pb = 207）　(A)0.128　(B)7.72　(C)14.0　(D)15.4。

解析　(1)(A)　(2)(B)

(1)陽極：$Cu_{(s)} \rightarrow Cu^{2+}_{(aq)} + 2e^-$（活性電極）

　　陰極：$Cu^{2+}_{(aq)} + 2e^- \rightarrow Cu_{(s)}$

(2)每放電 2F 鉛被氧化 1 mol：$\dfrac{0.4 \times 5 \times 3600}{96500} \times \dfrac{1}{2} \times 207 = 7.729$

範例觀摩 2

以銀為陽極，鉑為陰極，電解溴化鉀溶液時陰極反應為：$2H_2O + 2e^- \rightarrow 2OH^-$ $+ H_{2(g)}$今電解100毫升溴化鉀溶液直至所得氫之體積在0℃及2 atm 下為11.2 mL。該電解液在25℃時 pH 值約為　(A)10.7　(B)11.4　(C)12.3　(D)13.6。

解析 (C)。(1)先求 H_2 的 n：$2 \times \dfrac{11.2}{1000}$ = n $\times$ 0.082 $\times$ 273　∴n = 1 $\times$ 10^{-3}

(2)依題目方程式知 OH$^-$ 有 2 $\times$ 10^{-3} mol

(3)[OH$^-$] = 2 $\times$ 10^{-3}/0.1 = 2 $\times$ 10^{-2}(M)

　pOH = 2 $-$ log2　pH = 14 $-$ (2 $-$ log2) = 12.3

範例觀摩 3

下列裝置一段時間後，溶液質量增加者為：

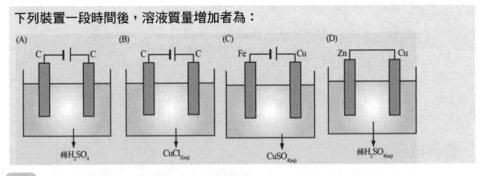

解析 (D)。(A)(B)(C)為電解，(D)為電池

(A)左：$2H^+ + 2e^- \rightarrow H_2$，右：$2H_2O \rightarrow O_2 + 4e^- + 4H^+$

(B)左：$Cu^{2+} + 2e^- \rightarrow Cu$，右：$2Cl^- \rightarrow Cl_2 + 2e^-$

(C)左：$Cu^{2+} + 2e^- \rightarrow Cu$，右：$Cu \rightarrow Cu^{2+} + 2e^-$

(D)左：$Zn \rightarrow Zn^{2+} + 2e^-$，右：$2H^+ + 2e^- \rightarrow H_2$

(四)電鍍 ⇒ 須外加電能。

1. 電鍍是利用氧化還原作用將一種金屬鍍於器皿或裝飾品表面之作用。

2. 欲鍍金屬（如金、銀）置於陽極，被鍍器皿或飾物置於陰極，以含陽極的金屬離子之鹽類為電解液。

3. 實例：鐵板上鍍銅。

    (1) 陽極為銅，其反應：$Cu_{(s)} \rightarrow Cu^{2+}_{(aq)} + 2e^-$。

    (2) 陰極為鐵（稱為基底金屬），其反應：$Cu^{2+}_{(aq)} + 2e^- \rightarrow Cu_{(s)}$。

    (3) 電鍍液為15～24%之硫酸銅及2.5～3.7%硫酸溶液。

(五)化學鍍 ⇒ 不須外加電能。

1. 置換鍍：不使用外電能的情況下，利用各種金屬之間的氧化或還原電位差的性質，使貴金屬離子經還原反應而析出附在金屬物體表面，同時金屬原子發生氧化反應而成離子。

    例：$Cu_{(s)} + 2AgNO_{3(aq)} \rightarrow Cu(NO_3)_{2(aq)} + 2Ag_{(s)}$（附在 Cu 上）

2. 無電極電鍍：利用化學還原劑，把金屬鹽還原使其沉積在物件上，因它不需通入電流，所以又叫做無電極電鍍（electroless plating）。如在含 AgOH 或 Ag_2O 的水溶液中，加入適量氨水及還原劑如甲醛，則可析出 Ag 並沉澱附著在反應容器的表面，形成一層具有反光性的眼鏡。

↘ 重要試題演練

( )　1. 氫化鈉、水、過氧化鈉、次氯酸，及氯酸鉀等五個化合物，在下列各項中，二化合物皆含氧化數−1 元素的組合是　(A)水和次氯酸　(B)氫化鈉和氯酸鉀　(C)氫化鈉和過氧化鈉　(D)過氧化鈉和氯酸鉀。

( )　2. 在 0.1 M 以上的濃度，也能共存之離子組為
(A)H^+，K^+，$C_2O_4^{2-}$，MnO_4^-　(B)Ba^{2+}，K^+，CO_3^{2-}，NO_3^-
(C)NH_4^+，K^+，SO_4^{2-}，SO_3^{2-}　(D)Ag^+，Na^+，NO_3^-，CrO_4^{2-}。

( )　　3. 若已知 $Fe \rightarrow Fe^{2+} + 2e^-$，$E° = 0.44$ V；
$Fe^{2+} \rightarrow Fe^{3+} + e^-$，$E° = -0.77$V，則右
圖裝置之電池伏特計顯示的讀數及
指針偏轉方向，何者正確？
(A)0.44 V（向右）　(B)0.77 V（向
左）　(C)1.21 V（向左）　(D)1.54
V（向右）。

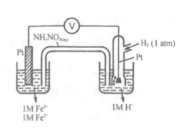

( )　　4. 電解下列各溶液(1 M)，何者在陽極產生之氣體與其他三者不同？
(A)H_2SO_4　(B)NaOH　(C)NaCl　(D)Na_2SO_4。

( )　　5. 吾人利用下列各金屬為電極，將其浸入稀硫酸中，而以外導線連結，
何者無法構成電化電池反應？　(A)鐵與鋅　(B)銅與鋅　(C)銅與銀
(D)銀與鎳。

( )　　6. 將鋅板及銅片分置於同一杯稀硫酸中，並在液外以電線連接兩金屬上
端。以下何者為正確？　(A)鋅不溶解，但鋅板上有 H_2 氣發生　(B)
銅溶解，並在銅片上有 H_2 氣發生　(C)銅不溶，其銅片上亦無 H_2 發
生　(D)鋅板溶解，而銅不溶，但在銅片上有 H_2 發生。

( )　　7.有關右圖電池之裝置，下列敘述何者正確？
(A)此組電池沒有電流，伏特計指針為零
(B)A 為陽極，B 為陰極，電流由 B→A
(C)A 為陰極，B 為陽極，電流由 A→B
(D)B 為正極，A 為負極，電流通過後電壓
逐漸降低，最後 A 中之$[Ag^+]$大於 B 中的。

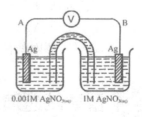

( )　　8. 曾盛裝過錳酸鉀($KMnO_4$)溶液的玻璃器皿乾後，有時會留下水洗不掉
的棕色污痕，要洗淨此污痕最好用　(A)硫酸　(B)硝酸　(C)草酸
(D)醋酸。

( )　　9. 以Cu棒為二極通電於$CuSO_{4(aq)}$中，有關其敘述，下列何者正確？
(A)陽極產生氧，陰極析出銅　(B)電解時$CuSO_{4(aq)}$之濃度不變　(C)陽
極產生氧，陰極析出氫　(D)陽極無顯著反應發生，但陰極析出銅。

( )　10. 已知 $\begin{cases} Cu_{(s)} \rightarrow Cu^{2+}_{(aq)} + 2e^-; E^o_1 = -0.34伏特 \\ Ag_{(s)} \rightarrow Ag^+_{(aq)} + e^-; E^o_2 = -0.80伏特 \end{cases}$

有關上面銅半電池及銀半電池所組成的電池，下列敘述中，何者正確？
(A)Cu － Ag$^+$電池之全反應為 $Cu_{(s)} + 2Ag^+_{(aq)} \rightarrow Cu^{2+}_{(aq)} + 2Ag_{(s)}$；電壓為 $E^0_1 + 2E^0_2$
(B)Ag － Ag$^+$半電池之銀電極當改用粗大銀棒時，該電池之電壓將增高
(C)該電池之電壓與銀電極的粗細無關
(D)當加蒸餾水於銅半電池時，該電池之電壓將降低。

( )　11. 核電廠以鈾 235 為燃料，以慢中子促使其分裂，利用這種核分裂反應所釋出的能量來發電，有關反應事件的敘述，何項錯誤？　(A)原子經過核分裂反應，反應前後的原子種類改變了　(B)反應後的生成物，帶有很強的輻射性　(C)比起煤或石油，核燃料只以很少的質量就可產生很大的能量　(D)這種反應生成物的輻射性，經過低溫冷凍處理即可消除。

( )　12. 某放射性元素放出氦離子，吾人稱之為？　(A)α 衰變　(B)β 衰變　(C)γ 衰變　(D)電子捕獲。

( )　13. 從 $^{238}U_{92}$ 蛻變為 $^{206}Pb_{82}$ 是天然放射性蛻變系列之一，此系列共經過幾個 α 衰變，幾個 β$^-$ 衰變？（α = $^4He_2$；β$^-$ 即電子）　(A)8α、6β$^-$　(B)8α、8β$^-$　(C)10α、8β$^-$　(D)10α、10β$^-$。

( )　14. 一般核能電廠利用鈾同位素之核分裂產生之能量來發電。下列有關此核反應之敘述，何者正確？　(A)所使用的鈾同位素為 ^{238}U　(B)所使用的鈾同位素需受到質子的撞擊才能分裂　(C)此核分裂反應中，反應物之質量大於生成物之質量　(D)所使用的鈾同位素，每一莫耳分裂後所產生之能量，大約為燃燒一莫耳的碳所產生熱能的一萬倍。

( )　15. 經由核分裂與核聚變（或稱核融合）反應所釋放出來的能量，都可以轉換用來發電。下列有關此二種反應的敘述，何者正確？　(A)核分裂與核聚變均使用鈾為燃料　(B)核聚變時釋放出來的能量，並非來自核能　(C)核聚變比核分裂產生更嚴重的輻射性廢料問題　(D)太陽輻射放出的巨大能量，主要來自核聚變反應。

( ) 16. 使用地球上的化石燃料，可算是利用古代的何種能量？　(A)地熱　(B)風能　(C)太陽能　(D)電能。

( ) 17. 下列有關各種形式的能量轉換之敘述，何者錯誤？　(A)綠色植物的光合作用：光能變化學能　(B)照相底片的感光：光能變化學能　(C)水力發電：熱能變動能再變電能　(D)乾電池的照明：化學能變電能再變光能。

( ) 18. 下列氧化物，哪一個無法和氧氣反應？　(A)CO　(B)N_2O　(C)As_2O_3　(D)SO_3。

( ) 19. 甲醇燃料電池是以甲醇與氧反應，得到電能，並產生二氧化碳與水。陽極端是以甲醇為反應物，而陰極端的反應物是氧氣。試問陽極反應所產生的二氧化碳與陰極反應所產生的水，二者的莫耳數比（CO_2：H_2O）為何？　(A)1：1　(B)1：2　(C)1：3　(D)2：3。

( ) 20. 下列有關化學電鍍（非電解電鍍）的敘述，哪一個正確？
(A)電鍍液中需要有還原劑的存在
(B)塑膠物質不適用此種方法進行電鍍
(C)將待鍍物置於陰極，通入直流電流，使欲鍍金屬離子還原於待鍍物表面
(D)將待鍍物置於陰極，通入交流電流，使欲鍍金屬離子還原於待鍍物表面。

( ) 21. 以草酸鈉標定過錳酸鉀溶液的反應，會產生錳（Ⅱ）離子以及二氧化碳。下列有關草酸鈉標定過錳酸鉀實驗的敘述，哪一個正確？
(A)滴定過程中，過錳酸鉀被氧化，草酸鈉被還原
(B)溫度需超過 100℃，草酸鈉與過錳酸鉀才會反應
(C)滴定過程中溶液呈紅紫色，是因為加入酚酞指示劑
(D)草酸鈉性質穩定不易變質，所以適用於標定過錳酸鉀溶液。

( ) 22. 某生想要探討鐵（Ⅲ）離子與硫氰根離子（SCN^-）的反應，於是先配製了一澄清 0.1 M 的 $Fe(NO_3)_3$ 溶液 100 mL，但在配製過程中，忘記加入稀硫酸加以酸化。當 $Fe(NO_3)_3$ 溶液靜置一段時間後，發現該

溶液變成混濁，同時容器底部有少許黃褐色沉澱。試問下列哪一項最有可能為該沉澱物？　(A)FeO　(B)Fe$_2$O$_3$　(C)FeCO$_3$　(D) Fe(OH)$_3$

( )　23. 目前手機多以鋰離子電池作為電源，其中石墨為負極，進行充電時，需要 6 莫耳碳與 1 莫耳鋰離子才能儲存 1 莫耳電子，反應式如下：充電：6C + Li$^+$ + 6e$^-$ → LiC$_6$　放電：LiC$_6$ → 6C + Li$^+$ + 6e$^-$。假設某一手機連續通話 3.0 小時後，其電能才會耗盡。若通話時的平均電流值為 0.30 安培，則該手機的鋰離子電池中至少約需幾克石墨？
(A)14　(B)2.4　(C)1.5　(D)0.24。

( )　24. 西元 2011 年 3 月 11 日在日本東北地區發生芮氏規模 9.0 大地震，並引發大海嘯，導致福島核電廠受損，放射性物質碘-131 外洩。碘-131 放射強度的半衰期為 8 天。試問下列有關碘-131 的敘述，哪些正確？
（多選）　(A)碘-131 在人體內，最容易累積在肺部　(B)碘-131 的原子核內，中子數比質子數多出 25 個（碘原子量＝53）　(C)在化合物中的碘-131，加硝酸銀溶液使其產生沉澱，就可消除其放射性　(D)碘-131 經 80 天後，其放射性強度就減弱約為原來的千分之一　(E)含有碘-131 的氣體化合物，若不考慮氣流等影響，則該氣體分布範圍由 1 公里擴散至 10 公里時，其平均濃度會減成約為千分之一。

( )　25. NO$_{3(aq)}^-$ 、 N$_{2(g)}$ 、 MnO$_{2(s)}$ 的標準還原電位分別為

NO$_{3(aq)}^-$ + 4H$_{(aq)}^+$ + 3e$^-$ → NO$_{(g)}$ + 2H$_2$O$_{(l)}$　E^o＝0.96V

N$_{2(g)}$ + 5H$_{(aq)}^+$ + 4e$^-$ → N$_2$H$_{5(aq)}^+$　　　　　　　E^o＝－0.23V

MnO$_{2(s)}$ + 4H$_{(aq)}^+$ + 2e$^-$ → Mn$_{(aq)}^{2+}$ + 2H$_2$O$_{(l)}$　E^o＝1.23V

若各物質在標準狀態下進行上述各反應或逆反應，則下列敘述哪一項正確？

(A)氧化力的強弱順序為 MnO$_{2(s)}$ > N$_{2(g)}$ > NO$_{3(aq)}^-$

(B)氧化力的強弱順序為 N$_{2(g)}$ > NO$_{3(aq)}^-$ > MnO$_{2(s)}$

(C)還原力的強弱順序為 N$_2$H$_{5(aq)}^+$ > NO$_{(g)}$ > MnO$_{(aq)}^{2+}$

(D)還原力的強弱順序為 MnO$_{(aq)}^{2+}$ > NO$_{(g)}$ > N$_2$H$_{5(aq)}^+$。

( ) │ 26. 鎳鎘電池是市售蓄電池之一，電池電壓為 1.3 伏特，充放電時會伴隨下列反應：$Cd_{(s)} + 2NiO(OH)_{(s)} + 2H_2O_{(l)} \longleftrightarrow Cd(OH)_{2(s)} + 2Ni(OH)_{2(s)}$ 假設某一鎳鎘電池，經使用一段時間後，消耗了 5.0 克的鎘。今欲以 2.0 安培的電流為之充電，試問理論上至少約需多少小時始能完成充電？（已知鎘的原子量為 112.4，1 法拉第＝ 96500 庫侖） (A)0.6 (B)1.0 (C)1.2 (D)2.4。

解答與解析

1.(C)。NaH 　　　　 H_2O 　　　 Na_2O_2 　　　 HClO 　　　　 $KClO_3$

(＋1)(－1)　(＋1)(－2)　(＋1)(－1)　(＋1)(＋1)(－2)　(+1)(+5)(−2)

2.(C)。彼此間不會起反應者才能共存：

(A)$MnO_4^- + C_2O_4^{2-}$ 會反應成 $Mn^{2+} + CO_2$。

(B)$Ba^{2+} + CO_3^{2-} \rightarrow BaCO_{3(s)}$

(D)$2Ag + CrO_4^{2-} \rightarrow Ag_2CrO_{4(s)}$。

3.(B)。左：$Fe^{3+} + e^- \rightarrow Fe^{2+}$，$E° = 0.77\ V$

右：$H_2 \rightarrow 2H^+ + 2e^-$，$E° = 0$

全：$2Fe^{3+} + H_2 \rightarrow 2Fe^{2+} + 2H^+$，$E° = 0.77\ V$。

4.(C)。(C)之陽極：$2Cl^- \rightarrow Cl_2 + 2e^-$。

5.(C)。銅、銀皆不溶於稀硫酸中。

6.(D)。Zn棒：$Zn \rightarrow Zn^{2+} + 2e^-$；Cu棒：$2H^+ + 2e^- \rightarrow H_2$。

7.(B)。此為濃差電池，浸於稀溶液中的 A 為陽極，浸在濃溶液中的 B 為陰極。

8.(C)。有機酸中 HCOOH，$(COOH)_2$ 均為良好的還原劑可使 $KMnO_4$ 褪色。

9.(B)。陽極：$Cu \rightarrow Cu^{2+} + 2e^-$，陰極：$Cu^{2+} + 2e^- \rightarrow Cu$。

10.(C)。(A)全反應之電壓為兩半反應電壓之差，故為 $E_1^0 - E_2^0$。

(B)(C)電池之電壓和外界的溫度、壓力以及溶液之濃度有關，而和金屬棒之質量或接觸面積無關，故改用較粗之銀棒，對電池之電壓並不生影響。

(D)根據勒沙特列原理，如加水於銅半電池時$[Cu^{2+}]$減小，反應向右進行，電壓將升高。

11.(D)。核分裂的輻射線，無法經由低溫冷凍處理使其消除。

12.(A)。$\alpha-$氦的原子核、$\beta-$電子束、$\gamma-$高能電磁波

13.(A)。質量數由 $238 \rightarrow 206$ 表示釋出 8 個 $\alpha = {}^4He$ 而且原子序由 $92 \rightarrow 76$

因此有 6 個 β^- 衰變，原子序由 $76 \rightarrow 82$

14.(D)。(A)(B)(C)所使用的 ${}^{235}U$ 需受到中子的撞擊才能分裂，會有質量損失。

15.(D)。(A)核分裂使用鈾為燃料，核聚變使用氘和氚　(B)核聚變時釋放出來的能量，來自核能　(C)核聚變並無輻射性廢料的問題。

16.(C)。太陽能 $\rightarrow$ 光合作用 $\rightarrow$ 古代生物 $\rightarrow$ 化石燃料。

17.(C)。水力發電：先將位能變動能再變電能。

18.(D)。C 為 IVA 族，最高氧化數為 $+4$；N、P、As 屬於 VA 族，最高氧化數為 $+5$；S 為 VIA 族，最高氧化數為 $+6$。SO_3 的 S 已達最高氧化數，無法再被氧化。

19.(C)。電解過程中，陰、陽極通過的電量相同。

陽極半反應：$CH_3OH + H_2O \rightarrow CO_2 + 6e^- + 6H^+$

$\times 2 \Rightarrow \quad 2CH_3OH + 2H_2O \rightarrow 2CO_2 + 12e^- + 12H^+$

陰極半反應：$O_2 + 4H^+ + 4e^- \rightarrow 2H_2O$

$\times 3 \Rightarrow \quad 3O_2 + 12H^+ + 12e^- \rightarrow 6H_2O$

$\therefore n_{CO_2} : n_{H_2O} = 2 : 6 = 1 : 3$

20.(A)。(A)因為必須將金屬陽離子還原成金屬原子，故需要有還原劑。

(B)塑膠物質多為絕緣材質，化學電鍍能提供絕緣材質的電鍍。

(C)(D)均屬於需通電的電解電鍍方式，與題意不合。

21.(D)。(A)過氧化錳為氧化劑應被還原，草酸鈉為還原劑應被氧化。

(B)滴定過程中，溫度控制在 70～90°C 之間，提高溫度是為加快反應速率，超過 90°C 草酸易分解而影響滴定結果。

(C)紅紫色是過錳酸鉀的顏色，不是酚酞。

22.(D)。若未加以酸化，則 Fe^{3+} 易與 OH^- 產生 $Fe(OH)_3$ 褐色沉澱。

23.(B)。電量= $I \times t / 96500 = 0.0336$ F $\Rightarrow$ $n_e = 0.0336$（mol）

需要石墨；$n_c = 0.0336 \times 6 = 0.2$(mol)，石墨重；$W_c = 0.2 \times 12 = 2.4$（g）

24.(B)(D)(E)。(A)碘-131 在人體內，最容易累積在甲狀腺。

(B)$^{131}I_{53}$ 中子數=131–53=78，質子數 53，∴中子數多出 25 個。

(C)放射性跟外層電子無關，故化學沉澱無法消除其放射性。

(D)半衰期為 8 天，則 80 天後放射強度降為 $(1/2)^{10} = 1/1024$

(E)距離增為 10 倍，則濃度 $\propto$（1/體積）會降為 1/1000

25.(C)。(1) 還原電位愈高，氧化力愈強，根據題目中的標準還原電位，其氧化力：$MnO_{2(s)} > NO_3^-{}_{(aq)} > N_{2(g)}$

(2) 強氧化劑其反應後的生成物是弱還原劑，則還原力大小順序：$N_2H_5^+{}_{(aq)} > NO_{(g)} > MnO^{2+}{}_{(aq)}$

26.(C)。反應式 $Cd_{(s)} \xrightarrow{2F} Cd(OH)_{2(s)}$ $\Rightarrow$ 氧化數改變量 a = 2

$I \times t / 96500 = W/ E = n \times a$，設需 x 小時

$2 \times (X \times 60 \times 60) / 96500 = 5 \times 2/ 112.4$ $\Rightarrow$ x = 1.19hr ≒ 1.2hr

↘ 進階難題精粹

1. 在電鍍實驗中，要將一塊金屬板上鍍一層白金，電鍍液為 $K_2[PtCl_6]_{(aq)}$，

　(1)寫出電鍍白金的半反應方程式。

　(2)若白金密度為 21.5 g/cm^3，原子量為 195，要電鍍面積 1.0 cm^2，厚度 0.010 mm 的白金，其莫耳數為何？

　(3)若使用 2 安培之電流進行以上電鍍，要達到(2)的結果，需時若干秒？

2. 如右圖 A、B、C、D 各表示 Zn － Zn^{2+}，Cu － Cu^{2+}，Ni － Ni^{2+}，Mg － Mg^{2+}之半電池。

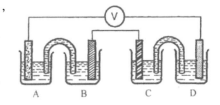

　已知 E° (Zn － Zn^{2+}) = 0.76V，E° (Ni － Ni^{2+}) = 0.25 V，E° (Cu － Cu^{2+}) = － 0.34 V，E° (Mg － Mg^{2+}) = 2.37V，則：

　(1)於圖中指明電子流的方向，又電流為順時針亦或逆時針方向？

　(2)各半電池實際半反應如何？

　(3)雙電池的電位為何？

　(4)如何連接 A、B、C、D 以得最高電位，電位多少？此叫什麼連接？

　(5)如平均電流強度為 0.10 安培，0.5 小時後，各電極物質（如上圖）變化量為何？（以莫耳計，說明耗去或析出）

(　)　3. 於 25℃，1 atm 下，以 Ag 電極電解 1 M NaCl 溶液。已知 E°：$Cl^- → Cl_2$，$Ag → Ag^+$，$Ag + Cl^- → AgCl + e^-$，$Na → Na^+ + e^-$，$H_2O + 2e^- → H_2 + 2OH^-$，$H_2O → 1/2 O_2 + 2H^+ + 2e^-$ 依次為 －1.36，－0.8，－0.22，2.71，－0.414，－0.82 V，則（多選）　(A)陽極的銀棒表面轉變為 AgCl　(B)溶液中$[Cl^-]$增加　(C)陰極生 H_2　(D)溶液中$[OH^-]$漸減　(E)所需外加之最小電壓約為 0.634 V。

(　)　4. 下列敘述何者正確？（多選）
　　(A)$4CO_2 + 2H_2O + 3K_2MnO_4 → 2KMnO_4 + MnO_2 + 4KHCO_3$ 為自身氧化還原反應

(B)$BaSO_{3(s)}$中加入鹽酸後會產生氣體，此反應為一種自發性的氧化還原反應

(C)鉛可溶解於硫酸中而產生氫氣

(D)吾人以陽離子型交換樹脂來處理硬水的軟化操作，此離子間的交換作用亦為一種氧化還原反應

(E)光合作用為一種吸熱反應，而且亦為一種氧化還原反應，此時CO_2為氧化劑。

( )　5.　下列反應中，何者為不屬於氧化還原反應？（多選）

(A)$2Al + 2OH^- + 6H_2O \rightarrow 2Al(OH)_4^- + 3H_2$

(B)$I_2 + I^- \rightarrow I_3^-$

(C)$2NaHCO_3 \rightarrow Na_2CO_3 + CO_2 + H_2O$

(D)$C_6H_5NO_2 + 6H^+ + 3Zn \rightarrow C_6H_5NH_2 + 3Zn^{2+} + 2H_2O$

(E)$2NH_4Cl + Ca(OH)_2 \rightarrow CaCl_2 + 2NH_3 + 2H_2O$。

( )　6.　$KMnO_4$酸性液為極強氧化劑幾乎可以和任何還原劑反應，下列那些物質可能不使 $KMnO_4$ 褪色？（多選）　(A)$NaNO_3$　(B)$FeSO_4$　(C)KI　(D)$HClO_4$　(E)SO_2。

( )　7.　將 Pb，Zn，Cu，Mg 四個金屬棒為電極，分別浸入該金屬之陽離子 1.0 M 之水溶液中而形成四個半電池，利用各種聯接法先組成兩個單電池。再聯成一個雙電池，則下列敘述何者正確？（已知 $Pb \rightarrow Pb^{2+} + 2e^-$，$E° = 0.13V$；$Zn \rightarrow Zn^{2+} + 2e^-$，$E° = 0.76$ V；$Cu \rightarrow Cu^{2+} + 2e^-$，$E° = -0.34V$；$Mg \rightarrow Mg^{2+} + 2e^-$，$E° = 2.37$ V。）（多選）

(A)單電池之最大組合數為 6 組　(B)雙電池最高電壓為 3.34 V

(C)雙電池最低電壓為 1.14 V　(D)在雙電池中 Mg 必為陽極

(E)雙電池電位有二種。

( )　8.有關半電池及電化電池（可放電）的下列敘述中，何者錯誤？（多選）

(A)半電池的標準還原電位以 $E°(H^+ - H_2) = 0.00$ 伏特為標準　(B)所謂標準狀態是 1 atm，25℃，濃度 1 M　(C)所謂標準狀態是 1 atm，0℃，濃度 1 N　(D)二個半電池構成一個電化電池時，還原電位較高的為正極　(E)電化電池的正極就是陽極。

( )　9. 在實驗室欲製備二氧化氮氣體時，所需試劑是（多選）　(A)濃鹽酸 (B)濃硝酸　(C)濃硫酸　(D)金屬鈉　(E)銅片。

( )　10. 已知在鹼性溶液中 $MnO_{4(aq)}^{2-} \rightarrow MnO_{4(aq)}^{-} + e^{-}$，$E° = -\ 0.54$ 伏特，$MnO_{2(s)} + 4OH_{(aq)}^{-} \rightarrow MnO_{4(aq)}^{2-} + 2H_2O_{(l)} + 2e^{-}$，$E° = -\ 0.58$伏特。則下列各項敘述中，何者為正確？（多選）
(A)在 1 M[OH⁻]溶液中，MnO_4^{-} 是比 MnO_4^{2-} 較強的還原劑
(B)在 1 M[OH⁻]溶液中，MnO_4^{2-} 是比 MnO_4^{-} 較強的還原劑
(C)在鹼性溶液中，MnO_4^{-} 可進行自身氧化還原變成 MnO_2 和 MnO_4^{2-}
(D)在鹼性溶液中，MnO_4^{2-} 可進行自身氧化還原變成 MnO_2 和 MnO_4^{-}
(E)MnO_4^{2-} 在酸性溶液中不穩定。

11.已知 $Al^{3+} + 3e^{-} \rightarrow Al$，$E° = -1.66$ V；$Fe^{2+} + 2e^{-} \rightarrow Fe$，$E° = -0.44$ V
$Ni^{2+} + 2e^{-} \rightarrow Ni$，$E° = -0.25$ V；$Fe^{3+} + e^{-} \rightarrow Fe^{2+}$，$E° = 0.77$ V
則：(1)是否可以用鎳製容器儲存 1 M 硫酸鐵（Ⅲ）溶液？
(2)以鋁匙攪拌硝酸鐵（Ⅱ）的水溶液會發生什麼現象？
(3)能否以鐵製容器儲存 1M 硝酸鐵（Ⅲ）？
(4)Fe^{2+}能否自身氧化還原？

12.通常利用過錳酸鉀的氧化還原滴定都是在硫酸溶液中進行，是不是也可以在鹽酸中進行？為什麼？

解答與解析

1.(1)$PtCl_6^{2-} + 4e^{-} \rightarrow Pt + 6Cl^{-}$

(2)$\dfrac{0.01}{10} \times 1 \times 21.5 \times \dfrac{1}{19.5} = 1.1 \times 10^{-4}$（莫耳）為所求！

(3)$1.1 \times 10^{-4} = \dfrac{2t}{96500} \times \dfrac{1}{4}$ ∴$t = 21.23$ 秒為所求！

2.(1)電子流為逆時針方向，電流為順時針方向

(2)A：$Zn^{2+} + 2e^{-} \rightarrow Zn$，B：$Cu \rightarrow Cu^{2+} + 2e^{-}$，C：$Ni^{2+} + 2e^{-} \rightarrow Ni$，D：$Mg \rightarrow Mg^{2+} + 2e^{-}$

(3)1.02 V

(4)3.22 V，順向連接

(5)Ni、Zn 電極加重，而 Mg、Cu 電極減輕，其變化量均為 9.3×10^{-4} mol

3.(A)(C)(E)，理由如下：

陽極可能反應：

①$Ag + Cl^- \rightarrow AgCl_{(s)} + e^-$，$E° = -0.22V$

②$2Cl^- \rightarrow Cl_2 + 2e^-$，$E° = -1.36V$ ⎫ ∴以①為優先

③$2H_2O \rightarrow 1/2O_2 + 2H^+ + 2e^-$，$E° = -0.82V$ ⎭

陰極可能反應：

①$Na^+ + e^- \rightarrow Na$，$E° = -2.71V$ ⎫ ∴以②為優先

②$2H_2O + 2e^- \rightarrow H_2 + 2OH^-$，$E° = -0.414V$ ⎭

故全反應：$2Ag + 2Cl^- + 2H_2O \rightarrow 2AgCl_{(s)} + H_2 + 2OH^-$

$$\Delta E° = -0.22 + (-0.414) = -0.634(V) < 0$$

故須自外界供給略於 0.634 V 的電壓。

4.(A)(E)。(B)$BaSO_3 + 2HCl \rightarrow BaCl_2 + SO_2 + H_2O$

　　　　(C)$Pb + H_2SO_4 \rightarrow H_2 + PbSO_4$（沉澱覆蓋在 Pb 表面）。

5.(B)(C)(E)。(D)$C_6H_5NO_2(+3) \rightarrow C_6H_5NH_2(-3)$。

6.(A)(D)。(A)$NaNO_3$ 及(D)$HClO_4$ 均非還原劑無法使氧化劑($KMnO_4$)褪色。

7.(A)(B)(C)(D)。四種金屬棒可組合的電池數：$C_2^4 = 6$ 種。共有三種不同之
　　　　電壓。

8.(C)(E)。(C)標準狀態是 1atm，25℃，濃度 1M。(E)電化電池的正極就是
　　　　陰極。

9.(B)(E)。$Cu + 4HNO_3 \rightarrow Cu(NO_3)_2 + 2NO_2 + 2H_2O$。

10.(B)(D)(E)。$3MnO_4^{2-} + 2H_2O \rightarrow 2MnO_4^- + MnO_2 + 4OH^-$，$\triangle E° = 0.04$ V

在 1 M[H$^+$]中，$\triangle E$ 更大，故更易向右反應而不穩定。

11.(1)　　　　$Ni \rightarrow Ni^{2+} + 2e^-$　　　　　　　$E° = 0.25$ V

　　+）$[Fe^{3+} + e^- \rightarrow Fe^{2+}] \times 2$　　　$E° = 0.77$ V

　　―――――――――――――――――――――

　　　　$Ni + 2Fe^{3+} \rightarrow Ni^{2+} + 2Fe^{2+}$　　$E° = 1.02$ V > 0

　　故鎳會溶解出來，不可以裝

　(2)　　　$[Al \rightarrow Al^{3+} + 3e] \times 2$　　　$E° = 1.66$ V

　+）$[Fe^{2+} + 2e^- \rightarrow Fe] \times 3$　　$E° = -0.44$ V

　―――――――――――――――――――――

　　　$2Al + 3Fe^{2+} \rightarrow 2Al^{3+} + 3Fe$　　$E° = 1.22$ V > 0　故鋁會溶解出來

　(3)　　　　　$Fe \rightarrow Fe^{2+} + 2e^-$　　　　　$E° = 0.44$ V

　　　+）$2(Fe^{3+} + e^- \rightarrow Fe^{2+})$　　　　$E° = 0.77$ V

　　　―――――――――――――――――――――

　　　$Fe + 2Fe^{3+} \rightarrow 3Fe^{2+}$　　　　　　$E° = 1.21$ V 會反應故不可裝

　(4)　　$Fe^{2+} + 2e^- \rightarrow Fe$　　　　$E° = -0.44$ V

　　+）$2(Fe^{2+} \rightarrow Fe^{3+} + e^-)$　　　$E° = -0.77$ V

　―――――――――――――――――――――

　$3Fe^{2+} \rightarrow Fe + 2Fe^{3+}$　　　　$E° = -1.21$ V < 0

　故 Fe^{2+} 不會自身氧化還原

12.過錳酸鉀在鹽酸中有如下反應，將 Cl^- 氧化成 Cl_2

　　$[MnO_4^- + 8H^+ + 5e^-$　　　$\rightarrow Mn^{2+} + 4H_2O] \times 2$

+）$[2Cl^-$　　　　　　　　　　　$\rightarrow Cl_2 + 2e^-] \times 5$

―――――――――――――――――――――

　$2MnO_4^- + 16H^+ + 10Cl^- \rightarrow 2Mn^{2+} + 8H_2O + 5Cl_2$

因此不能在鹽酸中進行滴定。

第八章　化學鍵

主題一　化學鍵理論

(一) 原子與原子間的作用力稱為「化學鍵」，其種類有：離子鍵、共價鍵、金屬鍵。

種類 要項	共價鍵	離子鍵	金屬鍵
鍵結原子	電負度相同或電負度相差小（約1.8以下）	電負度相差大約在 1.8 以上	金屬原子間
鍵能（kJ/mol）	150~400	150~400	約前二者之 $\frac{1}{3}$
方向性	有	無	無
影響強度因素	原子半徑小或原子電負度相差大，結合力強	離子電荷大，離子半徑小，離子鍵強	陽離子電荷大，半徑小，價電子數多金屬鍵強

(二) 分子間之作用力

1. 氫鍵：鍵能約 5～40 kJ / mol，發生在和 N、O、F 鍵結之氫原子和另一個 N、O、F 或 Cl 原子之間。

2. 凡得瓦力：鍵結能量約在 10 kJ / mol 以下，任何分子互相接近時，都能產生凡得瓦力。

主題二　離子鍵

(一) 一般性質

1. 鍵結原子電負度相差約 1.8 以上（電子移轉約 50%以上），形成之鍵一般叫離子鍵，通常為金屬元素和非金屬元素間形成離子鍵。

2. 離子鍵無方向性，離子晶體無延展性。

3. 由於離子鍵結合力強，故離子固體熔點、沸點高。

4. 固體不導電，融熔態及水溶液可導電，但比金屬導電性差。

5. 具有水合作用，放出水合能抵消崩解晶格所需之部分能量，故部分離子固體部分易溶於水。

6. 結晶格子能：由氣態陰、陽離子產生離子固體所放出之能量或崩解晶格（離子固體變成氣態離子）所吸收之能量。

$$\begin{cases} NaCl_{(s)}之結晶格子能為860\ kJ\ /\ mol \\ Na^+_{(g)} + Cl^-_{(g)} \rightarrow NaCl_{(s)} \quad \triangle H = -860\ kJ \end{cases}$$

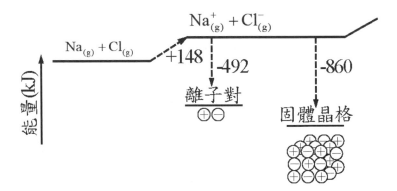

範例觀摩　重要觀念

下列有關鹵化鈉晶體的熔點高低次序中何者正確？　(A)NaF > NaCl>NaBr>NaI (B)NaCl > NaBr > NaI > NaF　(C)NaI > NaBr > NaCl > NaF　(D)NaF > NaI > NaBr > NaCl。

解析 (A)。陽離子與陰離子帶電量均相同，離子半徑小者熔點高
　　　　半徑：$F^- < Cl^- < Br^- < I^-$
　　　　熔點：NaF > NaCl > NaBr > NaI

主題三　共價鍵

(一) 一般性質

1. 共價鍵之形成

　(1)共價鍵是由兩個結合原子共用電子對而形成。

　(2)形成共價鍵之條件：原子接近時，能量降低超過40 kJ / mol。

　　量子力學認為兩個半填滿軌域才能形成共價鍵，兩全滿軌域則否。

2. 分類：

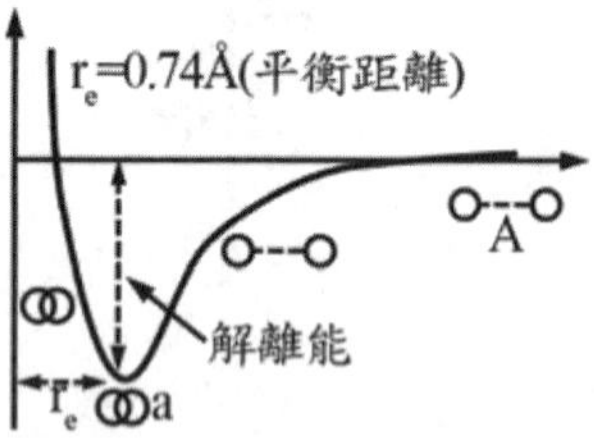

　(1) 依共用電子對之數目分成單鍵、雙鍵、參鍵。

　(2) 依分子軌域之分布：

　　A.相同原子之鍵，均等共用電子為非極性共價鍵。

　　B.不同原子之鍵，軌域偏向電負度大之

　　　一方，使之帶部分負電荷而另一端帶部分正電荷，叫極性共價鍵。

氫分子的位能圖

(3) 依電子提供方式分成：

　　A.各提供一個電子為一般之共價鍵。

　　B.某一原子 A 提供電子對而另一原子 B 提供空價軌域，叫配位鍵，以 A→B 表示。

(4) 依分子軌域形狀分成 σ 鍵和 π 鍵：

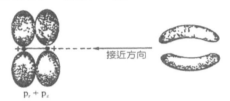

接近方向

$p_z + p_z$

圖：π 鍵的形成

　　A. σ 鍵：分子軌域在核間。任二原子間之第一鍵均為 σ 鍵。

　　B. π 鍵：分子軌域不集中在核間，叫 π 鍵。只有p軌域平行重疊時形成 π 鍵。雙鍵之第二個鍵及參鍵之第二、三鍵均為 π 鍵。

例：① $CH_3-C\equiv CH$ 有　6　個 σ 鍵及　2　個 π 鍵。

　　② CH_3COOH 有　7　個 σ 鍵及　1　個 π 鍵。

Key：①
$$
\begin{matrix}
& H & \\
& | & \\
H-C & -C\equiv C-H \\
& | & \\
& H &
\end{matrix}
$$

②
$$
\begin{matrix}
& H & O \\
& | & // \\
H-C & -C & \\
& | & \backslash \\
& H & O-H
\end{matrix}
$$

3. 電子點式及結構式：

　(1) 作法：

　　　A.以元素符號表示原子核及內層電子，以點表示價電子。

B.共用之電子置於兩元素符號之間。

C.每個原子周圍要盡量使之有8個價電子點。

D.共價鍵改成「─」，配位鍵改成→即成結構式。

(2) 實例：

A. NH_3　$\cdot\ddot{N}\cdot\cdot H$　　$H:\ddot{N}:H$　　$H-N-H$
　　　　　　　　　　　　　$\overset{\cdot\cdot}{H}$　　　$\overset{|}{H}$

B. BF_4^-　$\cdot\dot{B}\cdot$　$:\ddot{F}\cdot$　$:\ddot{F}:\overset{\cdot\cdot}{B}:\ddot{F}:$　$F-\overset{F}{\underset{F}{B}}-F$

4. 共價鍵之離子性強弱：鍵結原子之電負度相差愈大，共價鍵之離子性愈強。

5. 共價鍵之鍵結強度比較：

(1) 同一原子間之鍵能：參鍵 > 雙鍵 > 單鍵。

(2) 非極性共價鍵：鍵長短者之鍵能較大，但 F─F 例外。

　　例：C─C > Si─Si > Ge─Ge > Sn─Sn

　　　　但 Cl─Cl > Br─Br > F─F > I─I

(3) 極性共價鍵：通常電負度相差大者，鍵能較大。

　　例：H─F > H─Cl > H─Br > H─I

(二) 利用共價鍵所形成之分子

1. 一般分子或離子：

價電子數	符號	鍵結軌域	形狀	鍵角	實例
16	AX_2	sp	直線	180°	BeF_2、HCN、CO_2
18	AX_2E	sp^2	角形	小於 120°	SO_2、NO_2^-
24	AX_3	sp^2	平面三角形	120°	BF_3、CO_3^{2-}
20	AX_2E_2	sp^3	角形	小於 109.5°	H_2O、ClO_2^-

價電子數	符號	鍵結軌域	形狀	鍵角	實例
26	AX$_3$E	sp^3	角錐	小於 109.5°	NH$_3$、SO$_3^{2-}$
32	AX$_4$	sp^3	四面體	109.5°	CH$_4$、BF$_4^-$
22	AX$_2$E$_3$	sp^{3}d	直線	180°	I$_3^-$、XeF$_2$
28	AX$_3$E$_2$	sp^{3}d	T 字形	90°及 180°	BrF$_3$
34	AX$_4$E	sp^{3}d	翹翹板形	90°、 180° 及 120°	SF$_4$
40	AX$_5$	sp^{3}d	雙三角錐	90°及 120°	PCl$_5$
36	AX$_4$E$_2$	sp^{3}d^2	平面方形	90°	XeF$_4$
48	AX$_6$	sp^{3}d^2	八面體	90°	SF$_6$、AlF$_6^{3-}$

(1)A 為中心原子，X 為外圍結合原子，E 為未共用電子對（孤對電子）。

(2) H 之價電子要以7個計算。

(3) 本表僅適合單一中心分子或離子。

(4) 價電子數17、19者亦為角形。如 NO$_2$，ClO$_2$。

2.　其他：

(1) 直線形：C$_2$H$_2$(sp)，HF$_2^-$。

(2) 共面雙角形：N$_2$F$_2$(sp^2)。

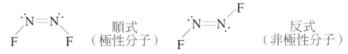

　　順式（極性分子）　　　　反式（非極性分子）

　　因雙鍵不可旋轉，故造成幾何異構物。

(3) 不共面雙角形：H$_2$O$_2$(sp^3)，S$_2$Cl$_2$。

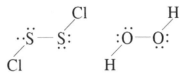

　　單鍵可以旋轉，故無幾何異構物，且為極性分子。

3. 鍵角比較：

    (1) 標準角：$AX_2$180°、$AX_3$120°、$AX_4$109.5°、$NH_3$107°、H_2O104.5°。

    (2) 角錐及角形（AX_3E 及 AX_2E_2）：

        A. A 之電負度愈大，鍵角愈大。

        B. X 之電負度愈大，鍵角愈小。

        例：$NH_3 > PH_3 > AsH_3$ 及 $NH_3 > NF_3$。

4. 極性及非極性化學鍵及分子：

    分子極性：

    (1) 由化學鍵極性造成。

    (2) 若化合物分子形狀對稱使化學鍵極性互相抵消為非極性分子。

    (3) 元素分子除 O_3 外為非極性分子（因無極性化學鍵）。

（三）利用共價鍵結合形成之固體－網狀固體

1. 存在
    (1) 元素位於週期表中央，其價電子數約等於價軌域數。

        例：B、C、Si、Ge、As、Sb、Bi、Se、Te、Po。

    (2) 化合物為 III A、IV A、V A 彼此間之化合物及矽酸鹽。

        例：BN、SiC、SiO_2、雲母、石棉、石英等。

2. 熔點高，為熱及電之不良導體（但石墨可導電），若為三次元網狀，則硬度甚大，難溶於水及一般溶劑。

    (1) 金剛石：三次元網狀，每個碳以 sp^3 鍵結之四面體網狀結構，硬度甚大，熔點高。

    (2) 石墨：

        A. 二次元網狀，熔點高，易分裂成片狀。

        B. 各碳以 sp^2 鍵結形成蜂巢狀平面，剩下之 p_z 形成 π 鍵，而由於共振形成自由電子，故可導電。

        C. 面內以共價鍵結合，面間以凡得瓦力結合，故易分裂成片狀。

3. 矽酸鹽：

(1) 以 SiO_4四面體為單元組成，故矽必為 sp^3鍵結。

(2) 以2個氧做橋樑原子，結合成一次元網狀。

　　A. 輝石(SiO_3^{2-})n。

　　B. 石棉($Si_4O_{11}^{6-}$)n。

(3) 以3個氧做橋樑原子，結合成二次元網狀。

例：滑石($Si_2O_5^{2-}$)n及雲母。

(4) 以4個氧做橋樑原子，結合成三次元網狀。

例：石英、花崗石、砂(SiO_2)n。

範例觀摩 1　 基礎觀念

下列有關離子及分子的敘述，何者正確？　(A)水合的質子 H_3O^+，最安定的形狀為三角錐形　(B)因為CO_2為直線形，所以CO_3^{2-}為不對稱的T形　(C)NH_4^+與BF_4^-皆為四面體形狀　(D)臭氧的形狀為直線形　(E)因為 SF_6為安定的分子，所以與硫同族的氧，也可形成 OF_6的分子，安定存在。

解析　(A)(C)。計算價電子總數判斷分子形狀。

　　　　(B)CO_3^{2-} 為平面三角形。

　　　　(D)臭氧為角形。

　　　　(E)OF_6不存在，因氧無 d 軌域可以結合。

範例觀摩 2

甲、乙、丙三元素的原子序分別為6、9、11，下列各敘述何者錯誤？　(A)甲與甲結合形成網狀固體　(B)甲與乙結合形成共價化合物　(C)乙與丙結合形成配位共價鍵　(D)丙與丙結合形成金屬鍵。

解析　(C)。把電子組態或原子序轉換成元素符號，再判斷化合物性質。

　　　　乙(F)與丙(Na)形成離子鍵 Na^+F^-。

範例觀摩 3

下列分子，何者具有極性？　(A)三氟化硼　(B)氨　(C)二氧化碳　(D)三氧化硫　(E)丙酮。

解析　(B)(E)。NH_3 為角錐形，

$$CH_3-\overset{\displaystyle O}{\overset{\displaystyle \|}{C}}-CH_3$$

，分子偶極不為零。

範例觀摩 4

依混成軌域觀念，下列各化合物的碳原子或中心原子，何者不是以 sp 軌域鍵結？　(A)乙炔　(B)苯　(C)二氧化碳　(D)一氧化碳　(D)氯化鈹。

解析　(B)。直線形分子即用 sp 軌域鍵結。

範例觀摩 5

若一個甲原子與兩個乙原子鍵結後，甲原子已無未共用價電子，則如此形成的分子可能具有下列何種形狀？　(A)直線　(B)角形　(C)正四面體　(D)平面三角形。

解析　(A)。AX_2：如 MgF_2、$BeCl_2$ 等為直線形。

範例觀摩 6

下列各組化合物或離子中，何組混成軌域相同？　(A)CO_2、SiO_2　(B)ClO_3^-、SO_3　(C)SO_3^{2-}、SO_4^{2-}　(D)$Pt(NH_3)_2Cl_2$、$Zn(NH_3)_2Cl_2$。

解析　(C)。(A)CO_2 直線 sp，SiO_2 三次元網狀 sp^3。

(B)ClO_3^- 角錐 sp^3，SO_3 平面三角形 sp^2。

(C)SO_3^{2-} 角錐 sp^3，SO_4^{2-} 四面體 sp^3。

(D)$Pt(NH_3)_2Cl_2$ 平面方形 dsp^2、$Zn(NH_3)_2Cl_2$ 四面體 sp^3。

範例觀摩 7

在下列電子組態的甲、乙、丙、丁、戊五種元素中,那兩者可以互相結合成平面正三角形的分子?甲($1s^2 2s^2 2p^5$),乙($1s^2 2s^2 2p^4$),丙($1s^2 2s^2 2p^3$),丁($1s^2 2s^2 2p^2$),戊($1s^2 2s^2 2p^1$)　(A)乙與丁　(B)乙與戊　(C)甲與丙　(D)甲與戊。

解析　(D)。甲與戊結成(戊甲$_3$)(BF_3)為平面三角形分子。

範例觀摩 8

下列五組分子中,有:　(A)一　(B)二　(C)三　(D)四　(E)五　組分子之立體結構相似。　(甲)NH_3及 BF_3　(乙)NH_3及 P_4　(丙)C_2H_2及 BeF_2　(丁)CS_2及 OF_2　(戊)C_2H_2及 H_2O_2。

解析　(B)。(乙)(丙)二組分子之立體結構相似。

　　　(甲)NH_3為角錐形,BF_3為平面三角形。

　　　(丁)CS_2為直線形,OF_2為角形。

　　　(戊)C_2H_2為直線形,H_2O_2為角形。

> **要訣**
> 利用價電子總數或
> 結構式判斷形狀。

範例觀摩 9

下列各雙原子分子之化學鍵能何者最大?　(A)CO　(B)O_2　(C)N_2　(D)F_2。

解析　(A)。CO 及 N_2 均為參鍵,但 CO 具有離子性 ⟹ 鍵能較大。

範例觀摩 10

(甲)苯　(乙)氨　(丙)氯仿　(丁)甲烷　(戊)乙烯

上列分子,其原子均在同一平面上者,有:　(A)一　(B)二　(C)三　(D)四　(E)五　個。

解析　(B)。(甲)(戊)之原子均在同一平面,平面分子包括:

　　　(1)直線形分子,如 C_2H_2。

　　　(2)三原子分子,如 SO_2,CO_2。

　　　(3)平面三角形分子,如 SO_3,HCHO。

　　　(4)平面方形,如 XeF_4。

(5)共面雙角形 N_2F_2。

(6)烯類之 $C=C$ 部分之六個原子及類似之 N_2O_4，$C_2O_4^{2-}$。

(7)苯環 ⬡ 部分之 12 個原子。

範例觀摩 11

> 關於碳和矽之晶體或化合物之敘述，下列各項中，正確者為　(A)矽之晶體中 Si 僅以 sp^3 混成軌域結合，而沒有 sp^2 混成軌域結合者　(B)金剛石中，碳以 sp^3 混成軌域結合，而石墨中，碳原子則以 sp^2 混合成軌域結合　(C)$SiO_{2(s)}$ 和 CO_2 中，Si 和 C 皆為 sp^3 混成軌域結合　(D)金剛石和石墨皆能導電，兩者均有非定域電子存在　(E)矽為半導體，溫度升高，導電度增加。

解析 (A)(B)(E)。(C)CO_2 分子化合物，直線形分子，碳以 sp 混成軌域結合。
(D)金剛石不具自由電子，不易導電。

主題四　金屬鍵

(一)一般性質

1. 金屬固體原子間之結合力：所有原子吸引所有的價電子，可視為一種無方向性的多中心共價鍵。

2. 形成條件：具有空價軌域，及低游離能之價電子，即價軌域數大於價電子數者。

3. 金屬固體概念：由陽離子組成之結晶格子，浸在由價電子組成的電子海中。

4. 金屬鍵無方向性，金屬固體具延展性，故硬度較網狀固體為小，加入某些雜質或形成合金可使硬度加大，但延展性變小，導電、導熱性變差。

5. 具有自由電子（因價帶和傳導帶能量差小），為熱、電之良導體，固態及熔融態均可導電，但溫度愈高，導電性變差。

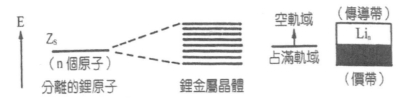

▲圖：鋰金屬晶體中價軌域的能階分布

(1) 價帶與傳導帶：在金屬晶體中，價軌域能量相等之 n 個原子可相互作用，組合形成 n 個價分子軌域來容納金屬中所有的價電子，由於價分子軌域間的能量接近而密集，形成能量帶，價電子所占有的能量帶叫價帶，而未被價電子所占滿的較高能量帶叫傳導帶。

(2) 金屬會導電：金屬價電子只需很少能量就從價帶躍遷到傳導帶中成為自由電子，並能在電場的作用下在整個晶體中自由移動。絕緣體中，價帶與傳導帶之能量相差很大，價電子很難獲得足夠能量從價帶躍遷到傳導帶，故難導電。

(3) 半導體的傳導性介於導體與絕緣體之間，傳導性隨溫度之升高而增大，價帶與傳導帶之間的能量差較絕緣體為小，電子可因加溫而從價帶躍遷到傳導帶。

6. 金屬鍵強度或熔點比較：

(1) 陽離子電荷大，半徑小，價電子數多者，金屬鍵強，熔點高。

(2) 過渡元素（ⅡB 除外）一般上高於 A 族金屬。

(3) ⅠA→ⅡA→ⅢA，金屬鍵增強。

(4) ⅠA 由上而下金屬鍵減弱，但ⅡA 則堆集方式不同而無規律。

範例觀摩

下列物質的導電度大小的順序為　(A)鋁＞石墨＞鍺＞硫　(B)鍺＞鋁＞石墨＞硫　(C)石墨＞硫＞鋁＞鍺　(D)硫＞石墨＞鋁＞鍺。

解析 (A)。導電度：Al（金屬）＞石墨＞Ge（半導體）＞S（非導體）。

主題五　分子間作用力

凡 得 瓦 力	1.本質： 　(1)偶極－偶極力→極性分子永久電偶極間之引力。 　(2)偶極－誘導偶極力。 　(3)分散力→誘導偶極－誘導偶極力，任何互相接近之分子間必有之引 　　力。 　(4)極性分子三者均具有，非極性分子間則只有分散力。 2.影響因素： 　電子數目要多，分子大小要大，體積相近時，分子形狀要長，則分子 　間之接觸面積大而凡得瓦力大。 3.存在： 　(1)分子內各原子之價軌域均填滿，不再有鍵結量時，分子間以凡得瓦 　　力結合。 　(2)元素在週期表右上方，如 H_2、N_2、O_2、P_4、S_8、鹵素、鈍氣。 　(3)化合物為非金屬元素間形成之分子化合物。 4.熔點、沸點比較 　(1)熔點高低判斷： 　　A. 分子的對稱性高者，熔點高。 　　B. 對稱性相近時，凡得瓦力大者熔點高。 　(2)沸點高低判斷： 　　A. 分子表面積大，即分子大，電子多，形狀長形之分子沸點較高。 　　B. 表面積相近時，極性強之分子沸點較高。 　　C. 分子量大者，沸點也可能較高。 5.分子固體之性質： 　(1)固體熔點低、硬度小、液體沸點低。 　(2)熱電之不良導體。 　(3)極性分子較易溶入極性溶劑中。

氫 鍵	1.氫鍵之發生 (1)同行元素氫化物之沸點隨原子序增加而增大，因分子愈大，凡得瓦力大。 (2)但 HF、H_2O、NH_3 雖分子最小而有較高的沸點，表示其結合力較凡得瓦力要大得多，稱為氫鍵。 (3)氫鍵鍵能約 $10{\sim}40kJ/mol$。 　　凡得瓦力：氫鍵：共價鍵$\fallingdotseq 1$：10：100 2.氫鍵之存在： 　(1)氫鍵為氫之第二個鍵，氫的第一個鍵（共價鍵）要和 N、O、F 結合，而且又和另一個 N、O、F、Cl 再結合時之第二鍵才叫氫鍵。 　(2)分子間能夠以氫鍵結合之物質除了 NH_3、H_2O、HF 及 HCN 外，尚包含： 　　　A.有機物之酸（RCOOH），醇（ROH）、胺（RNH_2，R_2NH）。 　　　B.無機含氧酸，如 H_2SO_4、H_3PO_4、HNO_3。 　　　C.糖、醣、蛋白質、尿素等。 　(3)具有分子內氫鍵之物質常見者有順丁烯二酸，蛋白質、鄰氯酚、柳酸、柳醛、鄰苯二酚等。 3.氫鍵之影響： 　(1)形成$(HF)_n$及HF_2^-離子。 　(2)冰利用氫鍵結合成類似 SiO_2 之網狀結構而變硬，且因中空結構而體積變大。 　(3)影響物質之沸點、黏性。 　　　例：HF > HI > HBr > HCl；$H_2O > H_2Te > H_2Se > H_2S$。 　(4)順丁烯二酸有內氫鍵，因而外氫鍵個數少，故熔點、沸點低於反式。 　(5)蛋白質利用氫鍵形成規則形狀。 　(6)酸可以利用氫鍵而在某些狀況下偶合。 　　　　　　　O$\cdots\cdots$H－O 　　　　　　 //　　　　＼ 　　例：R－C　　　　 C－R 　　　　　 ＼　　　　 // 　　　　　　 O－H$\cdots\cdots$O

範例觀摩 1

沸點比較正確的是　(A)$H_2O > HF > NH_3$　(B)$C_2H_5OH > CH_3OCH_3$　(C)乙二醇>乙醇　(D)鄰苯二酚 （圖）> 對苯二酚 （圖）　(E)順－二氯乙烯>順－丁烯二酸。

解析　(A)(B)(C)。(A)H_2O 分子間氫鍵個數較多（2 個），而 HF 之氫鍵比 NH_3 強。（均只有一個氫鍵）

(B)氫鍵強於凡得瓦力。　　　(C)乙二醇氫鍵數多。

(D)鄰苯產生內氫鍵，故外氫鍵個數少而沸點低。

(E)丁烯二酸氫鍵結合，故沸點較高。

範例觀摩 2

下列化合物中，兩個相同分子間能夠形成的氫鍵何者最多？　(A)水分子　(B)乙醛　(C)乙酸　(D)乙醇。

解析　(C)。(A) （圖：H-O······H-O 結構）　　　(B)乙醛不形成氫鍵

(C) （圖：CH_3-C 結構 O······HO 與 OH······O 的環狀結構 $C-CH_3$）　(D) （圖：C_2H_5O······H-O，C_2H_5 結構）

範例觀摩 3

下列那些變化和氫鍵的形成有關？　(A)水結冰時體積變大　(B)氣態醋酸分子在常溫時能以雙分子形態存在　(C)溴化氫的沸點比氯化氫高　(D)雞蛋煮熟變硬　(E)液態丙酮溫度降低時可結成固體。

解析　(A)(B)(D)。(C)HBr 分子大於 HCl，是凡得瓦力因素。

(E)丙酮不具氫鍵，凝固時是凡得瓦力的作用。

範例觀摩 4　重要考型

(甲)$CH_4(2.0)$、$SiH_4(3.0)$、$GeH_4(4.0)$、$SnH_4(5.0)$。

(乙)$H_2O(12.2)$、$H_2S(4.0)$、$H_2Se(5.3)$、$H_2Te(6.6)$。

上述（　）內表示莫耳汽化熱，則：

(1)(乙)列物質莫耳汽化熱較大，是因_____。（兩列之分子大小相近）

(2)H_2O 之莫耳汽化熱特別大，是因_____。

(3)因(2)之因素造成增加之莫耳汽化熱為_____kcal / mol H_2O。

(4)且可推知 之氫鍵鍵能約_____kcal / mol 氫鍵。

解析 (1)乙列物質為極性分子　(2)H_2O 氫鍵結合　(3)9.5　(4)4.75。

(1) 當分子大小相近時，極性分子間之引力大於非極性（因具有偶極－偶極力）。

(3) 若 H_2O 無氫鍵，依遞減規律，汽化熱應為 2.7 kcal / mol

故 12.2 － 2.7 = 9.5 為因氫鍵而增加之能量。

(4) 每分子 H_2O 有 2 個氫鍵。

範例觀摩 5　重要觀念

就分子間的作用力而言，下列敘述何者正確？　(A)固體分子間的作用力愈大，其莫耳熔化熱愈小　(B)二種液體混合後其體積不可加成者，二者液體分子間必有引力存在，其大小不等於原有液體分子間之引力　(C)溶質之溶解度僅取決於溶質與溶劑分子間引力之大小　(D)液體分子間的引力愈大，其莫耳汽化熱愈大　(E)惰性氣體分子間的引力隨原子序之增大而減小。

解析 (B)(D)。(C)與溶質分子間引力及溶劑與溶劑引力的大小也有關。

(E)惰性氣體分子間引力隨原子序增加變大。

↘ 重要試題演練

( )　1. 下列關於鍵結之敘述何者正確？　(A)形成金屬鍵必具備多電子數及低游離能之條件　(B)金屬鍵無方向性　(C)氫鍵的鍵能約相當於共價鍵的二分之一　(D)碳原子間雙鍵的鍵能大於單鍵，故較為穩定。

( )　2. 下列反應皆是吸熱反應，何者 $\triangle H$ 最大？　(A)$N_{2(g)} \rightarrow 2N_{(g)}$　(B)$O_{2(g)} \rightarrow 2O_{(g)}$　(C)$Na_{2(g)} \rightarrow 2Na_{(g)}$　(D)$F_{2(g)} \rightarrow 2F_{(g)}$。

( )　3. 關於蛋白質之敘述，何者錯誤？　(A)是以醯胺連結的聚合物　(B)蛋白質分子是藉著氫鍵的作用而形成螺旋形的立體結構　(C)將蛋白質加熱氫鍵破壞，經一段時間後能再恢復　(D)單體為 α－胺基酸。

( )　4. 那一分子不具 π 鍵？　(A)C_2H_2　(B)$C_2H_2Cl_2$　(C)N_2F_2　(D)N_2H_4。

( )　5. 下列氟化物中，何者熔點最高？　(A)LiF　(B)BeF_2　(C)BF_3　(D)CF_4。

( )　6. 下列化合物中何者最易溶解於水？　(A)乙醚　(B)乙醇　(C)乙醛　(D)乙烯。

( )　7. 有關 Li、LiF、O_2、Ne 之沸點高低比較，何者正確　(A)$LiF > Li > O_2 > Ne$　(B)$Li > LiF > O_2 > Ne$　(C)$Ne > LiF > Li > O_2$　(D)$O_2 > LiF > Ne > Li$。

( )　8. 以下那一種物質氣化時須要破壞共價鍵？　(A)CO_2　(B)$NaCl$　(C)SiO_2　(D)H_2O。

( )　9. 下列化合物呈液態時，何者導電度最高？　(A)PCl_3　(B)SiO_2　(C)H_2O　(D)BaF_2。

( )　10. 有關二氟乙烯（分子式：$C_2H_2F_2$）異構物之下列各項敘述，何者正確？　(A)共有二種可能異構物　(B)其異構物中，順式者為非極性分子　(C)其異構物中，反式較順式之熔點為低　(D)各異構物與 F_2 加成時，皆可得四氟乙烷。

( )　11. 碳與某元素 X 所形成的 CX_n 分子中，各原子的電子總數為 74，而價殼層電（最外層電子）總數為 32，則 n 等於下列的哪一數值？　(A)1　(B)2　(C)3　(D)4。

( )　12. 下表為各種化學鍵的鍵能。根據下表所列資料，則 $NF_{3(g)}$ 的莫耳生成熱（kJ/mol）

化學鍵	N−N	N=N	N≡N	F−F	N−F
鍵能（kJ/mol）	160	420	940	150	270

最接近下列哪一數值？$N_{2(g)} + F_{2(g)} \rightarrow NF_{3(g)}$（反應未平衡）
(A)−820　(B)−505　(C)−425　(D)−115。

( )　13. 針對氨、氖、苯及硫化氫四種物質，各在其液態的粒子間作用力之敘述，何者正確？　(A)氨不具有氫鍵　(B)苯與硫化氫不具有分散力　(C)氨與硫化氫均具有偶極作用力　(D)苯為對稱分子，故無凡得瓦力。

( )　14. 下列分子中，何者具有極性？（多選）
(A)SO_2　(B)CS_2　(C)CH_2Cl_2　(D)NF_3　(E)$CH_3CH_2OCH_2CH_3$。

( )　15. 下列有關化學鍵及分子極性的敘述，何者不正確？
(A)離子鍵主要是由陰離子與陽離子間的靜電引力所造成
(B)共價鍵的偶極矩主要是因鍵結電子對在兩鍵結原子間分布不均所致
(C)直線形的分子不可能具有極性
(D)極性共價鍵中的電子對，通常靠近電負度較大的原子。

( )　16. 近年來科學家發現，一般用於臘肉及燻肉的防腐劑－亞硝酸鹽（如 $NaNO_2$）。隨食物進入人體後，易分解出 NO_2^-。而 NO_2^- 是一種氧化劑，會氧化血紅素中亞鐵離子轉化為鐵離子。進而破壞血紅球輸送氧氣功能，此時醫療上常用維生素 C 作為解毒劑。其係利用維生素 C 的還原性可將水溶性的 NO_2^- 還原成氣體的 NO，以保護血紅球免遭破壞。根據上述資料何者不正確？
(A)亞硝酸鹽其分子結構中包含有金屬鍵與離子鍵
(B)亞硝酸鹽可與肉品中的肌紅素結合而更安定，所以常在食品加工業被添加在香腸和臘肉中作為保色劑，以維持良好外觀

(C)維生素 C 能把 NO_2^- 還原成 NO

(D)由於維生素 C 是還原劑，因此維生素 C 在此可作為解毒劑。

( )　17. 今有價電子數為 1 的原子 Q 與價電子數為 6 的原子 R，且 Q 與 R 的原子序均小於 20，則由其結合而成的化合物型態，有哪些可能？（多選）　(A)Q_2R 型共價化合物　(B)QR_2 型離子化合物　(C)Q_6R 型共價化合物　(D)Q_2R_2 型共價化合物　(E)Q_2R 型離子化合物。

( )　18.已知兩個氧原子間的鍵結若為單鍵時，其鍵長為 148pm；若為雙鍵時，其鍵長為 112pm。試問下列哪一項可能為臭氧分子中兩個氧原子間的鍵長（pm）？（1pm＝10^{-12} m）

(A)168　(B)158　(C)128　(D)108。

解答與解析

1.(B)。(C)約10%。(D)雙鍵反應時可以只斷裂鍵能較小之 π 鍵，反而比單鍵活潑。

2.(A)。因 N_2 分子內為參鍵。

3.(C)。維持蛋白質之規則形狀之氫鍵一受破壞即不能復原。

4.(D)。N_2H_4 無雙鍵或參鍵。

5.(A)。LiF 為離子化合物。

6.(B)。乙醇分子間為氫鍵結合。

7.(A)。LiF（離子固體）＞ Li（金屬固體）＞ O_2（分子固體）＞ Ne（分子較小，凡得瓦力小）。

8.(C)。(A)CO_2 破壞分子間之凡得瓦力和分子內之共價鍵無關。(B)NaCl 破壞部分之離子鍵。(D)H_2O 破壞凡得瓦力及氫鍵。

9.(D)。$BaF_{2(l)}$可以導電，其他不可。

10.(D)。理由如下：(A)共三種。(B)反式非極性。(C)反式對稱性佳→熔點高。(D)$C_2H_2F_2 + F_2 \rightarrow C_2H_2F_4$。

11.(D)。（鍵結分子的價電子總數＋離子電荷數）＝ 32

$\qquad$ 32／8＝4（中心原子混成軌域數），因無餘數∴中心原子無孤對電子。

$\qquad$ 可知 CXn 是由 C 以 SP^3 混成鍵結，其周圍原子 X 必是 4。

12.(D)。平衡反應式得 $1/2\ N_{2(g)}+3/2\ F_{2(g)} \rightarrow NF_{3(g)}$ ………（ΔH）

$\qquad$ 式中含有：1 組 $N\equiv N$ 鍵，1 組 $F-F$ 鍵，3 組 $N-F$ 鍵。

$\qquad$ 則 $N_{2(g)} \rightarrow 2N_{(g)}$ $\quad \Delta H=940$（kJ／mol）…………（ΔH_1）

$\qquad$ $F_{2(g)} \rightarrow 2F_{(g)}$ $\quad \Delta H=150$（kJ／mol）…………（ΔH_2）

$\qquad$ $3F_{(g)}+N_{(g)} \rightarrow NF_{3(g)}$ $\quad \Delta H= -3\times270$（kJ／mol）………（$\Delta H_3$）

$\qquad$ 將（ΔH_1）$\times 1/2$ ＋（ΔH_2）$\times 3/2$ ＋（ΔH_3）$\times 1=\Delta H$

13.(C)。(A)氨具有氫鍵。(B)苯與硫化氫都有分散力。(D)苯有凡得瓦力。

14.(ACDE)。CS_2 為對稱之直線分子，故不具極性。其餘各分子皆具有極性共價鍵且分子形狀不對稱，故皆有極性。

15.(C)。分子的極性決定於化學鍵偶極矩的向量總和。直線形分子可能為非極性（如：O=C=O），也可能為極性分子（如：HCl、HCN）。

16.(A)。(A) 亞硝酸鹽其分子結構中包含有共價鍵與離子鍵兩種。

17.(ADE)。Q 可能為 H、Li、Na 或 K ；R 可能為 O 或 S

$\qquad$ (B)(C)QR_2 不存在。

18.(C)。臭氧分子中，氧原子間的鍵結，其性質是介於單鍵與雙鍵之間。

$\qquad$ O=O−O $\rightleftarrows$ O−O=O 因此鍵長介於 148-112 Pm 之間。

進階難題精粹

( )　1. 欲鑑別金剛石及水晶，可加入下列那些藥品（溶液）？（多選）(A)HCl　(B)HF　(C)NaOH　(D)H_2SO_4　(E)NH_3。

( )　2. 由週期表第二列元素與氟間之游離能差異的比較，可說明各元素與氟所生成之鍵型的趨勢，下列敘述何者正確？（多選）　(A)游離能差異小者，離子性強　(B)游離能差異小者，共價性強　(C)游離能差異大者，共價性強　(D)其離子鍵性依各元素原子序之增加而漸減　(E)其共價鍵性依各元素原子序之增加而漸增。

( )　3. 碳原子之可能混成軌域有若干種，下列敘述何者正確？（多選）(A)CCl_4 為利用 sp^3　(B)乙烯分子為利用 sp^2 及 π 軌域　(C)石墨為利用 sp^3　(D)乙炔為利用 sp 及 2 個 π 軌域　(E)CO_2 為利用 sp^2。

( )　4. 對於離子晶體，下列敘述何者正確？（多選）　(A)離子晶體係藉正負離子間的引力而組成　(B)離子鍵具有方向性　(C)在任何狀況下離子晶體為電的良導體　(D)易溶於非極性溶劑　(E)熔點及沸點均高。

( )　5. 晶體中含有離子鍵及共價鍵之物質為（多選）　(A)KCl　(B)$KClO_3$　(C)NaOH　(D)$CaCl_2$　(E)$KMnO_4$。

( )　6. 選出具有極性共價鍵的非極性分子。（多選）　(A)H_2O_2　(B)C_2H_6　(C)BeF_2　(D)BF_3　(E)P_4。

( )　7. 沸點高低順序，選出正確者。（多選）　(A)正戊烷>新戊烷　(B)Cl_2 > Br_2　(C)HI > HF　(D)NaCl > KCl　(E)NaCl > ICl。

( )　8. 晶體中含有共價鍵、氫鍵、凡得瓦力之物質（多選）　(A)C_2H_5OH　(B)CH_3COCH_3　(C)CH_3OCH_3　(D)HCN　(E)CH_3NH_2。

( )　9. 下列各固體的熔點高低何者正確？（多選）　(A)$SnCl_4$ > $SnCl_2$　(B)MgO > CaO > SrO > BaO　(C)NaCl > KBr > KI　(D)NaCl > CaO　(E)$BaCl_2$ > $SrCl_2$ > $CaCl_2$ > $MgCl_2$。

( )　10. 下列物質的熔點由高而低的次序，何者正確？（多選）　(A)Li > Na > K > Rb　(B)Rb > K > Na > Li　(C)CH_4 > C_2H_6 > C_3H_8　(D)C_4H_{10} > C_3H_8 > C_2H_6 > CH_4　(E)Si > Al > Mg > Na。

( )　11. 下列巨分子結構內，何者有氫鍵存在？（多選）　(A)耐綸－66　(B)聚乙烯　(C)澱粉　(D)蛋白質　(E)核酸。

( )　12. 含有自由電子之物質為（多選）　(A)$NaCl_{(l)}$　(B)$H_2SO_{4(aq)}$　(C)石墨　(D)銅　(E)石棉。

( )　13. 固體內含有鍵結型式和 NaOH 相似者為（多選）　(A)HOCl　(B)$KClO_3$　(C)SiO_2　(D)$CaCl_2$　(E)KCN。

( )　14. 具有順反式異構物的是（多選）　(A)二氟化二氮　(B)二氯化二硫　(C)1，1－二氯乙烯　(D)1，2－二氯乙烷　(E)1，2－二溴乙烯。

( )　15. 下列何者為線形分子或離子？（多選）　(A)$Ag(CN)_2^-$　(B)SCN^-　(C)C_2H_2　(D)N_2O　(E)O_2。

16. (A)CO_2；(B)C_2H_2；(C)CO；(D)N_2；(E)N_2F_2；(F)CH_3NH_2；(G)CH_3CH_3。則

(1)＿＿＿＿分子中有雙鍵。　　　　(2)＿＿＿＿分子中有參鍵。

(3)＿＿＿＿分子中有順反異構物。　(4)＿＿＿＿分子成直線形。

(5)＿＿＿＿分子有極性。

17. 依據下表所列的性質回答下列問題：

物質	熔點 (℃)	沸點 (℃)	導電度		水中之溶解度
			固態	液態	
(A)	1535	3000	是	是	否
(B)	801	1413	否	是	是
(C)	−272	−268	否	否	否
(D)	1713	2590	否	否	否
(E)	53	265	否	否	否
(F)	17	118	否	否	是

(1)常溫常壓下是氣體者為＿＿＿＿，液體者為＿＿＿＿。

(2)金屬固體者為＿＿＿＿。　　　　　(3)離子固體者為＿＿＿＿。

(4)電解質者為＿＿＿＿。　　　　　　(5)網狀固體者為＿＿＿＿。

(6)分子物質為＿＿＿＿。

解答與解析

1.(B)(C)。理由如下：

　　(B)$SiO_2 + 4HF \rightarrow SiF_4 + 2H_2O$

　　(C)$xSiO_2 + 2NaOH \rightarrow Na_2O \cdot xSiO_2 + H_2O$

　　其他兩者均無化學反應。

2.(B)(D)(E)。鍵結原子之游離能（應為電負度較適當）相差愈大，化學鍵離子性愈強，共價性愈弱。

3.(A)(B)(D)。碳之鍵結軌域：

　　(1)四個單鍵 → sp^3。

　　(2)一個雙鍵 → sp^2。

　　　　包括烯、苯、石墨、醛、酮、酯、酸、官能基部分（C＝C 或 C＝0）之碳。

　　(3)二個雙鍵如 CO_2，一個參鍵如 HCN 及炔之 C≡C → sp。

　　(4)碳間多鍵之第二、三個鍵均為 π 鍵。易斷裂而生加成反應。

4.(A)(E)。(C)固態不導電，熔融及水溶液才能導電。

　　(D)非極性溶劑不易溶解離子化合物。

5.(B)(C)(E)。離子化合物之離子間利用離子鍵結合，若離子為原子團如 OH^-、SO_4^{2-}、MnO_4^-，則離子內之原子間利用共價鍵結合。

6.**(B)(C)(D)**。非極性分子內要有不同原子間的共價鍵。如

$$BF_3$$

（結構：B 中心，三個 F 以 $120°$ 排列）

7.**(A)(D)(E)**。因 NaCl 為離子化合物，沸點高於 ICl 之分子化合物。

8.**(A)(D)(E)**。只要分子間具有氫鍵，必同時有凡得瓦力及分子內之共價鍵。

9.**(B)(C)(E)**。(A)(E)為利用離子性強弱比較之特例。

10.**(A)(E)**。C_3H_8 對稱性最差，熔點最低。

11.**(A)(C)(D)(E)**。具有 N—H、O—H，F—H 部分之分子，即有分子間氫鍵。

12.**(C)(D)**。金屬和石墨才有自由電子。

13.**(B)(E)**。NaOH，$KClO_3$，KCN 之離子間有離子鍵，而 OH^-，ClO_3^-，CN^- 離子內有共價鍵。

14.**(A)(E)**。(A)
$$\overset{F}{\underset{F}{\diagdown}}\ddot{N}=\ddot{N}\overset{F}{\underset{F}{\diagup}}$$，

(E)
$$\overset{H}{\diagup}C=C\overset{H}{\diagdown}_{Br}\overset{Br}{\diagdown}\ , \ \overset{H}{\diagup}C=C\overset{Br}{\diagdown}_{H}$$

(B)(D)因 S—S 及 C—C 間為單鍵可以旋轉，故無幾何異構物。

15.**(A)(B)(C)(D)**。(A)配位數 2 之錯離子。(B)(D)16 個價電子的三原子分子。(C)H—C≡C—H。(E)AX_2E 型之角形。

16.(1)(A)(E)　(2)(B)(C)(D)　(3)(E)　(4)(A)(B)(C)(D)　(5)(C)及(E)之順式及(F)。解說如下：

(A)O＝C＝O　(B)H—C≡C—H　(D)N≡N

$$(E) \quad \begin{array}{ccc} F & & F \\ \diagdown & & \diagup \\ \ddot{N} & = & \ddot{N} \end{array} \quad 及 \quad \begin{array}{c} F \\ \diagup \\ \ddot{N} = \ddot{N} \\ \diagup \\ F \end{array}$$

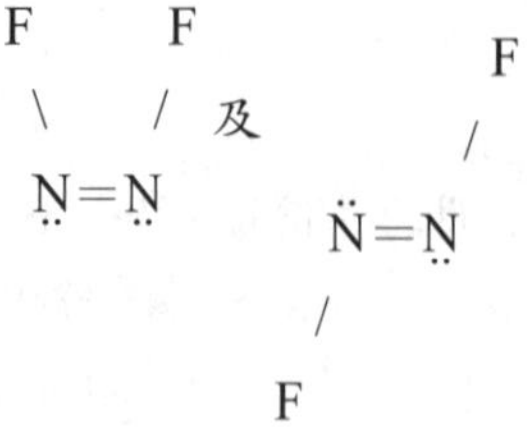

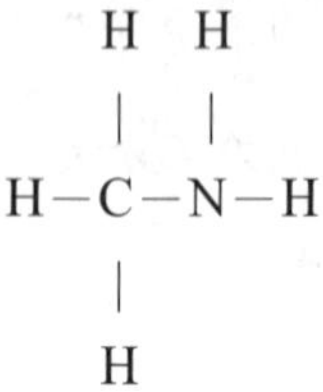

$$(F) \quad \begin{array}{ccc} & H & H \\ & | & | \\ H- & C- & N-H \\ & | & \\ & H & \end{array} \qquad (G) \quad \begin{array}{ccc} & H & H \\ & | & | \\ H- & C- & C-H \\ & | & | \\ & H & H \end{array}$$

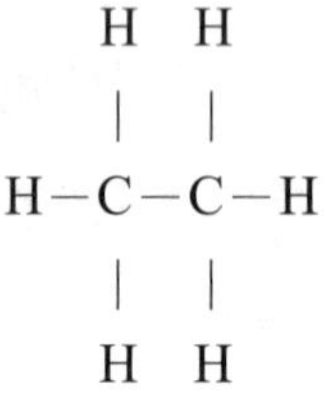

(G)CO 分子因鍵能甚大約和 N_2 相當,分子內為參鍵結合,其電子點式及結構式如下: $:C:::O: \leftrightarrow C \equiv O$

17.(1)(C),(F) (2)(A) (3)(B) (4)(B),(F) (5)(D) (6)(C),(E),(F)

解說如下:

(1)沸點低於室溫者為氣體,熔點低於室溫,但沸點高於室溫者為液體。

(2)固相可導電者。

(3)固相不導電,融熔態可導電者。

(4)水溶液可導電者。

(5)固相、融熔態不導電,熔點、沸點高者。

(6)固相、融熔態不導電,熔點、沸點低者。

第九章 非金屬元素

主題一 鹵素及其化合物

(一) 鹵素性質傾向

性質	F_2	Cl_2	Br_2	I_2	例外
原子半徑，分子大小	小 ———————→ 大				
凡得瓦力，熔點，沸點，密度，莫耳汽化熱	小 ———————→ 大				
游離能，電負度	大 ———————→ 小				
電子親和力（放熱量）	2	1	3	4	Cl_2 最大
還原電位，氧化劑強度，活潑性	大 ———————→ 小				
$X_2 \rightleftarrows 2X$ 鍵能	3	1	2	4	Cl_2 最大
$X_2 \rightleftarrows 2X$ 離解常數	2	4	3	1	
顏色	淺 ———————→ 深				

(二) 鹵化氫及其陰離子之性質傾向

性質	F^- HF	Cl^- HCl	Br^- HBr	I^- HI	例外
離子半徑，分子大小	小 ———————→ 大				
HX 沸點，莫耳汽化熱	最高	最低 ———————→ 高			HF 最高
X^- 水合能（放熱量）	大 ———————→ 小				
$X^- \rightarrow X+e^-$ 游離能	2	1	3	4	Cl^- 最大
HX 或 X^- 氧化電位或還原劑強度	小 ———————→ 大				
HX 或 X^-：鍵能及化學離子性，分子極性	大 ———————→ 小				
H－X：酸性	弱 ———————→ 強				HF 弱酸
AgX：K_{sp}，溶解度	大 ———————→ 小				AgF 可溶於水

(三) 氟及其化合物

1. 最強之氧化劑，只能由電解法製取，電解 $HF_{(l)}$加入 $KF_{(s)}$以幫助導電。

2. 因鍵能小，再由於半徑小，電子親和力放熱多，離子水合能放熱多，故為最強的氧化劑，無正氧化數存在。

3. HF 分子間為氫鍵組合，故沸點最高，但酸性最弱。

4. HF 和 SiO_2 反應，故侵蝕玻璃，而 $HF_{(l)}$須儲存在石蠟或塑膠瓶中。

   $$SiO_2 + 4HF \rightarrow SiF_4 + 2H_2O$$

5. AgF 可溶於水，但 BeF_2，MgF_2……BaF_2 難溶於水。

6. C—F 鍵能特別大，故特夫綸$(C_2F_4)_n$不易受侵蝕。

7. 氟化合物的用途：

   (1)六氟化鈾(UF_6)可用於鈾同位素的分離。

   (2)氟利昂被廣泛的應用做冷媒，但因破壞臭氧層，今已被限制使用。

   (3)特夫綸可做抗強烈化性物質的容器。

   (4)在公共給水添加 1 ppm 的氟離子可降低齲齒的罹患。

(四) 氯及其化合物

1. 氯的製造：電解濃食鹽水，或 MnO_2，$KMnO_4$ 與鹽酸作用。

   $$2NaCl_{(aq)} + 2H_2O_{(l)} \rightarrow Cl_{2(g)}（陽極）+ 2NaOH + H_{2(g)}（陰極）—工業上$$

   $$MnO_{2(s)} + 4HCl \rightarrow MnCl_2 + Cl_{2(g)} + 2H_2O$$

   $$2KMnO_4 + 16HCl \rightarrow 2KCl + 2MnCl_2 + 5Cl_{2(g)} + 8H_2O \quad \Big]\!\!- 實驗室$$

   ☆電解食鹽水以製造 Cl_2 及 H_2 的過程中，其陰、陽極何以要隔離？

   Key：因為 $2Cl^- + H_2O + \xrightarrow{\ 電解\ } \underset{（陽極）}{Cl_{2(g)}} + \underset{（陰極）}{H_{2(g)}} + 2OH^-_{(aq)}$之過程中，

   陰陽極若不隔離，則 $3Cl_2 + 6OH^- \rightarrow 5Cl^- + ClO_3^- + 3H_2O$

   （低溫時：$Cl_2 + 2OH^- \rightarrow ClO^- + Cl^- + H_2O$）

2. 氯的含氧酸及反應：

   (1)$Cl_2 + H_2O \rightleftarrows HOCl + HCl$（HClO 為弱酸，卻是強氧化劑）

   (2)$HClO_2$是不安定的化合物，通二氧化氯於鹼液中分解即會產生 ClO_2^-。

   $$2ClO_2 + 2OH^- \rightarrow ClO_3^- + ClO_2^- + H_2O$$

(3)次氯酸根的水溶液加熱可分解產生氯酸根。

$3ClO^- \rightarrow ClO_3^-$（再酸化可得氯酸）$+ 2Cl^-$

(4)$HClO_4$（過氯酸）是最安定之含氧酸，在氯各含氧酸中，其氧化劑最弱，但酸性最強。

(5)氯與氫氧化鈉作用：

$Cl_2 + 2NaOH \rightarrow NaOCl + NaCl + H_2O$

$3Cl_2 + 6NaOH \xrightarrow{\triangle} 5NaCl + NaClO_3 + 3H_2O$

(6)酸根的形狀：ClO^-（線形），ClO_2^-（角形），ClO_3^-（角錐形），ClO_4^-（四面體）。

(7)乾燥的 Cl_2 無漂白作用，必須和水反應生成 HOCl 才具漂白作用。

(五) 溴、碘及其化合物

1. 製造：

$Cl_{2(g)} + 2Br^-_{(aq)} \rightarrow 2Cl^-_{(aq)} + Br_{2(l)}$

$Cl_{2(g)} + 2I^-_{(aq)} \rightarrow 2Cl^-_{(aq)} + I_{2(s)}$

$2IO_3^- + 5HSO_3^- \rightarrow I_2 + 5SO_4^{2-} + 3H^+ + H_2O$

2. 用途：溴常用於製造汽油添加劑 $C_2H_4Br_2$，以及各種農藥。高純度的溴化銀用於製造感光片。碘主要用於醫藥，在人體中碘是製造甲狀腺素的要素。

3. $H_2O_2 + 2I^- + 2H^+ \rightarrow 2H_2O + I_2$ 在鹼性液中不能反應。

☆鹵素性質之差異比較：

(A)鹵氧酸及其酸根均為良好的氧化劑，如：漂白液 NaOCl，漂白粉 Ca(OCl)Cl，均利用 OCl^- 之強氧化力而產生漂白作用。

(B)氯微溶於水、溴、碘之溶解度則更小。

溶於水時，大部分以分子形態（$Cl_{2(aq)}$）存在水中，少部分自身氧化還原。

$Cl_2 + H_2O \rightleftarrows HCl + HOCl \quad E^° = -0.27V$

但氟溶於水則和水反應：

$2H_2O + 2F_2 \rightarrow 4HF + O_2$

(C)Cl_2、Br_2、I_2 在鹼性液中發生自身氧化還原反應，在酸性液中則起逆反應。氟無此種反應。

$3I_2 + 6KOH \rightarrow 5KI + KIO_3 + 3H_2O$

$5KI + KIO_3 + 3H_2SO_4 \rightarrow 3I_2 + 3K_2SO_4 + 3H_2O$

(D)$2Fe^{3+} + 2I^- \rightarrow 2Fe^{2+} + I_2$，但 Fe^{3+}無法氧化 Br^-、Cl^-、F^-。

(E)Cl_2、Br_2、I_2 溶於 CCl_4 之顏色分別為無、橙~紅、紫色。

(F)含氧酸之酸性：

$HClO_4 > HClO_3 > HClO_2 > HClO$

$HOCl > HOBr > HOI$

範例觀摩 1　重要觀念

於一 U 形管中，以碳棒為電極，電解0.5 M 的碘化鉀水溶液一小段時候，試問下列敘述何者正確？ (A)在陰極上，鉀離子發生還原反應生成金屬鉀，金屬鉀與水作用生成氫氣 (B)取出陰極附近溶液檢驗，發現該溶液呈鹼性 (C)在陽極發生氧化反應 (D)陽極上有大量固體碘沉澱析出 (E)陽極附近有深棕色溶液生成。

解析 (B)(C)(E)。(B)陰極：$2e^- + 2H_2O \rightarrow 2OH^- + H_2$

(C)陽極：$2I^- \rightarrow I_2 + 2e^-$

(E)在陽極附近：$I_2 + I^- \rightarrow I_3^-$（棕色）

範例觀摩 2　重要觀念

關於鹵素的性質，下列那些敘述正確？ (A)鹵氧酸中氧的數目愈多，酸性愈弱 (B)對於Cl_2、Br_2及I_2等分子，其鍵能愈低者，在高溫時，其分解常數（$X_2 \rightleftarrows 2X$）愈大 (C)在澱粉溶液中加入KIO_3及少量5%之$NaClO$可觀察到藍色的生成 (D)在含環己烯的四氯化碳溶液中，滴入少量橙紅色的Br_2，可觀察到顏色的消逝 (E)將I_2加入6 M之KOH水溶液中，稍微加熱後，在其中滴入0.1 M之$AgNO_3$溶液，可觀察到黃色沉澱物的生成。

解析 (B)(D)(E)。(A)鹵氧酸中氧的數目愈多，酸性愈強。

(C)KIO_3 與 $NaClO$ 均為強氧化劑，不能作用產生碘。

範例觀摩 3　　重要題型

有關鹵素及其化合物的下列敘述，何者正確？　(A)氟原子在鹵素中體積最小，所以同體積的固態鹵素中，氟的分子數最多，密度最大，熔點最高　(B)氟的離子半徑在鹵素中最小，所以 F_2、Cl_2、Br_2、I_2 中，以 F_2 的鍵結能為最大　(C)鹵素都具有 +1、+3、+5、+7 的氧化數　(D)鹵化銀中，以氟化銀最易溶於水　(E)Cl_2 的氧化力較 Br_2 強。

解析　(D)(E)。(A)同體積的固態鹵素中，碘的密度最大，熔點最高。

$\quad$(B)鍵結能：$Cl_2 > Br_2 > F_2 > I_2$。

$\quad$(C)鹵素化合物中 F 不具正氧化態。

範例觀摩 4　　常考題型！必會！

下列各溶液中，何者在加入澱粉溶液時有顯著的藍色出現？　(A)$I_{2(s)} + NaOH_{(aq)}$（過量）　(B)$H_2O_{2(aq)} + KI_{(aq)} + H^+_{(aq)}$　(C)$KI_{(aq)} + KIO_{3(aq)}$　(D)$KI_{(aq)} + KIO_{3(aq)} + NaOH_{(aq)}$　(E)$KI_{(aq)} + KIO_{3(aq)} + H^+_{(aq)}$

解析　(B)(E)。(A)碘被反應掉。

$\quad$(B)$H_2O_2 + 2I^- + 2H^+ \rightarrow 2H_2O + I_2$（析出碘遇澱粉變藍色）

$\quad$(C)(D)要酸性溶液才能生 I_2。

$\quad$(E)$5I^- + IO_3^- + 6H^+ \rightarrow 3H_2O + 3I_2$

範例觀摩 5

下列鹵素 X_2 的敘述，何者正確？　(A)在常溫常壓時 Br_2 為液體　(B)X 中游離能最大為 F　(C)X_2 中氧化力最強為 I_2　(D)X_2 鍵能中最大為 F_2　(E)Cl_2 溶液發生 $X_2 + H_2O \rightleftharpoons H^+ + X^- + HOX$ 之反應。

解析　(A)(B)(E)。(C)氧化力：$F_2 > Cl_2 > Br_2 > I_2$　(D)鍵能：$Cl_2 > Br_2 > F_2 > I_2$

範例觀摩 6　　重要觀念

有關 HF、HCl、HBr、HI 的下列問題，何者正確？　(A)極性：HI 最大　(B)鍵能：HF 最小　(C)水溶液的酸性：HF 最強　(D)沸點：HF 最高。

解析 (D)。(A)極性：HF 最大。因 H—F 電負度相差最大。(B)鍵能：HF 最大。(C)酸性：HF < HCl < HBr < HI。

範例觀摩 7

$FeCl_3$ 水溶液與 CCl_4 混合液中，加入下列那項溶液振盪後 CCl_4 層變色？
(A)HCl　(B)NaCl　(C)NaI　(D)NaBr。

解析 (C)。$2Fe^{3+}+2I^- \rightarrow 2Fe^{2+}+ I_2$，$I_2$ 溶於 CCl_4 變紫色；Fe^{+3} 無法氧化 Cl^-，Br^-。

範例觀摩 8　　觀念整合題

氯溶於水時會產生 HCl 及 HClO（$K_a=3 \times 10^{-8}$），$H_2O_{(l)}+Cl_{2(g)} \rightleftharpoons HCl+HClO_{(aq)}$，有關此現象的下列敘述何者錯誤？　(A)此反應為「自身氧化還原反應」(B)溶在水中的氯只有一部分變成產物的酸　(C)溶液有殺菌作用　(D)溶液中如 $[H^+] = 0.01$ M，即 $[Cl^-] = [ClO^-] = 0.005$ M。

解析 (D)。$Cl_2 + H_2O \rightarrow HCl + HOCl$，HCl 完全解離，HClO 解離很小，可忽略。若 $[H^+] = 0.01$ M，則 $[Cl^-] = 0.01$ M，$[OCl^-]$ 很小。

迷你實驗室　氯及漂白粉

1. 氯的製備：

   $MnO_2 + 4HCl \rightarrow MnCl_2 + 2H_2O + Cl_2$

2. 氯的性質與反應：

   (1)氯微溶於水成為酸性之氯水：$Cl_2 + H_2O \rightarrow HCl + HClO$

   (2)氯為黃綠色氣體比空氣重，用向上排空氣法收集。

   (3)氯與潤溼的碘化鉀－澱粉試紙作用變成藍色。

   (4)$Cl_2 + Ca(OH)_2 \rightarrow H_2O + Ca(OCl)Cl$（漂白粉）

(5)銻粉及磷會與氯燃燒產生 $SbCl_3$ 或 $SbCl_5$ 及 PCl_3 或 PCl_5 等。

(6)氯會使鮮花或潤溼之彩色布條褪色（氯有漂白作用）。

3. 錐形瓶中殘餘的氯可加入 $Na_2S_2O_{3(aq)}$ 或 $NaOH_{(aq)}$ 除去。

$Na_2S_2O_3 + 4Cl_2 + 5H_2O \rightarrow 2NaHSO_4 + 8HCl$

$2NaOH + Cl_2 \rightarrow NaCl + NaOCl + H_2O$

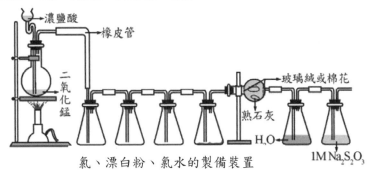

氯、漂白粉、氯水的製備裝置

4. 漂白粉的性質：漂白粉有特殊刺激臭，與鹽酸混合產生 HOCl，有漂白作用能使彩色布條褪色，也具有消毒、殺菌作用。

$Ca(OCl)Cl$（漂白粉）$+ H^+ \rightarrow Ca^{2+} + HOCl + Cl^-$（裝置如上圖）

問題：(1)如何收集氯？　(2)如何知道氯是否已集滿？

(3)為什麼把試紙潤濕？

(4)應選用什麼顏色的石蕊試紙？

(5)氯氣製備實驗之錐形瓶中殘餘的氯應如何處理？

(6)如何判別生成的鹵素是什麼？

(7)為什麼乾燥的氯沒有漂白作用，但將潤濕的布條置於氯中即起漂白作用？

(8)為什麼用硫代硫酸鈉來吸收氯氣？寫出氯與硫代硫酸鈉溶液的反應方程式。

(9)使用漂白粉漂白物質時，溶液中常加少量的酸，為什麼？

(10)如下圖的實驗裝置，A 瓶內置過錳酸鉀，B 瓶內置水，C 瓶內裝濃硫酸，D 管內置鋁粉。於 A 瓶中加入濃鹽酸後，將 D 管發生反應之產物冷卻收集於 E 瓶中，則：

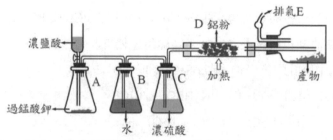

A. 寫出 A 瓶內所發生反應的化學方程式，並平衡之。

B. 寫出 D 管內所發生反應的化學方程式，並平衡之。

C. B 瓶內盛水的目的是什麼？

D. C 瓶內盛濃硫酸的目的是什麼？

【分析】(1)因氯易溶於水且比空氣重，故用向上排氣法收集。本實驗裝置中氯導入管插至瓶底，而導出管在瓶口處，原因為氯比空氣重可沉積在底部。

(2)可用潤濕的藍色石蕊試紙（變紅）或潤濕的碘化鉀－澱粉試紙（變藍）來檢驗，本實驗可觀察 $Na_2S_2O_3$ 瓶是否有混濁發生。

(3)氯溶於水才顯出酸性，因此石蕊試紙必須先潤濕。氯與碘離子間的置換反應在溶液狀態的速率大，因此先將碘化鉀－澱粉試紙潤濕。

(4)氯溶於水，一部分生成 HCl 和 HClO，溶液呈酸性，故應使用藍色石蕊試紙檢驗使其變紅色。

(5)在瓶中加入 $Na_2S_2O_3$ 溶液或 NaOH 溶液，塞好瓶蓋後搖盪數次，使氯與試劑充分反應，即可除去氯氣。反應如下：

$$\begin{cases} Na_2S_2O_3 + 4Cl_2 + 5H_2O \rightarrow 2NaHSO_4 + 8HCl \\ Na_2S_2O_3 + 2HCl \rightarrow 2NaCl + H_2O + S + SO_2 \end{cases}$$

或 $2NaOH + Cl_2 \rightarrow NaCl + NaOCl + H_2O$

(6)鹵素在四氯化碳中呈現不同的顏色，氯在四氯化碳中呈無色，溴在四氯化碳中呈橙色，碘在四氯化碳中呈紫色。由四氯化碳層的顏色可判別生成的鹵素究竟是那一種。

(7)漂白的作用來自於次氯酸，氯氣必須溶於水中才能產生次氯酸：

$Cl_2 + H_2O \rightarrow HClO + HCl$

所以乾燥的氯不具漂白作用。

(8)硫代硫酸鈉溶液可將剩餘的氯消耗，以免氯氣四溢，造成危害。其反應式如(5)之說明。

由於反應產物中有硫，可藉由上頁圖裝置中的最後一瓶所生成的黃色沉澱來判別前面的集氣瓶中的氯氣是否已集滿、漂白粉是否已製好或氯水是否已飽和等。

(9)加酸的目的在與漂白粉反應生成 HOCl。

$CaOCl_2 + H^+ \rightarrow Ca^{2+} + Cl^- + HOCl$

HOCl 中的 OCl^- 具有漂白物質的作用

(10)A.$10Cl^- + 2MnO_4^- + 16H^+ \rightarrow 2Mn^{2+} + 5Cl_2 + 8H_2O$

或 $16HCl + 2KMnO_4 \rightarrow 2MnCl_2 + 2KCl + 5Cl_2 + 8H_2O$

B.$2Al + 3Cl_2 \rightarrow 2AlCl_3$（或 Al_2Cl_6）

C.吸收氯化氫氣體。　　D. 吸收水。

主題二　氮及其化合物

(一) 亞硝酸與硝酸

1. 亞硝酸為弱酸而硝酸為強酸，亞硝酸相當不安定，自身氧化還原成 HNO_3。

$3HNO_2 \rightarrow H^+ + NO_3^- + 2NO + H_2O$

2. 硝酸是無色，有刺激性氣味的發煙液體，陽光照射時分解產生褐色氣體 NO_2。

硝酸為強氧化劑，常被還原為 NO_2 或 NO。

$4HNO_3 \rightarrow 4NO_2 + O_2 + 2H_2O$

$Cu + 4HNO_3$（濃）$\rightarrow Cu^{2+} + 2NO_3^- + 2NO_2 + 2H_2O$

$$3Cu + 8HNO_3（稀）\rightarrow 3Cu^{2+} + 6NO_3^- + 2NO + 4H_2O$$

但強力的還原劑（如鋅）與很稀的硝酸反應產生 NH_4^+。

$$4Zn + 10HNO_3 \rightarrow 4Zn^{2+} + 9NO_3^- + NH_4^+ + 3H_2O$$

3. 由氨製造硝酸－奧士華法：

$$4NH_3 + 5O_2 \xrightarrow[Pt-Rh]{催化劑} 4NO + 6H_2O \quad 2NO + O_2 \rightarrow 2NO_2$$

$$3NO_2 + H_2O \rightarrow 2HNO_3 + NO$$

4. 王水：容積 3：1 的鹽酸與硝酸混合液，可溶金、鉑等金屬。

例：$Au + 4H^+ + 4Cl^- + NO_3^- \rightarrow AuCl_4^- + NO + 2H_2O$

迷你實驗室　硫酸與硝酸

1. 硫酸的性質及反應：
   (1)硫酸為無色油狀液體，比重 1.84，沸點高，在 290℃ 左右沸騰而分解出三氧化硫。濃硫酸稀釋時放出大量的熱。硫酸是一種強酸，具有腐蝕性及很強的脫水作用，能從糖、澱粉、纖維素等脫去水分而殘留焦黑的碳。
   (2)濃硫酸為氧化劑。

   $$Cu + 2H_2SO_4 \rightarrow CuSO_4 + SO_2 + 2H_2O$$

   $$3Zn + 4H_2SO_4 \rightarrow S + 4H_2O + 3ZnSO_4$$

   (3)稀硫酸與活潑金屬（如 Zn）作用產生氫（點燃產生爆鳴聲）。

   $$Zn + H_2SO_4 \rightarrow ZnSO_4 + H_2$$

2. 硝酸的性質及反應：
   (1)硝酸溶液會分解產生之 NO_2 而呈褐色，具有氧化力和腐蝕性。

   $$4HNO_3 \rightarrow 2H_2O + 4NO_2 + O_2$$

   (2)和木屑（碳）作用：$C + 4HNO_3 \xrightarrow{\Delta} 4NO_2 + CO_2 + 2H_2O$

   (3)和硫共熱：$S + 6HNO_3 \xrightarrow{\Delta} H_2SO_4 + 6NO_2 + 2H_2O$

   (4)銅片和濃硝酸產生紅棕色的 NO_2 與稀硝酸產生無色的 NO。

   (5)蛋白與濃硝酸共熱逐漸消失呈淡黃色溶液。

3. 硝酸鹽均為可溶性，而硫酸鹽除了 $BaSO_4$、$SrSO_4$、$PbSO_4$ 為難溶性外其餘均為可溶性。（$CaSO_4$ 為微溶）

☆注意：

(1)硫酸根常用 Ba^{2+} 檢驗：$Ba^{2+} + SO_4^{2-} \rightarrow BaSO_4\downarrow$

(2)硝酸根離子可以棕色環試驗(brown ring test)檢驗，其方法為：在試管中倒入硝酸鹽溶液後，再加入等體積新配的硫酸亞鐵溶液，兩者混合均合後沿管壁慢慢注入濃硫酸，使原先的溶液浮在濃硫酸上，則在兩層溶液之間產生一棕色環，反應如下：

$3Fe^{2+} + 4H^+ + NO_3^- \rightarrow 3Fe^{3+} + NO + 2H_2O$

$Fe^{2+} + NO \rightarrow Fe(NO)^{2+}$（棕）

問題：(1)稀釋濃硫酸時為何不把水加入酸中？

(2)怎樣聞氣體的氣味比較安全？

(3)若皮膚不小心觸及濃硫酸或濃硝酸時應如何緊急處理？

(4)寫出方程式？

　　A. 銅和稀硝酸反應。　　　B. 銅和濃硝酸反應。

　　C. 濃硫酸使蔗糖脫水。　　D. 王水溶解金。

【分析】(1)濃 H_2SO_4 和水混合放出大量的熱，若水加入酸中會因溫度太高而濺出產生危險。

(2) 用手輕搧管口，淺淺地聞一下氣體的氣味；切勿將鼻子靠近管口，深吸一口氣，以免誤吸毒氣。

(3) 皮膚不慎觸及濃硫酸或濃硝酸時，應就近立刻以大量的清水不斷地沖洗，以除去化學藥品。注意：水流應緩慢，以免增加對灼傷組織的傷害。

(4)A. $3Cu + 8HNO_3 \rightarrow 3Cu(NO_3)_2 + 2NO + 4H_2O$

B. $Cu + 4HNO_3 \rightarrow Cu(NO_3)_2 + 2NO_2 + 2H_2O$

C. $C_{12}H_{22}O_{11} \xrightarrow{H_2SO_4} 12C_{(s)} + 11H_2O$

D. $Au + 4H^+ + 4Cl^- + NO_3^- \rightarrow AuCl_4^- + NO + 2H_2O$

範例觀摩 1

關於 HNO_2 與 HNO_3 之敘述何者錯誤？　(A)K_a：$HNO_3 > HNO_2$　(B)安定性：$HNO_3 > HNO_2$　(C)HNO_2 與 HNO_3 各原子之氧化數均相同　(D)氧化力：$HNO_3 > HNO_2$　(E)NO_2^- 為直線而 NO_3^- 為角錐形。

解析　(C)(E)。(E)NO_2^- 為角形，NO_3^- 為平面三角形。

範例觀摩 2

下列那一種酸，在水溶液中，最易完全溶解 $Ba(OH)_2$，$Fe(OH)_3$，$Pb(OH)_2$ 之混合物而不產生任何沉澱？　(A)H_2SO_4　(B)HCl　(C)HNO_3　(D)H_3PO_4。

解析　(C)。$Ba(OH)_2$，$Fe(OH)_3$，$Pb(OH)_2$ 與 $HNO_{3(aq)}$ 作用生成硝酸鹽會溶於水，不產生沉澱。

主題三　矽

(一) 元素矽及其化合物

1. 元素矽可由白砂（主要成分為 SiO_2）用石墨或活性金屬還原。

   $SiO_2 + 2C \rightarrow Si + 2CO$；$3SiO_2 + 4Al \rightarrow 3Si + 2Al_2O_3$

2. 矽在常溫下相當安定，只與氟激烈反應生成四氟化矽。

3. 在高純度矽中摻加少量電子對受體（如硼）製成 p 型矽，加入電子對授予體（如磷）製成 n－型矽半導體，是最基本的電子組件。

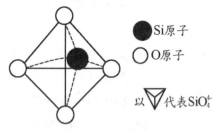

●Si原子
○O原子
以 ▽ 代表 SiO_4^-

4. 矽酸鹽之基本結構均以 SiO_4^{4-} 四面體為其單元，其中 Si 必以 sp^3 鍵結，底下為一些矽酸鹽之結構。

類型	O 原子之共有數	化學式	結構	主要礦物之化學通式
單獨陰離子基團	0	SiO_4^{4-}		$(Mg，Fe)_2SiO_4$ 橄欖石
	1	$Si_2O_7^{6-}$		$Sc_2Si_2O_7$ 矽酸銅鑛
	2	$Si_3O_9^{6-}$		$BaTiSi_3O_9$ 搬土
		$Si_6O_{18}^{12-}$	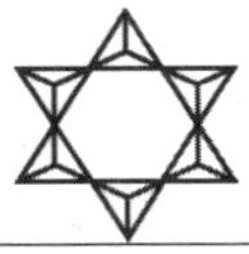	$Be_3Al_2Si_6O_{18}$ 綠柱石
一度空間鍵	2	$[(SiO_3)_n]^{2n-}$ 或 SiO_3^{2-}	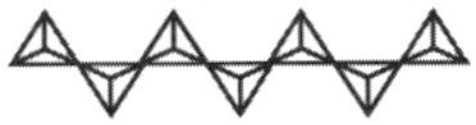	$(Ca，Mg)SiO_3$ 輝石
	2	$[(Si_4O_{11})_n]^{6n-}$ 或 $Si_4O_{11}^{6-}$	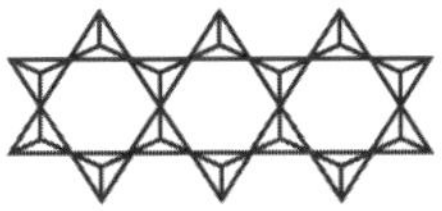	$Ca_2(OH)_2Mg_5$ $(Si_4O_{11})_2$ 石棉
二度空間鍵	3	$[(Si_2O_5)_n]^{2n-}$ 或 $[Si_2O_5]^{2-}$	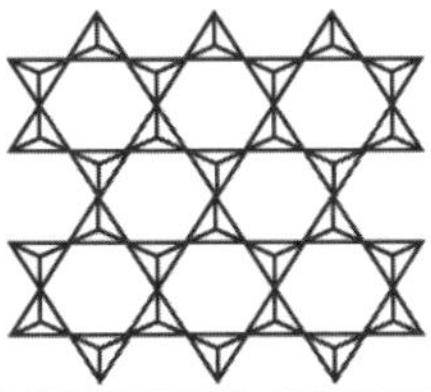	$Mg_3[Si_4O_{10}]$ $(OH)_2$ 滑石 雲母
三度空間鍵	4	$(SiO_2)_n$		石英

5.二氧化矽：是安定的化合物幾乎不與所有之酸反應，但可與氫氟酸作用。

$$SiO_2 + 4HF \rightarrow SiF_{4(g)} + 2H_2O$$

二氧化矽也會受強鹼之腐蝕作用。

6. 水玻璃：x SiO_2 + 2NaOH → Na_2O · x SiO_2 + H_2O

   以稀酸中和水玻璃(Na_2O · x SiO_2)可得 SiO_2、x H_2O，俗稱矽酸。

7. 玻璃：玻璃是重要的人造矽材料，通常將矽砂、灰石與碳酸鈉在高溫熔解，冷卻即可得。加入 K^+ 可提高熔點，加入硼砂使熱膨脹係數小。

8. 鋁矽酸鹽：

   (1) 結構如同矽酸鹽，只是部分的 Si^{4+} 被 Al^{3+} 取代，故要有 Na^+、K^+ 以保持電中性，此 Na^+、K^+ 即可被 Ca^{2+}、Mg^{2+} 交換，而具有離子交換特性。

   (2) 包括：雲母、黏土、陶瓷、磚、水泥硬化物。

範例觀摩 1　重要觀念

下列有關週期表第二列和第三列元素的敘述，何者不正確？　(A)氮和磷在常溫下，皆以雙原子分子的形式存在　(B)碳和矽兩種元素皆可形成網狀結構　(C)硼和鋁雖同屬ⅢA族，但其氫化物的結構不同　(D)鈉原子的第一游離能較原子為低　(E)鈉、鎂、鋁為強還原劑，皆以電解其熔融鹽來製備。

解析　(A)。常溫下，氮以 $N_{2(g)}$，磷以 $P_{4(s)}$ 存在。

範例觀摩 2

(甲)鍺　(乙)錳　(丙)銅　(丁)磷　(戊)矽

上列元素具有半導體性質者有：　(A)一　(B)二　(C)三　(D)四　(E)五　種。

解析　(B)。Ge、Si、B、As、Sb、Te 等類金屬元素具半導體性質。

範例觀摩 3

有關矽之說明何者正確？　(A)地殼中含量最多者　(B)極純之矽中加入磷（少量）所得叫 p 型半導體　(C)石棉和滑石均為一次元矽酸鹽　(D)在石棉中矽原子以 sp^3 軌域鍵結　(E)二氧化矽和氫氧化鈉水溶液共熱可得水玻璃。

解析　(D)(E)。最多為氧，其次為矽。(B)為 n 型半導體。(C)滑石為二次元矽酸鹽。

範例觀摩 4

觀念活用
考題

輝石屬於矽酸鹽的一種，為直鏈形的結構，其矽酸根的化學式為$(SiO_3)_n^{2n-}$。此直鏈形的構造中，部分的氧原子同時與兩個矽原子鍵結。假使 n 是個很大的數目，這些共用的氧原子的總數為　(A)n 個　(B)1.5n 個　(C)2n 個　(D)3n 個。

解析　(A)。其結構為

$$
\begin{array}{ccccccc}
 & O^- & & O^- & & O^- & & O^- \\
 & / & & / & & / & & / \\
-O-Si & -O-Si & -O-Si & -O-Si & -O\cdots\cdots \\
 & \backslash & & \backslash & & \backslash & & \backslash \\
 & O^- & & O^- & & O^- & & O^-
\end{array}
$$

在直鏈式的構造中平均一個 Si 與一個 O 共用而鍵結，

∴n 個數目中共用的氧原子的總數為 n 個。

重要試題演練

( )　1.　有一岩石試料重 2.0 克和氫氟酸反應並加熱除去易變氣體物質後，重量剩下 1.4 克，則試料中二氧化矽含量為　(A)70%　(B)30%　(C)65%　(D)35%。

( )　2.　(甲)正矽酸鹽之基本組成單位為 SiO_4^{4-} 離子。

(乙)$Si_3O_9^{6-}$ 中每一個 SiO_4^{4-} 單位共用二個氧原子。

(丙)水玻璃是$(CaSiO_3)_x$。

(丁)SiO_2 及 HCl 反應可生成 $SiCl_4$。

(戊)在高純度矽中摻入少量硼可製成 n－型半導體。

上列關於矽的敘述，正確者，有：

(A)一　(B)二　(C)三　(D)四　項。

( )　3.　在高純度矽中，摻加少量下列何種元素，可以形成 p－型半導體？

(A)硼（原子序 5）　(B)硫（原子序 16）　(C)銅（原子序 29）　(D)鍺（原子序 32）。

( )　4. 將 0.5 M 氯化鉀溶液置於以鉑為兩電極的電解槽中。該電解槽內電極之間不設隔膜。在激烈的攪拌之下通足夠的電量加以電解並加熱時，在電解槽內產生的主要含氯生成物應為　(A)Cl_2O　(B)ClO^-　(C)ClO_3^-　(D)ClO_4^-。

( )　5. 下列各項反應系中，何者在加入澱粉溶液時有顯著的藍色出現？
(A)於 3 毫升 0.1 M KI 中，加 2 毫升 6 M KOH
(B)於 2 毫升 0.1 M KI 中，加 2 毫升 0.1 M $AgNO_3$
(C)於 3 毫升 0.1 M KI 中，加 2 毫升 6 M KOH，再加約 5 滴 3% H_2O_2
(D)於 2 毫升 0.1 M KI 中，加足量 6 M H_2SO_4 使成酸性，再加約 5 滴 0.1 M KIO_3。

( )　6. 下列有關離子之定性分析之敘述何者是錯誤的？
(A)鹵離子溶液中滴加 $AgNO_3$ 溶液均將產生鹵化銀沉澱
(B)AgCl 易溶於氨水中，AgBr 難溶於氨水，AgI 則更不易溶於氨水
(C)AgBr 為淡黃色，AgI 為黃色
(D)各種鹵化銀均易溶於 $Na_2S_2O_3{}_{(aq)}$中。

( )　7. 有關氟、氯、溴、碘四種鹵素及其他化合物，下列敘述中，何者為正確？　(A)氣態氟為無色，其餘氣態鹵素均具顏色　(B)四種鹵素中，碘之鍵能最大　(C)氟化氫水溶液為一弱酸，其餘鹵化氫水溶液均為強酸　(D)氟化鈣易溶於水。

( )　8. 氟化氫有聚合傾向可由下列何者事實說明？　(A)氟化氫為強酸　(B)氟化氫能侵蝕玻璃　(C)氟化氫具有氫鍵　(D)氟化氫易溶於水。

( )　9.有關週期表第三列元素，下列各項敘述中，何者正確？　(A)鈉、鎂、鋁三種金屬元素的原子容積隨原子序的增加而增大　(B)該列八種元素中，鈉的還原力最強　(C)矽是網狀固體，其原子排列與石墨相同　(D)矽、磷、硫、氯四種非金屬元素不能相結合為化合物。

( )　10. 下列哪一選項中的所有化合物，均同時具有離子鍵、σ 鍵及 π 鍵？
(A)NaN_3、NaCN　(B)CH_3COOH、H_2CO　(C)NaN_3、$[Co(NH_3)_5(CO_3)]$　(D)$[Co(NH_3)_5(CO_3)]$、TiO_2　(E)$[Co(NH_3)_5(CO_3)]$、CH_3COOH。

( ) 11. 下列敘述何者正確？（多選）　(A)在液態水中，一個水分子與周圍水分子只存在兩個氫鍵　(B)HF 雖然分子量比 H_2O 大，但其沸點僅 19.4℃，故知 HF 的氫鍵強度比 H_2O 的氫鍵強度小　(C)$HClO_3$ 沒有分子內氫鍵　(D)能形成分子內氫鍵的物質，其沸點偏高，是因其分子量增加　(E)乙醇易溶於水是因有氫鍵之故。

( ) 12. 下列敘述，何者正確？（多選）　(A)在 XeF_4 分子中，所有的原子皆符合八隅體的理論　(B)SF_4 是一穩定的分子。基於 O 和 S 屬於同一族，其化學性質相似，所以 OF_4 也是穩定的分子　(C)NO^+ 離子中的 N 與 O 的鍵結比 NO^- 離子中的 N 與 O 的鍵結強　(D)由臭氧的路易斯結構得知，其中一個氧－氧鍵比另一個氧－氧鍵強　(E)苯 C_6H_6 是個平面六角形分子，6 個碳－碳鍵長都相同。

( ) 13. 奈米碳管的層面結構與下列何者最相似？　(A)鑽石　(B)石墨烯　(C)石英管　(D)光學纖維。

( ) 14. 美國航空暨太空總署（NASA）於 2010.12.02，宣布發現砷基生物，可以依賴砷(As)做為生存原料，不但不會造成砷中毒，在這種生物細胞內，砷成為構成核酸和細胞膜的材料。試問砷最可能取代一般核酸和細胞膜分子中的何種元素？　(A)氮　(B)氯　(C)硫　(D)磷。

( ) 15. 下列(甲)～(戊)五個化學反應進行時，均會生成氣體：　(甲)氯酸鉀與二氧化錳共熱　(乙)濃鹽酸與大理石反應　(丙)濃鹽酸與二氧化錳共熱　(丁)食鹽與濃硫酸混合加熱　(戊)碳化鈣與水混合
試回答下列問題並指出何者是正確的：（多選）　(A)甲實驗所生成的氣體通入澄清石灰水中，會使溶液混濁。　(B)乙實驗所生成的氣體可使火柴餘燼復燃。　(C)丙實驗所成氣體可使碘化鉀－澱粉試紙變色。　(D)丁實驗所生成的氣體比空氣重，可用向上排氣法收集，且該氣體水溶液常作為廁所洗潔劑。　(E)戊實驗所生成的氣體具有可燃性，可溶於四氯化碳中。

( ) 16. 氯仿($CHCl_3$)常被用做麻醉劑，若保存不慎，會和氧(O_2)反應生成劇毒物光氣($COCl_2$)。為防止事故，試問可使用下列何種試劑，在使用氯仿前檢驗之？　(A)氫氧化鈉溶液　(B)斐林試液　(C)碘化鉀澱粉溶液　(D)硝酸酸化的硝酸銀溶液。

解答與解析

1.(B)。岩石重 2.0 中克之 SiO_2 會與 HF 作用變成 $SiF_{4(g)}$，$SiO_2 = 2.0 - 1.4$
$= 0.6(g)$，故知 SiO_2 含量$= (\dfrac{0.6}{2.0}) \times 100\% = 30\%$。

2.(B)。(丙)水玻璃 $Na_2O \cdot x\ SiO_{2(aq)}$，(丁)$SiO_2$ 和 HCl 不反應，(戊)p 型。

3.(A)。p－型半導體是在極純之矽或鍺中加入少許ⅢA 元素，若加入少許
ⅤA 元素叫 n－型。

4.(C)。$3Cl_2 + 6OH^- \xrightarrow{\Delta} 5Cl^- + ClO_3^- + 3H_2O$。

5.(D)。(A)無反應。(B)$AgI\downarrow$。(C)$H_2O_2 + I^-$ 要在酸性或中性液中才反應，
在鹼性液中不反應。

6.(A)。(A)AgF 不易生沉澱。

7.(C)。(A)F_2 淡黃色。(B)Cl_2 鍵能最大。

8.(C)。(C)化學式為 HF。

9.(B)。(A)減小，因金屬鍵愈強，而原子間距離變短。

10.(A)。NaN_3：$Na^+ \cdots\cdots [\overset{\cdot\cdot}{\underset{\cdot\cdot}{N}}=N=\overset{\cdot\cdot}{\underset{\cdot\cdot}{N}}]^-$，$Na^+$ 與 N_3 間為離子鍵，N_3 內則具有
雙鍵。

　　$NaCN$：$Na^+ \cdots\cdots [:C\equiv N:]^-$，$Na^+$ 與 CN^- 間為離子鍵，CN^- 內具有
參鍵。

　　CH_3COOH、H_2CO 皆為共價化合物，僅具共價鍵，無離子鍵。

　　$[Co(NH_3)_5(CO_3)]$為化合物，配位基與 CO 間以配位共價鍵鍵結，配
位基內僅具共價鍵，無離子鍵。TiO_2 為離子化合物，僅具有離子
鍵，無共價鍵。

11.(C)(E)。(A)最多可有四個氫鍵形成。(B)不能由此確定，因為一個 HF 只
受兩個氫鍵牽引。(C)分子內 OH...O 距離太遠，不產生氫鍵。
(D)形成分子內氫鍵的物質，其沸點稍微下降。

12.**(C)(E)**。(A)XeF_4 共有 36 個價電子,所以無法讓每一個原子符合八隅體。(B)O 只能符合八隅體,所以 OF_4 是不存在的。(C)NO^+;N 與 O 是三鍵,NO^- 離子中的 N 與 O 的鍵結是雙鍵。(D)兩個氧-氧鍵一樣強。

13.**(B)**。奈米碳管與石墨烯都是以 sp^2 混成軌域結合。

14.**(D)**。傳統上,碳、氫、氮、氧、磷和硫是生物的六大基礎元素,其中磷肩負著 DNA / RNA 的組成,以及細胞內能量的運輸(ATP)的重責大任。和磷化學性質類似的砷之所以有毒,就是因為在體內它會取代掉磷的正常功能,阻撓新陳代謝。

15.**(C)(D)(E)**。(甲):氧氣,(乙):二氧化碳,(丙):氯氣,(丁):氯化氫,(戊):乙炔。

16.**(D)**。$2\,CHCl_3 + O_2 \rightarrow 2HCl + 2COCl_2$ $Cl^- + Ag^+ \rightarrow AgCl$(白色沉澱)

↘ 進階難題精粹

( ) 1. 下列關於鹵素之敘述,何者錯誤?(多選)
(A)各種鹵化銀在水中的溶解度均甚小
(B)氯的含氧酸中 $HClO_4$ 的酸性最強
(C)碘在鹼性溶液中可發生自身氧化還原
(D)特夫綸(Teflon)為 CFCl = CFCl 的聚合物。

( ) 2. 以下各分子或離子形狀相似者為(多選) (A)ClO_4^-、PO_4^{3-}、$H_2PO_2^-$ (B)ClO_2^-、NO_2^- (C)ClO_3^-、NO_3^- (D)B_2H_6、Al_2Cl_6 (E)BF_3、PH_3。

( ) 3. 甲溶液含 0.01 M KIO_3 澱粉水溶液,乙溶液為 0.01 M 酸化之 $NaHSO_3$ 水溶液,則依下列混合,那些會呈藍色?(多選) (A)10 mL 甲 + 10 mL 乙 (B)8 mL 甲 + 2 mL 水 + 10 mL 乙 (C)4 mL 甲 + 6 mL 水 + 10 mL 乙 (D)3 mL 甲 + 7 mL 水 + 10 mL 乙 (E)2 mL 甲 + 8 mL 水 + 10 mL 乙。

( ) 4. 下列實驗何者可用以檢驗 $I^-_{(aq)}$？（多選）

(A)試液中加入澱粉溶液後再滴加漂白液

(B)試液中滴加 $AgNO_3$ 溶液

(C)試液中先加入澱粉溶液，再滴加酸化之 H_2O_2 溶液

(D)試液中滴加 $Pb(NO_3)_2$ 溶液

(E)試液中加入 CCl_4 後滴加 Br_2 溶液而振盪之。

( ) 5. 下列何種水溶液能吸收溴蒸氣？（多選） (A)鹽酸 (B)碳酸鈉水溶液 (C)碘化鉀水溶液 (D)亞硫酸溶液 (E)氫氧化鈉溶液。

( ) 6. 下列那些為有色的氣體？（多選） (A)$F_{2(g)}$ (B)$CO_{(g)}$ (C)$NO_{(g)}$ (D)$NO_{2(g)}$ (E)$SO_{2(g)}$。

7. 有 HF^-_2 離子而其他鹵素則沒有相對應的 HX^-_2，其理由為何？

8. HX 溶液能與 MnO_2 製得 Cl_2、Br_2、I_2 而不能製得 F_2，理由為何？

9. 何以不可用玻璃器皿裝氫氟酸，試寫出方程式。

10. 完成並平衡下列方程式：

(1)銅和稀硝酸反應。 (2)硫和熱濃硝酸反應。

(3)鋅和稀硝酸反應。 (4)鋅和熱濃硫酸反應。

(5)金溶於王水。 (6)矽砂和氫氧化鈉反應。

11. 工業硝酸含有 69.5%HNO_3，密度為 1.42 g／mL，計算容積莫耳濃度。要製備 10 升 6 M 硝酸需要多少升工業硝酸？

12. 以電子點式表示：(1) $H_3PO_3 \rightleftarrows H^+ + H_2PO^-_3$ (2) $H_2SO_4 \rightarrow H^+ + HSO^-_4$

13. 依下列數據，回答有關「秒錶反應」（clock reaction）的問題：

$$IO^-_3 + 6H^+ + 5e^- \rightarrow \frac{1}{2} I_2 + 3H_2O \qquad E° = 1.20 \text{ V}$$

$$IO^-_3 + 6H^+ + 6e^- \rightarrow I^- + 3H_2O \qquad E° = 1.09 \text{ V}$$

$$I_2 + 2e^- \rightarrow 2I^- \qquad E° = 0.53 \text{ V}$$

$$SO^{2-}_4 + 3H^+ + 2e^- \rightarrow HSO^-_3 + H_2O \qquad E° = 0.11 \text{ V}$$

(1) IO_3^- 會先與 HSO_3^- 作用產生 I^-。試寫出此反應的反應方程式。此反應為何自然發生？$\triangle E°$ 為若干伏特？

(2) 當 HSO_3^- 耗盡時，過量的 IO_3^- 又與 I^- 作用產生 I_2，I_2 再與澱粉作用，使溶液顯出藍色。試寫出 IO_3^- 與 I^- 產生 I_2 的反應方程式。此反應的 $\triangle E°$ 為若干伏特？

(3) I_2 能氧化 HSO_3^- 否？試寫出其反應方程式，並以 $\triangle E°$ 說明之。

14. 有一石英礦之試料重 5.0 克，與過量之氫氟酸反應並加熱蒸乾後，重量變為 3.2 克，則：（矽之原子量 28.1，氟之原子量 19.0，氧之原子量 16.0）

(1) 寫出石英與氫氟酸反應之化學方程式。

(2) 試料中石英之重量百分比為何？

(3) 作上述實驗時，為何不可用玻璃器皿？

解答與解析

1.(A)(D)。(A)AgF 易溶於水。

2.(A)(B)(D)。(A)均為四面體。

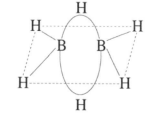

(B)均為角形。

(C)(E)ClO_3^-、PH_3 為角錐，NO_3^-、BF_3 為平面三角形。

(D)為如右圖所示之形狀。

3.(A)(B)(C)。KIO_3 莫耳數若大於 1/3（$NaHSO_3$ 莫耳數），才能顯示藍色。

4.(A)(B)(C)(D)(E)。(A)(C)H_2O_2、ClO^- 可氧化 I^- 為 I_2 使澱粉呈藍色。

(B)(D)生成 AgI 或 PbI_2 黃色沉澱。

(E)Br_2 和 I^- 反應生 I_2，使 CCl_4 呈紫色。

5.(B)(C)(D)(E)。還原劑溶液及鹼性溶液均可。

6.(A)(D)。鹵素蒸氣及 NO_2 為常見有色氣體。

7. 因 F^- 和 HF 可以用氫鍵結合，而 Cl^- 和 HCl 間則無。

8. F_2 是最強之氧化劑，其還原電位大於 MnO_2，故 $HF + MnO_2$ 不生反應。

9. $SiO_2 + 4HF \rightarrow SiF_4 + 2H_2O$（∵HF 可與 SiO_2 反應）

10.(1)$3Cu + 8HNO_3 \rightarrow 3Cu(NO_3)_2 + 2NO + 4H_2O$

　　(2)$S + 6HNO_3 \rightarrow H_2SO_4 + 6NO_2 + 2H_2O$

　　(3)$4Zn + 10HNO_3 \rightarrow NH_4NO_3 + 4Zn(NO_3)_2 + 3H_2O$

　　(4)$3Zn + 4H_2SO_4 \rightarrow S + 3ZnSO_4 + 4H_2O$

　　(5)$Au + 4H^+ + 4Cl^- + NO_3^- \rightarrow AuCl_4^- + NO + 2H_2O$

　　(6)$x\ SiO_2 + 2NaOH \rightarrow Na_2O \cdot x\ SiO_2 + H_2O$

11.(1)$\dfrac{\frac{69.5}{63}}{\frac{100}{1.42} \times \frac{1}{1000}} = 15.7(M)$　　(2)$x \cdot 1000 \cdot 1.42 \times 69.5\% = 6 \times 10 \times 63$　　$x = 3.83$ 升

12.(1) $H\!:\!\overset{\displaystyle \cdot\cdot}{\underset{\displaystyle H}{\overset{\displaystyle :O:}{O}}}\!:\!\overset{:O:}{P}\!:\!O\!:\!H \longrightarrow \left[H\!:\!\overset{:O:}{\underset{H}{O}}\!:\!\overset{:O:}{P}\!:\!\overset{\cdot\cdot}{O}\!: \right]^- + H^+$

　　(2) $H\!:\!\overset{:O:}{\underset{:O:}{O}}\!:\!S\!:\!O\!:\!H \longrightarrow \left[H\!:\!\overset{:O:}{\underset{:O:}{O}}\!:\!S\!:\!\overset{\cdot\cdot}{O}\!: \right]^- + H^+$

13.(1)$IO_3^- + 3HSO_3^- \rightarrow 3SO_4^{2-} + 3H^+ + I^-$，因 $\triangle E° > 0$；$\triangle E° = +0.98\ V$

　　(2)$IO_3^- + 5I^- + 6H^+ \rightarrow 3I_2 + 3H_2O$；$\triangle E° = 0.67\ V$

　　(3)可；$I_2 + HSO_3^- + H_2O \rightarrow SO_4^{2-} + 2I^- + 3H^+$

　　　因 $\triangle E° = 0.53 - 0.11 = 0.42 > 0$

14.(1)$SiO_2 + 4HF \rightarrow SiF_4 + 2H_2O$，(2)36%，(3)玻璃之 SiO_2 和 HF 有如(1)之
　　反應；說明如下：雜質不和 SiO_2 反應，故剩下。而 SiO_2 被反應用光，
　　又加熱蒸乾之過 SiF_4 及 H_2O 及未用光之 HF 均氣化，故剩下之 3.2 克為
　　雜質之重量。

第十章　金屬元素

主題一　鹼金、土族元素

(一) 鹼金族元素之一般性質

1. 鹼金族元素與水、空氣均易起反應 ⇒ 常保存在石油中。

2. 鹼金族元素化性活潑，與許多非金屬化合成離子固體（但 $LiCl$、$LiClO_4$ 等大部分鋰的化合物具共價性）。

3. 鹼金族元素之游離能低 $\begin{cases} (1)Li > Na > K > Rb > Cs \\ (2)易失去電子為良好的還原劑 \\ \quad（其中Cs為放出光電子之最佳材料）\end{cases}$

4. 鹼金族元素均有一個價電子(ns^1) ⇒ 化合物（或離子）中之氧化數為+1。

5. 標準電位(V)：

   $Li^+(-3.05)$、$Na^+(-2.71)$、$K^+(-2.92)$、$Rb^+(-2.93)$、$Cs^+(-2.92)$

6. 鹼金族元素之熔點、原（離）子半徑，均隨原子序增加而降低

   ⇒ Li < Na < K < Rb < Cs

7. 焰色反應（使用氯化物，因具揮發性）：Li^+（鮮紅）、Na^+（黃）、K^+（紫）、Rb^+（紫紅）、Cs^+（藍）。

8. 鹼金屬在自然界中不以元素態存在，常電解其熔化之鹽類於陰極製得。

   $2MX_{(l)} \rightarrow 2M$（鹼金屬）$+ X_2$（鹵素）

(二) 鹼金族元素的化合物

1. 氯化鈉(NaCl)

(1)製法：蒸發海水得粗鹽

〔內含$MgCl_2$, $CaCl_2$, $\therefore$易潮解；且帶苦味（來自$MgCl_2$）〕

(2)精製：加入Na_2CO_3, 使之生$MgCO_3$, $CaCO_3$沉澱，過濾除去後加熱蒸發即得精鹽。

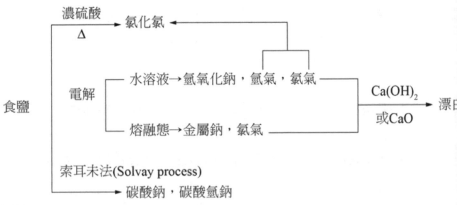

註：A.氯化鈉有鹹味，家庭用以調味及保藏食物，工業上用以製造鈉、氫氧化鈉、碳酸鈉、氯氣、鹽酸、漂白粉等。

B.鈉的性質：鈉具有銀白色光澤在空氣中與氧作用而產生氧化鈉而失去光澤，將鈉投入水中產生氫氣，溶液呈鹼性，鈉也會與酒精作用產生氫氣。

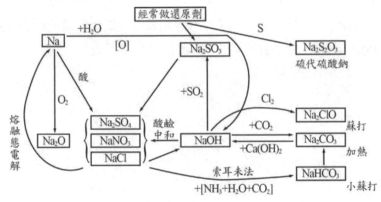

2. 氫氧化物(MOH)：有 LiOH、NaOH、KOH、RbOH、CsOH 等，其中
   NaOH（俗稱苛性鈉，亦名燒鹼）為重要之化學藥品。氫氧化鈉有強烈
   腐蝕性，在空氣中極易潮解並吸收二氧化碳變成碳酸鈉。

   $2NaOH + CO_2 \rightarrow Na_2CO_3 + H_2O$

   註：A.氫氧化鈉可供製造肥皂、紙漿、人造絲及煉鋁工業之用。

   　　B.氫氧化鈉的性質：乾燥時呈白色粉狀，會吸收水蒸氣而潮解呈鹼
   　　　性，$NaOH_{(aq)}$ 與 $NH_4Cl_{(aq)}$ 作用產生氨氣：$NaOH + NH_4Cl \rightarrow$
   　　　$NaCl + NH_{3(g)} + H_2O$。

3. 碳酸氫鈉（稱為焙用鹼或小蘇打）與碳酸鈉（俗稱蘇打）：

   (1) 以索耳未法製取：

   　　$CO_2 + NH_3 + H_2O \rightarrow NH_4HCO_{3(aq)}$

   　　$NH_4HCO_{3(aq)} + NaCl_{(aq)} \rightarrow NaHCO_{3(s)} + NH_4Cl_{(aq)}$

   　　$2NaHCO_{3(s)} \xrightarrow{\triangle} CO_2 + H_2O + Na_2CO_3$

   　　$2NH_4Cl + Ca(OH)_2 \rightarrow CaCl_2 + 2H_2O + 2NH_3$（供第一步驟用）

   　　$CaCO_3 \xrightarrow{\triangle} CaO + CO_2 \cdots\cdots$製 CO_2

   　　此法的原料僅須成本不高的食鹽及灰石（上述各步驟相加）

   　　$2NaCl + CaCO_3 \rightarrow Na_2CO_3 + CaCl_2$

   (2) 性質：無水碳酸鈉（Na_2CO_3）為白色粉末，易溶於水，並起水解而
   　　呈鹼性反應，可供洗濯之用。碳酸氫鈉（$NaHCO_3$）可溶於水呈鹼性，
   　　能與酸中和。

   (3) 用途：Na_2CO_3可作硬水之軟化劑，工業上用以製造玻璃、紙漿、清
   　　潔劑。$NaHCO_3$用以中和胃液中過量之酸與酒石酸氫鉀（$KHC_4H_4O_6$）
   　　混合作成焙粉亦可用在滅火器中。

☆碳酸鈉與碳酸氫鈉：兩者之水溶液呈鹼性與酸性作用產生 CO_2。

性質	外觀	鹽的種類	溶解性	液性	加酸	加熱	加 $CaCl_2$	加 $MgCl_2$
Na_2CO_3	白色固體	正鹽	可溶	鹼性	生 CO_2	—	生 $CaCO_{3(s)}$	生 $MaCO_{3(s)}$
$NaHCO_3$	白色固體	酸式鹽	微溶	弱鹼	生 CO_2	生 CO_2	—	—

4. 硝酸鉀（KNO_3）：俗稱硝石為無色晶體，強熱發生分解。

$$2KNO_3 \xrightarrow{\triangle} 2KNO_2 + O_2（KNO_3 會產生氧，為良好的氧化劑）$$

$$4KNO_2 \xrightarrow{\triangle} 2N_2 + 3O_2 + 2K_2O$$

將 75％硝酸鉀、15％木炭、10％硫磺研細混合即成黑火藥。硝酸鉀之主要用途為製造火藥及煙火（氯酸鉀亦有類似之性質）。

5. 碳酸鉀(K_2CO_3)：俗名草鹼。碳酸鉀為製造玻璃、肥皂、氫氧化鉀之原料。鉀鹽為植物生長所必須之營養故供為「鉀肥」之用。

(三) 鹼土族元素之一般性質

1. 鹼土族不以元素態存於自然界，其製備法為電解熔化之氯化物（與鹼金族同）；除 Be，Mg 外均可與水反應生成 H_2，又除 Be 外，餘均可高溫與 N_2 反應生成氮化物。

2. 溶解度積（或 ksp）
$$\begin{cases} (1)Mg(OH)_2 < Ca(OH)_2 < Sr(OH)_2 < Ba(OH)_2 \\ (2)MgSO_4 > CaSO_4 > SrSO_4 > BaSO_4 \\ (3)MgCrO_4 > CaCrO_4 > SrCrO_4 > BaCrO_4 \end{cases}$$

3. 焰色反應：Ca^{2+} 為磚紅色，Sr^{2+} 為深紅色，Ba^{2+} 為黃綠色；而 Mg + $KClO_3$ 為閃光燈泡的原料

4. 同族中
$$\begin{cases} (1)隨原子序增加而增加的有：原子半徑、離子半徑、原子容、\\ \quad 金屬性、活性、氧化電位及還原劑強度。 \\ (2)隨原子序增加而減少的有：游離能，M^{2+}+2e^- \rightleftarrows M 之 \\ \quad 還原電位、水合能所放熱量。 \\ (3)不規則：密度、熔度、熔沸點（此因晶形不一致使然） \end{cases}$$

☆同週期、鹼金族與鹼土金族的比較：（重要！）

A.鹼金族＞鹼土金族的有：原子半徑、離子半徑、原子容、活性、氧化電位、還原劑、第二游離能、電子親和力、氯化物的離子性、化合物的溶解度、氧化物或氫氧化物的鹼性、光電效應。

B.鹼金族＜鹼土金族的有：金屬鍵、熔沸點、汽化熱、昇華熱、比重、硬度、電負度、氧化數、價電子數、第一游離能、水合能所放熱量、形成錯離子的趨勢。

(四) 鹼土金族的化合物

1. 氧化鎂（MgO）：俗稱苦土，為白色粉末，略能溶於水成鹼性之 $Mg(OH)_2$，可作為制酸劑。氧化鎂之熔點很高，可製坩堝、耐火磚及電爐之襯裡等。

2. 硫酸鎂（$MgSO_4$）：$MgSO_4 \cdot 7H_2O$ 為無色之晶體俗稱瀉鹽，醫藥上作為瀉劑。工業上用於鞣皮及染色。

3. 鈣的常見化合物

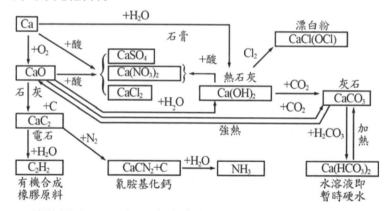

(1)碳酸鈣（$CaCO_3$）：在水中溶解度很小但可溶於 $H_2O_{(l)}$ 成碳酸氫鈣。自然界之石鐘乳及石筍是因碳酸氫鈣受熱析出 $CaCO_3$ 沉積而成。

(2)氧化鈣（CaO）：俗稱生石灰簡稱石灰。其製法及反應如下：

$$CaCO_3 \xrightarrow{\Delta} CaO + CO_2$$

$$CaO + H_2O \rightarrow Ca(OH)_2 （俗稱熟石灰）+ 熱量$$

$$Ca(OH)_2 + CO_2 \rightarrow CaCO_{3(s)} + H_2O$$

(3)石膏（$CaSO_4 \cdot 2H_2O$）與熟石膏[$(CaSO_4)_2 \cdot H_2O$]：

A. 硫酸鈣之天然產者稱石膏($CaSO_4 \cdot 2H_2O$)，半透明纖維狀之晶體，約加熱至 125℃ 則失去其四分之三的結晶水而變成熟石膏 $(CaSO_4)_2 \cdot H_2O$。

$$2[CaSO_4 \cdot 2H_2O] \xrightarrow[\text{125℃}]{\Delta} (CaSO_4)_2 \cdot H_2O + 3H_2O$$

B. 熟石膏之特性為其與水化合再變成石膏時產生硬化現象：

$$(CaSO_4)_2 \cdot H_2O + 3H_2O \rightarrow 2CaSO_4 \cdot 2H_2O$$

且硬化時體積稍脹，故可用以製模、塑像及為外科接骨之繃紮材料等。

C. 石膏熱至 200℃以上時，則完全失去結晶水而成無水硫酸鈣，沒有熟石膏之硬化性，可用製造粉筆。

☆如何分離並檢驗 Mg^{2+}、Ca^{2+}、Sr^{2+}、Ba^{2+}？〔重要！〕

Key：

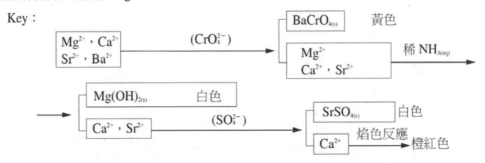

主題二　鋁

(一) 一般性質

鋁（$_{13}Al$）：價軌域 $3s^23p^1$，地殼存量第三多，熔點 660℃，比重 2.7，銀白色輕金屬，氧化電位 1.66V 為強還原劑，在空中表面生 Al_2O_3 保護膜。鋁作材料如堅鋁（Al、Cu、Si、Mg、Mn），及電線。Al 為兩性元素與強酸、強鹼作用皆可得 H_2。

(二) 製取

鋁：礬土($Al_2O_3 \cdot xH_2O$，含 Fe_2O_3）先純化再電解製鋁。

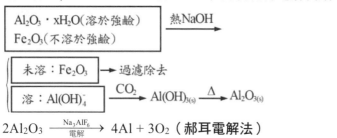

$$2Al_2O_3 \xrightarrow[\text{電解}]{Na_3AlF_6} 4Al + 3O_2 \text{（郝耳電解法）}$$

(三) 鋁的化合物

1. 氧化鋁（Al_2O_3）：亦稱礬土，在自然界形成剛玉（純粹之氧化鋁），剛石粉（含有四氧化三鐵），藍寶石（含有氧化鐵及氧化鈦），紅寶石（含有氧化鉻）等。氧化鋁可製成人造寶石，供作飾物及鐘錶或其他機械軸承等。

2. 氫氧化鋁：為兩性氫氧化物，可用作淨水劑、媒染劑。

   $Al(OH)_3 + 3H^+ \rightleftarrows Al^{3+} + 3H_2O$

   $Al(OH)_3 + OH^- \rightleftarrows Al(OH)_4^-$

   其製法：

   $3NH_3 + 3H_2O + Al^{3+} \rightarrow Al(OH)_3 + 3NH_4^+$

3. 明礬〔$KAl(SO_4)_2 \cdot 12H_2O$〕為無色八面體之硫酸鋁鉀晶體，可作媒染劑、淨水劑及供造紙、製筆等用。由三價金屬離子之硫酸鹽與一價金屬離子之硫酸鹽所成之複鹽具 $M^+ M^{3+} (SO_4)_2 \cdot 12H_2O$ 之通式，統稱礬。如 $NH_4Al(SO_4)_2 \cdot 12H_2O$ 銨礬（無色），$KFe(SO_4)_2 \cdot 12H_2O$ 鐵礬（淡紫色），$KCr(SO_4)_2 \cdot 12H_2O$ 鉻礬（黑紫色），$KMn(SO_4)_2 \cdot 12H_2O$ 錳礬（淡紅色）。礬不但組成相似，其晶形亦均相同（八面體），此類物質稱為同形體。

4. 氯化鋁：為 Al_2Cl_6 之分子結構，於 $178°C$ 昇華，不像一般離子化合物之具高熔點。

範例觀摩 1

(甲)Na_2O (乙)NO_2 (丙)Cl_2O_7 (丁)CaO (戊)Al_2O_3
上列化合物中,易溶於水且溶液呈鹼性者有: (A)一 (B)二 (C)三 (D)四 (E)五 項。

解析 (B)。正確者為(甲)(丁)兩項
$$Na_2O + H_2O \rightarrow 2NaOH$$
$$CaO + H_2O \rightarrow Ca(OH)_2$$

範例觀摩 2

擬用 $Al(NO_3)_{3(aq)}$ 製取 $Al(OH)_3$ 時,較宜用
(A)$NaOH_{(aq)}$ (B)$NH_4OH_{(aq)}$ (C)$KOH_{(aq)}$ (D)H_2O。

解析 (B)。$NH_4OH_{(aq)}$ 為弱鹼與 $Al(NO_3)_{3(aq)}$ 形成 $Al(OH)_3$ 後不會溶解於弱鹼,若用 $NaOH$、KOH 則形成之 $Al(OH)_3$ 會溶於強鹼。

範例觀摩 3

(甲)鹼金族元素中,原子量較大者較不活潑,可以在自然界中游離存在。
(乙)鹼金族元素最外層只有 ns^1 電子,通常只能形成+1氧化態化合物,而不形成
    +2氧化態化合物。
(丙)鹼土族元素最外層只有 ns^2 電子,所以可以形成+1及+2氧化態化合物
(丁)所有鹼金族元素在室溫時,都易與水作用產生氫氧化物及氫
(戊)所有鹼土族元素在室溫時,都易與水作用產生氫氧化物及氫。
上列敘述,錯誤者有: (A)一 (B)二 (C)三 (D)四 (E)五 項。

解析 (C)。(甲)IA 族無游離態存在。(丙)ⅡA 族無+1 氧化態化合物。(戊)Be 及 Mg 無法在室溫與水作用。

範例觀摩 4

(甲)F_2 (乙)Al (丙)Na (丁)Zn (戊)Fe
在工業上,由礦石或其他資源大量提煉金屬或非金屬,可利用電解方式進行者
有: (A)一 (B)二 (C)三 (D)四 (E)五 項。

解析 (C)。F₂為最強之氧化劑，不能用氧化劑將氟由化合物中氧化析出，Al 與 Na 是很強之還原劑。宜用電解法製取 F_2、Al、Na 等活性較大之元素。

範例觀摩 5

重要觀念！必會！

下圖為有關鈣及化合物的反應變化

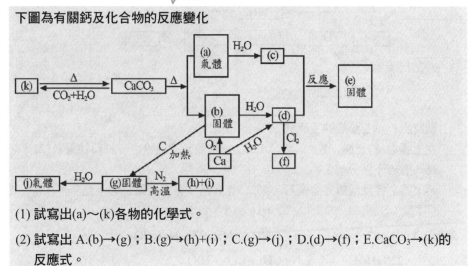

(1) 試寫出(a)～(k)各物的化學式。

(2) 試寫出 A.(b)→(g)；B.(g)→(h)+(i)；C.(g)→(j)；D.(d)→(f)；E.CaCO₃→(k)的反應式。

解析 (1)(a)CO_2 (b)CaO (c)H_2CO_3 (d)$Ca(OH)_2$ (e)$CaCO_3$ (f)$Ca(OCl)Cl$
(g)CaC_2 (h)$CaCN_2$ (i)C (j)C_2H_2 (k)$Ca(HCO_3)_2$

(2) A. $CaO + 3C \rightarrow CaC_2 + CO$ B. $CaC_2 + N_2 \rightarrow CaCN_2 + C$

C. $CaC_2 + 2H_2O \rightarrow C_2H_2 + Ca(OH)_2$ D. $Ca(OH)_2 + Cl_2 \rightarrow Ca(OCl)Cl + H_2O$

E. $CaCO_3 + CO_2 + H_2O \rightarrow Ca(HCO_3)_2$

範例觀摩 6

下圖為製碳酸氫鈉及碳酸鈉的流程圖：

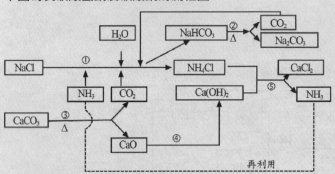

(1)試寫出1～5各步驟的反應式。

(2)在上圖之2的反應，當168克 $NaHCO_3$ 被加熱分解到途中，試料總重為121.5克時，有若干%分解？

(3)若上圖之各反應皆完全進行，則585克食鹽，可得碳酸鈉若干克？

（原子量：Na＝23，C＝12，O＝16，Cl＝35.5）

解析 (1) $1NaCl + CO_2 + H_2O + NH_3 \rightarrow NH_4Cl + NaHCO_3$

$22NaHCO_3 \xrightarrow{\triangle} Na_2CO_3 + CO_2 + H_2O$

$3CaCO_3 \xrightarrow{\triangle} CaO + CO_2$

$4CaO + H_2O \rightarrow Ca(OH)_2$

$5Ca(OH)_2 + 2NH_4Cl \rightarrow CaCl_2 + 2NH_3 + 2H_2O$

(2)設有 x 克 $NaHCO_3$ 分解，則

$(x/84) \times (0.5) \times 106 + (168 - x) = 121.5$

∴$x = 126$，即$(126/168) \times 100\% = 75\%$

(3)總反應：$2NaCl + CaCO_3 \rightarrow Na_2CO_3 + CaCl_2$

$(585/58.5) \times (1/2) \times 106 = 530$（克）

主題三　過渡元素

(一) 過渡元素之一般性質

1. 過渡元素之化性相差很大，沒有通則可尋。

2. d 軌域參加鍵結，對過渡元素而言，ns 軌域及（n－1）d 軌域均涉及化合物之形成。

3. 所有過渡元素，在元素狀態，都是金屬。大多數過渡元素，具有高熔點、高沸點、高汽化熱和高昇華熱。但 ⅡB 族元素（鋅、鎘及汞）為此一般原則之例外（Zn、Cd、Hg 為各該列過渡元素中熔點、沸點最低者）。

4. 大多數過渡金屬均為熱電良導體，ⅠB（Cu、Ag、Au）之金屬尤其突出。

5. 大多數過渡元素均有不只一種的氧化態，並 ⅢB（如 Sc^{3+}）、Zn^{2+}、Cd^{2+}、Ag^+ 在化合物中則僅有一種氧化數。

6. 過渡元素的化合物大都有顏色；過渡元素也易形成錯離子。

   ☆第一列過渡元素之一般性質：

   A. 原子量隨原子序增加而增大，但 Co＞Ni。

   B. 熔、沸點無規則變化，但以 Zn 為最低（因 3d 軌域已填滿）。

   C. 地殼中的存量以 Fe 為最多。

   D. 除 Sc、Zn 外，皆具多種氧化數，且其氧化數間彼此相差為 1。
      第一列過渡元素之最高氧化態是先增後減，例如 Sc 為＋3，Ti 為＋4，V 為＋5，Cr 為＋6，Mn 為＋7，Fe、Co、Ni 為＋3，Cu、Zn 為＋2。

   E. 高氧化態時以共價性含氧離子存在，如 VO_2^+，CrO_4^{2-}，MnO_4^-。

   F. 各過渡元素活鈍殊異，氧化電位 Sc 最高 2.08V，Cu 最低－0.34V。Cr 成 Cr_2O_3 保護膜。（高氧化態如 CrO_3，Mn_2O_7 為酸性）

   G. 還原電位無規則，只有 $Cu^{2+} + 2e^- \rightleftarrows Cu$ 大於零，其餘 $M^{2+} + 2e^- \rightleftarrows M$ 還原電位皆小於零。

(二) 過渡元素較重要的化合物

1. 二氧化鈦（TiO_2）：俗稱鈦白，可作白色塗料，TiO_2晶體折射率高。

   $$FeTiO_{3(s)} + 3H_2SO_{4(l)} \rightarrow FeSO_{4(aq)} + Ti(SO_4)_{2(aq)} + 3H_2O$$

   $$Ti^{4+}_{(aq)} + 4OH^-_{(aq)} \rightarrow TiO_{2(s)} + 2H_2O$$

2. 三氧化二鉻（Cr_2O_3）：俗稱鉻綠，可作不溶性綠色顏料。

   $$2Cr(OH)_3 \xrightarrow{\triangle} Cr_2O_{3(s)} + 3H_2O$$

   $$(NH_4)_2Cr_2O_{7(s)} \xrightarrow{\triangle} Cr_2O_{3(s)} + 4H_2O_{(g)} + N_{2(g)}$$

3. 鉻酸鉀（K_2CrO_4）及二鉻酸鉀（$K_2Cr_2O_7$）：隨溶液之酸鹼性互變。

   $$2CrO_4^{2-}（黃色）+ 2H^+ \rightleftharpoons Cr_2O_7^{2-}（橙紅色）+ H_2O_{(l)}$$

   $Cr_2O_7^{2-}$之酸性溶液為氧化劑與還原劑作用後變成 Cr^{3+}（綠色）。

   例：$Cr_2O_7^{2-} + 14H^+ + 6I^- \rightarrow 2Cr^{3+} + 7H_2O + 3I_2$

   　　$Cr_2O_7^{2-} + 14H^+ + 6Fe^{2+} \rightarrow 2Cr^{3+} + 6Fe^{3+} + 7H_2O$

4. 二氧化錳（MnO_2）：天然產出者為軟錳礦，MnO_2可作氧化劑、催化劑。

   $$Mn(NO_3)_2 \xrightarrow{\triangle} MnO_2 + 2NO_2 \quad 3MnO_2 \xrightarrow{\triangle} Mn_3O_4 + O_2$$

   $$MnO_2 + 2H_2SO_4 + 2NaX \rightarrow MnSO_4 + NaSO_4 + X_2 + 2H_2O \quad (X = Cl, Br, I)$$

   $$2H_2O_2 \xrightarrow{MnO_2} 2H_2O + O_2 \quad 2KClO_3 \xrightarrow[\triangle]{MnO_2} 2KCl + 3O_2$$

   MnO_2可溶於濃硫酸中而放出 O_2：$2MnO_2 + 4H^+ \rightarrow O_2 + 2Mn^{2+} + 2H_2O$

5. 過錳酸鉀（$KMnO_4$）：為黑色晶體，$MnO_4^-_{(aq)}$（紫色）氧化力強。

   (1)在鹼性或中性溶液中 MnO_4^- 與還原劑作用變成黑褐色之 MnO_2。

   　　例：$2MnO_4^- + 3SO_3^{2-} + H_2O \rightarrow 3SO_4^{2-} + 2MnO_2 + 2OH^-$

   (2)在酸性溶液中 MnO_4^-（紫色）被還原成為淡紅色之 Mn^{2+}。

   　　例：$2MnO_4^- + 5C_2O_4^{2-} + 16H^+ \rightarrow 2Mn^{2+} + 10CO_2 + 8H_2O$

   (3)在強鹼性溶液中 MnO_4^- 被還原成為綠色之 MnO_4^{2-}。

   　　例：$4MnO_4^- + 5OH^- + C_2H_5CH_2OH \rightarrow 4MnO_4^{2-} + C_2H_5COO^- + 4H_2O$

6. 錳酸鉀（K_2MnO_4）：MnO_4^{2-}（錳酸根離子）在鹼性、中性或酸性極不安定，易生自身氧化還原（$3MnO_4^{2-} + 4H^+ \rightarrow 2MnO_4^{2-} + MnO_2 + 2H_2O$），只在強鹼性中安定。

☆錳的氧化態的變化：

A. 過錳酸鉀溶液 + 6NNaOH$_{(aq)}$ + C_2H_5OH：由紫色變綠色 MnO_4^{2-}。

$4MnO_{4(aq)}^- + CH_3CH_2OH + 4OH^- \rightarrow 4MnO_{4(aq)}^{2-} + CH_3COOH + 3H_2O$

B. 加熱上述溶液則產生棕色 MnO_2 沉澱。

$3MnO_4^{2-} + 2H_2O \rightarrow 2MnO_4^- + MnO_{2(s)} + 4OH^-$

C. 吸去上述之上層澄清溶液，加入 H_2SO_4 使 $MnO_{2(s)}$ 溶解。

$2MnO_{2(s)} + 4H^+ \rightarrow O_2 + 2Mn^{2+}$（淡紅）$+ 2H_2O$

D. 1M 氯化錳（Ⅱ）中加入少量 NaOH$_{(aq)}$，再加入 1M 硫化銨溶液。

$Mn^{2+} + S^{2-} \rightarrow MnS_{(s)}$（淺粉紅色）

E. 取錳酸鉀晶體置入水中呈綠色，滴入稀硫酸發生如下之反應。

$3MnO_4^{2-} + 4H^+ \rightarrow 2MnO_{4(aq)}^- + MnO_{2(s)} + 2H_2O$

F. 紫色 $KMnO_4$ 酸性溶液與草酸或雙氧水作用變成淡紅色 $Mn_{(aq)}^{2+}$。

$2MnO_4^- + 5C_2O_4^{2-} + 16H^+ \rightarrow 2Mn^{2+} + 10CO_2 + 8H_2O$

$2MnO_4^- + 5H_2O_2 + 6H^+ \rightarrow 2Mn^{2+} + 5O_2 + 8H_2O$

7. 鐵的化合物：有二價亞鐵之化合物與三價之鐵化合物，亞鐵鹽性較不安定，易受氧化而成鐵鹽，例如 $FeSO_4$ 與 $KMnO_4$ 之硫酸溶液作用變成 $Fe_2(SO_4)_3$。

$10FeSO_4 + 2KMnO_4 + 8H_2SO_4 \rightarrow 5Fe_2(SO_4)_3 + K_2SO_4 + 2MnSO_4 + 8H_2O$

8. 亞鐵氰化鉀($K_4[Fe(CN)_6]$)：含三分子結晶水之黃色結晶俗稱黃血鹽，易溶於水生成亞鐵氰離子$[Fe(CN)_6]^{4-}$，遇鐵鹽（含 Fe^{3+}）產生普魯士藍，為藍色顏料。

$4Fe^{3+} + 3[Fe(CN)_6]^{4-} \rightarrow Fe_4[Fe(CN)_6]_{3(s)}$（藍色沉澱）

$2Cu^{2+} + [Fe(CN)_6]^{4-} \rightarrow Cu_2[Fe(CN)_6]_{(s)}$（紅棕色沉澱）

9. 鐵氰化鉀($K_3[Fe(CN)_6]$)：為赤色晶體，俗稱赤血鹽，可溶於水，遇 Fe^{2+} 生成藍色沉澱。

(1) Fe^{2+} 與會 $Fe(CN)_6^{3-}$ 起氧化還原反應而生 Fe^{3+} 及 $Fe(CN)_6^{4-}$，$\therefore$沉澱物為 $Fe_4[Fe(CN)_6]_3$；亦即為滕氏藍與普魯士藍完全相同，為亞鐵氰化鐵，而非早期所述之鐵氰化亞鐵。

(2) Zn^{2+} +赤血鹽生 $Zn_3[Fe(CN)_6]_2$（白色沉澱）

範例觀摩 1

下列有關第一列過渡元素之敘述，何者正確？ (A)第一列過渡元素皆為金屬，為電及熱之良導體 (B)大部分第一列過渡元素之電子組態具有未滿之 d 軌域 (C)大部分之第一列過渡元素化合物有數種氧化數 (D)大部分之第一列過渡元素化合物具有顏色 (E)大部分之第一列過渡元素以元素態存在於自然界。

解析 (A)(B)(C)(D)。(A)第一列過渡元素包括 $_{21}Sc$ 至 $_{30}Zn$10 種金屬。

(B)填3d軌域，僅Cu：$3d^{10}4s^1$、Zn：$3d^{10}4s^2$，其餘元素d軌域未填滿。

(C)(D)多未能完成鈍氣電子數，故呈數種氧化數及彩色。

(E)僅銅的氧化電位為$-0.34V$，活性較小有自然銅存在，餘皆化合態。

範例觀摩 2

(甲)$Cr(OH)_3$ (乙)$Mg(OH)_2$ (丙)$Al(OH)_3$ (丁)$Zn(OH)_2$ (戊)$Fe(OH)_3$
上列化合物中，可溶解於強酸，也可溶解於強鹼中者，有： (A)一 (B)二 (C)三 (D)四 (E)五 項。

解析 (C)。兩性元素之氫氧化物即可溶解於強酸及強鹼中。

範例觀摩 3

今有三支相同的鐵棒，其中甲鐵棒和乙鐵棒分別以金屬線接上鋅棒和銅棒，丙鐵棒則不接其他金屬棒，試問有關三支鐵棒之相對腐蝕速率，下列敘述何者正確？　(A)三支均相同　(B)甲最慢　(C)乙最慢　(D)丙最慢。

解析　(B)。Fe 與氧化電位大的 Zn 接觸可防止生銹，而與氧化電位小的金屬 Cu 接觸可加速生銹。

範例觀摩 4

試描述下列各實驗的結果：

(1) 取1M 氯化錳（Ⅱ）溶液2毫升置於試管中，滴入1M 氫氧化鈉溶液數滴至微鹼性，再加入1M 硫化銨溶液2毫升。

(2) 取0.1M 硫酸銅溶液5毫升倒入一試管中，再加入0.1M 鐵（Ⅱ）氰化鉀溶液3毫升。

解析　(1)產生淡粉紅色沉澱：$Mn^{2+} + S^{2-} \to MnS_{(s)}$

　　　(2)產生紅棕色沉澱：$2Cu^{2+} + Fe(CN)_6^{4-} \to Cu_2[Fe(CN)_6]_{(s)}$。

(三) 重要金屬的冶煉及其合金

1. 鋁：電解熔化之氧化鋁（Na_3AlF_6 為助熔劑）在陰極產生鋁。

   $$2Al_2O_{3(l)} \to 4Al + 3O_2$$

   註：鋁為銀白色之輕金屬，在空氣中生成氧化鋁薄膜，可保護內部不再氧化。經處理過的鋁合金（如堅鋁）質輕而極堅韌，為製飛機之重要材料。

2. 鐵：以氧化鐵為原料，煤焦用作燃料及還原劑，加入熔劑（雜質為泥沙，則加灰石為熔劑；若雜質為灰石，則加矽土為熔劑），使雜質形成熔渣，送入熱空氣使焦煤燃燒發生高溫，同時產生 CO 使氧化鐵還原為鐵。在鼓風爐中發生的反應如下：

   $$\left.\begin{array}{l} C_{(s)} + O_{2(g)} \to CO_{2(g)} \\ C_{(s)} + CO_{2(g)} \to 2CO_{(g)} \end{array}\right\} 2C_{(s)} + O_{2(g)} \to 2CO_{(g)}（還原劑）$$

$$Fe_2O_{3(s)} + 3CO_{(g)} \rightarrow 2Fe_{(l)} + 3CO_2$$
$$Fe_2O_{3(s)} + 3C_{(s)} \rightarrow 2Fe_{(l)} + 3CO$$

$\left.\right\}$ 熔融之鑄鐵由底部流出，其溫度可達2000℃（鐵的熔點1535℃）

$$CaCO_3 \rightarrow CaO + CO_2$$
$$CaO + SiO_2 \rightarrow CaSiO_3$$

$\left.\right\}$ 熔渣的形成

(1) 鐵的生銹：

　　A. 鐵在酸性溶液中生銹，中性溶液中稍為生銹，在鹼性溶液中不生銹。

　　B. 鐵在生銹過程中陽極產生 $Fe^{2+}_{(aq)}$，加入 $K_3Fe(CN)_{6(aq)}$則產生藍色沉澱。而陰極發生$2H_2O + 2e^- \rightarrow H_2 + 2OH^-$遇酚酞呈紅色。

　　C. 繞鋅的 Fe：陽極 $Zn \rightarrow Zn^{2+} + 2e^-$ 遇 $K_3Fe(CN)_6$呈白色，而陰極 $2H_2+ 2e^- \rightarrow H_2 + 2OH^-$ 使酚酞呈紅色。

　　D. 繞銅的 Fe：陽極 $Fe \rightarrow Fe^{2+} + 2e^-$ 遇 $K_3Fe(CN)_6$呈藍色沉澱而陰極（在 Cu 處）$2H_2O + 2e^- \rightarrow H_2 + 2OH^-$ 使酚酞呈紅色。

(2) 除銹法→鐵生銹必需有氧和水，鐵銹 $Fe_2O_3 \cdot xH_2O$ 疏鬆多孔。

　　A. 陰極保護法；鐵與氧化電位較鐵大的金屬如 Mg、Zn 等接觸。

　　B. 隔絕空氣保持乾燥。　　　　C. 處理成鈍態 Fe_3O_4表面。

　　D. 在鹼中鐵不易生銹。

3. 鋼：將鑄鐵中之硫、磷及矽以熱空氣氧化除去並調整碳之含量，即成為鋼。

　　(1) 軟鋼：軟鋼為一種低碳鋼，其含碳量在0.2％以下，富延展性，可製造鐵絲、鐵釘等。

　　(2) 中碳鋼：中碳鋼含碳0.2～0.6％，用於製造鐵軌、鋼梁及其他結構材料。

　　(3) 硬鋼：硬鋼為一種高碳鋼，含碳0.6～1.5％，用於製造剃刀、鑽頭及外科器械等。

4. 特殊鋼：如高速鋼（W、Cr、V），不銹鋼（Cr、Ni），耐酸鋼（Si）。

5. 銅：有以元素態存在，但為量甚少。

　　(1) 元素銅礦 $\xrightarrow{\text{水}}$ 沖洗 $\xrightarrow{\text{熔劑}}$ 爐中共熱即得。

　　(2) 氧化銅或碳酸銅 $\xrightarrow{\text{C}}$ 鼓風爐中共熱即得。

(3) 由輝銅礦或黃銅礦製銅，因其為貧礦，須先用浮選法以濃縮之。

過程	①浮選法 ➡	②煅燒法 ➡	③反射爐　　➡	④轉化爐
目的	濃縮	將部分硫變成 SO_2 而除去	將鐵變成矽酸鹽之熔渣而與銅分離	氧化 S^{2-} 且析出 Cu
產物	$CuFeS_2$	Cu_2S，FeO	Cu_2S $(Fe_{1-x}Ca_x)SiO_3$	（粗銅） Cu

反應式：② $2CuFeS_2 + 4O_2 \rightarrow Cu_2S + 2FeO + 3SO_2$

③ $CaCO_3 + SiO_2 \xrightarrow{\Delta} CaSiO_3 + CO_2$

$xCaSiO_3 + (1-x)FeO + (1-x)SiO_2$

$\rightarrow (Fe_{1-x}Ca_x)SiO_{3(l)}$

$0 < x < 1$

④ $Cu_2S + O_2 \xrightarrow{\Delta} 2Cu$（粗銅）$+ SO_2$

以上所製得之銅為粗銅尚含有鋅、銀、金鉑等雜質，用電解法（硫酸銅為電解液，粗銅為陽極，純銅為陰極）精製銅。

$$\begin{cases} 陽極（粗銅）溶解：Cu_{(s)} \rightarrow Cu^{2+}_{(aq)} + 2e^- \\ 陰極（純銅）析出：Cu^{2+}_{(aq)} + 2e^- \rightarrow Cu_{(s)} \end{cases}$$

(4) 銅的主要合金：黃銅（Cu、Zn），青銅（Cu、Sn），德銀或白銅（Cu、Zn、Ni）

(5) 銅離子及其化合物：

A.硫酸銅晶體（$CuSO_4 \cdot 5H_2O$）為藍色，加入濃硫酸或加熱脫水後變成白色粉末之 $CuSO_{4(s)}$，若把硫酸銅加入水中則又變為藍色。

B.在 $CuSO_{4(aq)}$ 中加入 $NaOH_{(aq)}$ 則產生藍綠色之 $Cu(OH)_{2(s)}$，於此沉澱物中再加入氨水則溶解，產生深藍色之 $Cu(NH_3)^{2+}_{4(aq)}$。

C.將上述溶液加熱，加入低亞硫酸鈉（Na_2SO_4）則產生銅。

D.銅離子與硫化鈉溶液反應生成黑色的 CuS 沉澱。

E.銅離子與鐵（Ⅱ）氰化鉀溶液反應生成紅棕色的 $Cu_2Fe(CN)_6$ 沉澱。

主題四　錯合物（complex）

(一)定義： 錯合物是以一個金屬原子或陽離子為中心，利用其空價軌域，與具有孤電子對（lone pair）的分子或陰離子，結合而成的化合物。

(二)配位基（ligand）： 與中心金屬原子或陽離子結合的分子或陰離子稱為配位基。

1. 單牙基（monodentate）：只用一個原子與金屬結合的配位基。例如：NH_3、H_2O、F^-、Cl^-、CO、CN^- 等。

2. 多牙基（polydentate）：能用二個以上原子與金屬結合的配位基。

   (1)雙牙基：

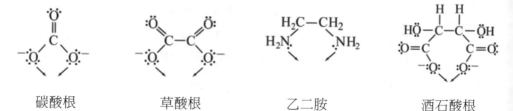

碳酸根　　　　　草酸根　　　　　乙二胺　　　　　酒石酸根

   (2)六牙基：EDTA（ethylenediaminetetraacetate，乙二胺四乙酸根）

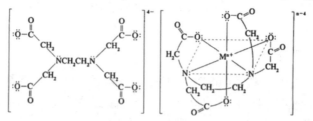

(三)鉗合物（chelate）： 多牙基與金屬所形成之錯合物。例如：

1. 酸溶液除去鐵銹時形成的三草酸鐵(Ⅲ)錯離子。

   $$Fe^{3+} + 3C_2O_4{}^{2-} \rightarrow [Fe(C_2O_4)_3]^{3-}$$

2. 生物體內的葉綠素（chlorophyll）。

(四)配位數（**coordination number**）：與中心金屬鍵結的配位原子總數。

【實例】

1.$[Ag(NH_3)_2]Cl$，Ag^+ 的配位數為 2，因 NH_3 為單牙基，故 $1 \times 2 = 2$。

2.$[Cu(NH_3)_4]SO_4$，Cu^{2+} 的配位數為 4，因 NH_3 為單牙基，故 $1 \times 4 = 4$。

3.$[Co(NH_3)_5Cl]Cl_2$，Co^{3+} 的配位數為 6，因 NH_3、Cl^- 為單牙基，故 $1 \times 6 = 6$。

4.$Na_3[Fe(C_2O_4)_3]$，Fe^{3+} 的配位數為 6，因 $C_2O_4^{2-}$ 為雙牙基，故 $2 \times 3 = 6$。

範例觀摩 1

下列中心金屬的氧化數為+2，配位數為4的錯合物為？
(A)$[Pt(NH_3)_2Cl_4]$　　　　　　　　(B)$K_4[Ni(CN)_4]$
(C)$K[Cr(NH_3)_2(C_2O_4)_2]$　　　　(D)$[Co(en)_2]Cl_2$（en 為乙二胺：$H_2NCH_2CH_2NH_2$）

解析 (D)。(A)Pt^{4+} 配位數為 6　(B)Ni 中性原子，配位數為 4　(C)Cr^{3+} 配位數為 6。

範例觀摩 2

關於鐵生銹的敘述：　(甲)鐵生銹需 H_2O 及 O_2，且 H^+ 會加速其反應　(乙)鐵釘頭部及尖端較其餘部分容易生銹　(丙)鐵釘彎曲部分較未彎曲部分容易生銹　(丁)鐵釘與鋅密接或繞上銅線，皆可減慢鐵生銹。
上列正確者，有：　(A)一　(B)二　(C)三　(D)四項。

解析 (C)。(甲)(乙)(丙)為正確敘述；(甲)鐵生銹初步反應，陽極 $Fe \rightarrow Fe^{2+} + 2e^-$，陰極 $2H_2O + 2e^- \rightarrow 2OH^- + H_2$，加酸促進陰極反應。鐵銹為 $Fe_2O_3 \cdot xH_2O$，故必需有水、有氧；(乙)(丙)鐵釘頭及尖處彎曲

處金屬鍵受壓扭曲，易生銹；(丁)活性：鋅＞鐵＞銅，鋅先氧化故可保護鐵，而銅則促進鐵的生銹。

範例觀摩 3

寫出下列(1)～(6)的化學反應方程式：

(1) 銅加入稀硝酸微熱，生無色氣體，銅溶解，生成藍色溶液。

(2) 加氫氧化鈉溶液於(1)之藍色溶液得藍綠色沉澱。

(3) 將此沉澱加熱，變為黑色沉澱。

(4) (3)之黑色化合物溶於稀硫酸成藍色溶液。

(5) 將(4)之溶液濃縮使之析出藍色結晶，使之溶於水，再加氨水於此結晶，可得藍綠色沉澱。

(6) 繼續加過量氨水，則得深藍色溶液。

(7) 將(6)加熱煮沸後加入低亞硫酸鈉。

解析　$(1) 3Cu + 8HNO_3 \rightarrow 3Cu(NO_3)_2 + 2NO + 4H_2O$

$(2) Cu(NO_3)_2 + 2NaOH \rightarrow Cu(OH)_{2(s)} + 2NaNO_3$

$(3) Cu(OH)_2 \xrightarrow{\triangle} CuO + H_2O$

$(4) CuO + H_2SO_4 \rightarrow CuSO_4 + H_2O$

$(5) CuSO_4 + 2NH_3 + 2H_2O \rightarrow Cu(OH)_{2(s)} + (NH_4)_2SO_4$

$(6) Cu(OH)_2 + 4NH_3 \rightarrow Cu(NH_3)_4^{2+} + 2OH^-$

$(7) 3Cu^{2+} + 8OH^- + S_2O_4^{2-} \rightarrow 3Cu + 2SO_4^{2-} + 4H_2O$

範例觀摩 4

以銅作陰陽兩電極，電解硫酸水溶液，陽極會發生何種變化？　(A)銅溶解　(B)析出銅　(C)產生 SO_2　(D)逸出 H_2。

解析　(A)。陽極：$Cu \rightarrow Cu^{2+} + 2e^-$。　陰極：$Cu^{2+} + 2e^- \rightarrow Cu$。

範例觀摩 5

在常溫下，下列那一項試驗最不易有氣體產生？　(A)加鎂帶於順丁烯二酸水溶液　(B)加二氧化矽於氫氟酸溶液　(C)加 Cu 塊於稀鹽酸水溶液　(D)將一小塊鈉加入無水酒精中　(E)將 H_2O_2 滴入之 $KMnO_4$ 溶液。

解析　(C)。(A)$Mg + 2H^+ \rightarrow Mg^{2+} + H_2$

$\qquad$ (B)$SiO_2 + 4HF \rightarrow SiF_{4(g)} + 2H_2O$

$\qquad$ (C)氧化電位 Cu＜H_2　∴Cu 在鹽酸中不會產生 H_2

$\qquad$ (D)$2C_2H_5OH + 2Na \rightarrow 2C_2H_5ONa + H_2$

▼ 重要試題演練

(　)　1. 有三種錯合物(a)$CrCl_3 \cdot 6NH_3$；(b)$CrCl_3 \cdot 5NH_3$；(c)$CrCl_3 \cdot 4NH_3$ 取同莫耳數的上述三種溶於水中，各加入足量 $AgNO_{3(aq)}$，若(a)得 1 克 AgCl 沉澱，則(b)、(c)所得沉澱總重若干克？　(A)0.67　(B)1.00　(C)1.33　(D)2.00 克。（AgCl= 143.5）

(　)　2. 鐵鹽溶於 12M 鹽酸時，鐵離子極可能變為　(A)$FeCl_2^+$　(B)$FeCl_4^-$　(C)$Fe(H_2O)_6^{3+}$　(D)$FeCl_6^{3-}$。

(　)　3. 那一試劑不用以區分 Fe^{2+} 及 Fe^{3+}？　(A)$K_3Fe(CN)_6$　(B)KSCN　(C)$KMnO_4$　(D)K_2SO_4。

(　)　4. 若 0.2 莫耳之 $CoCl_3 \cdot 5NH_3$ 溶於 500g 水中求此溶液之凝固點。(A)$-0.744℃$　(B)$-1.488℃$　(C)$-2.232℃$　(D)$-4.464℃$。

(　)　5. Cr_2O_3，CrO_3，CrO 三化合物依酸性增加之方向排列為　(A)Cr_2O_3＜CrO_3＜CrO　(B)CrO_3＜Cr_2O_3＜CrO　(C)Cr_2O_3＜CrO＜CrO_3　(D)CrO＜Cr_2O_3＜CrO_3。

(　)　6. 稱取兩分鋁粉，第一分加足量濃 $NaOH_{(aq)}$，第二分加足量 $HCl_{(aq)}$，如要產生等體積的氫氣（在同溫同壓下），兩分鋁粉的質量之比為(A)1：2　(B)1：3　(C)3：2　(D)1：1。

（　）　7. 下列錯合物中，哪些中心金屬離子為+2 價，且其配位環境是平面四邊形？（原子序： Ni、Pd、Pt 分別為 28、46、78）（多選）(A)$[Ag(NH_3)_2]^+$　　(B)$[Zn(NH_3)_4]^{2+}$　　(C)$[Pd(NH_3)_4]^{2+}$　　(D)$[Pt(NH_3)_2Cl_2]$　(E)$[Ni(CN)_4]^{2-}$。

（　）　8. 為紀念居里夫人發現鐳（Ra）元素，並獲諾貝爾化學獎 100 週年，訂定 2011 年為國際化學年。鐳屬於鹼土元素。下列有關鐳的敘述，哪些正確？（多選）　(A)鐳的價電子層為 $7s^2$ 組態　(B)鐳是製造雷射元件的材料之一　(C)鐳具有放射性是因其第一游離能極低　(D)鐳的碳酸鹽難溶於水　(E)鐳的氯化物的化學式為 RaCl。

（　）　9. 金礦常出現於山區，區內小溪亦常可發現砂金，都可用於煉金。試問下列有關金的敘述，哪些正確？（多選）　(A)金可溶於濃硝酸　(B)金的還原電位高，故化性活潑　(C)在純金中添加少量銅，可增加其硬度　(D)金奈米粒子比一般金粒子化性活潑　(E)某十八開金的飾品，其重量為 480 毫克，則金含量為 320 毫克。

（　）　10. 錯合物 $K_n[Fe(CN)_6]$，在反應中可作為氧化劑，下列有關此錯合物的敘述，哪些正確？（多選）　(A)分子式中 n＝4　(B)其配位子含有兩對孤電子對　(C)該錯合物可以和維生素 C 反應　(D)該錯合物中鐵離子的電子組態為 $[Ar]3d^3 4s^2$　(E)當作氧化劑反應後，其所生成的錯合物非常不穩定。

（　）　11. 配位化合物 $Pt(NH_3)_2(C_2O_4)$ 可做癌症療藥。下列關於該配位化合物的敘述，何者正確？　(A)有順反異構物　(B)有三種配位基　(C)配位數是 4　(D)溶在水中時可導電　(E)最可能的結構是四面體。

解答與解析

1.(B)。(a)可解離3個Cl^-；(b)可解離2個Cl^-；(c)可解離1個Cl^-得AgCl重，

(a)：(b)：(c) = 3：2：1 = 1克：x克：y克　∴x=$\dfrac{2}{3}$克，y=$\dfrac{1}{3}$克。

2.(D)。$Fe_{(aq)}^{3+} + 6Cl_{(aq)}^- \rightleftarrows FeCl_{6(aq)}^{3-}$。

3.(D)。Fe^{2+} 及 Fe^{3+} 不與 K_2SO_4 反應。

4.(C)。$CoCl_3 \cdot 5NH_3 \rightarrow [Co(NH_3)_5Cl]^{2+} + 2Cl^-$

$\triangle T_f = 1.86 \times \dfrac{0.2}{0.5} \times 3 = 2.232^{\circ}C$。

5.(D)。金屬氧化數愈高酸性愈強。

6.(D)。$2Al+6HCl \rightarrow 2AlCl_3+3H_2$；$2Al+2NaOH+6H_2O \rightarrow 2NaAl(OH)_4 + 3H_2$。

7.(C)(D)(E)。(A)$[Ag(NH_3)_2]^+$：Ag^+，配位數 2，直線形。

(B)$[Zn(NH_3)_4]^{2+}$：Zn^{2+}，配位數 4，四面體形結構。

(C)$[Pd(NH_3)_4]^{2+}$：Pd^{2+}，配位數 4，平面四邊形結構。

(D)$[Pt(NH_3)_2Cl_2]$：Pt^{2+}，配位數 4，平面四邊形結構。

(E)$[Ni(CN)_4]^{2-}$：Ni^{2+}，配位數 4，平面四邊形結構。

8.(A)(D)。(B)雷射是指單一頻率的光線，與鐳的放射性無關。

(C)Ra具有放射性是因為原子核不穩定，與第一游離能高低無關。

(D)IIA 族之碳酸鹽難溶於水，Ra 為 IIA 族應具有相似的性質。

(E)Ra 有 2 個價電子，則其氯化合物的化學式應為 $RaCl_2$

9.(C)(D)。(A)金無法溶於濃硝酸中，但可溶於王水。

(B)金還原電位高，因此金不易失去電子，其化性當然不活潑。

(C)純金質軟，藉由添加銅元素形成合金來增強硬度。

(D)金經過奈米化以後，顏色和性質都大大地改變，具有很強的催化力，反應活性增大，可以在室溫下將一氧化碳轉化為二氧化碳。

(E)開金是指黃金和其他金屬熔煉在一起的合金。如果將純金分為 24 份，則 1 份就是 1K，480 毫克 $\times 18 / 24 = 360$ 毫克。

10.(B)(C)。(A)依題意 $K_n[Fe(CN)_6]$ 可作為氧化劑，其氧化力來自鐵（III）離子。因此錯合物應為 $K_3[Fe(CN)_6]$（赤血鹽），n＝3。

(B)配位基 CN^- 其結構為；$[\,:C\equiv N:\,]^-$，內含有 2 對孤電子對。

(C)維生素 C 易被氧化，故可與具有氧化力的 $K_3[Fe(CN)_6]$（赤血鹽）發生氧化還原反應。

(D)Fe的電子組態應為$[Ar]3d^64s^2$，Fe^{3+}的電子組態應為$[Ar]3d^5$。

(E)當作氧化劑反應後本身被還原，其所生成的錯合物為亞鐵氰化鉀$K_4[Fe(CN)_6]$，仍為穩定的錯合物。答案(B)(C)是正確的。

11.(C)。中心陽離子 Pt^{2+} 的混成軌域為 dsp^2，故結構為平面四方形；含有 NH_3 及 $C_2O_4^{2-}$ 兩種配位基，其中 $C_2O_4^{2-}$ 為雙牙基，故總配位數為 4；此化合物溶於水中無法解離產生離子，故其水溶液不導電。

↘ 進階難題精粹

(　) 1. 鹼金屬各項化合物之說明何者錯誤？（多選）
(A)鋰化合物具有共價性，因鋰離子之半徑小
(B)粗鹽之易潮解因含 KCl
(C)索耳未法可製得碳酸氫鈉和碳酸鈉
(D)索耳未法之原料為食鹽及灰石
(E)在高溫時煮沸濃硝酸鈉及氯化鉀溶液，硝酸鉀即從沸水中沉澱析出。

(　) 2. 比較同週期之 IA，IIA 相鄰元素性質之下列敘述，何者正確？（多選）
(A)硬度 IA＜IIA　(B)熔點 IA＜IIA　(C)離子水合能絕對值 IA＜IIA
(D)氧化電位 IA＜IIA　(E)氫氧化物的鹼物 IA＜IIA。

(　) 3. 鹼金族何項性質隨原子序增加而增大？（多選）　(A)金屬氧化物之溶解度　(B)原子容量　(C)氧化電位　(D)硬度　(E)氫氧化物鹼度。

(　) 4. 有關使用鼓風爐煉鐵，下列敘述，何者錯誤？（多選）　(A)鼓風爐所煉得的鐵稱為鑄鐵，富延展性可製成鐵絲　(B)黃鐵礦含有難以去掉的硫會影響鐵質，不適合煉鐵　(C)加入煤焦作為燃料及熔劑　(D)加入灰石或矽土作為還原劑。

( )｜　5. 下列有關化學物質的常見用途，何者正確？（多選）

(A)AgBr 可用作照像定影劑

(B)$KAl(SO_4)_2 \cdot 12H_2O$ 可作光學玻璃材料

(C)Cr_2O_3 可作綠色顏料

(D)$NaNO_2$ 可作食品防腐劑

(E)萘$(C_{10}H_8)$可作殺蟲劑。

6.完成並平衡下列方程式：

(1)$MnO_4^- + Sn^{2+} + H^+ \rightarrow$

(2)$MnO_4^- + H_2O_2 + H^+ \rightarrow$

(3)寫出 MnO_4^- 在中性或弱鹼中還原為 MnO_2 之半反應式。

(4)$Cr_2O_7^{2-} + Sn^{2+} + H^+ \rightarrow$

(5)加鹼於 $K_2Cr_2O_{7(aq)}$，然後加入 $Ba(NO_3)_{2(aq)}$。

(6)$Na_2Cr_2O_7$ 與 NH_4Cl 共熱。

(7)以過錳酸鉀溶液滴定草酸鈉的酸性溶液。

(8)中性溶液中，過錳酸鉀與亞硫酸鈉反應。

(9)氯化鐵溶液和亞鐵氰化鉀溶液的反應。

(10)氯化銨與熟石灰共熱。

(11)二鉻酸銨受熱分解。

(12)以石灰水檢驗 CO_2。

7.血紅蛋白（Hb）與氧或一氧化碳均可形成錯化合物，其化學式為 O_2Hb 及 $COHb$ 而 $O_2Hb_{(aq)} + CO_{(g)} \rightleftarrows COHb_{(aq)} + O_{2(g)}$，$Kc = 2.00 \times 10^2$，當 [COHb]：$[O_2Hb] \geq 1$ 時，則人將窒息而死，假定空氣的溫度為 27℃，氧的分壓為 0.200 atm，則空氣中之一氧化碳其致死濃度最低為若干？

8.有 A、B 兩試管，A 中盛有 $Zn(NO_3)_2$ 溶液，B 中盛有 $Al(NO_3)_3$ 溶液，分別加入氨水則：　(1)當加入後有何現象？　(2)加入過量氨水，又有何現象發生？

9.現有六種金屬：金、銀、銅、鐵、鋁、鉑。依次閱讀(1)至(6)的實驗描述，試確定 a～f 分別代表上述那一種金屬，以化學符號作答。

(1)c 和 d 都能溶於稀鹽酸，並放出氫氣。

(2)c 和 d 分別放入濃 $NaOH_{(aq)}$ 中，c 金屬溶解並放出氫氣，而 d 不反應。

(3)a 和 b 只溶於王水。

(4)a 和金屬常做為奧士華法製備硝酸的催化劑。

(5)e 和 f 都不溶於鹽酸，但能溶於硝酸。

(6)將 e 放入含 f 離子的水溶液中，e 溶解而析出 f。

10.寫出 $SnCl_2$ 溶於水中產生水解的反應方程式？如何防止水解？

11.由下圖中選擇適當的實驗器材，填入下列空格中。每空格只需選擇一種器材，器材可重複使用。

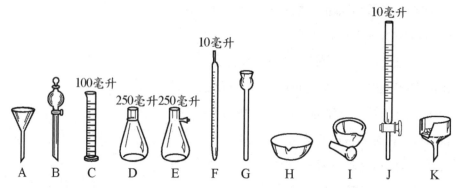

(1)鹽酸與大理石反應生成二氧化碳的實驗中，由於生成物是氣體，因此鹽酸須由_____加入含大理石的錐形燒瓶，以避免氣體加入口衝出。

(2)製備碘的實驗，是用二氧化錳與研成粉狀的碘化鈉混合均勻，移入_____中，加入硫酸，並倒置_____於其上，此混合物再用本生燈徐徐加熱，生成的碘蒸氣逸出後，則用碘化鉀澱粉試紙的顏色變化來偵測。

(3)硫酸銅與硫酸銨複鹽 $CuSO_4(NH_4)_2SO_4 \cdot 6H_2O$，在水溶液中會析出晶體，而後為了迅速過濾溶液獲得晶體，應以_____及_____配合使用。

(4) 準確稱量的固體硫酸銨鐵，$Fe(NH_4)_2(SO_4)_2 \cdot 6H_2O$，可以用來標定二鉻酸鉀 $K_2Cr_2O_7$ 溶液的濃渡。此滴定實驗中一般使用二苯胺磺酸鈉做為指示劑，此實驗待測的二鉻酸鉀溶液應置於_____中，而硫酸銨鐵置於_____中。

(5) 從 5.0 毫升 0.10M 鹽酸溶液，配置 5.0 毫升 0.01M 鹽酸溶液，須使用_____。

(6) 將_____填充陽離子交換樹脂後，可用它使硬水軟化。

解答與解析

1.(B)(E)。(B)含有 $CaCl_2$ 易潮解。(E)硝酸鉀溶解度大，不沉澱。

2.(A)(B)(C)。(D)氧化電位 ⅠA＞ⅡA。(E)氫氧化物鹼性 ⅠA＞ⅡA。

3.(A)(B)(E)。(C)氧化電位無規律性，以 Li 最大。(D)硬度：Li>Na>K>Rb＞Cs。

4.(A)(C)(D)。(D)為溶劑。

5.(C)(D)(E)。(A)AgBr 為感光劑，$Na_2S_2O_3$ 為定影劑。(B)為淨水劑、媒染劑。

6.(1)$2MnO_4^- + 5Sn^{2+} + 16H^+ \rightarrow 2Mn^{2+} + 5Sn^{4+} + 8H_2O$

(2)$2MnO_4^- + 5H_2O_2 + 6H^+ \rightarrow 2Mn^{2+} + 5O_2 + 8H_2O$

(3)$MnO_4^- + 3e^- + 2H_2O \rightarrow MnO_2 + 4OH^-$

(4)$Cr_2O_7^{2-} + 3Sn^{2+} + 14H^+ \rightarrow 2Cr^{3+} + 3Sn^{4+} + 7H_2O$

(5)$Cr_2O_7^{2-} + 2OH^- \rightarrow 2CrO_4^{2-} + H_2O$

　　$Ba^{2+} + CrO_4^{2-} \rightarrow BaCrO_{4(s)}$

(6)$Na_2Cr_2O_7 + 2NH_4Cl \rightarrow 2NaCl + Cr_2O_3 + N_2 + 4H_2O$

(7)$2MnO_4^- + 5C_2O_4^{2-} + 16H^+ \rightarrow 2Mn^{2+} + 10CO_2 + 8H_2O$

(8)$2MnO_{4(aq)}^- + 3SO_{3(aq)}^{2-} + H_2O \rightarrow 2MnO_2 + 3SO_{4(aq)}^{2-} + 2OH_{(aq)}^-$

(9)$4FeCl_{3(aq)} + 3[K_4Fe(CN)_6]_3 \rightarrow Fe_4[Fe(CN)_6]_{3(s)} + 12KCl_{(aq)}$

(10)$2NH_4Cl + Ca(OH)_2 \rightarrow 2NH_3 + CaCl_2 + 2H_2O$

(11)$(NH_4)_2Cr_2O_7 \rightarrow N_2 + 4H_2O + Cr_2O_3$

(12)$Ca(OH)_{2(aq)} + CO_{2(g)} \rightarrow CaCO_{3(s)} + H_2O_{(l)}$

　　$CaCO_{3(s)} + H_2O_{(l)} + CO_{2(g)} \rightarrow Ca(HCO_3)_{2(aq)}$

7.由 $PV = nRT$

知$[O_2] = [\dfrac{n}{V}] = \dfrac{P}{RT} = \dfrac{0.2}{0.082 \times 300} = 8.13 \times 10^{-3}$

由方程式知 $K_c = \dfrac{[COHb][O_2]}{[O_2Hb][CO]}$ 　　$\therefore [CO] = \dfrac{[O_2][COHb]}{K_c[O_2Hb]}$

（$\because [COHb]:[O_2Hb] \geq 1$）　　$[CO] \geq \dfrac{8.13 \times 10^{-3}}{2.00 \times 10^2} = 4.07 \times 10^{-5}(M)$為所求

8.(1)A 管：$Zn(OH)_2\downarrow$　　B 管：$Al(OH)_3\downarrow$

(2)A 管：沉澱溶解，產生 $Zn(NH_3)_4^{2+}$　　B 管：沉澱不溶解

9.

代號	a	b	c	d	e	f
金屬元素	Pt	Au	Al	Fe	Cu	Ag

10.$SnCl_2 + H_2O \rightarrow Sn(OH)Cl_{(s)} + HCl$，加 HCl 可防止水解。

11.(1)B　(2)H，A　(3)E，K　(4)J，D　(5)F　(6)J

第十一章　有機化合物

■ 主題一　有機化合物的分子結構

(一) 有機化合物的天然來源

煤	1. 依含碳量的多寡或其形式年代的久暫，分為無煙煤、煙煤、褐煤、泥煤等。 2. 煤乾餾可得： 　(1)煤氣：主要含氫及甲烷、一氧化碳及其他含量 N_2、CO_2、C_2H_4、C_2H_2……。 　(2)煤溚：為一種複雜的混合物，其中氨、苯、甲苯、二甲苯、萘、蒽、菲、酚等為化學原料重要來源。 　(3)煤焦：煤焦幾全為碳，用作治鐵之還原劑、燃料、製水煤氣等用途。

石油

1. 石油是一種複雜的烴類混合物，主要是烷類，包括直鏈、支鏈及環狀的烷類，同時也包含一些芳香烴類。
2. 石油分餾的產物及其用途：

成分	組成	分餾溫度(℃)	用途
石油氣	C_1~C_4	20 以下	燃料
石油醚	C_5~C_6	20~60	有機溶劑
汽油	C_6~C_{12}	60~200	汽油燃料、有機溶劑
煤油	C_{10}~C_{16}	175~300	柴油機、噴射機燃料
柴油	C_{15}~C_{20}	250~400	柴油機燃料

成分	組成	分餾溫度(℃)	用途
蠟油	$C_{18}\sim C_{22}$	>300	潤滑油、蠟紙
殘留物	$C_{18}\sim C_{40}$		瀝青

3. 石油的用途：石油為近代化學工業的基礎，塑膠、人造纖維、人造橡膠、樹脂、醫藥、清潔劑等的原料均來自石油。石油也是重要的能源。

4. 液化石油氣：主要含丙烷和丁烷。

天然氣

1. 天然氣為低分子量的烷類混合物，其成分隨產地而略有不同，其主要成分為甲烷，其次為乙烷及少量其他低級烷類。

2. 天然氣的用途：天然氣供燃料外，為工業上製氫的重要原料，可用以製造氨（NH_3）、尿素（NH_2CONH_2）及甲醇 CH_3OH 等工業原料。

範例觀摩 1

(甲)原油是黑而黏稠的液體，由古代生物變化成。

(乙)原油加活性炭過濾後所獲得之無色液體是汽油及燈油。

(丙)石油和煤的主要成分是烯類烴。

(丁)將煤隔絕空氣加熱乾餾，可得到大量揮發性氣體（煤氣）是乙炔。

(戊)煤經乾餾剩餘者是非揮發性的煤焦。

上列關於煤和石油的敘述，正確者有：

(A)一　(B)二　(C)三　(D)四　(E)五　項。

解析　(B)。正確為(甲)(戊)二項。

　　　　(乙)係用分餾法分離出各成分。

　　　　(丙)主要為烷類。

　　　　(丁)煤氣主要成分為 H_2，CH_4，CO 及其他烴類。

範例觀摩 2

有關石油之敘述：(甲)主要成分為芳香烴，包括直鏈、支鏈及環狀。(乙)石油儲存之能量來自光合作用。(丙)分餾後依溫度之升高順序，可得石油氣、石油醚、煤油、柴油、汽油、蠟油。(丁)家庭用的液化石油氣主要成分是甲烷。(戊)石油為近代化學及能量的基礎。

正確者有：　(A)一　(B)二　(C)三　(D)四　(E)五　項。

解析　(B)。正確敘述為(乙)(戊)兩項。

　　　　(甲)應為烷類。

　　　　(丙)汽油在煤油之前。

　　　　(丁)主要成分為丙烷和丁烷。

(二) 有機化合物的組成與結構

1. 元素分析 ⇒ 求實驗式。

　(1)定性分析：

　　A. 燃燒法：C、H。

　　　有機物＋氧化銅 —△→ ┌ CO_2：使澄清石灰水變混濁。
　　　　　　　　　　　　　　└ H_2O：使乾燥氯化亞鈷試紙由藍色變為粉紅色。

　　B. 融鈉法：氮、硫、鹵素等。

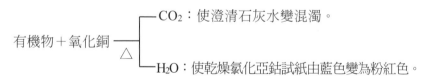

　(2)定量分析 ⇒ 燃燒法。

　　A. 有機物→秤重→燃燒→通過無水過氯酸鎂（吸收 H_2O），NaOH（吸收 CO_2），所增重為 H_2O、CO_2 之重。

B. 若有機物含氮時，需使用杜馬法，將氮氧化物還原為 N_2，由體積求重量。

2. 分子量的測定 ⇒ 求分子式。

(1)凝固點下降，或沸點上升（適用於不揮發物質）……$\triangle T = K \cdot m$

(2)理想氣體方程式（適用於易揮發物質）………………$M = WRT/(PV)$

(3)滲透壓（適用高分子）………………………………$M = WRT/(\pi V)$

(4)化學反應 $\begin{cases} \text{A. 中和滴定。} \\ \text{B. 氧化還原滴定。} \\ \text{C. 其他。} \end{cases}$

3. 結構式之求法：

(1)依鍵結原理，碳有四個鍵結，氫有一個鍵結，氧有二個鍵結量。

(2)一分子式中奇數價（如 H、N、Cl、F）原子數和必為偶數個。

(3)C、H 或 C、H、O（VIA）三元素所成之化合物，H 數最多為 2n + 2（n 為碳數），超過就不合理。若比 $C_nH_{2n+2}O_x$ 少了 2 個 H，可形成 1 個雙鍵或 1 個環；少 4 個 H，可形成 2 個雙鍵或 1 個參鍵或 1 個雙鍵 1 個環。

(4)根據物理性質：如沸點、溶解度、紅外光譜、X－射線繞射等所得資料及化學特性；如酸、鹼性，物質間之反應等，以判別物質之正確的結構式。

(三) 同分異構物

1. 鍵異構物：分子內碳原子的排列順序不同的化合物，如正丁烷與異丁烷。

2. 位置異構物：取代基（官能基）相同但結合位置不同的化合物。

3. 官能基異構物：分子式相同，而官能基不同的化合物，如乙醇，甲醚。

4. 幾何異構物：分子式及結構式均相同，但空間幾何排列不同。

(四) 官能基

1. 有機化合物可按其官能基了解其性質。官能基是他種原子或原子團取代了碳氫化合物中的氫原子,因其存在使得該分子具備特有的物性和化性。簡單化合物的各族類,都各含有不同的官能基。

2. 常見之官能基有:—OH(醇類),—X(鹵烷類),—CHO(醛類),—COOH(羧酸),〉CO(酮類),—O—(醚類),—NH₂(胺類),—CONH₂(醯胺類),—COO—(酯類)等。

範例觀摩 3　　重要考題

> 燃燒有機物4.6克產生 CO_2 8.8克,H_2O 5.4克,將此物9.2克溶於1000克水中測得凝固點為−0.372℃。則:
> (1)求其簡式與分子式。
> (2)此有機物之可能異構物為何?
> (3)經測知此有機物之沸點78℃,易溶於水,與鈉作用產生氫氣,求其真正之結構式。

解析 (1) $C = \dfrac{12}{44} \times 8.8 = 2.4$(克)

$H = \dfrac{1}{9} \times 5.4 = 0.6$(克)

$O = 4.6 - 2.4 - 0.6 = 1.6$(克)

莫耳數比 $C : H : O = \dfrac{2.4}{12} : \dfrac{0.6}{1} : \dfrac{1.6}{16} = 2 : 6 : 1$

∴簡式為 C_2H_6O

依$\triangle T_f = K_f \cdot m$,得 $0.372 = \dfrac{9.2/M_0}{1} \times 1.86$

分子量 $M_0 = 46$　∴分子式為 C_2H_6O

(2)異構物為

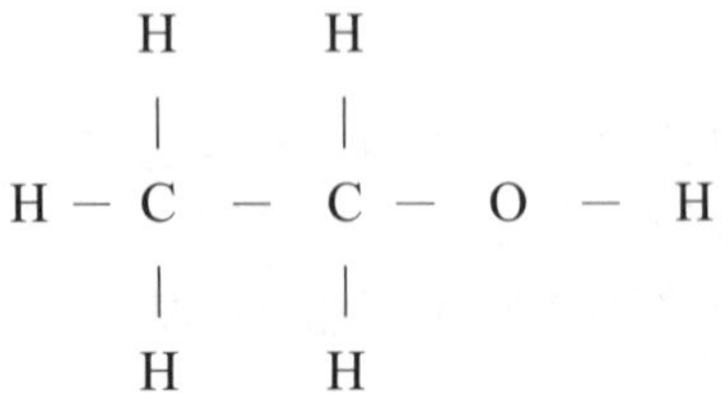

$$
\begin{array}{ccccccc}
 & H & & H & & & \\
 & | & & | & & & \\
H- & C & - & C & - & O & - & H \\
 & | & & | & & & \\
 & H & & H & & &
\end{array}
$$
（乙醇）與

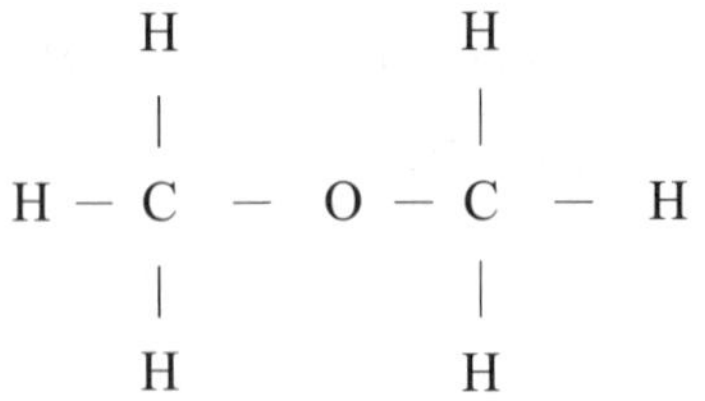

$$
\begin{array}{ccccccc}
 & H & & & H & \\
 & | & & & | & \\
H- & C & - & O & - & C & - & H \\
 & | & & & | & \\
 & H & & & H &
\end{array}
$$
（甲醚）

(3)此有機物沸點相當高，又易溶於水具有氫鍵，能與鈉作用產生氫氣表有－OH，∴它具有醇類之官能基，真正結構式為乙醇。

範例觀摩 4　重要觀念題

(甲)若為氣態烴，可測其通孔擴散速率，並與同溫、同壓下已知分子量之氣體比較通孔擴散速率。

(乙)若為低分子量液態烴，可將其揮發成氣體，測其密度、壓力及溫度。

(丙)若為一般液態烴，可測定該烴液態的密度。

(丁)若為固態烴，可將定量之該烴溶於定量之苯中，測其凝固點下降多寡（苯之莫耳凝固點下降常數已知）。

(戊)不論氣態、液態、固態烴，均可將定量之該烴完全燃燒，測得其所得水與二氧化碳之重量。

欲求某烴之分子量，上列五種方法可使用者，有：　(A)一　(B)二　(C)三　(D)四　(E)五　法。

解析　(C)。(甲)(乙)(丁)三法為可使用之方法。

(丙)液態烴應加熱揮發成氣體，測其密度、壓力及溫度→再利用 PM ＝dRT，求 M 值。

(戊)固態烴可用凝固點下降法求其分子量，若為：

$\left\{\begin{array}{l}氣態烴 \Rightarrow 使用(甲)之方法。\\ 液態烴 \Rightarrow 用蒸氣密度分子量測定法，求其分子量。\end{array}\right.$

範例觀摩 5

由石灰石與煤焦共熱3000℃時反應生成物製造乙炔的概略如下，寫出此過程所生的主要方程式。

石灰石 ──加熱──→ 分解生成物 ──加熱──→ 反應生成物 ──→乙炔
煤焦

解析 $CaCO_3 \xrightarrow{\triangle} CaO + CO_2$；$3C + CaO \xrightarrow{\triangle} CaC_2 + CO$

$CaC_2 + 2H_2O \rightarrow Ca(OH)_2 + C_2H_2$

範例觀摩 6

下列分子式正確者，有　(A)一　(B)二　(C)三　(D)四　(E)五　項。

(甲)$C_{12}H_{23}Cl$　(乙)$C_{12}H_{23}O_2$　(丙)$C_{12}H_{22}Br$　(丁)$C_{12}H_{20}S$　(戊)$C_{12}H_{20}N$。

解析 (B)。(甲)(丁)為正確。分子式中各原子價總和必為偶數且含氫數不得超過 $C_nH_{2n+2+x}O_mN_x$ 之關係數。

範例觀摩 7

某一有機物含碳、氫、氧，燃燒15.5毫克此試料，得 CO_2 22.0毫克及 H_2O 13.5毫克，另將0.49克之該試料完全蒸發，於200℃，1大氣壓，其體積為291毫升，試求此有機物之(1)實驗式。(2)分子式。(3)畫出所有可能的結構式。(4)如該化合物在1atm及25℃時，6.2克與足量的金屬鈉反應，可放出氫氣2.45升而且該物同一碳原子上不能同時有二個官能基，則該化合物結構式為何？試加以命名。

解析 (1)CH_3O　(2)$C_2H_6O_2$

(3)先畫 $C_2H_6 \xrightarrow{加入一個氧原子} C_2H_6O \xrightarrow[氧原子]{再加入一個} C_2H_6O_2$

①
```
    H  H
    |  |
  H-C--C-O-O-H
    |  |
    H  H
```

②
```
    H       H
    |       |
  H-C-O-O-C-H
    |       |
    H       H
```

③
$$H-\underset{\underset{H}{|}}{\overset{\overset{H}{|}}{C}}-O-\underset{\underset{H}{|}}{\overset{\overset{H}{|}}{C}}-O-H$$

④
$$H-\underset{\underset{H}{|}}{\overset{\overset{H}{|}}{C}}-\underset{\underset{O}{|}}{\overset{\overset{H}{|}}{C}}-O-H$$
　　　　　　　　　|
　　　　　　　　　H

⑤
$$H-O-\underset{\underset{H}{|}}{\overset{\overset{H}{|}}{C}}-\underset{\underset{H}{|}}{\overset{\overset{H}{|}}{C}}-O-H$$

(4) $C_2H_6O_2 : H_2 = \dfrac{6.2}{62} : \dfrac{2.45}{24.5} = 1 : 1$ 表 1 分子有二個 OH 可產生 H_2

$$H-O-\underset{\underset{H}{|}}{\overset{\overset{H}{|}}{C}}-\underset{\underset{H}{|}}{\overset{\overset{H}{|}}{C}}-O-H$$ 乙二醇

故④、⑤有可能，而④同一碳原子有 2 個 OH 不符合題意

∴⑤才是我們需要的。

範例觀摩 8

下列各對化合物，(甲) ⬡—⬡ 與 ⬡⬡　(乙) (CH₃)(CH₃)苯環 與

CH_3-⬡$-CH_3$　(丙)$CH_3CH_2CH_2OH$ 與 $CH_3CH_2OCH_3$　(丁)CH_3CH_2CHO 與

CH_3COCH_3　(戊)$CH_3CH_2CH_2CH_2CH_2OH$ 與 $\underset{CH_3CHCH_2OH}{\overset{CH_3}{\underset{|}{}}}$　互為結構異構物者

，有： (A)一　(B)二　(C)三　(D)四　(E)五　對。

解析 (D)。選分子式相同者，故(乙)(丙)(丁)(戊)互為結構異構物。

(甲)二者分子式分別為 $C_{12}H_{10}$ 及 $C_{10}H_8$。

主題二　烴及其分類

(一) 烴：碳氫化合物。

			通式	結構	最簡單的烴	
烴	鏈狀烴	飽和烴－烷	C_nH_{2n+2}	全為單鍵	CH_4（甲烷）	脂肪烴
		不飽和烴 烯	C_nH_{2n}	含 1 雙鍵	C_2H_4（乙烯）	
		炔	C_nH_{2n-2}	含 1 參鍵	C_2H_2（乙炔）	
	環狀烴	脂環烴 環烷	C_nH_{2n}	含 1 環	C_3H_6（環丙烷）	
		環烯	C_nH_{2n-2}	1 環 1 雙	C_3H_4（環丙烯）	
		芳香烴 苯系烴	C_nH_{2n-6}	（n ≧ 6）	C_6H_6（苯）（ㄅㄣˇ）	
		萘系烴	C_nH_{2n-12}	（n ≧ 10）	$C_{10}H_8$（萘）（ㄋㄞˋ）	
		蒽系烴	C_nH_{2n-18}	（n ≧ 14）	$C_{14}H_{10}$（蒽）（ㄣ）	

(二) 飽和烴－烷類

1. 烴分子中碳原子只以單鍵結合者稱為飽和烴，又稱烷類。

2. 鏈狀飽和烴之通式為 C_nH_{2n+2}，如 C_4H_{10}（丁烷）、C_6H_{14}（己烷）等。

3. 環烷類之通式為 C_nH_{2n}，如 （環丁烷），（環己烷）。

4. 烷類的命名法：

(1)烷類的命名法前十個以天干數字（甲、乙、丙、丁、戊、己、庚、辛、壬、癸）代表分子內所含碳原子的數目，其後加「烷」字，碳數十一以上者以數字代表，例如十一烷（$C_{11}H_{24}$）、二十五烷（$C_{25}H_{52}$）。

(2)俗名（習慣命名法）：常用於丁烷、戊烷、己烷。

　A. 正烷類：烷類中的氫原子皆形成一連續長鏈者，稱為正烷類（無支鏈）。

B. 異烷類：連續碳鏈的第 2 個 C 上接有甲基（CH_3）分支者稱為異烷類。

C. 新烷類：連續碳鏈的第 2 個 C 上有二個甲基聯接著稱為新烷類。

　例：$CH_3—CH_2—CH_2—CH_2—CH_3$（正戊烷）

$$CH_3-\underset{\underset{\displaystyle CH_3}{|}}{CH}-CH_2-CH_3 \text{（異戊烷）}$$

$$CH_3-\underset{\underset{\displaystyle CH_3}{|}}{\overset{\overset{\displaystyle CH_3}{|}}{C}}-CH_3 \text{（新戊烷）}$$

(3)IUPAC 命名法：

　A. 在利用系統法命名複雜的支鏈結構前，必須先知道如何稱呼這些分出去的烷基。烷分子中少一個氫原子的稱為烷基，通常以 R 為通號。

C_nH_{2n+1}	甲基	乙基	丙基	丁基	戊基
數目	1	1	2	4	8

$$\text{甲烷 } CH_4 \quad H-\underset{\underset{\displaystyle H}{|}}{\overset{\overset{\displaystyle H}{|}}{C}}-\cancel{H} \Rightarrow H-\underset{\underset{\displaystyle H}{|}}{\overset{\overset{\displaystyle H}{|}}{C}}- \text{ 或 } CH_3—\text{（甲基）}$$

$$\text{乙烷 } CH_3CH_3 \quad H-\underset{\underset{\displaystyle H}{|}}{\overset{\overset{\displaystyle H}{|}}{C}}-\underset{\underset{\displaystyle H}{|}}{\overset{\overset{\displaystyle H}{|}}{C}}-\cancel{H} \Rightarrow H-\underset{\underset{\displaystyle H}{|}}{\overset{\overset{\displaystyle H}{|}}{C}}-\underset{\underset{\displaystyle H}{|}}{\overset{\overset{\displaystyle H}{|}}{C}}- \text{ 或 } C_2H_5—\text{（乙基）}$$

丙烷 $CH_3CH_2CH_3$

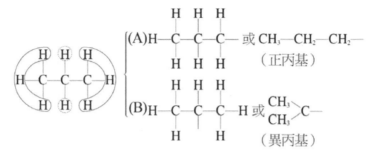

正丁烷 $CH_3CH_2CH_2CH_3$

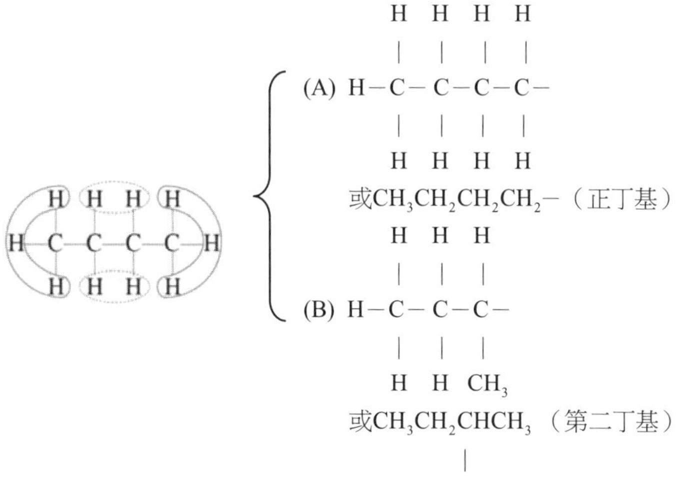

異丁烷

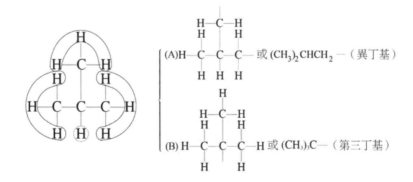

B. 支鏈烷類依下列規則命名：

(A)決定碳原子的最長鏈，此鏈決定此烷烴的基本名稱。有兩個等長的鏈同時存在時，選擇取代基較多者。

(B)從最接近取代基的一端開始給予最長鏈標號。

(C)用規則(B)所得之標號表示取代基位置，基本名稱置於最後，而將前述有標號的取代基置於前面。標號與字之間以單線分開。

(D)兩個以上相同取代基出現時，利用字首二，三，四等表示，以逗點分開二標號。如 2，3－二甲基丁烷：

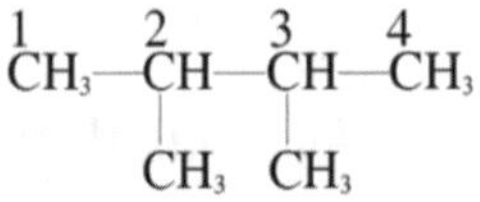

1 2 3 4
CH3—CH—CH—CH3
CH3 CH3

取代物位置數序─（幾個）取代物─取代基名─主名

↓ ↓ ↓ ↓

以1、2、3……表示 以二、三表示 如甲基等 主鏈之名

5. 物性：

(1)難溶於水而浮於水上（密度極限值 0.78）；C_1～C_4 為氣體，C_5～C_{17} 液體，大於 C_{18} 為固體，即石蠟，故烷類又稱石蠟烴。純烷為無臭、無毒。天然氣和液化煤氣的臭味是添加物的臭味，在使人易覺察漏氣。

(2)熔點：正丁烷＞乙烷＞甲烷＞丙烷；沸點：隨碳數增加而增加，但支鏈愈多，沸點愈低。

範例觀摩 1

寫出下列各化合物的 IUPAC 名稱：

(1)

CH3
CH3—CH—CH2—CH—CH2—CH—CH2—CH3
CH3 CH2
CH3

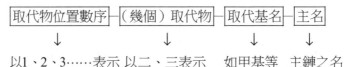

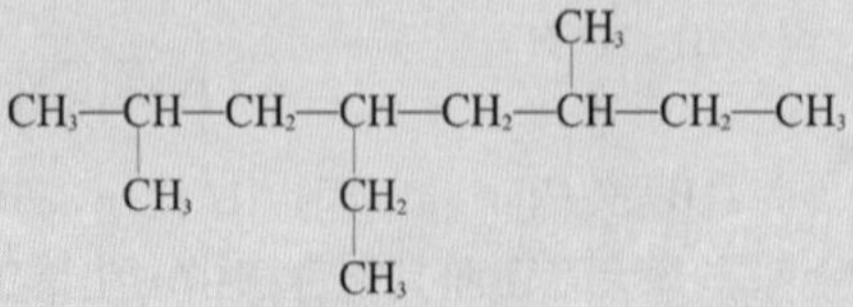

(2) $CH_2=C-CH_2-CH_3$
$|$
CH_3

(3) $CH_3-C\equiv C-CH_3$

(4) C_2H_5 C_2H_5

(5) CH_3
$|$
$CH\equiv C-C-CH_3$
$|$
CH_3

(6) $CH_3CHCH_2CH_3$
$|$
CH_3

(7) CH_3CH_2 $CH-CH_3$
CH_3CH_2

(8) CH_3CHCH_3
$|$
C_2H_5

(9) CH_2CH_3
$|$
$H_3C-CH-CH$ $\begin{matrix} CH_3 \\ CH_3 \end{matrix}$

(10) $(CH_3)_3CCH_2CH(CH_3)_2$

解析　(1)2，6－二甲基－4－乙基辛烷　　(2)2－甲基－1－丁烯

(3)2－丁炔　　　　　　　　　　　(4)1，2－二乙基苯

(5)3，3－二甲基－1－丁炔　　　　(6)2－甲基－丁烷

(7)3－甲基－戊烷　　　　　　　　(8)2－甲基－丁烷

(9)2，3－二甲基－戊烷　　　　　(10)2，2，4－三甲基－戊烷

6. 烷類的異構物 ⇒ 隨碳原子數目的增加而增加。

(1)C_nH_{2n+2} 型異構物數：

烷類命名	丁烷	戊烷	己烷	庚烷	辛烷	壬烷
分子式	C_4H_{10}	C_5H_{12}	C_6H_{14}	C_7H_{16}	C_8H_{18}	C_9H_{20}
異構物數目	2	3	5	9	18	35

(2)鹵烷類之異構物：把鹵素當作 H 之取代物，變動支鏈烷及鹵素之位序可求得異構物。

(3)C_nH_{2n} 型之環烷異構物：由 3 個 C 圍成一環開始→4 個 C 圍成環→5 個 C 圍成環……。

分子式	C_3H_6	C_4H_8	C_5H_{10}
環烷異構物數	1	2	6

7. 來源與用途：石油與天然氣，主要用途作為燃料及溶劑。

8. 化性：相當惰性，與濃硫酸、強鹼、強氧化劑不起作用；但可發生斷裂 C－H 鍵的取代反應（鹵化，硝化）及斷裂 C—H，C—C 鍵的反應（熱裂解及燃燒反應）。

(1)鹵化：$CH_4 + Cl_2 \xrightarrow[加熱]{照光或} CH_3Cl$（氯甲烷）$+ HCl$

$CH_3Cl + Cl_2 \xrightarrow[加熱]{照光或} CH_2Cl_2$（二氯甲烷）$+ HCl$

$CH_2Cl_2 + Cl_2 \xrightarrow[加熱]{照光或} CHCl_3$（三氯甲烷）$+ HCl$

$CHCl_3 + Cl_2 \xrightarrow[加熱]{照光或} CCl_4$（四氯化碳）$+ HCl$

(2)硝化：$CH_4 + HNO_3 \xrightarrow{475°C} CH_3NO_2$（硝基甲烷）$+ H_2O$

(3)脫氫：$H_3C—CH_3 \xrightarrow[Cr_2O_3]{500°C} H_2C = CH_2$（乙烯）$+ H_2$

(4)燃燒：$C_nH_{2n+2} + \dfrac{3n+1}{2} O_2 \rightarrow nCO_2 + (n + 1)H_2O$

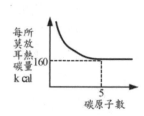

其 CH_2 之燃燒熱約－160 kcal/mol；

∴氣體正烷之莫耳燃燒熱約－(160n+50)kcal；$CH_3(CH_2)_2CH_3$ 的燃燒熱可視為 $(CH_3CH_3 + 2CH_2)$

或$(CH_3CH_2CH_3 + CH_2)$燃燒熱。

(5)裂解反應（裂煉）：

A. 定義：烷類在沒有空氣存在下，加熱或加催化劑，可分裂成數小分子如烯、低級烷、氫，又可分為熱裂煉和催化裂煉。

B. 用途：工業上烯類來源。提高汽油品質。

例：$CH_3CH_3 \xrightarrow{500°C} CH_2 = CH_2 + H_2$

$2CH_3CH_2CH_3 \xrightarrow{800°C} \begin{cases} CH_3CH = CH_2 + H_2 \\ CH_2 = CH_2 + CH_4 \end{cases}$

範例觀摩 2

有關 C_5H_{12}異構物之敘述：

(1)寫出所有異構物之結構式及 IUPAC 名稱。

(2)沸點由高到低之順序。

(3)熔點由高到低之順序。

解析 (1)先畫出主鏈 5 個 C，再畫主鏈 4 個 C，最後畫主鏈 3 個 C。

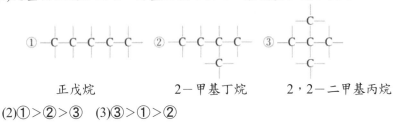

正戊烷　　　　　2－甲基丁烷　　2，2－二甲基丙烷

(2)①＞②＞③　(3)③＞①＞②

範例觀摩 3

試寫出己烷所有異構物之結構式及名稱

解析 主鏈 6 個 C→主鏈 5 個 C（1 個 CH_3）→主鏈 4 個 C

（2 個 CH_3；至少主鏈要 5 個 C 才能有 C_2H_5）

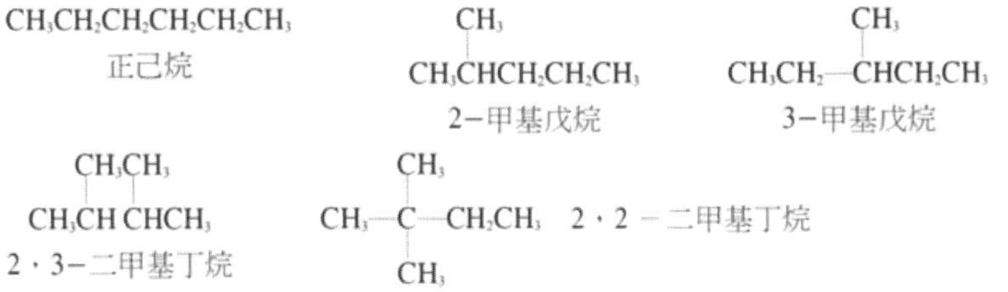

$CH_3CH_2CH_2CH_2CH_2CH_3$
正己烷

CH_3
$CH_3CHCH_2CH_2CH_3$
2－甲基戊烷

CH_3
CH_3CH_2―$CHCH_2CH_3$
3－甲基戊烷

CH_3CH_3
$CH_3CH CHCH_3$
2，3－二甲基丁烷

CH_3
CH_3―C―CH_2CH_3　2，2－二甲基丁烷
CH_3

範例觀摩 4

(甲)1個苯環。　(乙)2個參鍵。　(丙)2個雙鍵。　(丁)1個雙鍵及1個環。

(戊)3個雙鍵。

分子式為 C_9H_{16}之結構式，可能含有上述：　(A)一　(B)二　(C)三　(D)四　(E)五項。

解析 (B)。C_9H_{16}之結構式，可能含有(丙)(丁)二項。

C_9H_{16} 比 C_9H_{20} 少了 4 個 H→有一個參鍵或二個雙鍵。或一個環加一個雙鍵。

9. 汽油的辛烷值：

(1) 辛烷值：燃料的抗震程度，簡寫為 O.N.。

(2) 規定：正庚烷的震爆情形最嚴重，定其辛烷值為零，而異辛烷（2，2，4－三甲基戊烷）的辛烷值定為100。若體積90％異辛烷與10％正庚烷的燃燒與汽油試樣完全相同，則此汽油試樣的 O.N.為90，但此汽油試樣不一定含有異辛烷成分。

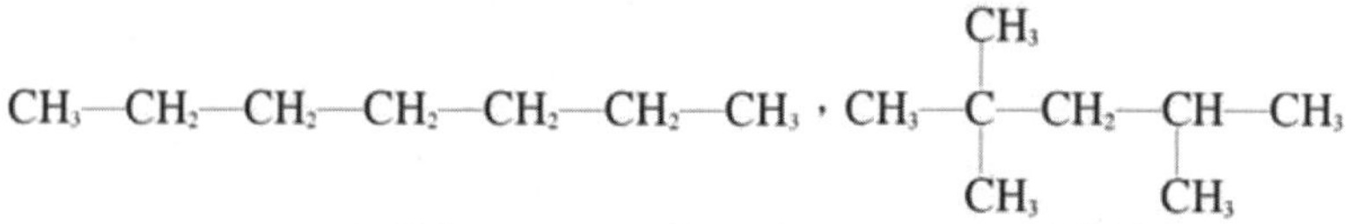

CH_3—CH_2—CH_2—CH_2—CH_2—CH_2—CH_3，CH_3—$\underset{\underset{CH_3}{|}}{\overset{\overset{CH_3}{|}}{C}}$—$CH_2$—$\underset{\underset{CH_3}{|}}{CH}$—$CH_3$

正庚烷　　　　　　　　　　　　異辛烷

主題三　烯類與炔類

(一) 不飽和烴的種類

1. 烯類：碳－碳間含有雙鍵結合者。

(1)鏈狀烯：僅含一個雙鍵者，其通式為 C_nH_{2n}，最簡單的烯烴為乙烯 $H_2C=CH_2$。

(2)環狀烯：僅含一個雙鍵者，其通式為 C_nH_{2n-2}，最簡單的為環丙烯

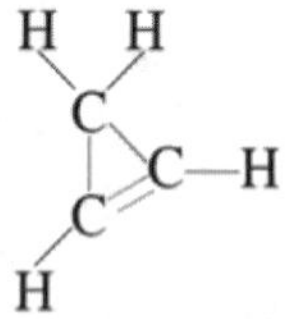

2. 炔類：碳－碳間含有參鍵結合，其餘為單鍵的烴類，只含有一個參鍵的炔類，其通式為 C_nH_{2n-2}，最簡單的炔烴為乙炔：$H—C≡C—H$。

(二) 不飽和烴之性質

1. 不飽和烴的物理性質與烷類相似，密度均小於 1，均不溶於水，而溶於極性較低的有機溶劑。

2. 沸點隨碳原子數之增加而上升，與烷類相似；每增加一碳原子沸點即上升 $20℃\sim30℃$（但較小之同系物除外），有支鏈的異構物沸點較低。

3. 熔點大致依碳原子數的增加而增加。但乙烯＞丙烯。

4. 不飽和烴易起加成反應而形成飽和單鍵，也會進行聚合反應生成聚合物。

(三) 烯類和炔類的命名

1. 烯類和炔類的命名法，都與烷類相似；只須選取含有多鍵的最長鏈為最基本名稱，將字尾的烷字改為烯或炔，取代基和雙鍵或參鍵的位置均分別予以標號，此標號必須從最接近多鍵的一端算起。

   例：

   CH_3—CH_2—$C≡CH$
   　　1-丁炔

   $CH_3CH=CH$—CH—CH_3
   　　　　　　CH_3
   　　4-甲基-2-戊烯

2. 一分子中有兩個以上之雙鍵或參鍵時分別以二烯、三烯，或二炔、三炔命名。

3. 含雙鍵的碳鏈成環狀時，稱為環烯類（cycloalkenes）。

   例：

   $CH_2=C$—$CH=CH_2$
   　　　CH_3
   2-甲基-1,3-丁二烯　　　　3-甲基環丁烯　　　　1,3-環己二烯

(四) 不飽和烴之異構物

1.

表(一)：C_nH_{2n} 的烯類及環烷異構物

碳數(n)	1	2	3	4	5
烯異構	0	1	1	4	6
環烷異構	0	0	1	2	6

表(二)：C_nH_{2n-2} 的異構物

碳數(n)	2	3	4	5
炔	1	1	2	3
環烯	0	1	4	
雙烯	0	1	2	6

2. 烯類與環烷的幾何異構物：

   (1) $\underset{y}{\overset{x}{}}C=C\overset{a}{\underset{b}{}}$，在 $a≠b$ 而且 $x≠y$ 時，有順、反異構物，環烷類似。

   (2) 一般在烯類的順、反異構物中，順式沸點較高而反式熔點較高。

(五) 烯類的製備與反應

1. 烯類可以由醇類的脫水或鹵烷類的脫鹵化氫製得；工業上則以石油裂煉製得烯。

例：$CH_3CH_2OH \xrightarrow[180°C]{濃H_2SO_4} CH_2=CH_2 + H_2O$

$CH_3CH_2Br \xrightarrow[乙醇中]{KOH} CH_2 + KBr + H_2O$

2. 烯類的加成反應：

烯類因雙鍵的存在反應性大，進行加成反應

根據馬克尼可夫法則：(1)分開加成；(2)如加 H_2O，HX……時，氫加到氫較多的碳上。

(1)氫的加成：如 $CH_3CH=CH_2 + H_2 \xrightarrow{Pt或Ni} CH_3CH_2CH_3$

(2)鹵素的加成：如 $CH_3CH=CH_2 + Br_2 \rightarrow CH_3CHBrCH_2Br$

(3)鹵化氫的加成：

如 $CH_3CH=CH_2 \xrightarrow{HCl}$ ✗→$CH_3CH_2CH_2Cl$　1－氯丙烷
→$CH_3CHCHCH_3$　2－氯丙烷
　　　|
　　　Cl

(4)水的加成：

如 $CH_3CH=CH_2 + H_2O \xrightarrow{H^+}$ ✗→$CH_3CH_2CH_2OH$　1－丙醇
→CH_3CHCH_3　2－丙醇
　　|
　　OH

3. 聚合反應：同類分子因不飽和鍵結合（雙鍵或參鍵）的打開，互相行加成反應時，生成分子量大的化合物，稱為加成聚合反應。如聚乙烯及聚丙烯：$nCH_2=CH_2 \xrightarrow{高溫，高壓} (CH_2-CH_2)_n$ （聚乙烯）

$nCH=CH_2 \xrightarrow{高溫，高壓} (CH-CH_2)_n$ （聚丙烯）
　|　　　　　　　　　　　　|
　CH_3　　　　　　　　　CH_3

4. 氧化反應：烯烴和烷烴一樣完全燃燒後產生二氧化碳和水，並放出大量熱。

範例觀摩 1

S.T.P.下3.36L 的某氣態烴完全燃燒時，可生成 CO_2 13.2克及 H_2O 5.4克，則：

(1) 該烴燃燒共用去氧若干克？
(2) 該烴之結構式為何？
(3) 寫出該烴與微弱鹼性高錳酸鉀溶液反應之方程式。
(4) 該烴之二氯取代物共有若干種異構物？
(5) 試寫出(4)中諸異構物熔點最高者之學名。
(6) 該烴二氯取代物中熔點最高的那種異構物以 H_2 充分進行加成反應後，共可得若干異構物？

解析　烴：$\dfrac{3.36}{22.4} = 0.15(mol)$

CO_2：$\dfrac{13.2}{44} = 0.3(mol)$

H_2O：$\dfrac{5.4}{18} = 0.3(mol)$

$\therefore x = 2$，$y = 4$　C_2H_4

即 $C_2H_4 + 3O_2 \rightarrow 2CO_2 + 2H_2O$

(1) $0.15 \times 3 \times 32 = 14.4(g)$

(2) $\begin{array}{c} H \\ H \end{array} \!\!> C = C <\!\! \begin{array}{c} H \\ H \end{array}$

(3) $3CH_2{=}CH_2 + 2MnO_4^- + 4H_2O \rightarrow 3CH_2OHCH_2OH + 2MnO_2 + 2OH^-$

(4) $CH_2{=}CCl_2$，$CHCl{=}CHCl$（順，反）　$\therefore$ 共 3 種

(5) 反－1，2－二氯乙烯

(6) 1 種，即 CH_2ClCH_2Cl

範例觀摩 2

某烴之化學式分析結果 C = 87.8％，H = 12.2％。取此烴0.41g溶於100g 苯中，則凝固點下降0.256℃（苯之 $K_f = 5.12$）。另取該烴0.41g 以氫加成之吸收 S.T.P.下 H_2 224mL 而生成2－甲基戊烷。試寫出該烴所有可能之結構式。

解析　$0.256 = 5.12 \times \dfrac{0.41}{M} \times 10$　$M = 82$

$$C：82 \times \frac{0.878}{12} = 6，H：82 \times \frac{0.122}{1} = 10 \Rightarrow C_6H_{10}$$

$(0.41/82) \times n = 0.224/22.4 \Rightarrow n = 2$

表有 2 個雙鍵或一個參鍵，而 2－甲基戊烷為 $CH_3CH_2CH_2CH(CH_3)_2$，

∴此未飽和烴可能為（簡寫）

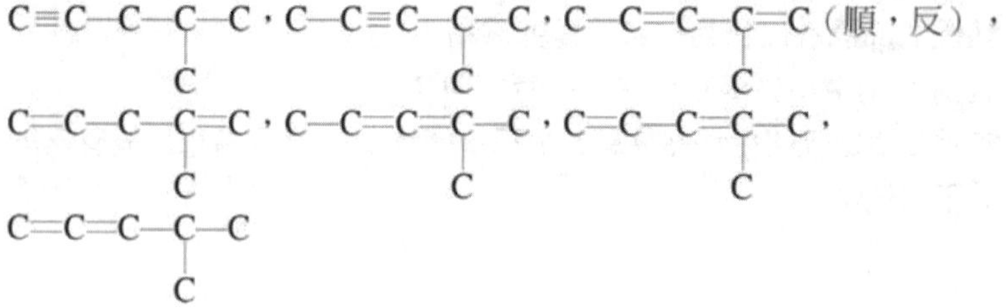

範例觀摩 3

C_5H_{10}的異構物共有________種，結構異構物________種，能使溴水褪色的有____種，其中鏈狀的異構物與充分氯行加成反應變成的二氯化物有________種。

解析 12，10，6，5。C_5H_{10} 比 H_5H_{12} 少 2 個 H 原子，故知有一個雙鍵或一個環。

(1)雙鍵部分先畫 C_5H_{12} 的三種異構物再加入 π 鍵

A.

1－戊烯

B.

順－2－戊烯

C.

反－2－戊烯

D.

2－甲基－2－丁烯

E.

3－甲基－1－丁烯

F.

2－甲基－1－丁烯

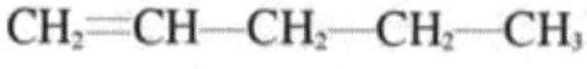

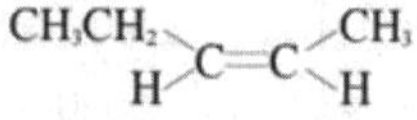

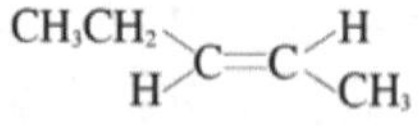

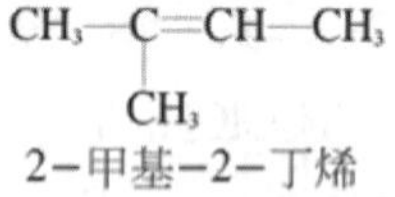

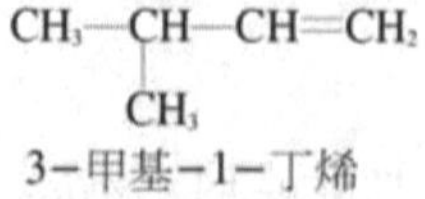

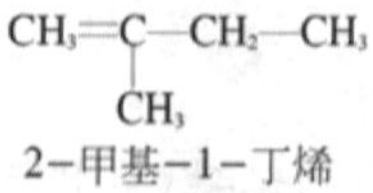

(2)環的部分由五邊形→四邊形→三邊形。

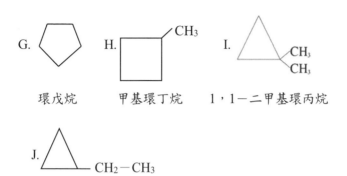

G. 環戊烷　　　H. 甲基環丁烷　　I. 1，1－二甲基環丙烷

J. 乙基環丙烷

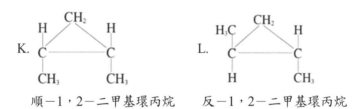

K. 順－1，2－二甲基環丙烷　　L. 反－1，2－二甲基環丙烷

(1)、(2)部分共 10 種結構異構物。若包括幾何異構物，則有 12 種，而鏈狀加成 Cl_2 變成飽和後，順及反為同一種，故剩 5 種。

(六) 炔類

1. 炔類之鍵結：炔類的鍵結與乙炔鍵結相似，參鍵上的碳因成 sp 混成化而與其鄰接原子成一直線。

2. 炔類的製造與反應：

(1)製乙炔：$CaCO_3 \xrightarrow{\Delta} CaO + CO_2$；煤 $\xrightarrow{乾餾}$ C（煤焦）

$3C + CaO \xrightarrow{約3000°C} CaC_2 + CO$

$CaC_2 + 2H_2O \rightarrow H—C \equiv C—H + Ca(OH)_2$

☆乙炔為無色氣體，溶於四氯化碳溶液及酒精中，均呈無色。

(2)加成反應：炔類→烯類→烷類。

例：$HC \equiv CH \xrightarrow[觸媒]{H_2} H_2C = CH_2 \xrightarrow[觸媒]{H_2} CH_3CH_3$

$$HC\equiv CH \xrightarrow{Br_2} CHBr=CHBr \xrightarrow{Br_2} CHBr_2-CHBr_2$$

$$HC\equiv CH \xrightarrow[\text{觸媒}(HgCl_2)]{HCl} \underset{(\text{氯乙烯})}{CH_2=CHCl} \xrightarrow{HCl} CH_3-CHCl_2$$

$$HC\equiv CH + H_2O \xrightarrow{HgSO_4 \cdot H^+} \overset{H}{\underset{H}{C}}=\overset{H}{\underset{OH}{C}} \rightarrow H-\overset{H}{\underset{H}{C}}-C\overset{O}{\underset{H}{\big<}}$$

（乙醛）

$$R-C\equiv C-H + H_2O \xrightarrow[H^+]{HgSO_4} \overset{R}{\underset{HO}{C}}=\overset{H}{\underset{H}{C}} \rightarrow R-\underset{O}{\overset{\|}{C}}-CH_3 （酮類）$$

除乙炔加水可得乙醛外，其餘炔類加水均得到酮類。

(3)聚合反應：

例：$3CH\equiv CH \xrightarrow{500°C} C_6H_6$

(4)燃燒反應：乙炔的燃燒熱極高，被利用於氧炔吹管銲接用。

$$2C_2H_2 + 5O_2 \rightarrow 4CO_2 + 2H_2O \quad \Delta H = -1300 \text{ kJ}$$

(七) 不飽和烴（烯、炔……）的特性試驗反應

1. 烯、炔類可與溴生成加成物使溴的四氯化碳溶液褪色，又與過錳酸鉀溶液作用，使紫色的過錳酸鉀褪色。這些反應可以利用以區別飽和烴和不飽和烴。

(1)能使含溴之四氯化碳溶液之紅色消褪：

$$R-\overset{|}{C}=\overset{|}{C}- \ +Br_2/CCl_4 \rightarrow R-\overset{|}{\underset{Br}{C}}-\overset{|}{\underset{Br}{C}}-$$

無色

例：$CH_2=CH_2 + Br/CCl_4 \rightarrow CH_2Br-CH_2Br$

乙烯　　（紅棕色）　1，2—二溴乙烷（無色）

(2)能使微鹼性之過錳酸鉀溶液之紫色發生褪色。

例：

$$3CH_2=CH_2 + 2MnO_4^- + 4H_2O \rightarrow 2MnO_2 + 3CH_2-CH_2 + 2OH^-$$

（乙烯）　　　（紫色）　　　　　棕色沈澱　　　　　OH　OH

乙二醇

☆歸納烷、烯、炔對 Br_2/CCl_4 及 $KMnO_{4(aq)}$ 的反應：

試劑	正己烷	環己烷	乙炔	甲苯
Br_2/CCl_4	橙色	褪色	褪色	紅色
$KMnO_{4(aq)}$	紫色	褐色	褐色	紫色

環己烯與乙炔屬於不飽和烴，與 Br_2、$KMnO_{4(aq)}$作用，甲苯與稀冷 $KMnO_4$無反應。

2. 末端炔（1-炔類）的重金屬取代反應：

例：$H-C\equiv C-H + 2Cu(NH_3)_2Cl_{(aq)} \rightarrow Cu-C\equiv C-Cu + 2NH_3 + 2NH_4Cl_{(aq)}$

氯化亞銅氨水溶液　乙炔銅（I）紅色沉澱

$H-C\equiv C-H + 2Ag(NH_3)_2NO_{3(aq)} \rightarrow Ag-C\equiv C-Ag + 2NH_3 + 2NH_4NO_{3(aq)}$

硝酸銀氨水溶液　　　乙炔銀白色沉澱

範例觀摩 4

有混合氣體乙烷_____（化學式），乙烯_____（化學式），乙炔_____（化式），此等氣體在氫的硝酸銀溶液充分作用，則_____（化學式）變為_____（化學式），其重量有 2.40 克，其次剩除氣體在常溫與溴充分作用，則_____化學式變為液體_____（化學式），其重量有 1.88 克，最後餘下氣體體積在同溫同壓下與原先體積比較僅有 1/5，此氣體為_____（化學式）。由以上實驗，此混合氣體之組成以莫耳比表示為乙烷：乙烷：乙炔 = 1：_____（數值）：_____（數值）（原子量：Ag = 108，Br = 80）。

解析　C_2H_6，C_2H_4，C_2H_2，C_2H_2，$Ag-C\equiv C-Ag$，C_2H_4，$C_2H_4Br_2$，C_2H_6，2，2。

$H-C\equiv C-H + 2Ag(NH_3)_2NO_3 \rightarrow Ag-C\equiv C-Ag + 2NH_4NO_3 + 2NH_3$

$Ag-C\equiv C-Ag$ mol 數 $= \dfrac{2.4}{240} = 0.01(mol) \rightarrow$ 表 C_2H_2 有 0.01mol

$C_2H_4 + Br_2 \rightarrow C_2H_4Br_2$

$$C_2H_4Br_2 \text{ mol 數} = \frac{1.88}{188} = 0.01(mol) \rightarrow \text{表 } C_2H_4 \text{ 有 } 0.01mol$$

而 C_2H_6 僅占全部 $1/5 \rightarrow$ 表 C_2H_6 有 $0.005mol$

迷你實驗室　順、反異構物

1. 順丁烯二酸 $\xrightarrow[\Delta]{12M \ HCl}$ 反丁烯二酸（較穩定）。

2. 丁烯二酸與鎂作用產生 $H_{2(g)}$ 與 $Na_2CO_{3(s)}$ 作用產生 $CO_{2(g)}$，同濃度時順式之 $[H^+]$ > 反式之 $[H^+]$，故順丁烯二酸作用之速率較快。

$Mg + 2H^+ \rightarrow Mg^{2+} + H_{2(g)}$，$Na_2CO_{3(s)} + 2H^+ \rightarrow 2Na^+ + H_2O + CO_{2(g)}$

性質 ＼ 比較	順式	反式
熔點	138~139℃	287℃
在水的溶解度： 25℃ 97℃	78.8g/100g 水 393g/100g 水	0.70g/100g 水 9.84g/100g 水
密度	1.59g/mL	1.64g/mL
K_{a1}	1.2×10^{-2}	1.2×10^{-3}
K_{a2}	6×10^{-7}	4×10^{-5}

問題：關於順－丁烯二酸與反－丁烯二酸之實驗：

(1)比較順式與反式之溶解度與熔點。

(2)在等濃度等體積之順－丁烯二酸與反－丁烯二酸之溶液中分別加入 3 滴之橙 IV 指示劑，何者呈現溶液之顏色較深？試解釋原因。

(3)試比較順丁烯二酸與反丁烯二酸 K_{a1} 與 K_{a2} 之大小。

(4)0.1M 順丁烯二酸 10 mL 與 0.1 M 之反丁烯二酸 10 mL，分別用 0.1 M NaOH 滴定達當量點各需 NaOH 若干 mL？

【分析】(1)溶解度：順式 > 反式。

熔點：反式 > 順式。

(2)順式之 K_{a1} 較大，〔H^+〕較多，呈現紅色較深。

(3)由於順丁烯二酸之分子內氫鍵的作用，使 K_{a1}：順式 > 反式，而 K_{a2}：順式 < 反式。

兩者之當量數均為 $0.1 \times 0.01 \times 2 = 2 \times 10^{-3}$，$2 \times 10^{-3} = 0.1 \times V_b$

兩者均需 $NaOH(V_b) = 2 \times 10^{-2}$ L = 20(mL)

主題四　芳香烴與石化工業

(一)基本概述（升學考試，芳香烴只是以苯及苯環為基體的烴類為命題範圍）

1. 苯：苯是含有六個碳原子的環狀化合物，其分子式為 C_6H_6。

(1)C 以 sp^2 混成軌域鍵結，成正六角形之平面非極性分子。

(2)苯的 C—C 鍵均相同，鍵長為 1.39Å 介於 C—C 單鍵（1.54Å）與 C—C 雙鍵（1.34Å）之間，視為 $1\frac{1}{2}$ 鍵。

(3)鍵角 120°，b.p.：80℃，m.p.：5.5℃。

(4)苯的共振體：碳—碳原子間的鍵距經實驗證明為相等，常以下示結構之共振體表示。

2.脂芳烴：具有鏈狀烴支鏈之芳香烴稱為脂芳烴（arenes）。甲苯、乙苯、乙烯苯、二甲苯等都是脂芳烴。

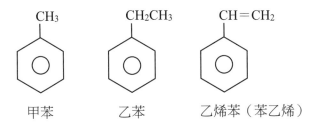

此外，尚有兩個苯環相聯的聯苯，或兩個以上苯環相骿的，如萘、蒽、菲
等都是常見的芳香烴。

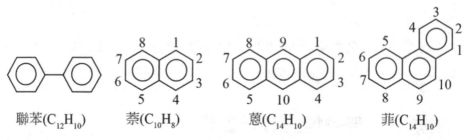

聯苯($C_{12}H_{10}$)　　萘($C_{10}H_8$)　　蒽($C_{14}H_{10}$)　　菲($C_{14}H_{10}$)

芳香烴及其衍生物的主要來源為煤溚，第二重要來源是石油。煤溚經蒸餾
分成輕油、中油、重油、綠油及瀝青等。

苯	(1)製造：苯為分餾煤溚所得輕油之主要成分，將輕油再行分餾精製即可得。現代石油煉製工業，亦大量產生苯。如將正己烷在高溫下通過鉑粉等觸媒，即起脫氫作用（dehydrogenation）而生成苯。 $CH_3CH_2CH_2CH_2CH_2CH_3 \xrightarrow[500°C]{Pt或V_2O_5}$ ⬡ $+4H_2$ 苯亦可將乙炔互相聚合而製得：$3C_2H_2 \xrightarrow{500°C} C_6H_6$
	(2)性質：苯俗稱為安息油，為無色有特殊氣味之揮發性液體。沸點80.1℃，於 5.5℃時凝結為無色晶體，與水不互溶，能溶解脂肪、樹脂及橡膠等各種有機物。易著火，發光亮多煙之火焰。苯為有機化學工業之重要原料，但最近發現苯可能誘發白血症（一種癌症），因而已漸為甲苯所取代。

苯	(3)甲苯	A.製造：甲苯亦存在於煤溚中，可由分餾輕油而得。 亦可經由正庚烷的催化脫氫作用製得： 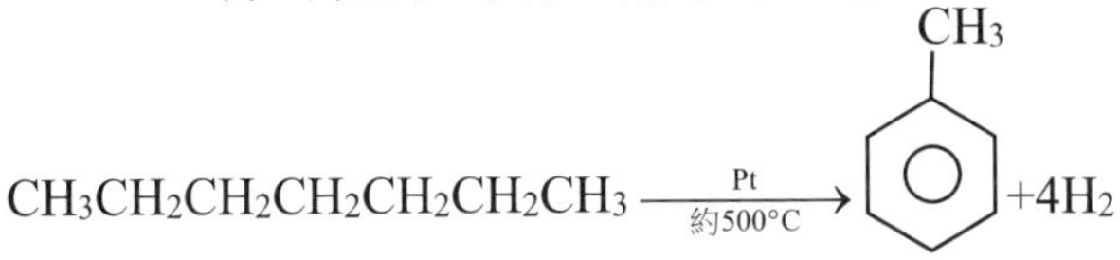 $CH_3CH_2CH_2CH_2CH_2CH_2CH_3 \xrightarrow[約500°C]{Pt}$ $+4H_2$ 　　　正庚烷　　　　　　　　　　　甲苯 B.性質：甲苯為無色有特殊氣味之液體， 　　　沸點110.6℃，其性質與苯相似。
萘		(1)製造：萘為兩個苯環相併而成之芳香烴，亦存在於煤溚中，將中油冷卻壓榨，除去液態雜質後，再用昇華法精製可得。 (2)性質：萘俗稱為焦油腦，為白色片狀之結晶，有特臭，易揮發，有極強之殺菌性，可作殺蟲劑及防腐劑。
蒽		(1)製得：由分餾煤溚所得之綠油中提出。 (2)性質：蒽俗稱綠油腦，為無色晶體發藍色光，為製造茜素染料之原料。

(二)芳香烴之反應

芳香烴之性質和環烷烴或環烯烴不同，在一般條件下是相當安定的化合物。芳香烴常見之反應如下：

1. 苯的取代反應：

(1)與鹵素作用： $+Cl_2 \xrightarrow{FeCl_3}$ $+HCl$

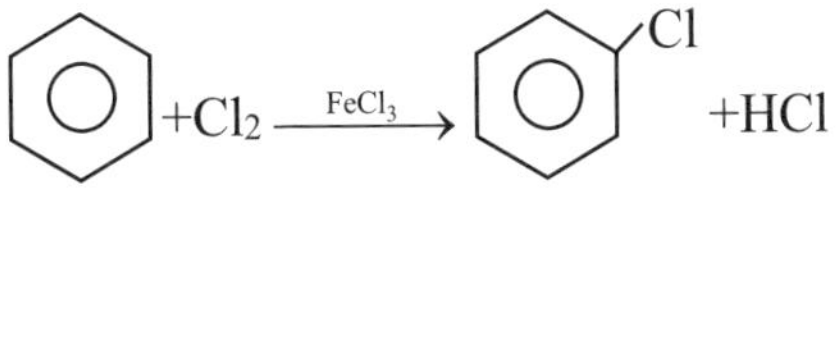

(2)硝化反應：

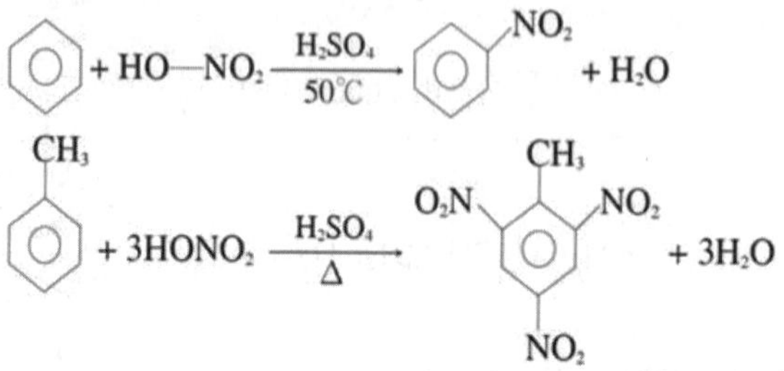

$$\bigcirc + HO-NO_2 \xrightarrow[50°C]{H_2SO_4} \bigcirc^{NO_2} + H_2O$$

2，4，6－三硝基甲苯（TNT 炸藥）

(3)磺化反應：$\bigcirc + HOSO_3H \xrightarrow{\Delta} \bigcirc^{SO_3H}$（苯磺酸）$+ H_2O$

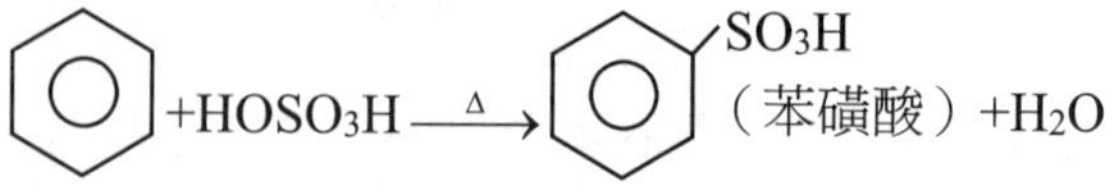

2.氧化反應：強氧化劑能將甲苯或其他烷基苯氧化產生苯甲酸或稱酸苄酸。

例：

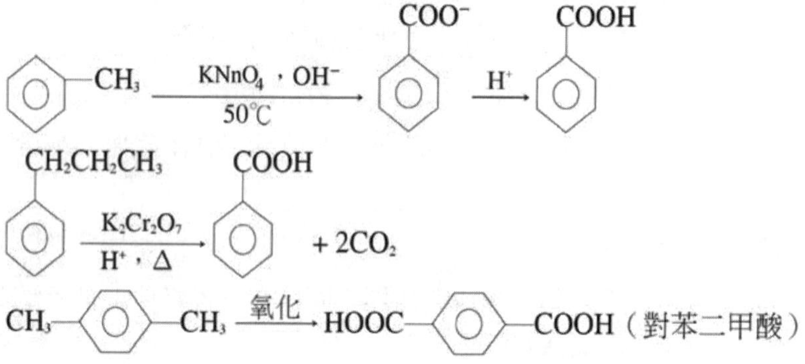

(三)芳香烴的異構物

1. 苯取代物異構物：

(1)C_6H_5Y 型或 C_6HY_5 型 $\Rightarrow$ 僅一種異構物。

(2)$C_6H_4Y_2$（如 $C_6H_4Cl_2$）型或 $C_6H_2Y_4$ 型或 C_6H_4YZ 型 $\Rightarrow$ 三種異構物。

(3)$C_6H_3Y_3$（如 $C_6H_3Cl_3$）型 $\Rightarrow$ 三種異構物。

(4)$C_6H_3Y_2Z$（如 $C_6H_3Cl_2Br$）$\Rightarrow$ 六種異構物。

(5)C_6H_3YZW（如 C_6H_3ClBrI）$\Rightarrow$ 十種。

2. C_nH_{2n-6} 型：

(1) $C_7H_8 = C_6H_5(CH_3)$ 一種

(2) $C_8H_{10} = C_6H_5(C_2H_5) = C_6H_4(CH_3)_2$ 共四種

　　　　　　　　1種　　　　　　3種

(3) $C_9H_{12} = C_6H_5(C_3H_7) = C_6H_5(CH_3)(C_2H_5) = C_6H_3(CH_3)_3$ 共八種

　　　　　　　　2種　　　　　　3種　　　　　3種

範例觀摩 1

一芳香烴類，含碳90.50％；取該烴1.06克溶於100.00克苯中，所成溶液之沸點為80.603℃。已知苯之莫耳沸點上升常數為5.03℃，沸點為80.10℃，試求該烴之分子式及結構異構物。

解析 (1) 莫耳數比 $C : H = \dfrac{90.50}{12} : \dfrac{9.5}{1} = 4 : 5(C_4H_5)_n$

$\Delta T_b = K_b m$ ，$80.603 - 80.10 = 5.03 \times \dfrac{1.06/M}{0.1}$

$\therefore M = 106$ ，$106 = (C_4H_5)_n$

$\therefore n = 2$ ，分子式為 C_8H_{10}

(2) 異構物： $C_8H_{10} = C_6H_5(C_2H_5) = C_6H_4(CH_3)_2$

　　　　　　　4 種 ＝ 1 種　　　　＋3 種

範例觀摩 2

畫出下列化合物的結構式：
(1)3－乙基－1－己烯　(2)2－甲基丙烯　(3)2－甲基萘　(4)順二溴乙烯

解析　(1) 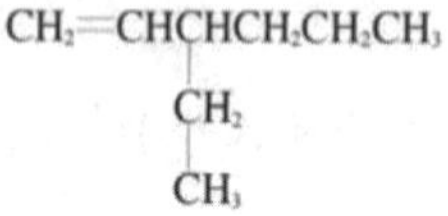
$$CH_2=CHCHCH_2CH_2CH_3$$
下方接 CH_2、CH_3

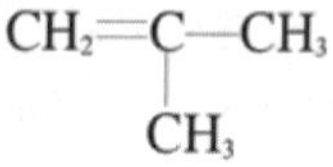

(2)
$$CH_2=C-CH_3$$
下方接 CH_3

(3)

（萘環接 CH_3）

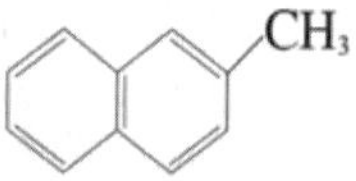

(4) 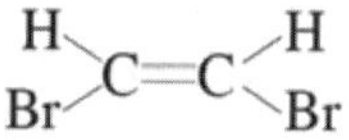
$$\underset{Br}{\overset{H}{}}C=C\underset{Br}{\overset{H}{}}$$

範例觀摩 3

下列關於芳香烴的性質和製造，何者正確？
(A)苯和溴可進行加成反應生成 $C_6H_6Br_2$　(B)二甲苯有五種異構物　(C)苯環中的碳原子是以 sp 混成軌域和其他碳原子及氫原子鍵結　(D)正己烷在高溫通過鉑粉可進行脫氫反應生成苯　(E)多年前曾發生多氯聯苯中毒事件，聯苯的構造式為 ⬡⬡ 。

解析　(D)。(B)應有三種異構物；(C)應改為 sp^2 鍵結；

(E)聯苯為：⬡—⬡ 。

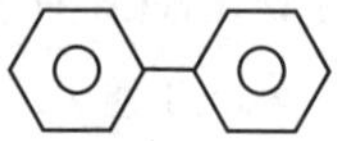

範例觀摩 4

有關苯的下列敘述何者正確？　(A)屬於飽和烴　(B)碳間結合角為108°　(C)在暗處也能使四氯化碳中的溴的紅色消失　(D)能和濃硫酸與濃硝酸的混合酸作用而產生硝基苯　(E)一分子苯在空氣中燃燒，會產生6分子二氧化碳和6分子水。

解析　(D)。(A)(B)苯為環狀烴中的芳香烴（屬不飽和烴），且碳間結合角為120°。(C)苯不易發生加成反應。(D)濃硫酸為催化劑。(E)$C_6H_6+\dfrac{15}{2}O_2 \rightarrow 6CO_2 + 3H_2O$

範例觀摩 5

有關二氯苯之一硝基衍生物的異構，下列各項敘述中，何者正確？　(A)鄰，間，對三種二氯苯異構物之一硝基衍生物各有四種異構　(B)鄰，間，對三種二氯苯異構物之一硝基衍生物有二種異構物　(C)鄰－二氯苯之一硝基衍生物有二種異構　(D)間－二氯苯之一硝基衍生物有三種異構　(E)對－二氯苯之一硝基衍生物僅有一種異構。

解析 (C)(D)(E)。先畫 $C_6H_4Cl_2$ 三種再加入硝基

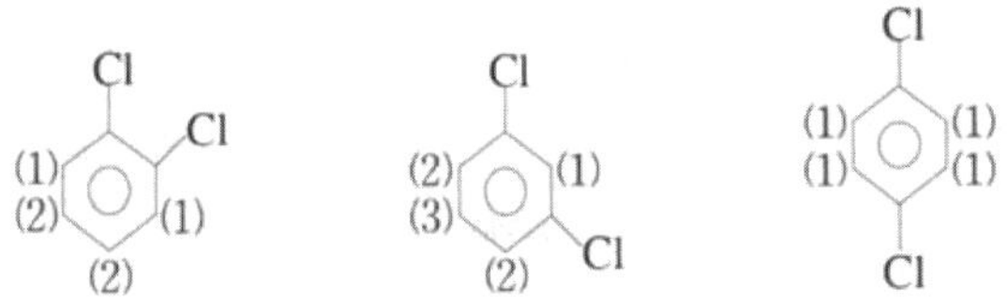

2 種　　　　　3 種　　　　　1 種

範例觀摩 6

(1)C_7H_7Cl（芳香族）有幾種同分異構物？

(2)甲苯中有2個氫原子被氯取代，所形成之可能異構物有幾種？

解析 (1)4 種　(2)10 種

(1)$C_6H_5(CH_2Cl)$ 或 $C_6H_4(CH_3)(Cl)$

　　1 種　　　　　　鄰，間，對三種

(2)$C_7H_6Cl_2$

　A. 一取代基：$C_6H_5CHCl_2$ 即 —$CHCl_2$　1 種

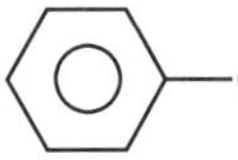

　B. 二取代基：$C_6H_4{<}^{Cl}_{CH_2Cl}$ 有 3 種，即鄰，間，對

　C.三取代基：

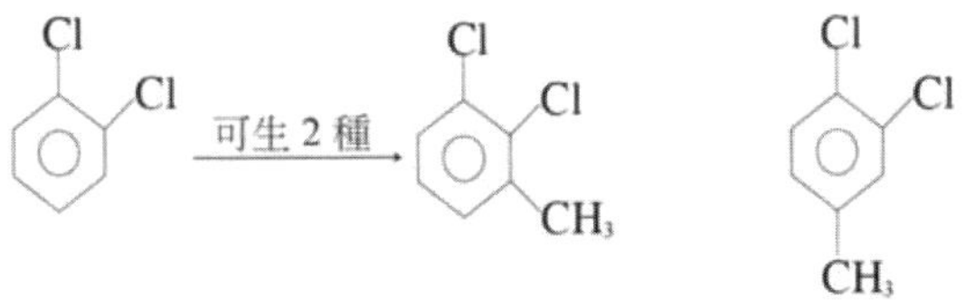

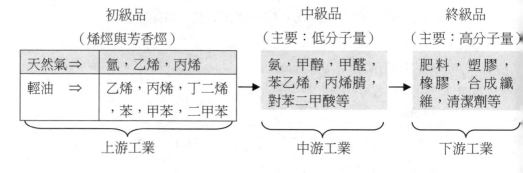

(四) 以石油或天然氣為基本原料，經由化學反應製成各種化學產品的工業，稱為石油化學工業，其製品稱為石油化學品，如塑膠、合成樹脂等。

　　註：第一種石油化學品為異丙醇$[(CH_3)_2CHOH]$，係美國石油公司於西元1920 年設廠，由丙烯製造而成。

$$CH_3CH{=}CH_2 + H_2O \xrightarrow{H^+} CH_3CHCH_3$$
丙烯　　　　　　　　　　　　　OH

(五)依石油化學品之製造層次：上游、中游、下游。

初級品 （烯烴與芳香烴）		中級品 （主要：低分子量）	終級品 （主要：高分子量）
天然氣⇒	氫，乙烯，丙烯	氨，甲醇，甲醛，苯乙烯，丙烯腈，對苯二甲酸等	肥料，塑膠，橡膠，合成纖維，清潔劑等
輕油　⇒	乙烯，丙烯，丁二烯，苯，甲苯，二甲苯		

　　　　　上游工業　　　　　　　　中游工業　　　　　　下游工業

(六)一些重要的石化工業產品

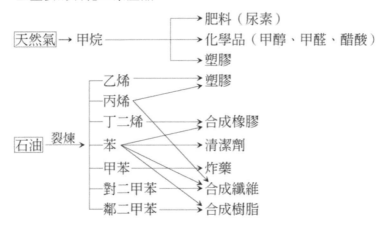

(七)石化基本原料生產流程圖

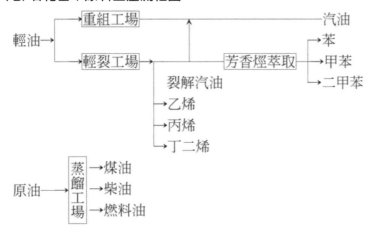

主題五　有機鹵化物

(一)製備

1. 醇類與 HX 之反應：ROH + HX → RX + H₂O

2. 烴的鹵化反應：R─H + X₂ $\xrightarrow{\text{加熱或光}}$ R─X + HX（常溫下不易起反應）

3. 由烯或炔類的加成反應製備：（加 HX 時遵守馬克尼可夫規則）

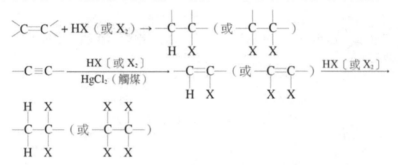

4. 芳香族鹵化

$\begin{cases} (1)\text{加成：}C_6H_6+3Cl_2 \xrightarrow[\text{不需催化劑}]{\text{UV（紫外線）}} C_6H_6Cl_6（\text{B.H.C.六氯化苯}） \\ (2)\text{取代：}C_6H_6+Cl_2 \xrightarrow[\text{或AlCl}_3]{\text{FeCl}_3} C_6H_5Cl（\text{氯苯}）+HCl \end{cases}$

☆ 鹵烷在鹼性水溶液中水解生醇類；但鹵烷在乙醇（Alcohol）的鹼性溶液中，則發生脫去鹵化氫的反應而生烯類。

$R—X + OH_{(aq)}^- \rightarrow R—OH + X^- \quad r = [RX][OH^-]$

$RCH_2CH_2X + KOH（\text{乙醇}） \rightarrow RCH = CH_2 + KX + H_2O$

(二)重要有機鹵化物的用途

1. 氟利昂（freons）：商品名，係含氯和氟的多鹵化烴類，如 freon－22（$CHClF_2$），freon－12（CCl_2F_2）。無色幾乎無嗅的氣體或低沸點液體，化學上甚穩定不腐蝕金屬，用為冷凍劑或噴霧劑。

2. 特夫綸（teflon）：是四氟乙烯（$CF_2=CF_2$）的聚合物 $\text{(}CF_2-CF_2\text{)}_n$，其耐化學藥品的抵抗力極大。

3. 1，2－二溴乙烷：汽油添加劑。

4. 聚氯乙烯（polyvinyl chloride，PVC）：氯乙烯聚合物。

5. 多種多氯烴是有效的殺蟲劑（如：DDT、B.H.C.），不幸這些物質是「硬性」殺蟲劑（即不易被微生物分解）。

（三）異構物

1. 鹵烷類：

化學式	$C_2H_4Cl_2$	$C_2H_3Cl_3$	$C_2H_2Cl_4$	C_3H_7Cl	$C_3H_6Cl_2$	C_4H_9Cl	$C_2H_{11}Cl$
異構物數	2	2	2	2	4	4	8

例：$C_5H_{11}Cl$ 之異構物有那些：

key：(1)正戊烷之一個 H 被 Cl 取代。

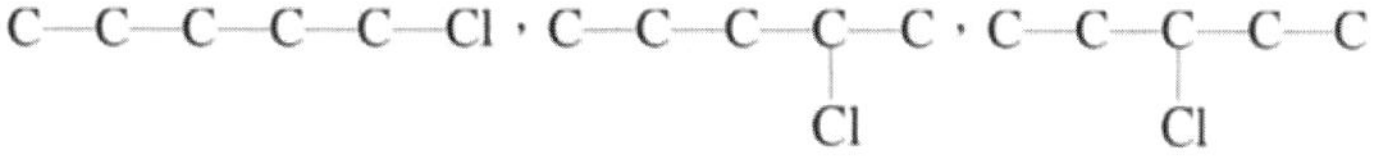

1－氯－戊烷　　2－氯戊烷　　3－氯戊烷

(2)2－甲基丁烷之一個 C 被 Cl 取代。

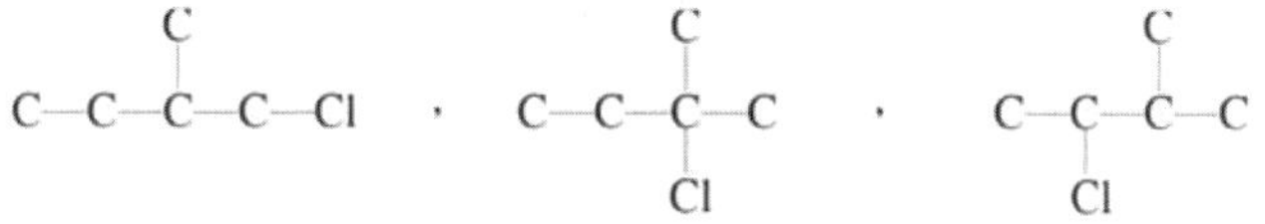

（1－氯－2－甲基丁烷）（2－氯－2－甲基丁烷）（2－氯－3－甲基丁烷）

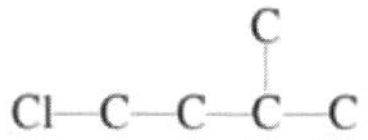

（1－氯－3－甲基丁烷）

(3)新戊烷之一個 H 被 Cl 取代。

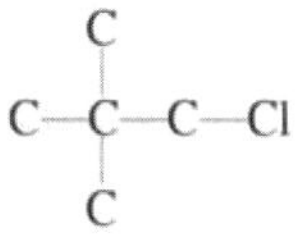

（1－氯－2・2－二甲基丙烷）

∴$C_5H_{11}Cl$ 共有 8 種異構物

2. 鹵烯類：

	C_2H_3Cl	$C_2H_2Cl_2$	C_2HCl_3	C_3H_5Cl	$C_3H_4Cl_2$
鏈狀	1	3	1	4	7
環狀	－	－	－	1	3

範例觀摩 重要活用考題

某氣態化合物 C_nH_m 4.2克完全燃燒生成同溫同壓下3倍於此氣體體積之 CO_2 及5.4克之 H_2O，則此 C_nH_m 之一氯取代 $C_nH_{m-1}Cl$ 有若干種同分異構物？　(A)2　(B)3　(C)4　(D)5　(E)6。

解析 (D)。4.2 克中 $\begin{cases} H重=5.4\times2/18=0.6(g) \\ C重=4.2-0.6=3.6(g) \end{cases}$

$$C:H=\frac{3.6}{12}:\frac{0.6}{1}=1:2$$

實驗式 CH_2 又由燃燒可產生同狀況下 3 倍體積 CO_2

知 1 分子含三個 C　∴分子式 C_3H_6。又知 C_3H_6 比烷類 C_3H_8 少 2 個 H

故知為烯類或環烷，C_3H_5Cl 異構物如下：（共五種）

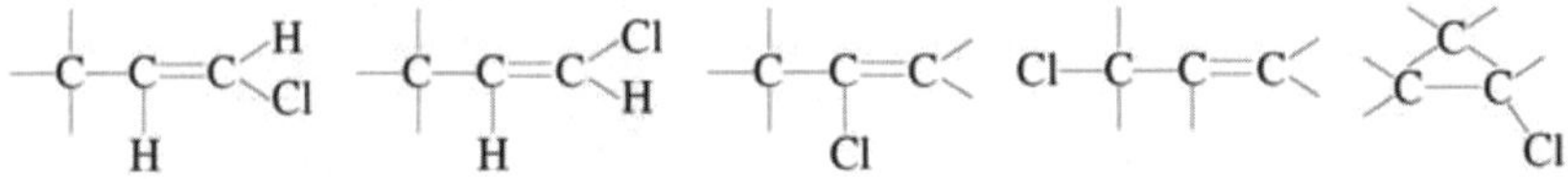

主題六　醇、酚、醚

		烴類中之氫被羥基（－OH）所取代之化合物，稱為「醇類」（通式為 R－OH） (1)依——OH 數目分為 $\begin{cases} 一元醇：含一個羥基如C_2H_5OH（乙醇）\\ 二元醇：含二個羥基如HOCH_2CH_2OH（乙二醇）\\ 三元醇：含三個羥基如CH_2OHCHOHCH_2OH（丙三醇；甘油）\end{cases}$ (2)依——OH 的位置分為三類： 　A.與——OH 基所連結的碳原子上，只連結一個烴基，稱為第一級醇（1°），通式如下圖(a)。 　B.與——OH 基所連結的碳原子上，連結二個烴基，稱為第二級醇（2°），通是如下圖(b)。 　C.與——OH 基所連結的碳原子上，連結三個烴基，稱為第三級醇（3°），通式如下圖(c)。
醇	分類	

分類	圖(a)　　　　　　　　圖(b)　　　　　　　　圖(c) D.最簡一元醇：CH_3OH； 　二元醇：乙二醇（CH_2OHCH_2OH）； 　三元醇：丙三醇（$CH_2OHCHOHCH_2OH$）。 E.最簡單第一醇：甲醇；第二醇：2－丙醇；第三醇：2－甲基－2－丙醇。	
物性	(1)沸點隨碳數之增加而增加，此因分子量增大之故。且醇之同分異構物中，支鍵愈多，其沸點愈低。 (2)醇類以氫鍵相集聚，因此醇類之熔點及沸點均較相當分子量之醚類，烷類或醛酮之熔點及沸點為高。 (3)低級醇類與水間因有分子間的氫鍵，故可以任何比例相混合。 　可與水互溶（及溶解度α）的醇有甲醇、乙醇、1－丙醇、2－丙醇、2－甲基－2－丙醇、甘油、乙二醇。	
化性	(1)脫水作用 　A.分子內脫水得烯類。 　例：$C_2H_5OH \xrightarrow[\Delta 180°C]{H_2SO_4} C_2H_4+H_2O$ 　B.分子間脫水得醚類。 　例：$2C_2H_5OH \xrightarrow[\Delta 140°C]{H_2SO_4} C_2H_5OC_2H_5+H_2O$ (2)醇與金屬 Na、K 作用產生 H_2 及 RONa（烷氧基鈉，或醇鈉）： 　$RO\text{—}H+Na \rightarrow RO^-Na^+ +1/2H_2$ 　☆ROH 活性：CH_3OH>第一醇>第二醇>第三醇。 (3)醇與鹵化氫反應： 　$ROH+HX \rightarrow RX+H_2O$ 　HX 活性：HI>HBr>HCl 　ROH 活性：3°>2°>1°>CH_3OH	

左側欄：**醇**

醇	化性	☆[檢驗]盧卡斯試液（Lucas reagent）：鹽酸和 $ZnCl_2$ 混合水溶液。 $$R-\underset{\underset{R''}{|}}{\overset{\overset{R'}{|}}{C}}-OH \xrightarrow[3°醇]{Lucas\ 試液} 急速混濁$$ $$\underset{R}{\overset{R'}{>}}CH-OH \xrightarrow[2°醇]{Lucas\ 試液} 徐徐混濁$$ $$R-CH_2-OH \xrightarrow[1°醇]{Lucas\ 試液} 不混濁$$ (4)醇的氧化反應： 　　醇可被氧化產生醛、酮或酸，一級醇易被氧化而成醛或羧酸；二級醇可被氧化成酮，三級醇不被氧化。 　A.一級醇： $$R-CH_2OH \xrightarrow[或Cu，250℃]{K_2Cr_2O_7} R-\overset{\overset{H}{|}}{\underset{\underset{醛類}{|}}{C}}=O \xrightarrow[K_2Cr_2O_7]{KMnO_4} R-\overset{\overset{O}{\parallel}}{C}-H$$ 　　　　　　　　　　　　　　　　　$KMnO_4$　　　　　　羧酸 　B.二級醇： $$R-\underset{\underset{H}{|}}{\overset{\overset{R'}{|}}{C}}-OH \xrightarrow[（或加\ KMnO_4）]{K_2Cr_2O_7\ 或Cu，250℃} R-\overset{\overset{R'}{|}}{C}=O\ 酮類$$ (5)酯化：$RCOOH + R'OH \xrightarrow{H_2SO_4} RCOOR' + H_2O$
	常見醇類	(1)甲醇：俗稱木精，無色液體，性極毒，為常用溶劑，可做燃料。 　　工業上製備：$CO + 2H_2 \xrightarrow[400℃，500atm]{ZnO·Cr_2O_3} CH_3OH$ (2)乙醇：俗稱酒精。 　A.製備：可由澱粉或醣類的發酵製取，也可以在催化劑下之乙烯與水加成而獲得。 　　$C_6H_{12}O_6 \rightarrow 2C_2H_5OH + 2CO_2$　　$C_2H_4 + H_2O \rightarrow C_2H_5OH$ 　B.性質：無色液體，與水互溶，與 Na 反應產生 H_2，可被 $KMnO_4$ 氧化成乙酸。 　C.用途：溶劑，燃料，消毒劑。 　D.分類：變性酒精（加甲醇或汽油），95%酒精（含 5%水），絕對酒精或無水酒精。

		(1)命名：飽和一元醇的命名法，係將其相當烷烴的烷字換為醇字即得。羥基的位置以最小號數的阿拉伯數字區別之，取代基與烷類同。 (2)分子式 $C_nH_{2n+2}O$ 為醇、醚之異構物。
醇	異構物	<table><tr><td>化學式</td><td>CH_4O</td><td>C_2H_6O</td><td>C_3H_8O</td><td>$C_4H_{10}O$</td><td>$C_5H_{12}O$</td><td></td></tr><tr><td>醇類異構物數</td><td>1</td><td>1</td><td>2</td><td>4</td><td>8</td><td>⇒與 Na、K 作用產生 H_2</td></tr><tr><td>醚類異構物數</td><td>0</td><td>1</td><td>1</td><td>3</td><td>6</td><td>⇒不與 Na、K 作用</td></tr></table>
酚		1.芳香環上的氫被—OH 基取代的化合物稱為酚類，最簡單酚類為苯酚（簡稱酚，俗稱石炭酸），示性式 C_6H_5OH。 2.製備：酚為煤溶的主要成分之一，另可由苯製取。 $C_6H_6 \xrightarrow{\frac{Cl_2}{Fe}}$ ⬡—Cl $\xrightarrow[\text{高溫高壓}]{NaOH}$ ⬡—ONa $\xrightarrow{\text{酸化}}$ ⬡—OH（酚） 3.性質：極弱酸，比碳酸弱，不溶於碳酸氫鈉水溶液，易溶於氫氧化鈉水溶液而生成苯氧化物（$C_6H_5OH + OH^- \rightarrow C_6H_5O^- + H_2O$）；與鈉作用產生 H_2，可形成氫鍵沸點高。 4.檢驗：苯酚遇氯化鐵溶液呈紫色反應。 5.酚不像醇可和有機酸直接產生酯化反應，因酚活性較小，只有和酸酐或醯氯反應。 　　$ArOH +(RCO)_2O \rightarrow RCOOAr + RCOOH$，Ar：$C_6H_5$（苯基） 6.用途： 　(1)用於合成樹脂、電木、染料、醫藥品、除草劑等之製造。 　(2)酚為重要的消毒殺菌及防腐劑。 　(3)用於合成解熱鎮痛劑－柳酸和阿司匹靈。

酚
A.柳酸具有分子內氫鍵，且酸性比酚強；與 $FeCl_3$ 作用也呈紫色反應；可與甲醇作用生柳酸甲酯（冬青油）。 B.阿司匹靈是酸，也是酯（屬於乙酸酯），不溶於水，且無酚基。∴與 $FeCl_3$ 不作用；水解可得乙酸與柳酸。
醚	1.醇類中—OH 基之氫被烷基取代的化合物稱為醚類，其通式 R−O−R'，其中兩個烴基可能相同亦可能相異。 2.製備：醇分子間脫水 $ROH + R'OH \xrightarrow[\Delta]{H_2SO_4} ROR' + H_2O$ 3.性質： 　(1)與醇為同分異構物，但無氫鍵，沸點較同分子量醇低。 　(2)為極性分子，但難溶於水。 　(3)除甲醚為氣體（室溫）外，其餘均為液體，為極佳有機溶劑。 4.乙醚（$C_2H_5OC_2H_5$）：乙醚的沸點很低（34.6℃），具有高度揮發性，容易著火。乙醚可用為麻醉劑和有機溶劑。

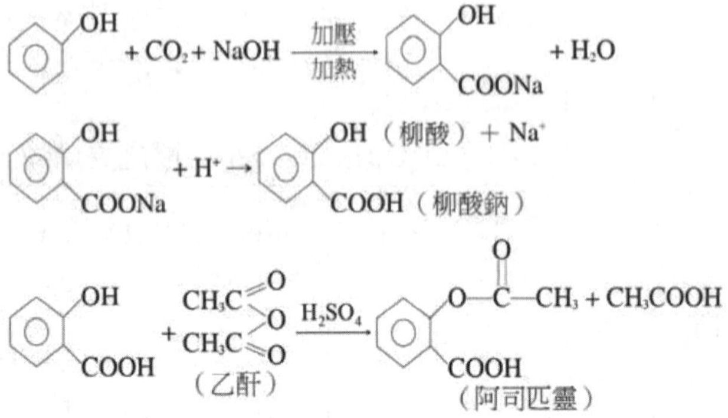

範例觀摩 1　　重要實驗題型

(1)寫出 $C_4H_{10}O$ 之所有異構物之結構式及其學名（IUPAC）。

(2)在這些異構物中那幾個化合物會被二鉻酸鉀的酸性溶液氧化？

(3)化合物甲，其分子式為 $C_4H_{10}O$。它能與金屬鈉反應產生可燃氣體。

　A.寫出化合物甲的所有可能結構式。

　　B.進一步檢驗，取另一試管盛5mL 的1%的二鉻酸鈉水溶液，加入一滴濃硫酸，混好後加入兩滴化合物甲，微熱之，10秒內溶液變為綠色，則化合物甲可能的結構式為何？

　　C.另取3mL 的甲於試管中，加入二鉻酸鉀晶體0.5克，又加入1M 硫酸3mL。裝置如右圖，於85℃加熱，並將發生的蒸氣溶入冷水。吸取所得的溶液1mL，加入少量斐林試劑，並加熱，發現沒有變化，化合物甲的結構式為何？圖中溶入冷水中的化合物結構式為何？

　　D.化合物甲的 IUPAC 命名為何？

(4)丁醇的四種異構物中，寫出其 A.熔點；B.沸點；C.對水溶解度之最高、最低各為何？

以中文名表之。

解析　(1) $C_4H_{10}O$ 共有 7 種異構物，其醇 4 種（第一醇 2 種，第二醇 1 種，第三醇 1 種），醚 3 種

A. $CH_3—CH_2—CH_2—CH_2—OH$（1－丁醇，正丁醇，第一醇）

B. $CH_3-CH_2-\underset{\underset{OH}{|}}{CH}-CH_3$（2－丁醇，第二醇）

C. $CH_3-\underset{\underset{}{|}}{\overset{\overset{CH_3}{|}}{CH}}-CH_2OH$

　　（2－甲基－1－丙醇，第一醇）

D. $CH_3-\underset{\underset{OH}{|}}{\overset{\overset{CH_3}{|}}{C}}-CH_3$

　　（2－甲基－2－丙醇，第三醇）

E. $CH_3—CH_2—CH_2—O—CH_3$（甲正丙醚）

F. $CH_3—CH_2—O—CH_2—CH_3$（乙醚）　　G. $CH_3-\underset{\underset{CH_3}{|}}{CH}-O-CH_3$

　　　　　　　　　　　　　　　　　　　（甲異丙醚）

(2) 第一級醇，第二級醇均可：(1)中的 A.B.C.

(3) A.如(1)，B.如(2)

　　C.第二級醇：$CH_3CH_2CH-CH_3$；$CH_3CH_2-C-CH_3$

　　（OH）（O）

　　D.2－丁醇

(4) A.熔點最高為三級醇，即 2－甲基－2－丙醇；最低者為二級醇，即 2－丁醇。

　　B.沸點最高為一級醇的 1－丁醇，最低者為三級醇；2－甲基－2－丙醇。

　　C.溶解度最高為三級醇，2－甲基－2－丙醇；最低者為一級醇的 1－丁醇。

範例觀摩 2

非常重要！必會！

(1) 有與 Na 反應能生 H_2 之含 C、H、O 的化合物。行元素分析知：5.2毫克該物可生13.05mg CO_2 及6.33mg 之水。又分子量測定值為88。則：A.分子式為何？B.合乎題目條件下的異構物有若干個？C.這些異構物中不能被氧化的有幾個？D.被氧化後的物質，對斐林試液呈陽性反應的有幾個？E.脫水能生幾何異構物的有幾個？寫出其示性式。

(2) 某鏈狀烯(A)行水之加成反應得醇(B)與醇(C)，但(C)為主要生成物。(B)或(C)化合物之含氧重量百分率皆18.2%。且(B)可被硫酸酸性之二鉻酸鉀氧化成中性化合物(D)，但(C)在同樣條件下卻無反應。(D)無銀鏡反應。(C)與硫酸共熱脫水，生(A)及(E)，求：A.化合物(B)，(C)之分子式。B.(A)～(E)之示性式。C.畫線部分的離子方程式如何？

解析　(1)C：$13.05 \times \dfrac{12}{44} = 3.56$，H：$6.33 \times \dfrac{2}{18} = 0.7$

O：$5.2 - 3.56 - 0.7 = 0.94$

C：H：O $= \dfrac{3.56}{12} : 0.7 : \dfrac{0.94}{16} = 0.297 : 0.7 : 0.059 = 5 : 12 : 1$

即 $C_5H_{12}O$ (88)，又與 Na 能作用，故為醇類 $C_5H_{11}OH$

a. C—C—C—C—C—OH（第一醇）　　b.
$$C—C—C—C—C$$
$$|$$
$$OH$$
（第二醇）

c.
$$C—C—C—C—C$$
$$|$$
$$OH$$
（第二醇）　　d.
$$C—C—C—C—OH$$
$$|$$
$$C$$
（第一醇）

e.
$$C—C—C—C—OH$$
$$|$$
$$C$$
（第一醇）　　f.
$$C$$
$$|$$
$$C—C—C—C$$
$$|$$
$$OH$$
（第三醇）

g.
$$C—C—C—C$$
$$|\quad|$$
$$C\quad OH$$
（第二醇）　　h.
$$C—C—C—OH$$
$$|$$
$$C$$
（第一醇）

$\therefore$ A. $C_5H_{12}O$　B. 8 種（如上所畫）　C. 1 種（第三級醇）　D. 4 種（第一級醇）　E. 3 種：a.b.c.

(2)醇：$C_nH_{2n+2}O$，$\dfrac{2}{(14n+18)} = 0.182$，$n = 5$

即戊醇，共 8 種見第(1)題

(C)：不能氧化，表第二級醇，即
$$C—C—C—C$$
$$|$$
$$C$$
（OH 在第二個碳上），而(B)可被氧化成(D)，(D)又無銀鏡反應，表(B)為第二級醇，

$\therefore$(A)應為
$$C$$
$$|$$
$$C—C＝C—C$$
，即

$$CH_3CH＝C(CH_3)_2 \xrightarrow{H_2O} CH_3CH_2\underset{\underset{OH}{|}}{C}—(CH_3)_2 + CH_3\underset{\underset{OH}{|}}{CH}CH(CH_3)_2$$
　　　　(A)　　　　　　　　　　　(C)　　　　　　　　(B)

故 A. $C_5H_{12}O$　B. (A)：$CH_3CHC＝(CH_3)_2$

(B)：$CH_3CHOHCH(CH_3)_2$　(C)：$CH_3CH_2COH(CH_3)_2$

(D)：$CH_3COCH(CH_3)_2$　(E)：
$$CH_3CH_2C=CH_2$$
$$|$$
$$CH_3$$

範例觀摩 3

若(A)為一級醇，試寫出底下(A)至(E)所代表化合物之結構式及名稱。

(A)C_3H_8O $\xrightarrow{Na}$ (B)C_3H_7ONa

(A) $\xrightarrow[\Delta]{H_2SO_4}$ (C)C_3H_6 $\xrightarrow{稀冷KMnO_4}$ (D)$C_3H_8O_2$

(A) $\xrightarrow{K_2Cr_2O_7}$ $\xrightarrow{H_3O^+}$ (E)C_3H_6O

解析　(A)$-\overset{|}{C}-\overset{|}{C}-\overset{|}{C}-OH$　1－丙醇　(B)1－丙醇鈉：$-\overset{|}{C}-\overset{|}{C}-\overset{|}{C}-ONa$

(C)$-\overset{|}{C}-\overset{|}{C}=\overset{|}{C}-$　丙烯

(D)1，2－丙二醇：$-\overset{|}{C}-\overset{|}{C}-\overset{|}{C}-$　(E)$-\overset{|}{C}-\overset{|}{C}-C\overset{O}{\underset{H}{\diagup}}$　丙醛
　　　　　　　　　　OH OH

範例觀摩 4　必會！

寫出乙醇進行下列反應時得到的化合物名稱及結構式。

(1)加三倍量濃硫酸後，加熱至180℃。

(2)加入金屬鈉。

(3)加同體積濃硫酸後，加熱至130℃。

(4)和醋酸混合後加入少量濃硫酸，再加熱。

(5)加同體積濃硫酸混合後，加入二鉻酸鉀溶液時的初期產物。

解析 $(1)C_2H_5OH \xrightarrow[180°C]{H_2SO_4}$ （乙烯）$+ H_2O$

$(2)C_2H_5OH + Na \rightarrow C_2H_5ONa$（乙醇鈉）$+ H_2$

$(3)2C_2H_5OH \xrightarrow[130°C]{H_2SO_4} C_2H_5-O-C_2H_5$（乙醚）$+ H_2O$

$(4)C_2H_5OH + CH_3COOH \xrightarrow[\Delta]{H_2SO_4} CH_3-C\begin{smallmatrix}O\\O-C_2H_5\end{smallmatrix}$ （乙酸乙酯）$+ H_2O$

$(5)3C_2H_5OH + Cr_2O_7^{2-} + 8H^+ \rightarrow 3CH_3-C\begin{smallmatrix}O\\H\end{smallmatrix}$（乙醛）$+ 2Cr^{3+} + 7H_2O$

範例觀摩 5

分子式 C_7H_8O 的芳香族化合物有若干種異構物？畫出並命名之。
(1)加入 $FeCl_{3(aq)}$ 可呈紫色的有那幾種？(2)可被氧化成苯甲酸的為那一種？
(3)不與 Na 作用產生 H_2 者為那一種？

解析 (1)有三種（即底下③④⑤）；(2)為底下①；(3)為底下②。

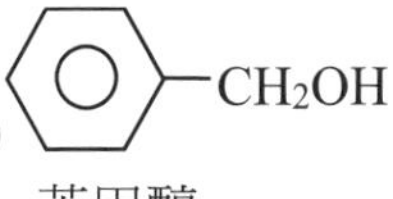

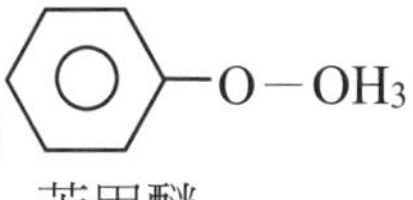

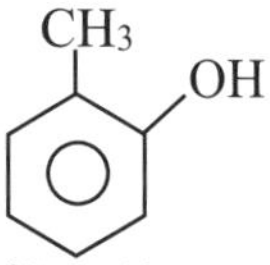

　　　C_7H_8O 共有 5 種芳香族化合物

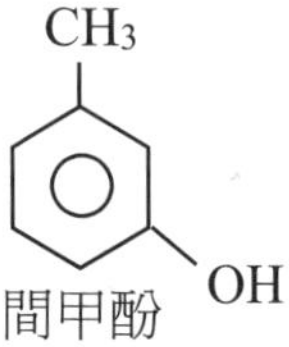

範例觀摩 6

有幾何異構物存在的化合物 A（分子式 C_4H_8），加入氯化氫生成化合物 B，B 加入氫氧化鈉水溶液共煮得化合物 C，C 再加入二鉻酸鉀之酸性溶液反應生成 D，試寫出化合物 A、B、C、D 的結構式（或示性式）並命名。

解析 有幾何異構物的 C_4H_8 一定為 2－丁烯

A：2－丁烯　　　　　　　　　　　　　　B：2－氯－丁烷

C：2－丁醇　　　　　　　　　　D：丁酮

主題七　醛與酮

醛與酮類均具有 $\diagdown C = O$ （羰基），統稱為「羰基化合物」，多數醛、酮類具香味，所以某些醛與酮可用作香料或調味品。

醛	製備	醛類係含 $-C{\diagup}^{O}_{\diagdown H}$ （醛基）之化合物 1.一級醇與溫和的氧化劑作用，可被氧化成醛類。 　例：一級醇受二鉻酸鉀溶液氧化時產生醛，反應結果溶液由橙黃轉變為綠色。此反應之通式如下： 　　$3RCH_2OH + Cr_2O_7^{2-} + 8H^+ \rightarrow 3RCHO + 2Cr^{3+} + 7H_2O$ 但醛易被氧化成酸，因此生成的醛應立刻分離（利用醛、醇、酸沸點之差異分離）。這可藉醛的沸點低於醇（及酸）的物理性質，利用蒸餾法使醛自反應混合物中蒸餾出來，而與未反應的醇及氧化劑分開以免繼續氧化成酸。 　例：$3CH_3CH_2OH + Cr_2O_7^{2-} + 8H^+ \xrightarrow{50°C} 3CH_3CHO + 2Cr^{3+} + 7H_2O$ 　　（b.p.78℃）　　　　　　　　　　　　　　（b.p.20.8℃） 　　$3CH_3CHO + Cr_2O_7^{2-} + 8H^+ \rightarrow 3CH_3COOH + 2Cr^{3+} + 4H_2O$ 　　　　　　　　　　　　　　　　　　　　（b.p.118℃） 2.若干醛之工業製取法為醇蒸氣與空氣在Cu催化之下高溫製得： 　　$2CH_3OH + O_2 \xrightarrow[250°C]{Cu} 2HCHO + 2H_2O$

醛	**製備**	3.醇的氧化亦可能將熱的醇蒸氣通過熱Cu為催化，在缺氧下而得（此謂之脫氫反應）： $CH_3CH_2CH_2OH \xrightarrow[250°C]{Cu} CH_3CH_2CHO + H_2$ 4.乙炔的水合反應以製取乙醛： $H-C\equiv C-H + HOH \xrightarrow[HgSO_4]{H^+} \left[\begin{smallmatrix} H-C-CH \\ \quad\ \ \| \ \ \| \\ \quad\ H\ \ OH \end{smallmatrix} \right] \xrightarrow{分子內部重組} CH_3CHO$ 5.甲醛（HCHO）為最簡單的醛類（$H-C\overset{H}{\underset{O}{<}}$），無色但有刺激性臭味的氣體，市面上的消毒劑「福美林（Formzlin）即是甲醛水溶液（約37%），亦可作為酚樹脂或脲樹脂的原料，其製備係以銅（或鉑）為催化劑，將甲醛的蒸氣與氧作用而成。」 $CH_3OH + O_2 \xrightarrow[\Delta 250°C]{Cu} 2HCHO + 2H_2O$
	性質	1.醛類分子中含有羰基（$>C=O$），分子具有極性，沸點較同碳數之烷及醚高，但較具有氫鍵之酸及醇為低。常溫下僅甲醛為氣體，其餘為液體。 2.羰基能與水分子形成氫鍵，低級醛對水溶解度大。 3.氧化反應：醛類可被氧化成酸。 　(1)在過錳酸鉀之酸性溶液中被氧化成酸。 　　例：$5CH_3CHO + 2MnO_4^- + 6H^+ \to 5CH_3COOH + 2Mn^{2+} + 3H_2O$ 　(2)醛類可與斐林試液反應產生紅色的Cu_2O沉澱。 　(3)醛類可與多侖試液反應產生銀鏡。 4.醛與氫在Ni或Pt之催化作用下還原成醇。 　例：$CH_3CHO + H_2 \xrightarrow{Ni,Pt} CH_3CH_2OH$
酮		羰基結合2個烴基的化合物（$\overset{R}{\underset{R}{>}}C=O$）稱為酮。酮類為醛類的異構物，丙酮為最簡單的酮。 1.酮之重要性質： 　(1)因含$>C=O$基，分子具有極性，沸點較同碳數的烷類高，但較醇、羧酸為低。

<table>
<tr><td rowspan="...">酮</td><td>

(2)酮類之 $\diagup$ C＝O 可與水形成氫鍵，故丙酮與水可完全互溶，但酮類隨碳原子數增加，在水中之溶解度漸降低。

(3)酮化性安定，不與斐林試液、多侖試液作用，不被氧化成酸。

2.酮之製備：

(1)由二級醇氧化而得，其反應式為

$$3R-\underset{\underset{H}{|}}{\overset{\overset{R'}{|}}{C}}-OH + Cr_2O_7^{2-} + 8H^+ \rightarrow 3RCOR' + 2Cr^{3+} + 7H_2O$$

例： $3CH_3CHOHCH_3 + Cr_2O_{7(aq)}^{2-} + 8H_{(aq)}^+ \rightarrow 3CH_3COCH_3 + 2Cr_{(aq)}^{3+} + 7H_2O$

$CH_3CHOHCH_3 \xrightarrow[250\sim300℃]{Cu} CH_3COCH_3 + H_2$

(2)乙炔外之炔類的水合反應為

$$R-C\equiv C-H + HOH \xrightarrow[HgSO_4]{H^+} [R-\underset{\underset{OH}{|}}{C}-\underset{\underset{H}{|}}{CH}] \xrightarrow{分子內部重組} R-\underset{\underset{O}{\|}}{C}-CH_3$$

</td></tr>
</table>

☆ 醛類與酮類為同分異構物，分子式均為 $C_nH_{2n}O$，但 $C_nH_{2n}O$ 中之 H 原子數比飽和者少 2 個，因此 $C_nH_{2n}O$ 分子內可能具有 1 個雙鍵（C＝C 或 C＝O），也可能具有一個環。

$$C_nH_{2n}O \begin{cases} 有一雙鍵 \begin{cases} 雙鍵在C與O之間（C＝O）\begin{cases} 醛類 \\ 酮類 \end{cases} \\ 雙鍵在C與C之間（C＝C）\begin{cases} 烯醇類 \\ 不飽和醚類 \end{cases} \end{cases} \\ 有一環 \begin{cases} 環狀醇 \\ 環氧烴類 \end{cases} \end{cases}$$

分子式	CH_2O	C_2H_4O	C_3H_6O	C_4H_8O	$C_5H_{10}O$
醛異構物數	1	1	1	2	4
酮異構物數	0	0	1	1	3

例 1：C_3H_6O 之所有異構物如下：（共 10 種）

(1)含雙鍵者：

① C — O：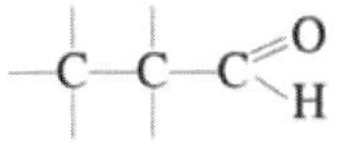 丙醛 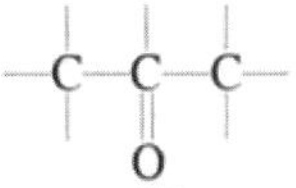 丙酮

② C — C：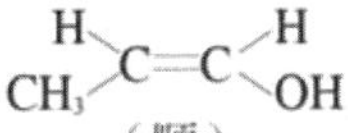 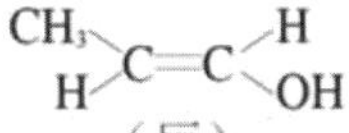

（順）　（反）

(2)有一環者：

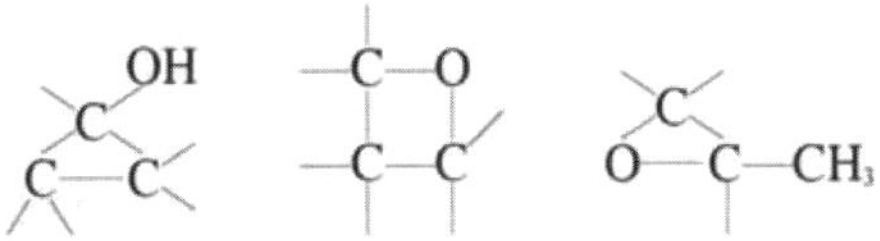

例 2：C_5H_{10} 中醛、酮異構物各如下示：

(1)醛類：C_4H_9CHO 中 C_4H_9（丁基）有 4 種異構物

∴$C_5H_{10}O$ 有醛類 4 種

(2) 酮類：$CH_3COC_3H_7$ 中 CH_3 1 種，C_3H_7 2 種 共 $1 \times 2 = 2$（種）
$C_2H_5COC_2H_5$ 中 C_2H_5 1 種　∴$1 \times 1 = 1$（種）
} 共 3 種酮類

☆ 醛類與酮類的鑑別：醛遇斐林試液、本氏溶液、多侖試液均有反應而酮則無。

A. 斐林試液（硫酸銅、氫氧化鈉與酒石酸鉀鈉等物質之混合液）

$$RCHO + \underbrace{2Cu^{2+}_{(aq)} + 5OH^{-}_{(aq)}}_{\text{深藍色}} \rightarrow RCOO^{-} + \underbrace{Cu_2O_{(s)}}_{\text{紅色沉澱}} + 3H_2O_{(l)}$$

B. 本氏溶液（Benedict's solution）為含檸檬酸鈉錯合銅離子的鹼性溶液。氧化醛時，深藍色的銅錯離子被還原成紅色的氧化亞銅。

C. 多侖試液為硝酸銀的氨溶液，與醛共熱則其二氨銀錯離子被醛還原成金屬銀析出於試管呈銀鏡，稱為銀鏡反應。

$RCHO$（醛）$+2Ag(NH_3)_2^+$（無色）$+3OH^- \rightarrow RCOO^-_{(aq)} +2Ag$（銀鏡）

$+4NH_3+2H_2O$

D. 能生銀鏡反應有醛、甲酸（HCOOH）、甲酸所生之酯、單醣及雙醣（除蔗糖外）。

E. 能生斐林或本氏反應有脂肪族醛（芳香醛無）、甲酸、甲酸所生之酯、單醣及雙醣（除蔗糖外）。

範例觀摩 1　　活用題型

分子量為120之某有機化合物含碳（原子量12），氫（原子量1）及氧（原子量16）三種元素。此化合物能與多侖試液作用產生銀鏡反應，但不使含溴的 CCl_4 溶液褪色。取其1.2g置於純氧中燃燒，產物依序通過甲管（含 $Mg(ClO_4)_2$固體）與乙管（含 NaOH 固體）後全被吸收。燃燒完成後發現甲管重量增加0.72g，乙管增加3.52g，則：(1)此化合物的分子式為何？(2)寫出所有可能的異構物。

解析　(1)$W_C = 3.52 \times \dfrac{12}{44} = 0.96$

$W_H = 0.72 \times \dfrac{2}{18} = 0.08$

$W_O = 1.2 - (0.96 + 0.08) = 0.16$

$C : H : O = \dfrac{0.96}{12} : \dfrac{0.08}{1} : \dfrac{0.16}{16} = (0.08) : (0.08) : (0.01) = 8 : 8 : 1$

∴實驗式 C_8H_8O，又分子量 120，故分子式 C_8H_8O。

(2)由題意示知含有醛基，不含碳間雙鍵……，故異構物有下列四種：

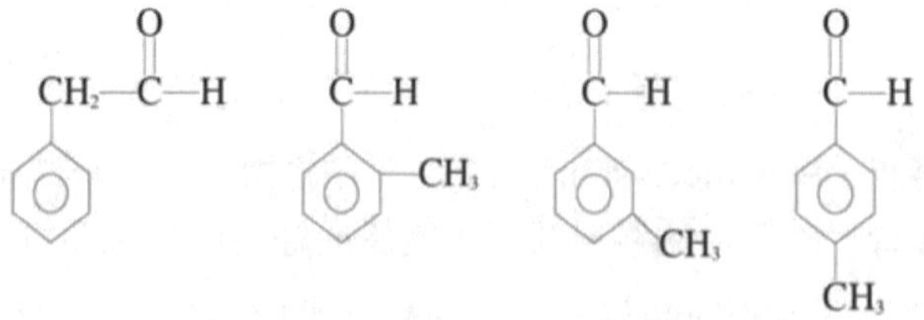

範例觀摩 2

下面所列有機化合物名稱與命名法合者為　(A)2－丙醛　(B)3－丁酮　(C)環－2－己烯　(D)2－甲基丁酸　(E)1，4－甲苯。

解析　(D)。(A)醛的官能基為第 1 個 C，不必註明位置。

(B)寫丁酮即可。

(C)環己烯的雙鍵在 1，2 號之碳原子間不必說明位置。

範例觀摩 3

某 C、H、O 化合物，在80℃1atm 下其蒸氣20mL 與100mL O_2 混合，點火使燃燒，反應完全後，使之通過 $Mg(ClO_4)_2$ 管後，並使溫度壓力回到80℃1atm，剩下之氣體總體積為80mL，再使此氣體通過鹼石灰管後，體積變為20mL；又此物可與多侖試劑反應，試求：(1)此物的分子式。　(2)此物之結構式。　(3)此物與多侖試劑反應之反應方程式。

解析　(1)C_3H_6O　(2)

$$H-\overset{\overset{H}{|}}{\underset{\underset{H}{|}}{C}}-\overset{\overset{H}{|}}{\underset{\underset{H}{|}}{C}}-C\overset{O}{\underset{H}{\diagup}}$$

(3)$CH_3CH_2CHO+2Ag(NH_3)_2^++3OH^-\rightarrow CH_3CH_2COO^-+2Ag+4NH_3+2H_2O$。

設分子式 $C_xH_yO_z$：$C_xH_yO_z+\dfrac{4x+y-2z}{4}O_2\rightarrow xCO_2+\dfrac{y}{2}H_2O$

最後剩下之氣體為 O_2 20mL，故知用去 O_2 100－20＝80(mL)

通過鹼石灰所減少的氣體為 CO_2

故知 CO_2 有 80－20＝60(mL)

∴① $C_xH_yO_z$：CO_2＝1：x＝20：60　解得 x＝3

② $C_xH_yO_z$：O_2＝1：$\dfrac{4x+y-2z}{4}$＝20：80

由①知 x＝3 代入②得 y － 2z＝4

如設 z＝1，y＝6，其分子式 C_3H_6O，符合題意有多侖試劑反應的醛類

如設 z＝2，y＝8，其分子式 $C_3H_8O_2$ 為二元醇，醚的分子式不會有多侖試劑反應

主題八　羧酸與酯

有機分子中含有羧基（）稱為羧酸，包括連結於烴基之直鏈羧酸

（）及結合於芳香基的芳香族羧酸（）。而羧酸的烴基被他種

基取代所生成之化合物稱為酸之衍生物，常見的有 RCOCl（醯氯），(RCO)$_2$O
（酸酐），RCOOR'（酯）及 RCONH$_2$（醯胺），水解後均可得原酸。

		具有一個羧基的直鏈羧酸常稱為脂肪酸，因為這些羧酸常與甘油結合構成脂肪而取名。 脂肪經過水解可得碳數 6 至 18 之偶數碳直鏈羧酸。
羧酸	命名	選擇含有羧基的最長鏈為主體。在 IUPAC 命名中，碳數以阿拉伯數字標示，並自羧基碳為 1 算起；而希臘字母 $\alpha-$，$\beta-$，$\gamma-$，$\delta-$等則用在俗名上，以指明取代基所在的位置，α 碳即為與羧基相鄰接的碳原子。 $$\overset{\delta\ \ \gamma\ \ \beta\ \ \alpha}{C-C-C-C-C}\overset{O}{\underset{OH}{}}$$ (5) (4) (3) (2) (1)
	製備	1.經由醛類或第一級醇類的氧化： $R-CHO \xrightarrow[\text{或}Ag(NH_3)_2^+]{KMnO_4} RCOOH$；$RCH_2OH \xrightarrow[\Delta]{KMnO_4(H^+)} RCOOH$ 2.經由烷苯類的氧化： $\bigcirc\!\!-CH_3 \xrightarrow[\Delta]{KMnO_4 \cdot H^+} \bigcirc\!\!-COOH$
	常見羧酸	1.甲酸：在螞蟻和蜜蜂的分泌液中含有甲酸，因此甲酸又稱蟻酸。最簡單的羧酸為甲酸，甲酸含有羥基、醛基、羧基。 (1)甲酸為無色具有刺激臭的液體（b.p.100.8℃）能腐蝕皮膚。 (2)甲酸的分子結構含有羧基外也有醛基，因此具有還原性，能使多侖試液產生銀鏡反應，也能使斐林試劑產生紅色沉澱。 (3)甲酸與濃硫酸共熱，則生成 CO。（濃硫酸當催化劑兼脫水劑） 　　HCOOH→H$_2$O＋CO (4)能和 KMnO$_4$ 作用的有機物：烯、環烯、炔、二烯、醛、1°醇、2°醇、甲酸、草酸及甲酸所生之酯。

羧酸	常見羧酸	☆以上能和多侖、斐林試液反應的：醛、甲酸及甲酸所生之酯。 2.乙酸：俗稱醋酸，為一種弱酸。 (1)乙酸為具有強烈刺激氣味的液體（沸點 118℃）醋酸之含水量在 1 %以下者在冬季容易凍結（凝固點 17℃）成冰狀固體，稱為冰醋酸。 (2)將乙醇在過錳酸鉀的酸性溶液中氧化可得乙酸。或在催化劑下以氧將乙醛氧化。 $CH_3CHO + 1/2\ O_2 \xrightarrow{催化劑} CH_3COOH$。 工業上，常以乙炔或乙醇為出發物質，經氧化來製造乙酸： $CH \equiv CH + H_2O \xrightarrow[HgSO_4]{H^+}$　$CH_3CH_2OH \xrightarrow{Cu（250℃）}$ $CH_3CHO \xrightarrow{氧化} CH_3COOH$ (3)二分子乙酸脫水成乙酐，是重要的化工原料，常用為醫藥品或合成纖維的原料。 3.苯甲酸（安息香酸）： (1)苯甲酸為白色晶體，能昇華，有防腐作用。 (2)苯甲酸鈉易溶於水，常用為食物防腐劑，可做為醬油中之添加物。 4.草酸（乙二酸）：具 2 個羧基的最簡單酸。 (1)常以草酸氫鉀（$HOOC-COOK$）存於許多植物中；常用為還原劑。 (2)遇鹼土金屬離子則反應產生白色沉澱。 　例：$Ca^{2+} + (COOH)_2 \rightarrow (COO)_2Ca_{(s)} + 2H^+$
	性質	1.具弱酸性，可與活性大金屬作用產生氫氣。 2.有機酸均具有分子電偶極，而沸點較同級醇或醛為高。 　b.p.：酸>醇>醛或酮>醚>烴。 3.羧酸可與水形成氫鍵，故甲酸至丁酸均能與水完全互溶，高級羧酸（C_{10}以上者）為固體，大多難溶於水。 4.不易被氧化，但甲酸、草酸均具還原性。 $5HCOOH + 2MnO_4^- + 6H^+ \rightarrow 2Mn^{2+} + 5CO_2 + 8H_2O$ $5(COOH)_2 + 2MnO_4^- + 6H^+ \rightarrow 2Mn^{2+} + 10CO_2 + 8H_2O$

羧酸	性質	5.結構對羧酸強度的影響： (1)RCOOH 中 R（烷基）愈大，釋放電子能力愈大，酸度愈小；R 上的支鏈愈多，釋放電子之能力愈大，酸度愈小。 例：酸性 $\begin{cases} ① \text{ HCOOH} > \text{CH}_3-\text{COOH} > \text{C}_2\text{H}_5\text{COOH} \\ ② \text{ CH}_3\text{CH}_2\text{CH}_2\text{COOH} > \text{CH}_3\text{CH}_2(\text{CH}_3)\text{CHCOOH} > (\text{CH}_3)_3\text{CCOOH} \end{cases}$ (2)羧酸 RCOOH 中若 R 上有一個能推電子的原子或原子團(X)，將使酸性更弱，若 R 上有一個能拉（或吸）電子的原子或原子團(X)，將使酸性增強，且這些原子或原子團(X)愈多或愈接近羧酸(-COOH)的碳，其效果愈顯著。 例：酸性 $\begin{cases} ① \text{ CH}_2\text{FCOOH} > \text{CH}_2\text{ClCOOH} > \text{CH}_2\text{BrCOOH} > \text{CH}_2\text{ICOOH} \\ ② \text{ CH}_3\text{CH}_2\text{CHClCOOH} > \text{CH}_3\text{CHClCH}_2\text{COOH} > \\ \quad \text{CH}_2\text{ClCH}_2\text{CH}_2\text{COOH} \\ ③ \text{ CCl}_3\text{COOH} > \text{CHCl}_2\text{COOH} > \text{CH}_2\text{ClCOOH} \end{cases}$
酯		1.將酸中之-OH 轉變為-OR 所得的衍生物稱為酯類。最簡單的酯為甲酸甲酯($HCOOCH_3$)。 2.製備：羧酸與醇類在催化劑（例如濃硫酸或氯化氫）之催化下作用而產生酯和水的反應稱為酯化。 $$\underset{\text{羧酸}}{R-\overset{\overset{\text{O}}{\|}}{C}-OH} + \underset{\text{醇類}}{H-OR'} \rightarrow \underset{\text{酯類}}{R-\overset{\overset{\text{O}}{\|}}{C}-OR'} + H_2O$$ 3.酯命名：$\dfrac{R-C}{\text{酸}}{\Big\langle}\genfrac{}{}{0pt}{}{\text{O}}{\underset{\text{醇}}{\text{O}-R'}}$ 稱為某酸某酯，如 $\dfrac{\text{CH}_3\text{CO}}{\text{酸來的}}\dfrac{\text{OCH}_3}{\text{醇來的}}$ 為乙酸甲酯 4.性質： (1)難溶於水，比重小於 1，無氫鍵，沸點、熔點較同分子量酸低。 (2)酯為重要的有機物，低分子量的羧酸與醇所形成的酯，具有水果香味且揮發性大，常用來作香料及人造調味品，並且是優良的溶劑。 (3)酯與水緩慢反應分解成酸和醇，這種反應稱為加水分解（水解）。

$$\text{CH}_3\text{C}\overset{\text{O}}{-}\text{OC}_2\text{H}_5 + \text{H}_2\text{O} \rightarrow \text{CH}_3\text{C}\overset{\text{O}}{-}\text{OH} + \text{C}_2\text{H}_5\text{OH}$$

　乙酸乙酯　　　　　　　乙酸　　　　乙醇

5. 無機酸的酯：濃硝酸與甘油生成的酯稱為硝化甘油，可做為炸藥的原料。

$$\text{C}_3\text{H}_5(\text{OH})_3 + 3\text{HONO}_2 \rightarrow \text{C}_3\text{H}_5(\text{ONO}_2)_3 + 3\text{H}_2\text{O}$$

6. 羧酸與酯為同分異構物，分子式均為 $\text{C}_n\text{H}_{2n}\text{O}_2$。但 $\text{C}_n\text{H}_{2n}\text{O}_2$ 型除飽和脂肪酸、酯類外，尚有飽和羥基酮、羥基醛及不飽和醇、醚、環狀其他化合物等。

$\text{C}_n\text{H}_{2n}\text{O}_2$	n=1	n=2	n=3	n=4	n=5
酯異構物數	0	1	2	4	9
羧酸異構物數	1	1	1	2	4

酯

油脂

1. 油脂的成分與性質：天然脂肪及油亦為酯類，統稱油脂。化學成分屬於丙三醇（甘油）與高級脂肪酸的甘油酯。

（脂肪酸含 C 數均偶數個以 16－18 最普遍）

(1) 常溫下為固體者，稱為脂肪，主要存於動物中，大半為飽和脂肪酸的甘油酯；常溫下為液體者，稱為油，主要存在於植物中，大半為不飽和脂肪酸的甘油酯。

(2) 天然脂肪及油均為數種酯的混合物，無明確的熔點和沸點。

(3) 純者為無色，無味，無臭液體或固體。中性，不溶於水。但可溶於苯、乙醚、氯仿等有機溶劑。

(4) 油脂當長久曝露於空氣中時，有水解或氧化成揮發性的羧酸之傾向，致使有酸味與不悅嗅覺，此稱為油脂的酸敗。

2. 油脂在氫氧化鈉或氫氧化鉀等鹼性溶液中加熱則發生水解反應生成長鏈脂肪酸的鹼金屬鹽（就是肥皂）和甘油，稱為皂化。

酯	油酯	（甘油脂 + 3Na⁺OH⁻ → 甘油 + 脂肪酸鈉鹽 的反應式） (1)普通的肥皂（Soap）為長鏈脂肪酸鈉鹽之混合物。 　例：$C_{17}H_{35}COO^-Na^+$（硬脂酸鈉），$C_{15}H_{31}COO^-Na^+$（軟脂酸鈉）等。 (2)硬水中的 Ca^{2+}，Mg^{2+} 會與肥皂形成難溶於水的脂肪酸鹽，致使肥皂失效。
	清潔劑	1.清潔劑包括肥皂及合成清潔劑，其中： 　(1)肥皂是長鏈脂肪酸之鹼金屬鹽類。肥皂可用 RCOONa 表示。 　(2)合成清潔劑則為長鏈醇類轉變製成之烷基硫酸鹽類（例如：正十二烷基硫酸鈉（$n-C_{11}H_{23}CH_2OSO_3Na$）或長鏈烷苯磺酸之鹽類（R—⬡—$SO_3Na$）。 2.肥皂與清潔劑的分子結構相似，均由長而非極性的親油性烴鏈（油溶性尾部）和極性的親水性部分（水溶性頭部）構成。 3.肥皂與合成清潔劑的清潔作用很相似。衣類的油污在清潔劑溶液中，經過摩擦、攪拌、分解成小油滴而被清潔劑乳化懸浮在水中。清潔劑分子的非極性烴鏈（親油性尾部）溶解於油滴，留下極性基（親水性頭部）伸入水層。因為負電性酸根之存在，每一油滴皆被離子性環境所包圍，同電性間之相斥作用使各油滴不能聚集，生成穩定乳液。清潔劑溶液的表面張力比水小，因此清潔劑溼潤力較水大。溶易滲入衣料纖維或油垢，使污物容易成微粒分散洗出。清潔劑的洗滌作用乃此表面作用和乳化作用的綜合效應。

油酯欄化學反應式：

$$CH_2-O-\overset{O}{\overset{\|}{C}}-R$$
$$CH-O-\overset{O}{\overset{\|}{C}}-R' + 3Na^+OH^- \rightarrow \begin{array}{c}CH_2OH\\CHOH\\CH_2OH\end{array} + \begin{array}{c}R-\overset{O}{\overset{\|}{C}}-O^-Na^+\\R'-\overset{O}{\overset{\|}{C}}-O^-Na^+\\R''-\overset{O}{\overset{\|}{C}}-O^-Na^+\end{array}$$
$$CH_2-O-\overset{O}{\overset{\|}{C}}-R''$$

甘油脂　　　　　　甘油　　脂肪酸鈉鹽

範例觀摩 1

取某有機物 X，得下列實驗結果：

①取 X 4.4克完全燃燒可生成水3.6克及二氧化碳8.8克。

②取 X 0.44克加熱至127℃完全氣化時，於380mm Hg 下占有328mL 的體積。

③若 X 水解後可得兩種液體 A、B，而 A 可與鋅反應產生氫氣；也可與硝酸銀之氨溶液反應，產生銀。B 的水溶液呈中性，被氧化時產生中性溶液 C，但 C 不與斐林試液反應。依以上實驗結果，問：　(1)X 的分子式。　(2)A 的名稱。　(3)B 的結構式。　(4)X 的名稱。　(5)C 的示性式。

解析 (1)$C_4H_8O_2$　　　(2)甲酸　　　(3)

$$H-\overset{\overset{\displaystyle H}{|}}{C}-\overset{\overset{\displaystyle OH}{|}}{C}-\overset{\overset{\displaystyle H}{|}}{C}-H$$
$$\underset{\underset{\displaystyle H}{|}}{}\quad\underset{\underset{\displaystyle H}{|}}{}\quad\underset{\underset{\displaystyle H}{|}}{}$$

(4)甲酸異丙酯　　　(5)CH_3COCH_3。

C 重 $= 8.8 \times \dfrac{12}{44} = 2.4$，H 重 $= 3.6 \times \dfrac{2}{18} = 0.4$

O 重 $= 4.4 - 2.4 - 0.4 = 1.6$

$C : H : O = \dfrac{2.4}{12} : \dfrac{0.4}{1} : \dfrac{1.6}{16} = 0.2 : 0.4 : 0.1 = 2 : 4 : 1$ ($C_2H_4O = 44$)

$\dfrac{380}{760} \times 0.328 = \dfrac{0.44}{M} \times 0.082 \times 400$，$M = 88$　分子式 $C_4H_8O_2$

A 為甲酸，有銀鏡反應，B 為 3 個 C 的 $2°$ 醇；氧化後的產物不會再被氧化

總結：有機化合物的檢驗　　**非常重點**

1.烯、炔：可使 Br_2/CCl_4 及 $KMnO_4$ 溶液褪色。

2.醇與醚區別：醇可與 Na 作用產生 H_2，醚則否。

3.醛及含 α－羥酮式結構（ $-\overset{\overset{\displaystyle O}{\|}}{C}-\overset{\overset{\displaystyle|}{}}{\underset{\underset{\displaystyle|}{}}{C}}-OH$ ）者可有斐林、多侖試液反應。

4.$R-C\equiv C-H$ 可與 $Ag(NH_3)_2^+ + OH^-$ 及 $Cu(NH_3)_2Cl + OH^-$

　　產生 $R-C\equiv C-Ag$ 及 $R-C\equiv C-Cu$ 之沉澱。

5.酚類可與 $FeCl_3$ 呈紫色反應。

6.$C_6H_5NH_2$ 可溶於鹽酸，C_6H_5OH 可溶於 $NaOH_{(aq)}$。

7.HCOOH，$H_2C_2O_4$ 可使 $KMnO_4$ 褪色。

8.澱粉與 I_2 產生藍紫色反應。

9.蛋白質遇濃 HNO_3 變黃色。

10.酸與酯區別：酸可與活性大金屬如 Zn 產生 H_2，酯則否。

主題九　胺與醯胺

胺類為重要的有機鹼（可視為氨的衍生物），通式為 RNH_2、R_2NH 或 R_3N；蛋白質分解可生成胺（魚肉的腐敗臭味，即為一種胺的臭味）。

胺	分類	1.第一級胺：N 上只連結一個R者，即RNH_2。 　例：CH_3-NH_2 甲胺，$CH_3CH_2-NH_2$乙胺 2.第二級胺：N原子上連接二個烴基者稱為二級胺，即R_2NH。 　例：$CH_3NHCH_2CH_3$，$(CH_3CH_2)_2NH$，$C_6H_5CH_2NHCH_2CH_3$ 　　　　甲乙胺　　　　　二乙胺　　　　　　乙苄胺 3.第三級胺：N 原子上連接三個烴基者稱為三級胺，即R_3N。 　例：$(CH_3)_3N$，$(CH_3)(CH_3CH_2)NCH_2CH_2CH_3$ 　　　三甲胺　　　　　　甲乙丙胺
	製備	由鹵烷類與氨或胺類作用（即鹵化烷之氨解或胺解） $R-X + 2NH_3 \rightarrow RNH_2 + NH_4X$，反應速率：$RI > RBr > RCl$ 於反應時須用過量的以防止別種產物發生。 例：$CH_3CH_2I + 2NH_3 \rightarrow CH_3CH_2NH_2 + NH_4I$
	性質與異構物	1.除三級胺外，胺類有氫鍵，故胺類的沸點較同分子量的烷、醚高。 2.可與水分子形成氫鍵，故低級胺對水溶解度大。 3.胺類類似氨，水溶液呈鹼性（胺類為路易士鹼）。 4.胺之異構物：

$C_nH_{2n+3}N$	n=1	n=2	n=3	n=4
胺異構物數	1	2	4	8

胺	**苯胺**	1.胺類中最重要者為苯胺。工業上常以鐵與稀鹽酸（觸媒氫化）還原硝基苯製得。 硝基苯 $\xrightarrow[\text{加熱}]{\text{Fe，3 \% HCl}}$ 氫氯化苯胺或氯化苯銨 $\xrightarrow{\text{Na}_2\text{CO}_3}$ 苯胺 硝基苯 $\bigcirc\!\!-\!\text{NO}_2 + 3\text{H}_2 \xrightarrow{\text{Pt}} \bigcirc\!\!-\!\text{NH}_2 + 2\text{H}_2\text{O}$ 2.苯胺為具有特殊臭味的液體，久置於空氣中逐漸氧化呈褐色。苯胺難溶於水，但溶於鹽酸。苯胺可用來製乙醯胺苯、磺胺類，指示劑甲基橙亦為一種苯胺的衍生物。 $\begin{matrix}\text{CH}_3 \\ \text{CH}_3\end{matrix}\!\!>\!\!\text{N}\!-\!\bigcirc\!-\!\text{N}\!=\!\text{N}\!-\!\bigcirc\!-\!\text{SO}_3\text{H}$（甲基橙）
醯胺（$RCONH_2$）	**製備**	1.在實驗室中多數醯胺可由醯氯化物或酸酐與氨（或胺）反應製備。 $RCOCl$（醯氯化物）$+ 2NH_3 \rightarrow NH_4Cl + RCONH_2$（醯胺） 2.酯與氨（或胺）反應亦得醯胺： $R-\overset{\text{O}}{\overset{\|}{C}}-O\!-\!R' + H\!-\!NH_2 \rightarrow RCONH_2 + R'OH$ 3.羧酸的銨鹽之熱分解亦生醯胺（工業法）： $R-\overset{\text{O}}{\overset{\|}{C}}-OH + NH_3 \rightarrow R-\overset{\text{O}}{\overset{\|}{C}}-O\!-\!NH_4^+ \xrightarrow{\Delta} RCONH_2 + H_2O$
	性質	1.醯胺因生成許多氫鍵，故沸點相當高，除甲醯胺為液體外，其餘皆為無色固體。 2.醯胺中的CONH稱為醯胺鍵結，為蛋白質及酶的長鏈分子的基本結構。 3.因醯胺可與水形成氫鍵，故易溶於水。
	乙醯胺苯與磺胺	苯胺與乙酐反應（乙醯化）生成乙醯胺苯。乙醯胺苯為有機合成之中間產物，在醫藥上用為鎮痛劑。 $\bigcirc\!\!-\!\overset{H}{\underset{}{N}}\!-\!H + CH_3\overset{\text{O}}{\overset{\|}{C}}\!-\!O\!-\!\overset{\text{O}}{\overset{\|}{C}}\!-\!CH_3 \rightarrow \bigcirc\!\!-\!\overset{H}{\underset{}{N}}\!-\!\overset{\text{O}}{\overset{\|}{C}}\!-\!CH_3 + CH_3COOH$ 苯胺　　　　　乙酐　　　　　　乙醯胺苯

醯胺（RCONH₂）	乙醯胺苯與磺胺	乙醯胺苯再經過一系列反應，可以合成對胺苯磺醯胺，簡稱磺胺。磺胺及其某些取代醯胺類稱為磺胺類藥物，係有效的消炎劑。 $H_2N-\bigcirc-SO_2NH_2$ 對胺苯磺醯胺（磺胺）

範例觀摩 1

茜生由苯利用①硝化反應；②還原反應（鐵和稀鹽酸）；③乙醯化反應（乙醯氯和足夠量的鹼）三個化學反應製得乙醯胺苯。則：

(1)試以平衡化學方程式表示以上三個化學反應。

(2)假設硝化反應和還原反應的產率分別為70％和90％，欲製得58.59克苯胺。至少需要多少克的苯？

(3)18.6克的苯胺和18.6克乙醯氯以及足夠量的鹼進行乙醯化反應，假設反應完全，最多可製得多少克乙醯胺苯？

解析 (1)① $C_6H_6 + HONO_2 \xrightarrow{H_2SO_4} C_6H_6NO_2 + H_2O$

② $C_6H_5NO_2 + 2Fe + 7HCl \rightarrow C_6H_5NH_3Cl + 2FeCl_3 + 2H_2O$

③ $C_6H_5NH_3Cl + CH_3COCl + 2OH^- \rightarrow C_6H_5NHCOCH_3 + 2H_2O + 2Cl^-$

(2)設 x 莫耳，則 x × 70％ × 90％ × 93 = 58.59

∴x = 1；1 × 78 = 78（g）

(3)乙醯氯為限量試劑，故可得乙醯胺苯 18.6/93 × 135 = 27（克）

迷你實驗室　阿司匹靈的製備

1.以柳酸及乙酐或氯化乙醯來製備阿司匹靈。

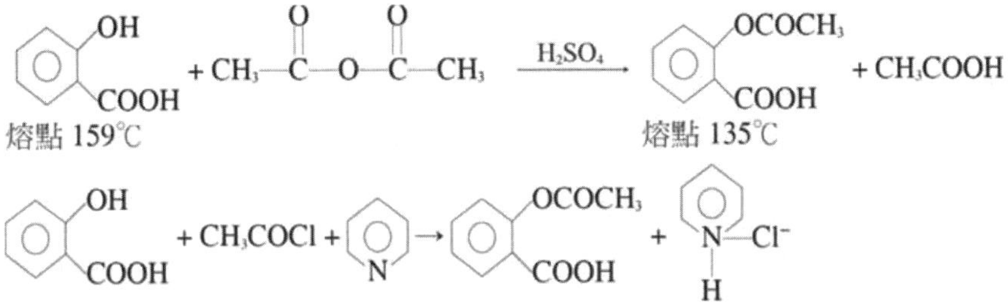

熔點 159℃　　　　　　　　　　　　熔點 135℃

2.於初產物中加入飽和 NaHCO₃ 溶液的目的在於分離初產物中不溶於水，且不與 NaHCO₃ 溶液反應的雜質——因阿司匹靈不溶於水，但能與 NaHCO₃ 溶液作用，生成的鈉鹽溶於水，藉此可將不溶於 NaHCO₃ 溶液的雜質過濾去除。

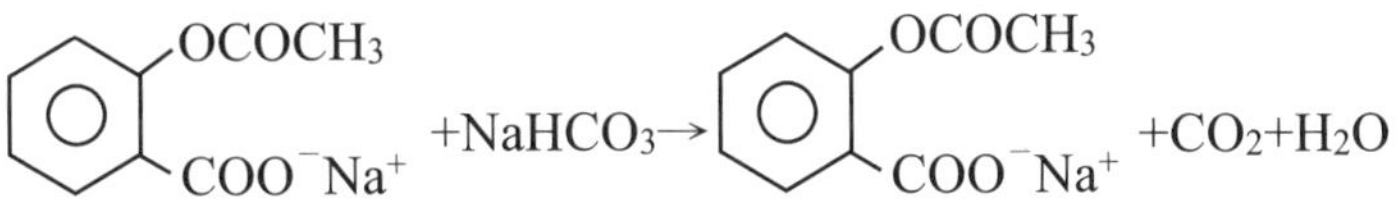

將上述濾液加入鹽酸的目的就是使阿司匹靈沉澱析出。

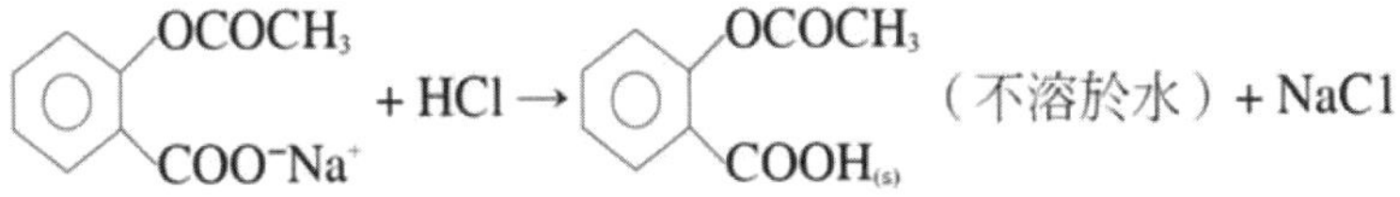

3.作為醫藥用途的阿司匹靈必須完全不含柳酸（因柳酸對胃壁的刺激性太大），簡便的檢驗方法是將試樣溶液與氯化鐵（Ⅲ）溶液混合，若含柳酸則因苯環上含有—OH，遇 FeCl₃ 即呈紫色，純的阿司匹靈沒有這種反應。

問題：某生以下列實驗方法，從事混合物的分離實驗。此混合物含萘（C₁₀H₈），苯胺(C₆H₅NH₂)及阿司匹靈，

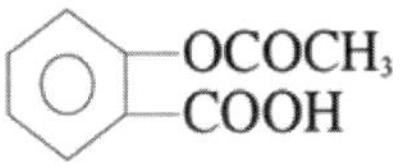

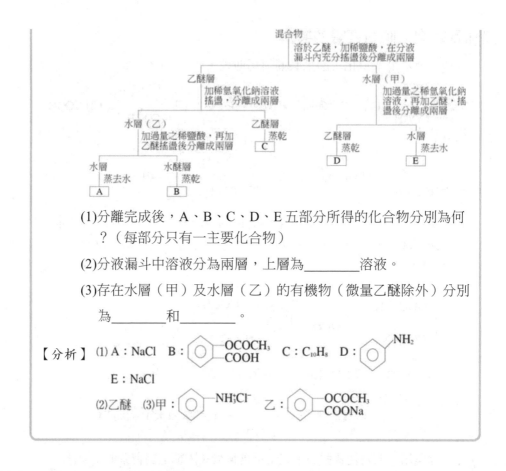

(1)分離完成後，A、B、C、D、E 五部分所得的化合物分別為何
　　？（每部分只有一主要化合物）

(2)分液漏斗中溶液分為兩層，上層為_____溶液。

(3)存在水層（甲）及水層（乙）的有機物（微量乙醚除外）分別

　　為_____和_____。

【分析】 (1) A：NaCl　B： OCOCH₃ COOH 　C：C₁₀H₈　D： NH₂

　　　　　 E：NaCl

　　　　(2)乙醚 (3)甲： NH₃⁺Cl⁻ 　乙： OCOCH₃ COONa

主題十　聚合物的一般性質

(一) 單體與單體單元

構成聚合物的小分子稱單體（monomer）。小分子存於聚合物中的部分稱
單體單元（monomeric unit）。構成聚合物的單體可以相同，亦可以不相
同。

若聚合物是由 { 完全相同的單體聚合而成 ⇒ 同元聚合物。
　　　　　　　 兩種或以上單體聚合而成 ⇒ 共聚合物。

(二) 聚合反應：由單體結合成為聚合物之反應稱為聚合反應。

1. 加成聚合反應（addition polymerization）：單體間之聚合反應作用時無原子放出者，稱加成聚合反應。其單體常為不飽和有機化合物（一般含 $C=C$）。

2. 縮合聚合反應（condensation polymerization）：單體聚合物，失去一個小的簡單分子，例如水或氨者，稱縮合聚合反應。進行此反應之單體皆為多官能基化合物（至少 2 個官能基），所以縮合聚合物亦必含多種（或個）官能基。

(三) 聚合物的性質

1. 聚合物通常是由不同數目單體組成的分子的混合物，聚合物的分子量通常以平均分子量表示。

2. 聚合物由於其分子巨大，分子間乃產生甚強之吸力，因此具有適當的機械強度、硬度、撓曲性、彈性、延伸性等性質，可加工成纖維狀或皮膜狀等各種實用製品。

3. 在聚合物鏈上所接的官能基，會發生此官能基所能發生之反應。

4. 在鏈上的官能基之活性會受到鄰近的基之影響，有的增強，有的減弱，完全根據兩者之性質而定。

(四) 聚合物依其來源可分為兩類

1. 天然物：纖維素、澱粉、蛋白質、核酸、橡膠（大部分由動物或植物製造的）。

2. 合成物：聚乙烯、耐綸、達克綸、電木、聚矽氧等（結構較簡單，含單體種類少）。

天然聚醣類	橡膠	1.來源：由橡膠樹所得橡漿經離心，再加甲酸或乙酸凝固成生膠。 2.天然橡膠的組成： 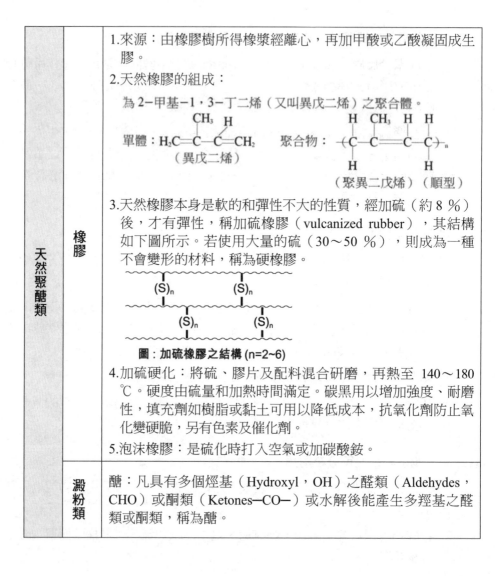 3.天然橡膠本身是軟的和彈性不大的性質，經加硫（約 8 %）後，才有彈性，稱加硫橡膠（vulcanized rubber），其結構如下圖所示。若使用大量的硫（30～50 %），則成為一種不會變形的材料，稱為硬橡膠。 圖：加硫橡膠之結構 (n=2~6) 4.加硫硬化：將硫、膠片及配料混合研磨，再熱至 140～180 ℃。硬度由硫量和加熱時間滿定。碳黑用以增加強度、耐磨性，填充劑如樹脂或黏土可用以降低成本，抗氧化劑防止氧化變硬脆，另有色素及催化劑。 5.泡沫橡膠：是硫化時打入空氣或加碳酸銨。
	澱粉類	醣：凡具有多個烴基（Hydroxyl，OH）之醛類（Aldehydes，CHO）或酮類（Ketones—CO—）或水解後能產生多羥基之醛類或酮類，稱為醣。

天然聚醣類	澱粉類	分類	單醣類	不被稀酸或酵素水解而破壞者，通式為$(CH_2O)_n$（ n = 3 至 7，但以五碳醣及六碳醣最常見），重要者有：

(1) 葡萄糖（glucose）含有醛基，為「醛醣（Aldose）」之一種。

①葡萄糖分子式為 $C_6H_{12}O_6$，含有一個醛基（－CHO）及五個羥基（－OH）之醛類，其結構如下所示。

②葡萄糖除上述之直鏈式結構外，尚有半縮醛環式結構，後者尚分 α 型及 β 型。直鏈式結構與半縮醛環式結構常維持在一平衡狀態。在水溶液中，後者占優勢。

③存在：存於一些甜的水果中，亦存於我們的血液中，所以血糖就是血液中的葡萄糖。血糖太低使人因腦營養不足而休克，過多則為糖尿病。

④因葡萄糖具有醛基，故有斐林、本氏及銀鏡反應。

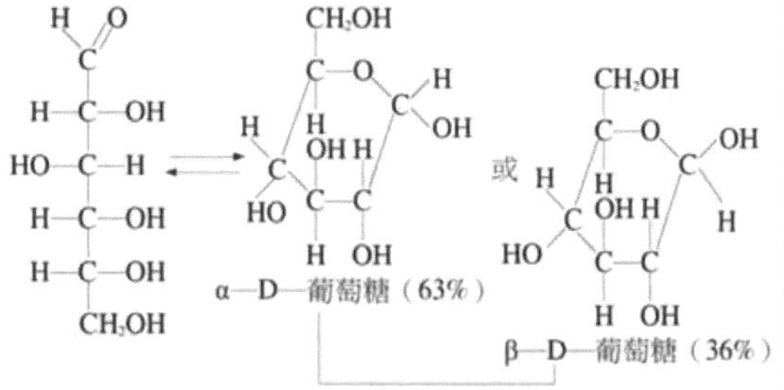

葡萄糖之直鏈式結構（1%）　半縮醛環狀結構（99%）

(2) 果糖：

①果糖分子式亦為 $C_6H_{12}O_6$，與葡萄糖是同分異構物，含有一個酮基在第二個碳上，故果糖屬於酮糖。一分子果糖含5個羥基，1個酮基。

| 天然聚醣類 | 澱粉類 | 分類 | 單醣類 | ②結構上果糖與葡萄糖不同，但在溶液中亦為直鏈結構與環狀結構達成平衡，而後者較占優勢，甜度約蔗糖的2倍。
③果糖亦具還原性（因有 α－羥酮式結構），能還原斐林試劑，與多侖試劑亦發生銀鏡反應。 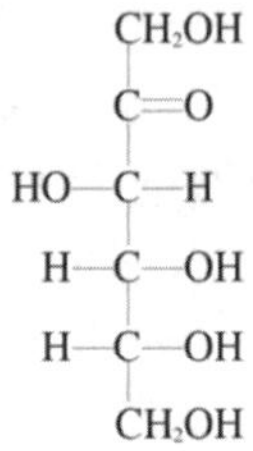

　　　CH₂OH　　　　　　　CHO
　　　　C＝O　　　　　H－C－OH
　HO－C－H　　　　 HO－C－H
　　H－C－OH　　　 HO－C－H
　　H－C－OH　　　　 H－C－OH
　　　CH₂OH　　　　　　CH₂OH
　　　　果糖 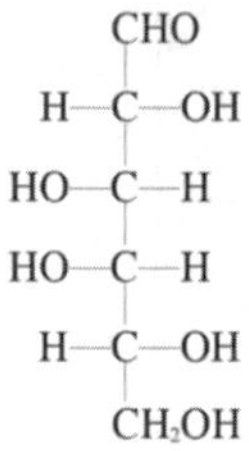　　　　　　　　半乳糖

(3)半乳糖 $C_6C_{12}O_6$：單醣，母乳中含量多於牛乳，為腦組織成分。
★葡萄糖、果糖、半乳糖為同分異構物，分子式均為 $C_6C_{12}O_6$。 |
| | | | 雙醣類 | 水解後能產生二個分子之單醣者，如：
(1)蔗糖：
①分子式為 $C_{12}H_{22}O_{11}$。
②由一分子葡萄糖與一分子果糖，脫水反應而成。
③蔗糖在酸性溶液中水解成葡萄糖和果糖。
$$C_{12}H_{22}O_{11}（蔗糖）+ H_2O \xrightarrow[\Delta]{H^+} \underset{（轉化糖）}{C_6H_{12}O_6（葡萄糖）+ C_6H_{12}O_6（果糖）}$$
④蔗糖因氫鍵多（一分子含8個羥基）易溶於水，無還原性（即非還原醣）。加稀酸共熱或轉化酶，則起水解而生轉化糖（即葡萄糖和果糖），故蔗糖水解後有還原作用。 |

| 天然聚醣類 | 澱粉類 | 分類 | 雙醣類 | (2)麥芽糖：

為澱粉或糊精部分水解產物。它水解後生成二分子之葡萄糖。故可認為是二分子的葡萄糖縮掉一分子結合而成，所以麥芽糖是蔗糖的異構物。但麥芽糖為還原醣。

$C_{12}H_{12}O_{11}$（麥芽糖）$+ H_2O \xrightarrow[\Delta]{H^+} 2C_6H_{12}O_6$（葡萄糖）

(3)乳糖：

它水解之後，可得葡萄糖和半乳糖，故乳糖可視為一分子葡萄糖和一分子半乳糖，化合脫去一分子水而成。

$C_{22}H_{22}O_{11}$（乳糖）$+ H_2O \xrightarrow[\Delta]{H^+} C_6H_{12}O_6$（葡萄糖）$+ C_6H_{12}O_6$（半乳糖）

乳糖也具還原性，易受空氣中細菌之作用，變成乳酸。 |
| | | | 多醣類 | 水解後能產生多分子之單醣者，其通式為$(C_6H_{10}O_5)_n \Rightarrow$ 由許多單醣分子縮水成醚鍵結構（ $\overset{O}{\underset{C \quad C}{\diagdown\diagup}}$ ）的聚合物，稱為多醣，如：

(1)澱粉：

①澱粉是很多 α 型葡萄糖分子縮合而成的同元聚合物，其化學式可寫為 $HO(C_6H_{10}O_5)_nH$，一般寫成$(C_6H_{10}O_5)_n$。

$n(C_6H_{12}O_6) \rightarrow (C_6H_{10}O_5)_n + nH_2O$
　葡萄糖　　　　澱粉

②澱粉難溶於水，但遇熱水則澱粉粒吸水膨脹，致使其外膜破裂而成糊狀（黏液），稱漿糊，此變化稱為糊化（易消化）。

③
澱粉 $\xrightarrow{稀酸或酶}$ 糊精 $\xrightarrow[H^+]{H_2O}$ 麥芽糖 $\xrightarrow[H^+]{H_2O}$ 葡萄糖
$(C_6H_{10}O_5)_x + xH_2O \rightarrow xC_6H_{12}O_6$（葡萄糖）

④澱粉液遇碘呈藍（紫）色反應。 |

天然聚醣類	澱粉類	分類	多醣類	(2)纖維素： ①實驗式與澱粉相同，是由很多 β 葡萄糖分子縮合而成的同元聚合物，性質與澱粉不同，分子量極多。化學式亦表為 $HO(C_6H_{10}O_5)_nH$，通常寫為 $(C_6H_{10}O_5)_n$。 ②在植物中，纖維素是細胞壁的結構成分。人和食肉動物都沒有消化纖維素的酶，因此不能被人類利用，但能協助腸胃蠕動，增進腸胃健康。反芻動物（例如牛和羊），在它們瘤胃中的細菌具有分解纖維素的酶，能將纖維素分解，以供反芻動物利用。 ③纖維素之鏈間具有很強的氫鍵，使彼此牢牢的靠在一起，所以不溶於水。 ④用途：木材作傢俱、纖維素製紙、強棉、人造絲、賽珞仿、賽璐珞、硝化棉塗料、醋酸棉塗料，稱為纖維工業。賽璐珞係酒精加於硝酸纖維75％、樟腦25%混合物中，再加顏料、填料、安定劑、蒸發酒精所得。紙張浸硫酸得防水、防油，質硬的硫酸紙（羊皮紙）。纖維素以硫酸和硝酸處理，製得硝酸纖維素，是一種用以製造無煙火藥的強炸藥。
蛋白質合物				1.各種 α －胺基酸縮合聚合而成的高分子量天然聚合物。常見的 α －胺基酸約有 20 種。 2. α －胺基酸：具有胺基及羧基之有機物，其胺基連接於緊鄰羧基之 α 碳上，故稱為 α 胺基酸。 α －胺基酸的通式如下： 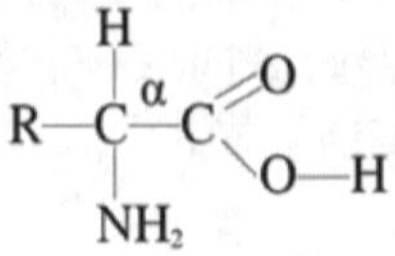

$$\underset{\underset{NH_2}{\mid}}{R-\overset{\overset{H}{\mid}}{C}}-\overset{\overset{O}{\parallel}}{C}-O-H \quad R=H，脂肪基，芳香基，雜環基。$$

$$
\begin{array}{ccc}
& \text{H} & \\
\text{H}-&\text{C}-&\overset{\text{O}}{\underset{\text{OH}}{\text{C}}} \\
& \text{NH}_2 &
\end{array}
$$

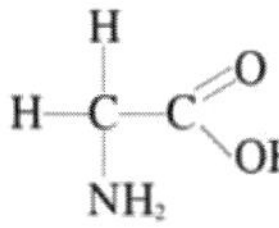

甘胺酸（胺基乙酸）
（最簡單的胺基酸）

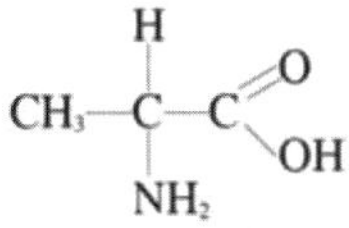

α－胺基丙酸

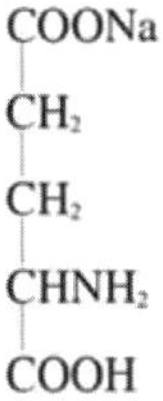

麩胺酸－鈉（為家庭中常用的調味料品，味精）

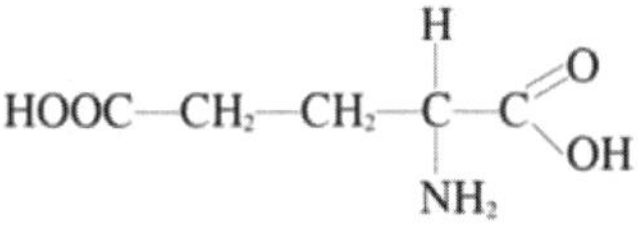

α－胺基戊二酸（麩胺酸）

3.蛋白質的組成：

由二個胺基酸分子縮合可得二肽（dipetide），二肽分子中醯胺結合，$-\overset{\text{O}}{\underset{}{\text{C}}}-\overset{\text{H}}{\underset{}{\text{N}}}-$ 通常叫做肽鍵（peptide bond）。三個胺基酸分子縮合則得（tripeptide），依此類推，由多個胺基酸縮合而成為多肽（polypetide）與蛋白質。

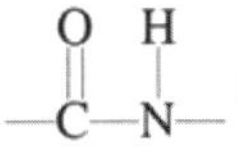

4.蛋白質分子量大小的範圍很廣，有些高達 10^6，其低限很難定，通常將胰島素（分子量 5733）當為一種最小蛋白質。所以，習慣上以分子量 5000〔約含 50 個胺基酸殘基，即 50 個（RCH（NH）CO）胺基酸單體單元〕為蛋白質和多肽的分界點，分子量大於 5000 的胺基酸聚合物稱蛋白質，小於 5000 者，稱多肽。總之，蛋白質和多肽兩者都是聚醯胺。

5.胺基酸順序：蛋白質分子中胺基酸殘基排列順序。蛋白質的特性由所含胺基酸殘基的種類、個數及順序決定。

6.立體結構：

(1)因為肽鏈中羧基的氧和醯胺基的氫間會有氫鍵存在，所以蛋白質的肽鏈不會是單純的直鏈，有的成為 α－螺旋結構，有的成為 β－褶板結構。

(2)α－螺旋為毛皮，蹄角和羽毛的蛋白質主要結構。

(3)β－褶板結構是蠶絲中纖維狀蛋白的主要結構，由於氫鍵產生於多肽鏈間，使得一些多肽鏈聯在一起，成為纖維狀。

(4)氫鍵易受熱或重金屬離子破壞，發生蛋白質「變性」（失去生化活性）。

7.蛋白質遇濃硝酸呈黃色，遇濃硫酸脫水變黑，遇濃鹽酸無反應。

蛋白質合物

		1.生物化學上之催化劑，特稱為酵素。
蛋白質合物	酶（或稱酵素）	2.酶的本質是蛋白質，有些是簡單蛋白質，大部分是拼合蛋白質。所謂拼合蛋白質是由簡單蛋白質和非蛋白質部分拼合而成。酶的蛋白質部分稱為酶蛋白，且蛋白質部分稱為輔酶或輔基。 3.酶具有特異性：酶只對某一種或某一類的受質有催化效果，即酶的催化作用具有專業性。 　例：麥芽糖酶催化麥芽糖水解，乳糖酶只催化乳糖水解。 4.被酵素作用的物質稱為受質，受質與酵素的作用情形如下：受質分子附於酵素分子之表面，反應後，生成物離去酵素之表面，新的酵基分子再附上酵素表面與其反應（受質亦稱為酵基）。 5.催化作用易受溫度之影響，大致在 35～55℃時最適宜；在 0℃以下酵素成為不活性，在 70℃以上酵素會凝固。 6.酶的催化效應，如普通的催化劑，可以加速正逆兩種方向的反應，所以酶並不影響化學平衡，僅是縮短了達到平衡狀態所需時間。 7.活化中心： 　無論酶分子如何龐大，但其表面只有某少數「基點」可和酵基發生作用，這些基點特稱為「活化中心」（active center）。

核酸（Nucleic Acids）

1. 核酸是一種由許多核苷酸聚合而成，主要位於細胞核內的生物大分子，其充當著生物體遺傳信息的攜帶和傳遞。

2. 核酸可以分為脫氧核糖核酸（DNA）以及核糖核酸（RNA）。

3. DNA 分子含有生物物種的所有遺傳息，為雙鏈分子，其中大多數是鏈狀結構大分子，也有少部分呈環狀結構，分子量一般都很大。RNA 主要是負責 DNA 遺傳信息的翻譯和表達，為單鏈分子，分子量要比 DNA 小得多。

4. 核酸存在於所有動植物細胞、微生物和病毒、噬菌體內，是生命的最基本物質之一，對生物的生長、遺傳、變異等現象起著重要的決定作用。

5. 核酸的單體結構為核苷酸。每一個核苷酸分子有三部分組成：一個含氮鹼基，一個五碳糖和一個磷酸基。由含氮鹼基和五碳糖組成的結構叫做核苷。

6. 含氮鹼基是兩種母體分子嘌呤和嘧啶的衍生物。組成核酸的鹼基有五種，分別是：腺嘌呤、鳥嘌呤、胞嘧啶、胸腺嘧啶、尿嘧啶。

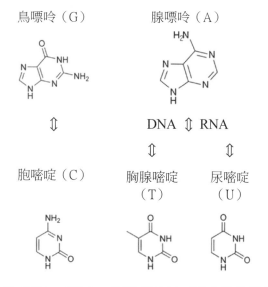

7. 鹼基位於 DNA 二股上，而重要的是二股上的鹼基會互相連結：腺嘌呤與胸腺嘧啶配對、鳥嘌呤與胞嘧啶的配對，這樣兩兩通過氫鍵的配對稱為「鹼基對」。

合成聚合物	加成聚合物	1.加成聚合物是由含多鍵的單體製成的，單體是一種烯或烯的衍生物，其通式為$CH_2=CHR$（R：H、烷基、鹵素原子或有機的官能基）。 2.最簡單的加成聚合物：聚乙烯。 3.最常見加成聚合物列表如下：

單體結構	單體名	聚合物結構	聚合物名	用途
$CH_2=CH_2$	乙烯	$-(CH_2-CH)_n$	聚乙烯（PE）	塑膠袋、塗料、玩具
$CH_2=CH$ 　　$|$ 　　CH_3	丙烯	$-(CH_2-CH)_n$ 　　　　$|$ 　　　　CH_3	聚丙烯（PP）	杯皿、奶瓶
$CH_2=CH$ 　　$|$ 　　Cl	氯乙烯	$-(CH_2-CH)_n$ 　　　　$|$ 　　　　Cl	聚氯乙烯（PVC）	地板、雨衣
$CH_2=CH$ 　　$|$ 　　CN	丙烯腈	$-(CH_2-CH)_n$ 　　　　$|$ 　　　　CN	聚丙烯腈（奧綸）	地毯
$CH_2=CH$ 　　$|$ 　　苯環	苯乙烯	$-(CH_2-CH)_n$ 　　　　$|$ 　　　苯環	聚苯乙烯（PS）	聚苯乙烯泡沫聚苯乙烯膜
$CH_2=C-CH_3$ 　　　$|$ 　　　$C=O$ 　　　$|$ 　　　OCH_3	甲基丙烯酸甲酯	$-(CH_2-C)_n$ 　　　　$|$ CH_3 　　　$C=O$ 　　　$|$ 　　　OCH_3	壓克力樹脂	高品質透明塑膠製品
$F_2C=CF_2$	四乙烯	$-(CF_2-CF_2)_n$	特夫綸	襯墊、絕緣體、軸承、鍋塗膜

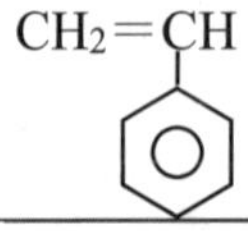

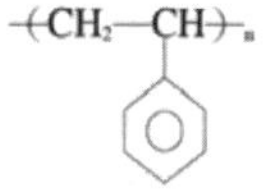

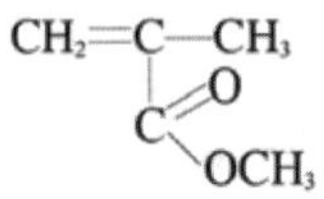

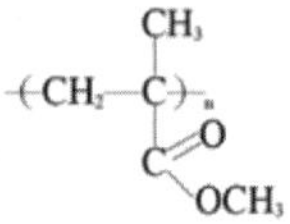

合成聚合物	**加成聚合物**	4.塑膠：熱塑塑膠和熱固塑膠。 　(1)熱塑塑膠：是一類不論加工過程重複若干次，當受熱即軟化，冷卻即硬化的塑膠。屬於此類的物質，一般為線狀巨分子物。利用不飽和鍵聚合而得的樹脂，幾乎全屬此類，如 PVC、 PS、 PE、壓克力等，縮合型樹脂的一部分，亦屬其中。 　(2)熱固塑膠：是一旦受熱塑膠成形，就永遠保持其受塑的形狀，不能再受熱而變為原來狀態的塑膠。這是因為加熱後成為網狀（三次元）構成的緣故。縮合型的樹脂，大部分屬此類，如電木、樹脂。 5.合成橡膠 ⇒ 天然橡膠的代替品。 　以聚氯丁二烯（又稱新平橡膠）為例： 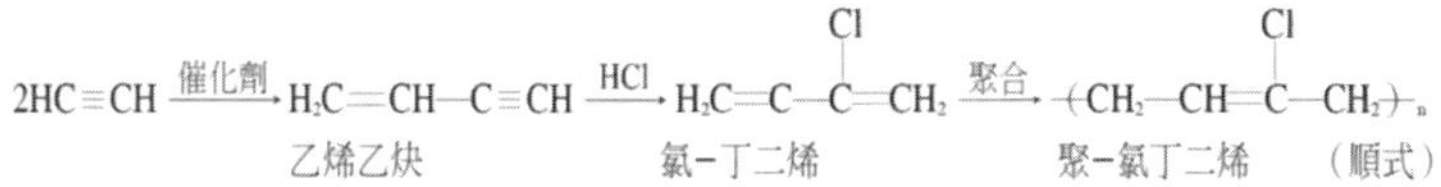
		縮合聚合型聚合物之單體，通常具兩個（以上）可縮合之官能基（活性基），反應時縮去小分子。
縮合聚合物	**聚酯（達克綸）**	(1)單體：乙二醇，對肽酸（對苯二甲酸）。 (2)反應： 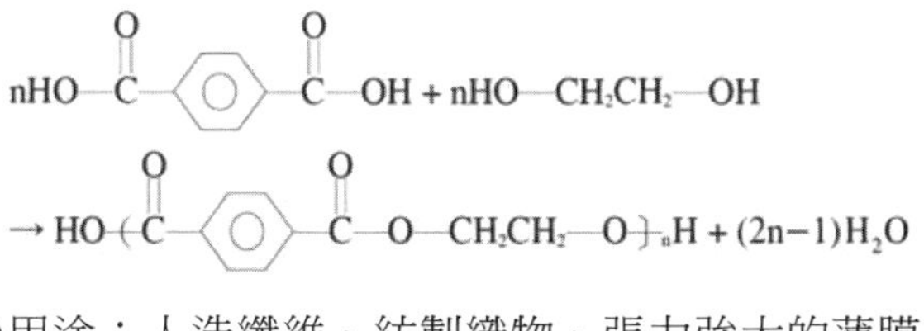 (3)用途：人造纖維、紡製織物、張力強大的薄膜。

合成聚合物	縮合聚合物	聚醯胺（耐綸66）	(1)單體：己二胺（1，6－二胺基己烷），己二酸。 (2)反應： $$nH-\overset{H}{\underset{}{N}}-(CH_2)_6-\overset{H}{\underset{}{N}}-H + HO-\overset{O}{\underset{}{C}}-(CH_2)_4-\overset{O}{\underset{}{C}}-OH$$ $$\rightarrow HO\left(\overset{O}{\underset{}{C}}-(CH_2)_4-\overset{O}{\underset{}{C}}-\overset{H}{\underset{}{N}}-(CH_2)_6-\overset{H}{\underset{}{N}}\right)_n H + (2n-1)$$ (3)性質與用途：耐綸絲為織物材料，耐蝕、彈性好，作繩索、絲襪。聚合時應控制碳鏈長度，並予「拉伸」使鏈間產生氫鍵而具彈性。
		聚矽氧	(1)聚矽氧是一種聚合物，其結構為交替的矽和氧原子，在矽原子上聯結著各種有機的基。 $$\left(\overset{R}{\underset{R}{Si}}-O\right)_n$$ (2)二氯二甲矽烷，$(CH_3)_2SiCl_2$水解反應，會產生二羥二甲矽烷，此產物非常不安定，很容易自行縮合成為聚二甲矽氧。 $(CH_3)_2SiCl_{2(aq)} +2H_2O_{(l)} \rightarrow (CH_3)_2Si(OH)_{2(aq)} +2HCl_{(aq)}$ 　二氯二甲矽烷　　　　　　　二羥二甲矽烷 $$n(CH_3)_2Si(OH)_2 \rightarrow HO\left(\overset{CH_3}{\underset{CH_3}{Si}}-O\right)_n H + (n-1)H_2O$$ 聚二甲矽氧 (3)聚二甲矽氧是一種非揮發性，具有黏性，很安定的油，可用於實驗室中作為高溫浴中的用油。 (4)聚矽氧橡膠為高分子量的聚矽氧，具有斥水性和不可燃的特性，而且在高溫和低溫皆具有彈性，可用以襯墊、密封劑和電的絕緣體。

範例觀摩 1

(甲)$CH_3OCH_2CH_2CH_2CH_2OCH_3$ (乙)$HOCH_2CH_2CH_2CH_2OH$

(丙)$CH_3OCH_2CH_2CH_2CH_2OH$ (丁)$H_2NCH_2CH_2NH_2$

(戊)$CH_3OCH_2CH_2CH_2CH_2O\underset{\underset{O}{\|}}{C}CH_3$ (己)$ClOCCH_2CH_2COCl$

上列可與 $HOOCCH_2CH_2COOH$ 進行聚合反應者有：   (A)二   (B)三   (C)四 (D)五   (E)六   者。

解析 (A)。選至少有二個可脫水官能基的化合物，才能進行縮合聚合反應，故本題為(乙)(丁)兩者。

注意：常見的縮合類型為羥基與羥基、羧基、胺基間。

範例觀摩 2

下列何者可做為加成聚合之單元體？   (A)乙烷   (B)$CF_2=CHF$ (C)CH_2COCH_3

(D)$\underset{CN}{\overset{CH_2=CH}{|}}$ (E)$CH_2=CHC_6H_5$ (F)丁烯二酸。

解析 (B)(D)(E)(F)。選含有 $C=C$ 或 $C\equiv C$ 者。

範例觀摩 3

有關澱粉與蔗糖之水解，下列各項敘述何者正確？   (A)蔗糖1.00克可得葡萄糖約1.05克   (B)澱粉1.00克可得葡萄糖約1.11克   (C)蔗糖1.00克可得果糖約1.05克 (D)澱粉1.00克可得果糖0.53克和葡萄糖0.53克。

解析 (B)。(A)(C)$C_{12}H_{22}O_{11}$（蔗糖）$+H_2O \rightarrow C_6H_{12}O_6$（葡萄糖）$+C_6H_{12}O_6$（果糖）

$$葡萄糖克數 = 果糖克數 = \frac{1}{342} \times 180 = 0.53（克）$$

(B)(D)$H(C_6H_{10}O_5)_nOH + (n-1)H_2O \rightarrow nH_6H_{12}O_6$（葡萄糖）

$$葡萄糖克數 = \frac{1}{162n+18} \times (n \times 180) \doteqdot \frac{180n}{162n} = 1.11（克）$$

範例觀摩 4

有關醣之下列各項敘述，(甲)蔗糖為單醣之一種，具有甜味，(乙)澱粉以稀酸水解其醚鏈，即可製得葡萄糖，(丙)果糖、甘露糖及核糖均為單醣，(丁)果糖分子內不含醛基，但能和葡萄糖一樣發生斐林反應（還原 Cu^{2+}），(戊)乳糖為雙醣之一種，以稀酸水解則生成果糖和葡萄糖。
正確者有：(A)一　(B)二　(C)三　(D)四　(E)五　項。

解析　(C)。蔗糖為雙醣的一種，乳糖水解產物為半乳糖和葡萄糖，故正確者為(乙)(丙)(丁)三項。

範例觀摩 5

下列敘述，何者錯誤？　(A)組成蛋白質的 α －胺基酸，其化學結構為

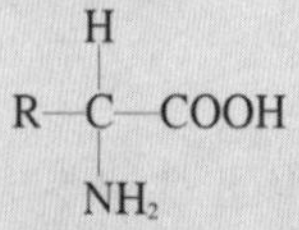

$$R-\overset{H}{\underset{NH_2}{C}}-COOH$$　(B)蛋白質分子中的 $-\overset{O\ H}{\underset{}{C}}-\overset{}{N}-$ 基，稱肽鍵（peptidebond）

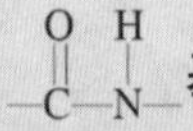

(C)具有多肽結構的化合物，其分子量小於5000者稱蛋白質，大於5000者稱多肽
(D)蛋白質分子，因氫鍵存在，可成 α －螺旋結構和 β －褶板結構。

解析　(C)。(C)分子量大於 5000 的多肽稱為蛋白質，小於 5000 者仍稱多肽。

範例觀摩 6

己二胺、己二酸1：1莫耳反應可形成平均分子量10^5的聚醯胺，欲製500公斤此聚合物，（原子量：$N=14$），試指出：
(1)反應方程式（以單體單元的結構式表示），試指出：
(2)需多少公斤的己二胺，產生多少公斤的水？
(3)聚合物中含氮重量百分比組成。
(4)每公斤聚合物中含肽鍵數目。

解析　(1)見說明　(2)256.6公斤、79.6公斤　(3)12.4%　(4)5.33×10^{24}個

(1)
$$nHN-(CH_2)_6-N-H+nHO-C-C(CH_2)_4C-OH$$

$$\rightarrow H+\!\!\!\begin{array}{c}\\N-(CH_2)_6-N-C-(CH_2)_4C\end{array}\!\!\!+_nOH+(2n-1)H_2O$$

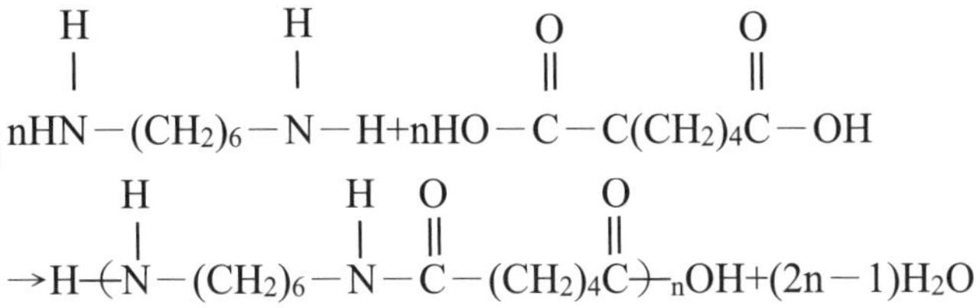

(2)己二胺分子量 116，己二酸分子量 146，單體單元式量 226

$$\therefore 需己二胺：\frac{500}{226}\times 116=256.6（公斤）$$

$$生成的水：\frac{500}{226}\times 2\times 18=79.6（公斤）$$

(3)因每個單體單元含 2 個 N 原子，

$$\therefore N\%=\frac{2\times 14}{226}\times 100\%=12.4\%$$

(4)每單體單元含 2 個肽鍵，故 1kg 中肽鍵數

$$\frac{1000克}{226}\times 2\times 6.02\times 10^{23}=5.33\times 10^{24}$$

範例觀摩 7

以化合物的結構式寫出下列各題的答案。

(1)……—CH₂—CH—CH₂—CH=CH—CH₂—CH₂—CH—CH₂—CH—……聚合物為

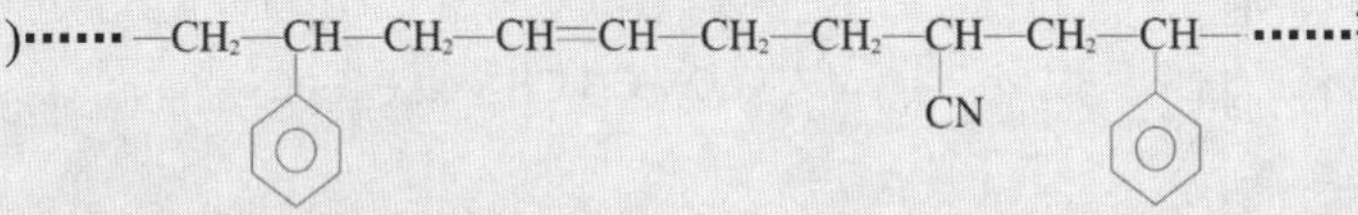

那些常見的單體聚合而成？

(2)寫出以 [單體結構] 為單體之聚合物的結構。

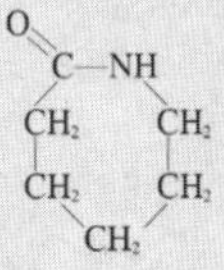

(3)試寫出由乙二醇和草酸製成的聚酯分子結構。

(4)用對胺苯甲酸作唯一單體，試畫出此聚醯胺的結構。

(5)寫出下列各聚合物的單體之結構。

① $\cdots$—C—C—C—C—C—C—$\cdots$ （上：Br H Br H Br H；下：H H H H H H）

② $\cdots$—C—C—C—C—C—C—$\cdots$ （上：H H H H H H；下：Cl Cl Cl Cl Cl Cl）

③ $\cdots$—C—N—$(CH_2)_5$—C—N—$(CH_2)_5$—C—$\cdots$ （上：O H、O H、O）

④ $\cdots$—C—◯—C—O—$(CH_2)_2$—O—C—◯—C—O—$\cdots$ （上各為 O）

⑤ $HO \left(C-C-N-C-C-N-C-C-N-C-C-N \right)_n H$

（上標：O CH_3、O H H、O H、O H H、H；下標支鏈：CH_2—CH_2—COOH 及 CHOH—CH_3）

⑥ —N—◯—C—N—◯—C—N—◯—C—N— （C 上為 O，N 下為 H）

解析

(1) ◯—CH=CH$_2$ ，CH$_2$=CH—CH=CH$_2$ ，CH$_2$=CH—CN

(2) $\displaystyle -\!\!\left((CH_2)_5 C\!-\!N \right)_n\!\!-$ （C 上 O，N 上 H）

(3) $\displaystyle -\!\!\left(O\!-\!CH_2CH_2\!-\!O\!-\!C\!-\!C \right)_n\!\!-$ （兩個 C 上各為 O）

(4) $\displaystyle -\!\!\left(NH\!-\!◯\!-\!C \right)_n\!\!-$ （C 上為 O）

(5) ① CH_2=CHBr　② H—C—C—H （兩 C 上各為 Cl）　③ $H_2N(CH_2)_5 C\!\!\stackrel{O}{{}_{OH}}$

④ $HOCH_2CH_2OH$ 和 $HO\!-\!C\!-\!◯\!-\!C\!-\!OH$ （兩 C 上各為 O）

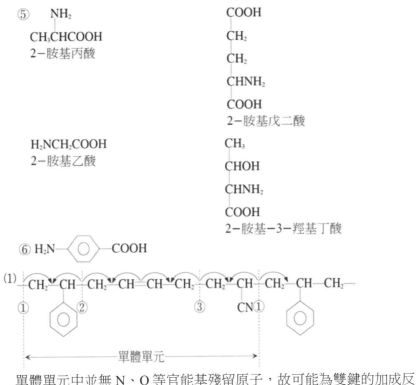

⑤　NH₂
　CH₃CHCOOH
　2－胺基丙酸

COOH
CH₂
CH₂
CHNH₂
COOH
2－胺基戊二酸

H₂NCH₂COOH
2－胺基乙酸

CH₃
CHOH
CHNH₂
COOH
2－胺基－3－羥基丁酸

⑥ H₂N—〇—COOH

(1) —CH₂‑CH‑CH₂‑CH‑CH‑CH₂‑CH₂‑CH‑CH₂‑CH‑CH₂—
　　①　　　②　　　　　　③　　　CN①

〈———單體單元———〉

單體單元中並無 N、O 等官能基殘留原子，故可能為雙鍵的加成反
應，常見的單體如苯乙烯、丁二烯及乙烯衍生物，自①、②、③位
置斷鍵。表單一電子的轉換。

(2)此為己內醯胺，一般醯胺反應自 —C(=O)—NH‡ 斷裂，

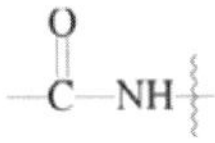

形成直鏈 ‡C(=O)—(CH₂)₅—N(H)‡ 再與鄰鏈接成新的醯胺鍵。

(5)①②找二碳或四碳重複單位，但聚合物中無 C＝C 應為 ‡C—C(R)‡ 型聚合

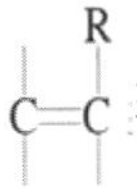

③⑤⑥醯胺反應斷裂自 —C(=O)(HO)‡N(H)—C 並水解。

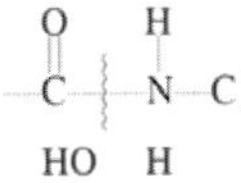

④酯反應亦在類似位置

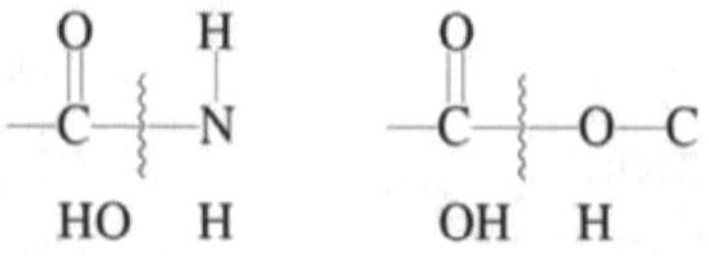

$$-\overset{\displaystyle O}{\underset{\displaystyle HO}{C}}\Big{|}\overset{\displaystyle H}{\underset{\displaystyle H}{N}}-\qquad -\overset{\displaystyle O}{\underset{\displaystyle OH}{C}}\Big{|}\overset{\displaystyle}{\underset{\displaystyle H}{O}}-C$$

範例觀摩 8

下列哪個含氮鹼基只存於 RNA 中，而不在 DNA 中？　(A)腺嘌呤　(B)鳥嘌呤　(C)胞嘧啶　(D)胸腺嘧啶　(E)尿嘧啶。

解析　(E)。DNA 含有；腺嘌呤、鳥嘌呤、胞嘧啶、胸腺嘧啶 4 種鹼基。

　　　RNA 含有；腺嘌呤、鳥嘌呤、胞嘧啶、尿嘧啶 4 種鹼基。

↘ 重要試題演練

(　)　1.　下列何者可在硝酸銀的氨溶液中，產生沉澱？　(A)乙烯　(B)環己烷　(C)苯　(D)乙炔。

(　)　2.　今有一均勻之對二甲苯的苯溶液，欲將其中的對二甲苯和苯分離，最簡單最有效的方法是　(A)再結晶　(B)過濾　(C)蒸餾　(D)萃取。

(　)　3.　下列反應之敘述，何者錯誤？
(A)熱高錳酸鉀溶液能將甲苯氧化產生苯甲酸
(B)黃色炸藥 TNT 是由甲苯在較激烈條件下進行硝化反應製得的
(C)原油先經蒸餾出輕油，再經裂解則產生乙烯烴等烯烴原料及裂解汽油
(D)苯和濃硝酸與濃硫酸的混合物共同加熱會產生苯磺酸 $C_6H_5-SO_3H$。

(　)　4.　乙炔與過量的氯化氫反應，何者是主要的產物？　(A)1，1－二氯乙烯　(B)1，2－二氯乙烯　(C)1，1－二氯乙烷　(D)1，2－二氯乙烷。

(　)　5.　下列何試劑可用來區別 1－戊炔及 2－戊炔？　(A)Br_2/CCl_4　(B)$KMnO_4$　(C)濃 H_2SO_4　(D)$Ag(NH_3)_2^+$。

( )　6. 某有機化合物分子式為 C_4H_8O，能和金屬鈉作用放出氫氣，能使溴褪色，並經適宜氧化產生一種酸，此酸經氫氧化鈉滴定而知其當量為86。下列化合物中何者可能為該化合物？　(A)$CH_2=CHCH_2CH_2OH$　(B)$CH_2=CHCHOHCH_3$　(C)$CH_3CH_2CH_2CHO$　(D)$CH_3CH_2COCH_3$。

( )　7. 下列有關鑑別有機化合物的敘述，何者最正確？　(A)烯類和炔類可用溴的四氯化碳溶液區分　(B)甲酸和甲醛可用多侖試液區分　(C)乙醇和乙酸可用鹼金屬區分　(D)炔類與芳香烴可用溴的四氯化碳溶液區分。

( )　8. 以下是由乙醇開始的一連串反應：乙醇 $\xrightarrow{\text{試劑A}}$ P $\xrightarrow{Na_2CO_{3(aq)}}$ $CO_{2(g)}$ + Q，右表那一項是試劑 A 和生成物 Q 的正確描述？

	試劑 A	生成物 Q
(A)	脫水劑	乙烯
(B)	脫水劑	乙烷
(C)	氧化劑	乙酸鈉
(D)	氧化劑	乙酸

( )　9. 下列物質各 2 克與足量金屬鈉作用時，何者產生之 H_2 最少？
(A)甘油　(B)水　(C)甲醇　(D)苯酚。

( )　10. 某聚合物樣本在強熱時放出酸性煙霧，這聚合物可能是　(A)耐綸　(B)聚丙烯　(C)聚苯乙烯　(D)聚氯乙烯。

( )　11.已知丁烯二酸有順、反兩種異構物，兩者熔點的差異約 160℃。王、林、陳三位學生欲利用再結晶法，純化某一含有此二異構物的混合物。三位學生分別使用不同的溶劑溶解混合物後，取得再結晶的固體，並利用熔點測定來判斷所獲得固體的種類及其純度。其中，王同學測得的熔點為 140～142℃、林同學為 150～170℃、陳同學為 298～301℃。下列有關上述實驗及此二異構物的敘述，哪些正確？（多選）　(A)反丁烯二酸的熔點約為 300～302℃
(B)順丁烯二酸的熔點較反丁烯二酸高
(C)林同學再結晶所得的固體純度最低
(D)陳同學再結晶所得的固體，主要含有反丁烯二酸
(E)王同學再結晶所得的固體，主要含有順丁烯二酸。

( )　12. 四種有機化合物甲、乙、丙、丁的分子量、偶極矩及沸點如下表所示：

化合物	分子量	偶極矩（Debye）	沸點（℃）
甲	44	2.7	21
乙	44	0.1	-42
丙	46	1.3	-25
丁	46	1.69	78

試問下列何者為甲、乙、丙、丁四種化合物的正確排列順序？
(A)二甲醚，丙烷，乙醇，乙醛　(B)丙烷，乙醛，二甲醚，乙醇
(C)二甲醚，乙醇，乙醛，丙烷　(D)乙醛，丙烷，二甲醚，乙醇。

( )　13. 已知某含溴的甲苯衍生物，分子式為 $C_7H_6Br_2$，其中兩個溴原子皆位
於苯環上，試問此衍生物可能有幾個異構物？　(A)3　(B)4　(C)5
(D)6。

( )　14. 在進行某熔點約在 200~220℃ 之間的有
機化合物熔點測定時，其實驗裝置如右
圖所示。下列有關此實驗的敘述，哪些
正確？（多選）

(A)若實驗室無矽油時，可使用沙拉油代替

(B)若物質的純度愈高，則所測得的熔點
　　溫度範圍愈小

(C)於簡易熔點測定裝置中，若無攪拌器，
　　則可使用溫度計來攪拌

(D)毛細管中填充的樣品粉末，即使緊密程度不同，仍可測得數值相
　　同的熔點

(E)實驗剩餘的化合物，即使可溶於水，也不可將其直接倒入水槽。

( )　15. 十九世紀，瑞士巴塞爾大學化學教授熊班（C. F. Schonbein），在廚
房進行化學實驗時，不慎打翻一瓶硝酸與硫酸的混合溶液。情急之下，
熊班拿起棉製圍裙擦拭桌上的傾倒液，隨後將圍裙置於壁爐上烘
乾，不料圍裙竟然在烘乾後自燃，且幾乎完全燒光。試問下列敘述哪
些正確？（多選）　(A)圍裙在烘乾後自燃，是因為有不穩定的硝化

纖維生成　(B)棉製圍裙主要成份的化學式為$(C_6H_{12}O_6)n$　(C)此硝酸與硫酸的混合溶液即為王水　(D)棉製圍裙的主要成份屬多醣類　(E)硫酸能使棉製圍裙脫水。

(　)　16. 保麗龍球與竹籤可用來製作分子模型（球-棍），保麗龍球的尺寸分別代表不同原子的大小，竹籤則代表原子間的鍵結，並以竹籤的數目代表化學鍵的多寡。試問下列敘述，哪些正確？（多選）　(A)甲烷的模型需用五個保麗龍球與五支竹籤製作　(B)丙烷的模型需用十一個保麗龍球與十支竹籤製作　(C)甲烷的模型中，碳的保麗龍球尺寸大於氫的保麗龍球尺寸　(D)乙炔的模型需用四個保麗龍球與四支竹籤，且各球的球心呈一直線　(E)乙烯的模型需用六個保麗龍球與六支竹籤，且各球的球心皆在同一平面。

(　)　17. 大自然很奧妙，可藉由簡單分子調節重要生化反應，以乙烯為例，它是植物激素，可催熟果實。試問下列有關乙烯的敘述，哪些正確？（多選）　(A)常溫常壓下乙烯為液態　(B)乙烯可用於製造聚合物　(C)乙烯的碳原子具有 SP^2 混成軌域　(D)乙烯不能用於製造乙醇　(E)乙烯可進行加成反應。

(　)　18. 張同學嘗試用下列方法檢驗有機化合物，哪些會有明顯的顏色變化？（多選）　(A)用溴的四氯化碳溶液檢驗環己烯　(B)用斐林試劑檢驗丙醇　(C)用氯化鐵水溶液檢驗柳酸　(D)用過錳酸鉀水溶液檢驗丁酮　(E)用二鉻酸鉀水溶液檢驗 2－甲基－2－丙醇。

(　)　19. 瘦肉精是某一種藥物類型的稱呼，並不是直接使用在人體的藥物，而是被加在飼料中供動物食用時，可促進蛋白質的合成，讓動物多長精肉（瘦肉）、少長脂肪。萊克多巴胺（Ractopamine）的分子式為 $C_{18}H_{23}NO_3$，屬於瘦肉精之一。已知萊克多巴胺的一分子中含有多個羥基。試問萊克多巴胺的結構中可能含有何種官能基？（多選）　(A)－NO_2　(B)－$COONH_2$　(C)－$RNHR$`　(D)－COOH　(E)－OH。

(　)　20. 國內媒體曾報導，有些新裝潢的房間或新購買的玩具，其所用的聚合物材料會逸出有害健康的物質。試問下列哪一物質，最有可能從聚合物逸出？　(A)甲醇　(B)甲醛　(C)乙醇　(D)乙酸。

( )　21. 下列哪一個金屬原子或離子的半徑最大？　(A)Mn　(B)Mg^{2+}　(C)Zn^{2+}　(D)Ca。

( )　22. 乙醇俗稱酒精。下列有關酒精的敘述，何者正確？
　　　　(甲)純酒精與乙酸反應會產生乙酸乙酯。
　　　　(乙)在純酒精中，投入金屬鈉會產生氫氣。
　　　　(丙)純酒精經濃硫酸脫水後，可產生乙烯或乙醚。
　　　　(丁)酒精中是否含有水，可以用白色的硫酸銅來檢驗。
　　　　(戊)工業上製備無水酒精，較經濟的方法是先加無水硫酸銅乾燥後蒸
　　　　　　餾。
　　　　(A)甲乙丙　(B)乙丙丁　(C)甲丁戊　(D)甲乙丙戊。

( )　23. 下列哪一個分子可能擁有環狀結構或具有一個雙鍵？　(A)$C_5H_{10}Cl_2$　(B)$C_5H_{10}O$　(C)$C_5H_{11}Cl$　(D)$C_5H_{11}ClO$。

( )　24. 下列有關羧酸、醚及醇類的敘述，哪些是正確的？（多選）
　　　　(A)乙二酸俗稱草酸，分子式為 $C_2H_2O_4$
　　　　(B)丙三醇俗稱甘油，分子式為 $C_3H_8O_3$
　　　　(C)乙二酸的沸點高於乙酸
　　　　(D)乙醚中氧原子的兩側均為乙基，因此乙醚不具極性
　　　　(E)甲醚與乙醇互為同素異形體。

( )　25. 下列有關去氧核糖核酸的敘述，哪些選項正確？（多選）
　　　　(A)結構中含有硫酸根
　　　　(B)結構中糖的成分來自果糖
　　　　(C)其聚合方式為縮合聚合
　　　　(D)以胺基酸為單體聚合而成
　　　　(E)其雙股螺旋結構中具有氫鍵。

解答與解析

1.(D)。末端炔的氫有重金屬離子（Ag^+，Cu^+）取代反應。

2.(C)。二甲苯的沸點比苯高。

3.(D)。(D)項產生硝基苯（$C_6H_5NO_2$）。

4.**(C)**。氫加到氫多的碳上。

5.**(D)**。末端炔的重金屬取代反應。

6.**(A)**。要有①—O—H（與鈉作用產生H_2）②C＝C（Br_2褪色）③第一醇
　　　　或醛（氧化成酸）。

7.**(D)**。(B)甲酸、甲醛與多侖試液均有反應。(C)乙醇、乙酸遇鹼金屬均產生
　　　　H_2。

8.**(C)**。乙醇 $\xrightarrow{\text{氧化劑}}$ CH_3COOH $\xrightarrow{Na_2SO_3}$ $CO_2 + CH_3COONa$。

9.**(D)**。苯酚僅 1 個 OH 又分子量最大。

10.**(D)**。含氯的聚合物才會有 HCl 產生。

11.**(A)(C)(D)(E)**。(1)王同學及陳同學測定的熔點範圍窄，則此二人再結晶
　　　　　　　所得的物質純度極高。林同學測定的熔點範圍很寬，表
　　　　　　　示其純度低，是為混合物。

　　　　　　(2)mp：反丁烯二酸（2 個分子間氫鍵）＞ 順丁烯二酸
　　　　　　　（1 個分子間氫鍵）故可推斷王同學的結晶主要是順
　　　　　　　丁烯二酸，陳同學的結晶主要是反丁烯二酸。

　　　　　　(3)純的反丁烯二酸熔點應略高於陳同學測定的熔點 298
　　　　　　　～301 ℃的溫度範圍。

12.**(D)**。分子量相近的有機化合物其沸點比較：醇＞醛＞醚＞烴。

13.**(D)**。將兩個 Br 取代基先定位於鄰、間、對三種異構物，再決定甲基的
　　　　位置，可得六種異構物如下所示：

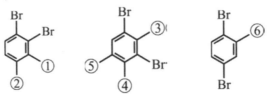

14.**(B)(E)**。(A)沙拉油熱穩定性低，經加熱後會有部分分解，不適合反覆使
　　　　　用，故不可用來替代實驗加熱用的矽油。(C)實驗室安全規定，

為避免溫度計斷，不得使用溫度計來進行攪拌動作。(D)物質熔點與堆積緊密度有關。

15.**(A)(D)(E)**。(A)纖維與硝酸經硫酸催化可得硝化纖維。(B)(D)(E)棉花主要成分為纖維素，屬於多醣類（葡萄糖分子間脫水聚合而成），化學式可表示 $HO(C_6H_{10}O_5)_nH$，可被濃硫酸脫水剩下碳。(C)硝酸與鹽酸以 1：3 的比例混合，所得的溶液才為王水。

16.**(B)(C)(E)**。(A)甲烷 CH_4 模型需要 5 個保麗龍球（代表原子）與 4 支竹籤（代表共價鍵）。(B)丙烷 C_3H_8 結構中含有 3 個 C，8 個 H，需要 11 個球與 10 支竹籤。(C)H 與 C 的共價半徑分別為：32pm、75pm，顯然氫＜碳。(D)乙炔 C_2H_2 結構為 $H-C≡C-H$，呈直線型分子，其中含有 2 個 C，2 個 H，模型需要 4 個保麗龍球與 5 支竹籤。(E)乙烯 C_2H_4 結構為平面分子，模型需要 6 個保麗龍球與 6 支竹籤。

17.**(B)(C)(E)**。(A)乙烯沸點-103.7℃，在常溫常壓下為氣態。(B)乙烯經加成聚合形成聚乙烯。(D)乙烯加 1 分子 H_2O 可生成乙醇 CH_3CH_2OH。(E)乙烯可以與水、鹵素、鹵化氫、氰化氫等加成。

18.**(A)(C)**。(B)斐林試劑與醇類化合物不反應。(C)柳酸（鄰羥基苯甲酸）含有苯酚結構，可使 $FeCl_{3(aq)}$ 呈紫色反應。(D)酮類化合物無法被 $KMnO_{4(aq)}$ 氧化，所以顏色不變。(E)2－甲基－2－丙醇為 3° 醇，不被 $K_2Cr_2O_7$ 氧化，顏色亦不改變。

19.**(C)(E)**。(1)依題意 $C_{18}H_{23}NO_3$ 含有多個羥基，表示羥基（$-OH$）至少有 2 個，或 3 個，則結構中含有羥基（$-OH$）為合理的選項。但選項(A)$-NO_2$ 及(B)$-COONH_2$(D)$-COOH$ 皆含有 2 個以上的氧原子，因此不可能成為答案。

(2)分子式中含有 1 個 N 原子，且萊克多巴胺名稱含有「胺」，顯而易見應具有胺基（$RNHR'$），則(C)為合理的選項。

(3) 萊克多巴胺（Ractopamine）
的分子式為 $C_{18}H_{23}NO_3$，分子
結構如右：

綜合解析(1)(2)，本題答案為
(C)(E)。

20.**(B)**。HCHO 為極佳聚合物單體，廣用於成型材料、接著劑、塗料、裝飾板，因此常會持續釋放出甲醛，吸入甲醛過量會造成暈眩、甚至呼吸器官受損等症狀。在(A)到(D)四個選項中的化合物，甲醛沸點最低，最有可能逸出。

21.**(D)**。比較金屬原子或離子半徑大小的原則包括：

(1)價殼層（n值）越大，則半徑越大。

(2)n 值相同時，核正電越多者，對核外電子吸引力越強，使粒子半徑越小。

　題目中各選項的價電子組態及原子序分別為：其中 Ca 與 Mn 的 n 值皆為 4，但 Ca 的原子序較小，故半徑最大。

22.**(D)**。甲、$CH_3COOH + C_2H_5OH \rightarrow CH_3COOC_2H_5 + H_2O$

乙、$C_2H_5OH + Na \rightarrow C_2H_5ONa + 1/2H_2$

丙、$2C_2H_5OH \longrightarrow C_2H_5OC_2H_5 + H_2O$

　　$CH_3CH_2OH \longrightarrow CH_2=CH_2 + H_2O$

丁、$CuSO_4$(白色)$+ 5H_2O \longrightarrow CuSO_4 \cdot 5H_2O$（藍色）

戊、工業上利用可吸附酒精中水分的沸石當成分子篩，循環脫水，以製備無水酒精；此法的優點是產量大、純度高、品質穩定，而且耗能少，沒有處理添加劑等環境污染問題。

23.**(B)**。鹵素與 H 鍵結量相同，故 1 個鹵素可用 1 個 H 原子來取代；O 與 S 鍵結量為 2，故去除 1 個 O 或 S 不影響化學式中的 H 個數。

24.**(A)(B)(C)**。(D)乙醚中 C－O－C 鍵角 110°（氧為 sp^3 混成軌域，角型結構），具微弱極性。(E)甲醚（CH_3OCH_3）與乙醇（C_2H_5OH）互為同分異構物。

25.(C)(E)。(A)結構中含有磷酸根。(B)去氧核糖核酸結構中的去氧核糖是
　　五碳醣，果糖是六碳醣。(C)一個核苷酸的五碳醣與另一個核苷
　　酸的磷酸，經由縮合聚合連接形成核酸分子骨幹。(D)以核苷酸
　　為單體聚合而成。(E)含氮鹽基間以氫鍵配對結合。

進階難題精粹

( )　1. 下列物質中，一定條件下也不能與水發生化學反應的是（多選）
　　　(A)CaC_2　(B)$CH_2＝CH_2$　(C)CH_4　(D)$CH≡CH$　(E)甲苯。

( )　2. 下列敘述，何者正確？（多選）　　(A)苯與濃硫酸經磺化反應，生成
　　　苯磺酸　(B)甲苯經強氧化劑氧化，生成苯甲酸　(C)正丙苯經強氧化
　　　劑氧化，生成苯甲酸　(D)苯與硝酸共熱經硝化反應可得苯胺。

( )　3. 將少量苯甲酸溶於苯中形成溶液，則下列敘述何者正確？（多選）
　　　(A)溶液中的苯甲酸完全解離成 $C_6H_5COO^-$ 和 H^+　　(B)該溶液可導電
　　　(C)該溶液的凝固點比苯的凝固點為低　(D)以乾燥石蕊試紙可測知該
　　　溶液為酸性　(E)將該溶液加熱分餾先被蒸出者為苯。

( )　4. 通常不飽和烴的定性檢驗法中，常以溴或微鹼性的過錳酸鉀與不飽和
　　　烴作用。下列各項敘述中何者正確？（多選）　　(A)二種反應皆發生顏
　　　色變化　(B)僅有過錳酸鉀溶液之反應發生顏色消褪　(C)在過錳酸鉀溶
　　　液中乙烯可被氧化成乙烷　(D)在過錳酸鉀溶液中錳之氧化數由+7 變為
　　　+4　(E)在溴化反應中乙烯絕大部分可被溴化成 1，1－二溴乙烷。

( )　5. 下列化合物之異構物數，何者正確？（多選）
　　　(A)C_3H_7Cl（2 種）　　　　　　　　(B)1，2－二氯乙烯（3 種）
　　　(C)C_5H_{12}（3 種）　　　　　　　　　(D)$C_6H_4Br_2$（3 種）
　　　(E)$C_6H_3Cl_3$（3 種）。

( )　6. 下列何者具有幾何異構物？（多選）　　(A)2－甲基－2－丁烯　(B)2
　　　－戊烯　(C)1－氯丙烯　(D)1－氯－2－甲基－2－丁烯　(E)3－甲基
　　　－4－乙基－3－己烯。

(　) 7. 選出正確之敘述。（多選）　(A)C_4H_8 共有 4 種異構物會使 $Br_2(CCl_4)$ 褪色　(B)2－丁炔有順、反異構物　(C)$CH_3-CH=CH-CH-CH_3$（下方接 CH_3）命名為 4－甲基－2－戊烯　(D)$CH_3-CH_2-CH=CH_2$ 命名為 1－丁烯有順、反異構物　(E)丙炔、環丙烯與 $H_2C=C=CH_2$ 為同分異構物。

(　) 8. 下列何者可與水產生氫鍵？（多選）　(A)蔗糖　(B)丙酮　(C)甲醇　(D)氨　(E)乙醛。

(　) 9. 下列各組物質中，既不是同系物，也不是同分異構物的是（多選）　(A)甲苯與二甲苯　(B)苯與萘　(C)胺基乙酸與硝基乙烷　(D)乙醇與乙醚　(E)1－丁醇與 2－甲基－2－丁醇。

(　) 10. 乙酸甲酯與乙胺作用產生（多選）　(A)甲醇　(B)H_2O　(C)乙醯胺　(D)N－甲基乙醯胺　(E)N－乙基－乙醯胺。

(　) 11. 有關醚類的敘述，下列何者錯誤？（多選）　(A)醚類分子略具極性　(B)乙醚沸點低，揮發性強，容易著火　(C)乙醚與水不互溶，乙醚在下層，水在上層　(D)乙醚結構式為 CH_3OCH_3　(E)乙醚與丁醇互為同分異構物，但沸點丁醇較高。

(　) 12. 下列化合物那些具有酸性？（多選）
(A)$HOCH_2CH_2OH$　(B)CH_3CHO　(C)CH_3COOH
(D)⬡－OH　(E)⬡（上方 OH）－COOH　。

(　) 13. 以下關於乙醇與醋酸形成醋酸乙酯的各項敘述中，正確的是（多選）　(A)可用強酸為催化劑　(B)但不可用鹽酸為催化劑，以免與乙醇作用生成氯乙烷　(C)可以加入過量的乙醇，使反應加速進行　(D)類似酸鹼中和反應，由乙醇提供 OH^-，醋酸提供 H^+ 而生成水　(E)生成的水不必除去。

(　) 14. 某酯 $C_6H_{12}O_2$，經水解得酸 A 及醇 B，B 再被 $KMnO_4$ 之酸性溶液氧化得 A，則（多選）　(A)酸 A 為丙酸　(B)醇 B 為 1－丙醇　(C)原來酯為丙酸－1－丙酯　(D)酸 A 為乙酸　(E)醇 B 為 2－丁醇。

（　）　15. 關於聚酯纖維的合成，下列何者不正確？（多選）

(A)基主要原料為對苯二甲酸與乙二醇

(B)對苯二甲酸是由對二甲苯氧化而得

(C)聚酯纖維的化學結構是 $H \left(O-CH_2CH_2OOC-\bigcirc-C \right)_n OH$

(D)該纖維的性質與羊毛類似

(E)該纖維俗稱耐綸（Nylon）。

（　）　16. 酶的特性，下列敘述何者正確？（多選）　(A)不影響平衡狀況，但可影響反應物達成平衡的時間　(B)有專一性，即僅對某類物質或某種物質方有催化能力　(C)不能在高溫（超過 $70℃$）進行　(D)本質是蛋白質成分　(E)以整體參與反應。

17. 有甲、乙、丙、丁四瓶中，各裝有一藥品，四藥品已知為乙酸、乙醇、丁酮及環己烯，但不知那一瓶裝那一物，試設計一方法以確認之，但限用鋅、鈉、溴之四氯化碳溶液及斐林試劑等試劑。（可不必全用）

18. 乙醇蒸氣與空氣通過赤熱 Cu 線，可生化合物 A；A 可被 $KMnO_4$ 之酸性溶液氧化成 B；B 與乙醇在少量 H_2SO_4 下共熱生 C；C 與 NaOH 溶液加熱生 D 與乙醇，則：(1)寫出各步反應的方程式。(2)A 與多侖試劑反應的方程式為何？

19. 已知 $CH_3COOH + C_2H_5OH \rightleftarrows CH_3COOC_2H_5 + H_2O$ 之 $K = 4$，則將乙酸 180 克與乙醇 138 克混合達平衡時可得乙酸乙酯若干克？

20. 某蛋白質水解只得一種胺基酸 $RCH(NH_2)COOH$。此胺基酸的含 N 率 13.58%（重量），R 為烷基。則：(1)胺基酸的分子式為何？(2)示性式為何？(3)另一種 α－胺基酸的異構物，其示性式為何？（原子量：$N = 14$）

解答與解析

1.(C)(E)。(A)$CaC_2 + 2H_2O \rightarrow C_2H_2 + Ca(OH)_2$

(B)$CH_2 = CH_2 + H_2O \xrightarrow{H^+} CH_3CH_2OH$

(D) $CH \equiv CH + H_2O \xrightarrow[H^+]{HgSO_4}$ $\rightarrow$

2.(A)(B)(C)。(D)為硝基苯。

3.(C)(E)。苯甲酸在水中才能解離產生離子。

4.(A)(D)。(E)應為 1，2－二溴乙烷。

5.(A)(C)(D)(E)。1，2－二氯乙烯有順、反二種幾何異構物。(D)、(E)為苯的取代衍生物。

6.(B)(C)(D)。(B)CH_3—CH＝CH—C_2H_5

　　　　　　(C)CH_3—CH＝CH—Cl

　　　　　　(D)CH_3—CH＝C(CH_3)—CH_2Cl。

7.(A)(C)(E)。(B)炔類無順、反異構物。(E)三者之分子式均為 C_3H_4。

8.(A)(B)(C)(D)(E)。有氧原子的皆可以與水中的 H 產生氫鍵。

9.(B)(D)。同系物：同一類或有相同官能基的化合物，分子式彼此間相差（CH_2）$_n$。

10.(A)(E)。$CH_3COOCH_3 + C_2H_5NH_2 \rightarrow CH_3$—C$\overset{O}{\underset{\underset{H}{N}-C_2H_5}{\|}}$ ＋ CH_3OH 。

11.(C)(D)。(C)乙醚比較小，在上層。(D)CH_3OCH_3 為甲醚，$C_2H_5OC_2H_5$ 為乙醚。

12.(C)(D)(E)。(D)(E)酚、柳酸均有酸性。

13.(A)(B)(C)。(D)有機酸斷 OH，醇斷 H 合成 H_2O。

14.(A)(B)(C)。由題意知 A，B 之碳必相同均 3 個 C，而且 B 能氧化成 A（酸），故 B 必為一級醇∴A 為丙酸，B 為 1－丙醇，$C_6H_{12}O_2$ 為丙酸正丙酯。即 $CH_3CH_2COOCH_2CH_2CH_3$。

15.(D)(E)。(D)與棉花較相似。(E)俗稱達克綸。

16.(A)(B)(C)(D)。(A)酶為催化劑故不影響平衡，但可影響反應速率。(E)以基點之活化中心參與反應。

17.

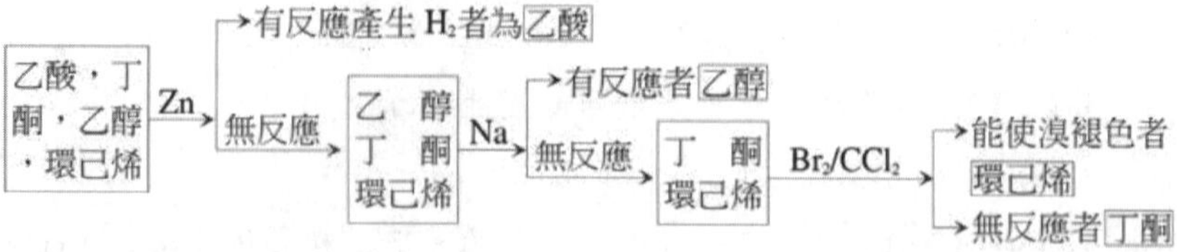

18.(1)$C_2H_5OH + 1/2\ O_2 \xrightarrow[250°C]{Cu} CH_3CHO(A) + H_2O$

$5CH_3CHO + 2MnO_4^- + 6H^+ \rightarrow 5CH_3COOH(B) + 2Mn^{2+} + 3H_2O$

$CH_3COOH + C_2H_5OH \xrightarrow[\Delta]{H_2SO_4} CH_3COOC_2H_5(C) + H_2O$

$CH_3COOC_2H_5 + NaOH \rightarrow CH_3COONa(D) + C_2H_5OH$

(2)$CH_3CHO + 2Ag(NH_3)_2^+ + 3OH^- \rightarrow CH_3COO^- + 2Ag + 4NH_3 + 2H_2O$

19.CH_3COOH 之 mol $= \dfrac{180}{60} = 3 \qquad C_2H_5OH$ 之 mol $= \dfrac{138}{46} = 3$

設生成之乙酸乙酯 x mol，則

$$K = \dfrac{[CH_3COOC_2H_5][H_2O]}{[CH_3COOH][C_2H_5OH]} = \dfrac{(x/v)(x/v)}{[(3-x)/v][(3-x)/v]} = 4$$

$\therefore \dfrac{x^2}{(3-x)^2} = 4 \Rightarrow \dfrac{x}{3-x} = 2$，則 $x = 2$

故生 $CH_3COOC_2H_5$ 之克數 $= 2 \times 88 = 176$（克）為所求。

20.$\dfrac{14}{R+74} = 0.1358$，$R \fallingdotseq 29$，而烷基為 C_nH_{2n+1}

$\Rightarrow 14n + 1 = 29$，$n = 2$，即 C_2H_5

故(1)$C_4H_9NO_2$　(2)$CH_3CH_2CH(NH_2)COOH$　(3)$(CH_3)_2C(NH_2)COOH$

第十二章　化學與化工

主題一　化學與永續發展

(一)永續發展：聯合國「世界環境與發展委員會」於 1987 年提出

【定義】：能滿足當代需求，同時不損及後代子孫滿足其本身需求的發展。

【原則】：公平性（fairness），永續性（sustainability），共同性（commonality）

(二) 綠色化工

【定義】：利用化學原理從源頭上消除汙染，以此為基礎而發展的技術

【消極面】：降低汙染，政府針對各種汙染物訂定嚴格的排放標準。

【積極面】：源頭減量，以此方式達到汙染預防的效果。

【優點】：無殘餘毒性溶劑、無熱降解、低能耗的溶劑回收再生製程、產品保存期限長、產品純度高、色淡透明、使用安全以及不易燃的溶劑、可藉溫度與壓力調節的溶劑性質等多項優點。

【缺點】：因為是高壓設備所以價格昂貴，高壓當然也比較危險。

【實例】：過氧化氫（H_2O_2）做為氧化劑時，其產物為水。傳統作法上，能源消耗較多，且易生成具有毒性的廢棄物。因此使用觸媒，以鉑鈀奈米觸媒直接將氫氣與氧氣反應成過氧化氫，符合零廢棄原子的經濟原則。

(三) 原子使用效率

$$原子使用效率 = \frac{想獲得的產物質量和}{所有生成物的質量和} \times 100\%$$

範例觀摩 1

工業上製備過氧化氫的方法如下圖：($C_{16}H_{12}O_2 = 236$，$H_2O_2 = 34.0$)

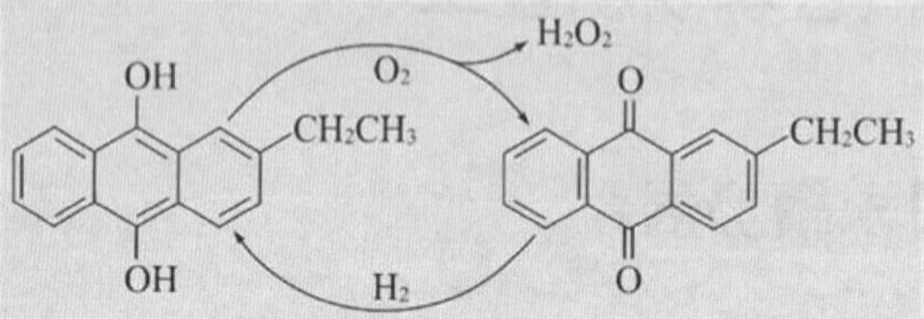

可以用右列反應式表示：$C_{16}H_{14}O_2 + O_2 \rightarrow C_{16}H_{12}O_2 + H_2O_2$

$\qquad\qquad\qquad\qquad\quad C_{16}H_{12}O_2 + H_2 \rightarrow C_{16}H_{14}O_2$

第一步驟生成的過氧化氫是以溶劑萃取出，$C_{16}H_{12}O_2$再以氫氣於催化劑存在下還原為 $C_{16}H_{14}O_2$，因此可重複使用。而整個製程的經濟效益決定於 $C_{16}H_{14}O_2$ 與溶劑的回收效率。總反應為：$H_2 + O_2 \rightarrow H_2O_2$

試問第一步驟的原子使用效率為何？

解析 原子使用效率 $= 34/(236+34) \times 100\% \doteqdot 13\%$

範例觀摩 2

為達到環境保護及永續經營的目的，化學反應中，反應物的原子，應儘可能全部轉化為產物中的原子。若要使下列反應（尚未平衡）：

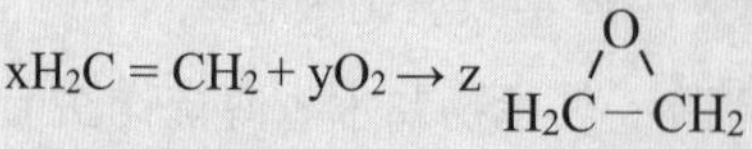

$$xH_2C = CH_2 + yO_2 \rightarrow z \underset{H_2C-CH_2}{\overset{O}{\triangle}}$$

試問，此反應的原子使用效率為何？

解析 因為所有的反應物原子均變為生成物，故為 100%

(四)聚乳酸塑膠：屬生物可分解材料，在攝氏 58～70 度，相對溼度 90%，加上適量微生物，2～6 個月即可分解成二氧化碳和水的玉米塑膠包材。此種生物可分解性塑膠，屬於聚酯塑膠。

　【合成】：取玉米、樹薯等植物中的澱粉，將其分解成葡萄糖後再由乳酸菌發酵為乳酸，乳酸經脫水酯化、聚合，即成為聚乳酸（PLA）。

【用途】：可分解的餐具、骨固定零件（骨板、骨螺絲與骨釘）、外科縫線、垃圾袋等，都是以聚乳酸製成。

【優點】：1.100％可再生資源製成的純 PLA 無毒性、可完全分解。不同於一般所使用的塑膠以石油為基質，不可再生、密度高、無法自然分解。

2.PLA 製品適用各種廢棄物處理方式，包括自然分解、堆肥、焚化處理。

3.產生的熱量較傳統塑膠低，藉由光合作用可放出吸收後的 CO_2 而達成碳中和的效果，減少大氣溫室效應。

PLA 結構式：

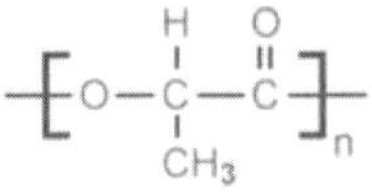

$$\left[O - \underset{CH_3}{\overset{H}{C}} - \overset{O}{\overset{\|}{C}} \right]_n$$

【缺點】：PLA 可能會影響塑膠回收系統；塑膠回收系統可以透過比重來分出五種塑膠（PE、PET、PS、PP、PVC），但若加入 PLA，則因為 PLA 熔點過低，造成其他五種塑膠都無法回收的問題。

範例觀摩 3

雖然 PS 和 PLA 兩種合成的塑膠材料皆可用作食品包裝，唯政府環保單位卻積極倡導食品商家儘量以 PLA 取代 PS。試回答下列各個問題：

(a)環保單位的「倡導」目的是什麼？

(b)若依據官能基來分類，則 PLA 係屬於哪一種聚合物？

(c)若依據聚合方式來分類，則 PS 係屬於哪一種聚合物？

(d)PLA 是由何種單體分子聚合而成，其 IUPAC 名稱為何？

(e)PS 是由何種單體分子聚合而成？

解析　(a)PLA 係屬於生物可分解的聚合物（biodegradable ploymer），對於環境不會造成永久性的「白色（塑膠）污染」（而 PS 則為不可分解的聚合物）。(b)PLA 係屬於聚酯類　(c)PS 係屬於加成聚合物　(d)2－羥基丙酸　(e)苯乙烯。

範例觀摩 4

乳酸的分子式為 $C_3H_6O_3$，學名為2－羥基丙酸，在脫水劑存在下，兩分子乳酸間的羥基和羧基彼此進行酯化，生成環型中間二聚物的丙交酯，稱為減水乳酸。如右圖所示；PLA 中文名稱為聚乳酸。純化後的減水乳酸進行無溶劑的開環聚合後，再進而加工製粒便成為聚乳酸原料。

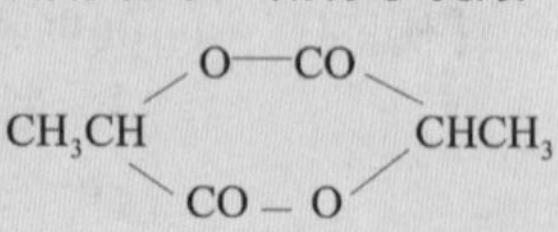

$$CH_3CH \begin{matrix} O-CO \\ \\ CO-O \end{matrix} CHCH_3$$

(1)PLA 係屬於哪兩種官能基聚合而成的？
(2)請劃出聚乳酸（PLA）的結構。

解析　(1)羥基和羧基

(2)

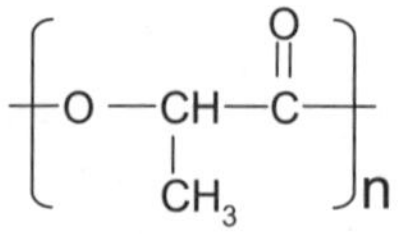

$$\left[O-\underset{CH_3}{CH}-\overset{O}{\underset{\|}{C}} \right]_n$$

(五)清洗半導體表面：使用「超臨界二氧化碳流體」其親有機性、零表面張力、低黏度、可回收重複使用。避免使用「去離子水」及「腐蝕性化學物質」，可大幅減少用水，縮短清洗時間。

範例觀摩 5

何為「超臨界二氧化碳流體」？其一般實用化工用途為何？

解析　二氧化碳在大於 74 atm 及高於 31℃ 的條件下顯現不同於氣態及液態的特性，具有高溶解力與高滲透性的特質，市售低咖啡因或是有些科學中藥即為超臨界二氧化碳的應用之一。

主題二　化學與先進科技

(一)液晶（Liquid Crystal，LC）：

是相態的一種，因為具有特殊的理化與光電特性，20 世紀中葉開始被廣泛應用在輕薄型的顯示技術上。液晶相要具特殊形狀分子組合始會產生，它們可以流動，又擁有結晶的光學性質。

【定義】：現在已放寬而囊括了在某一溫度範圍可以是現液晶相，在較低溫度為正常結晶之物質。

【組成物質】：一種有機化合物，也就是以碳為中心所構成的化合物。

【歷史】：1850 年，普魯士醫生魯道夫‧菲爾紹等人發現神經纖維的萃取物中含有一種不尋常的物質，運用偏光顯微鏡首次觀察到了液晶化的現象。

【結構】：穩定液晶相是分子間的凡得瓦力（van der Waals' forces）。因分子集結密度高，斥力異向性影響較大，但吸引力則是維持高密度，使集體達到液晶狀態之力量，斥力和吸引力相互制衡十分重要。

【用途】：液晶分子的排列，呈現有選擇性的光散射。因排列可以受電場與磁場影響，液晶材料製造器件潛力很大。

【實例】：1.類固醇型液晶：因螺旋結構而對光有選擇性反射，最簡單的是根據變色原理製成的溫度計（魚缸中常看到的溫度計）。

　　　　　2.向列型液晶相：其介電性行為是各類光電應用的基礎。用液晶材料製造以外加電場操作之顯示器，在 1970 年代以後發展很快。因為它們有小容積、微量耗電、低操作電壓、易設計多色面版等多項優點。不過因為它們不是發光型顯示器，在暗處的清晰度、視角和環境溫度限制，都不理想。

範例觀摩

所謂的「晶體」是由原子、分子或離子依照規則、週期性方式排列堆積出來的，當我們將晶體壓碎後，小碎片仍然具有與大晶體相似的外形。下列材料中何者不是晶體：　(A)鑽石　(B)鹽粒　(C)玻璃　(D)冰糖　(E)雪花。

解析　(C)。(C)玻璃是屬於固結的液體，非晶體。

(二)發光二極體（Light-Emitting Diode，LED）

是一種能發光的半導體電子元件。這種電子元件早在 1962 年出現，早期只能發出低光度的紅光，之後發展出其他單色光的版本，時至今日能發出的光已遍及可見光、紅外線及紫外線，光度也提高到相當的光度。而用途也由初時作為指示燈、顯示板等；隨著白光發光二極體的出現，近年續漸發展至被用作照明。

【發展歷史】：1962 年，通用電氣公司的尼克・何倫亞克（Nick Holonyak Jr.）開發出第一種實際應用的可見光發光二極體。1993 年，日本成功把氮滲入，造出了半導體材。

【優點】：低光度下能量轉換效率高，反應時間短，使用壽命長，單色性強。

【缺點】：高光度下效率較低，效率受高溫影響而急劇下降，每枚 LED 因生產技術問題都會在特性（亮度、顏色、偏壓等）上有一定差異，即使是同一批次的 LED 差異也不少。

【基本原理】：發光二極體中當電洞和電子相遇而產生複合，電子會跌落到較低的能階，同時以光子的模式釋放出能量。

主題三　奈米材料

【定義】：奈米（nm）＝10^{-9}m。傳統材料成為塊材。長、寬、高的長度至少有一個介於1~100nm之間的材料稱為奈米材料。

【特性】：表面積增加，使得活性會增大，因此有許多特殊的物性和化性。

【實例】：1.奈米金粒子：正常金活性很小，幾乎不反應。但奈米金粒子卻有很好的催化效果，可將CO轉化為CO_2，若製成防煙面罩，有利於火場逃生。

2.奈米碳管（carbon nanotube，CNT）：具有導電性、導熱性、彈性、柔軟等特性。強度比鋼絲強上百倍，但重量卻極輕。可當極細的電線或強韌的纖維。

3.奈米光觸媒：常用的立可白修正液內含有二氧化鈦（TiO_2），為白色固體，俗稱鈦白。將二氧化鈦製成奈米尺寸的微小顆粒，塗敷於燈管、口罩織布的表面或噴灑於牆壁上，吸收紫外線之後，

會產生帶正、負電的電洞及電子，可以和空氣中的水蒸氣或氧分子發生反應，產生活性極大的氫氧自由基（‧OH）與超氧陰離子。此等自由基再與附著於塗料表面上的細菌或空氣中的浮游菌、臭味、油汙等物反應，使之分解而達到殺菌、除臭、防汙以及淨化空氣的效果。

主題四　導電的聚乙炔

【原理】：一般常看到的有機高分子例如塑膠、橡膠均為絕緣體的原因是，由於碳氫化合物所組成的共價單鍵長鏈分子並不具備可自由移動的電子。

　　　　導電聚合物（又稱導電塑膠或導電塑料）其聚合物的分子鏈上具有單鍵及雙鍵交替的共軛（conjugation）結構時，非定域化（delocalized）的 π 電子可沿著分子鏈移動而導電。

【歷史】：1970 年代初，當時於東京工業大學擔任助手的日本化學家白川英樹博士（Hideki Shirakawa,1936-），發現利用觸媒可控制聚乙炔膜中順式與反式的比例。並將聚乙炔曝露於碘蒸氣中進行氧化反應，聚合物摻雜了約 1%的碘，經過處理後的反式聚乙炔之導電度，激增了十億（10^9）倍。

範例觀摩

關於聚乙炔的敘述何者是正確的？（多選）

(A)一般常看到的有機高分子例如塑膠、橡膠均為絕緣體，其原因在於由碳氫化合物所組成的共價單鍵長鏈分子並不具備可自由移動的電子。

(B)聚乙炔能導電的原因是；藉由未定域化 π 電子沿著分子鏈移動而導電。

(C)聚乙炔中碳原子具有 sp 混成軌域。

(D)聚乙炔為縮合聚合物。

(E)右圖是順式聚乙炔的結構圖。

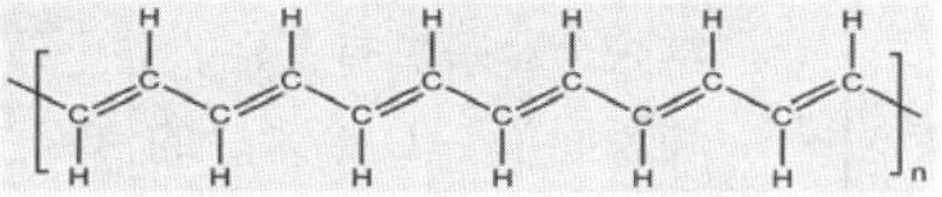

解析 (A)(B)。(C)聚乙炔中碳原子具有 sp^2 混成軌域。(D)聚乙炔為加成聚合物。(E)上圖是反式聚乙炔的結構圖。

↘ 重要試題演練

1-2 題為題組

在奈米時代，溫度計也可奈米化。科學家發現：若將氧化鎵與石墨粉共熱，便可製得直徑75奈米、長達6微米的「奈米碳管」，管柱內並填有金屬鎵。鎵（Ga，熔點29.8℃，沸點2403℃）與許多元素例如汞相似，在液態時體積會隨溫度變化而冷縮熱脹。奈米碳管內鎵的長度會隨溫度增高而呈線性成長。在310 K 時，高約1.3微米，溫度若升高到710 K 時，高度則成長至5.3微米。根據本段敘述，回答問題1-2。

( )　1.　當水在一大氣壓下沸騰時，上述「奈米溫度計」內鎵的高度會較接近下列哪一個數值（微米）？　(A)0.63　(B)1.9　(C)2.6　(D)3.7。

( )　2.　若欲利用上述奈米溫度計測量使玻璃軟化的溫度（400～600℃）時，下列哪一元素最適合作為鎵的代替物？
(A)Al（熔點 660℃，沸點 2467℃）
(B)Ca（熔點 839℃，沸點 1484℃）
(C)Hg（熔點 -38.8℃，沸點 356.6℃）
(D)In（熔點 156℃，沸點 2080℃）。

( )　3.　單層奈米碳管是一個由單層石墨所形成的中空圓柱型分子。右圖為無限奈米碳管的一部分，若按右圖所示的方式將單層石墨捲曲成一直徑為 1.4nm（或 1400pm）的奈米碳管，則沿圓柱型的圓周繞一圈，需要多少個六圓環？[已知石墨中的碳—碳鍵長約為 1.42 埃（或 142pm）]
(A)14　(B)18　(C)22　(D)26。

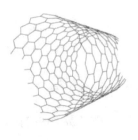

( )　4.　奈米材料可說是當今科學最熱門的研究主題之一。以下有關奈米材料的敘述，何者不正確？　(A)奈米是長度單位，1 奈米(nm) $= 10^{-10}$m　(B)奈米結構除了尺寸小之外，往往還擁有高的表面積／體積比　(C)奈米金粒子具有良好的催化效果，可將 CO 轉化成 CO_2，可用於製造防煙面罩　(D)奈米級的 TiO_2 光觸媒，可吸收特定波長的紫外線，而將有機汙染物分解成 CO_2 和 H_2O。

(　)　5.甲基丙烯酸甲酯是一個製造壓克力高分子的單體，以往是由丙酮製造，完整的製程可以用下列平衡的化學反應式表示：

$CH_3COCH_3 + HCN + CH_3OH + H_2SO_4 \rightarrow CH_2 = C(CH_3)CO_2CH_3 + NH_4HSO_4$

試問使用丙酮製程的原子使用效率，最接近下列哪一項？

(A)18%　(B)29%　(C)47%　(D)55%。

(　)　6. 承上題，新的製程則用觸媒催化丙炔、甲醇與一氧化碳反應直接生成產物：$CH_3C≡CH + CH_3OH + CO \rightarrow CH_2 = C(CH_3)CO_2CH_3$

原子使用效率，最接近下列哪一項？

(A)18%　(B)45%　(C)60%　(D)100%。

(　)　7.聚乳酸 $H\text{-}[O\text{-}CH(CH_3)\text{-}CO_2\text{-}CH(CH_3)\text{-}CO]_n\text{-}OH$ 是一很重要的生醫材料，其單體何？

(A)$-CH(CH_3)CO_2-$　(B)$CH_3CH_2CO_2H$

(C)$HOCH(CH_3)CO_2H$　(D)以上皆非。

(　)　8. 奈米碳管的電子傳輸效果佳，可用於導電材料。有一奈米碳管，由 180 個碳原子組成，且其兩端皆封閉。若將一莫耳的碳－碳雙鍵進行氫化，會釋放出約 80 仟卡的熱量。試問若將一個 C_{180} 奈米碳管完全氫化，產生 $C_{180}H_{180}$ 的產物，約可釋出多少卡的熱量？　(A)10^{-23} (B)10^{-20}　(C)10^{-17}　(D)10^3。

(　)　9. 過量檸檬酸和金離子在酸性條件下，加熱反應可產生紅玫瑰色的金奈米粒子。金奈米粒子可穩定分散在水溶液中，是因為有許多金原子所組成的奈米粒子表面有許多檸檬酸根離子。若將表面檸檬酸根離子用稀鹽酸水溶液洗去，則金奈米會產生聚集，導致顏色改變成紫色，甚或沉澱。依據上述理論，下列敘述何者正確？（多選）

(A)檸檬酸和金離子反應是氧化還原反應　(B)金奈米粒子由紅玫瑰色變成紫色是因為進行氧化還原反應的關係　(C)反應是在鹼性條件下進行的　(D)金奈米粒子因靜電相斥的緣故，而穩定分散在水溶液中 (E)金奈米粒子會沉澱是因為在水溶液中產生 $Au(OH)_3$ 之故。

( )　10. 石墨烯良好的電導性能和透光性能，使它在透明、電導、電極方面有非常好的應用前景。觸摸屏、液晶顯示、有機光伏電池、有機發光二極體等等，都需要良好的透明電導電極材料。特別是，石墨烯的機械強度和柔韌性都比常用材料氧化銦錫優良。下列有關石墨烯的敘述，何者錯誤？（多選）　(A)呈現平面形的層狀排列　(B)碳－碳鍵都是單鍵結構　(C)石墨烯與石墨一樣，均可導電　(D)其鍵結結構與鑽石相似　(E)石墨烯的同素異形體有：石墨，木炭和富勒烯。

解答與解析

1.(B)。$(X-1.3)/(373-310) = (5.3-1.3)/710-310 \Rightarrow X=1.93$。

2.(D)。$400 \sim 600°C$ 約為 $673 \sim 873$ K，而在此溫度下 In （熔點 $156°C$，沸點 $2080°C$）仍是液態，因此合適。

3.(B)。圓周長＝1400π（pm），每個六角環的長度為 $142\sqrt{3}$ （pm）

　　　　$1400\pi/142\sqrt{3} \doteqdot 18$ 個。

4.(A)。奈米是長度單位，1奈米（nm）＝10^{-9}m

5.(C)。(甲基丙烯酸甲酯分子量)/ (甲基丙烯酸甲酯分子量＋硫酸氫銨分子量) $\times 100\%$ ＝ $100/(100+115)$ ＝ 46.5%。

6.(D)。使用丙炔的新製程，沒有製造任何廢棄物，原子使用效率為 100%。

7.(C)。聚乳酸單體為 $2-$羥基丙酸。

8.(C)。$C_{180}+90H_2 \rightarrow C_{180}H_{180}$

　　　　每個碳＝碳雙鍵行氫化反應需一分子的 H_2，故 C_{180} 有 90 個雙鍵

　　　　$\therefore$熱量＝$90 \times 80 \times 10^3 / 6.02 \times 10^{23}$＝$1.2 \times 10^{-17}$Cal

9.(A)(D)。(A)金離子被檸檬酸還原成金原子；(B)金奈米粒子因聚集，體積變大而顏色改變；(C)反應是在酸性條件下進行的；(E)金奈米粒子會沉澱是因為聚集之故。

10.(B)(D)。(B)碳－碳鍵有部份是雙鍵結構；(D)鑽石是三度立體結構，石墨烯是平面層狀排列。

第十三章　最新試題及解析

108年台電新進僱用人員甄試

一、填充題

1. 同溫同壓下同體積的任何氣體，擁有相同的分子數，此稱為_____定律。

2. 塑膠分類代碼中，6號PS的成分是_____。

3. 六氟化硫為氣體絕緣開關（GIS）中所使用的絕緣氣體，具有穩定的正8面體結構，若氟的電子排列方式為 $^{19}_9F$：2、7，則硫的電子排列方式為_____（請比照 $^{19}_9F$：2、7的方式書寫）。

4. 某有機物之元素分析結果為C：60%，H：8%，O：32%，請問此有機物之實驗式為_____。

5. 已知1莫耳氫含有 6×10^{23} 個原子數，則3.6g的水中，含有_____個氫原子。

6. 電廠排放之事業廢水取樣100mL，假設廢水密度為1g/mL，其中鈉含量為0.5mg，請問取樣廢水中鈉的濃度是_____ppm。

7. 已知化學反應式(1)$A+2B \rightarrow 3C+3D$，$\Delta H_1 = 50kJ$，反應式(2)$C+D \rightarrow E+F$ $\Delta H_2 = -40kJ$，則反應式 $3E+3F \rightarrow A+2B$ 之ΔH為_____kJ。

8. 請以IUPAC命名下列化合物_____。

9. 已知某含氯的甲苯衍生物，分子式為 $C_7H_6Cl_2$，其中2個氯原子皆位於苯環上，試問此衍生物最多有_____種異構物。

10. 某核能電廠的滿載發電容量為6×10^{10}瓦，若其發電機組將核能轉換成電能的效率是20%，則該電廠在發電量滿載時，反應爐中燃料棒每小時減少的質量約為_____g。（質能互換公式：$E = mC^2$，1瓦=1焦耳/秒）

11. 丙炔在酸性條件下與水加成反應後生成_____。

12. 下列分子：CH_4、CF_4、CCl_4及CBr_4，此4種分子的莫耳蒸發熱由大而小順序為（請由左至右排序作答）：_____。

13. 某一放射性核種半衰期為10年，經過20年後衰變掉的活度是初始活度的_____倍。

14. 密立根油滴實驗（Millikan oil-drop experiment）可求出電子的電量為_____。

15. 已知下列半反應的標準還原電位（E^0）：
　　$Ag^+_{(aq)} + e^- \rightarrow Ag_{(s)}$　　　$E^0 = 0.799$伏特
　　$Cu^{2+}_{(aq)} + 2e^- \rightarrow Cu_{(s)}$　　　$E^0 = 0.337$伏特
　　$Ag|Ag^+_{(aq,1M)}||Cu^{2+}_{(aq,1M)}|Cu$之電池電動勢為_____伏特。（請同時表達正、負號及數值）

16. 硫酸銅（含結晶水）、氯化亞鈷、硫化鋅及過錳酸鉀，上述4種化合物中，製造隱形墨水時最適合添加者為_____。

17. 氬氣（Ar原子量：40）在常溫常壓理想氣體條件下的密度為_____（g/L）。（計算至小數點後第2位，以下四捨五入）

18. 真空表上的指針位於56cm-Hg之刻度上時，表示其絕對壓力為_____cm-Hg。

19. 甲醇與乙醇的混合物完全燃燒，產生2.20g之CO_2及1.62g之H_2O時，則原混合物中甲醇與乙醇的莫耳數差為_____莫耳。

20. 以24.50mL pH值為1的HCl溶液滴定50mL濃度為0.05M的NaOH溶液，試問此時pH值為_____。（$\log 1.49 = 0.17$、$\log 6.71 = 0.83$，計算至小數點後第2位，以下四捨五入）

解答與解析

1. 亞佛加厥

　　亞佛加厥定率：同溫、同壓時，同體積的任何氣體分子具有相同分子數目

2. 聚苯乙烯

　　PS＝Polystyrene＝聚苯乙烯

3. $_{16}^{32}S$：2、8、6

$$_{16}^{32}S \quad : 1s^2 \quad 2s^2 2p^6 \quad 3s^2 3p^4 \Rightarrow _{16}^{32}S：2、8、6$$

　（電子數）　2　　2＋6＝8　2＋4＝6

4. $C_5H_8O_2$

$$C：H：O = \frac{60\%}{12} : \frac{8\%}{1} : \frac{32\%}{16} = 5：8：2 \Rightarrow C_5H_8O_2$$

5. 2.4×10^{23}個

　　水＝H_2O（1mol中的水分子，含2mol H原子）

$$H原子數量 = \frac{3.6g}{18g/mol} \times 2 \times (6 \times 10^{23})個/mol = 2.4 \times 10^{23}個$$

6. 5

$$鈉濃度 = \frac{0.5mg}{100mL \times 1g/mol \times 10^{-3}kg/g} = 5ppm$$

7. 70kJ

　　$3E + 3F \rightarrow A + 2B$

　　$-(2) \times 3 + (-(1)) \times 1 = +40kJ \times 3 - 50kJ \times 1 = 70kJ$

8. 三硝基甲苯

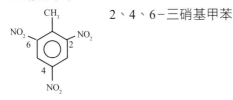

2、4、6－三硝基甲苯

9. **6**

$\Rightarrow$ 共6種

10. **12**

$E = mc^2 \Rightarrow 6 \times 10^{10} 瓦 \times 3600 秒 = m \times (3 \times 10^8)^2 \times 20\% \Rightarrow m = 12 \times 10^{-3} kg = 12g$

11. **丙酮**

(A)酸性條件，(B)水的加乘反應 $\Rightarrow$ 生成丙酮

12. **$CBr_4 > CCl_4 > CF_4 > CH_4$**

分子量愈大 $\rightarrow$ 莫耳蒸發熱愈大

故 $CBr_4 > CCl_4 > CF_4 > CH_4$

13. **$\dfrac{3}{4}$**

設初始活度為1，20年後剩餘活度為 $1 \times \dfrac{1}{2} \times \dfrac{1}{2} = \dfrac{1}{4}$

$(1 - \dfrac{1}{4})/1 = \dfrac{3}{4}$

14. **$1.6 \times 10^{-19} 庫侖$**

密立根實驗：透過平衡重力&電力使油滴懸浮於兩片金屬電極之間
$\rightarrow$ 計算得整顆油滴的總電荷量，並求得電子的電量 $= 1.6 \times 10^{-19} 庫侖$。

15. **-0.462**

$Ag \mid Ag+_{(aq,1M)} \parallel Cu^{2+}_{(aq,1M)} \mid Cu$

$Ag_{(s)} \rightarrow Ag^+_{(aq)} + e^-$

$\Rightarrow -0.799 + 0.337 = -0.462 伏特$

$Cu^{2+}_{(aq)} + 2e^- \rightarrow Cu_{(s)}$

16. **氯化亞鈷**

$CoCl_2 \cdot 6H_2O$ 為淡紅色晶體，$CoCl_2$ 為藍色，
以 $CoC_{l2} \cdot 6H_2O_{(aq)}$ 為墨水並書寫於白紙上，晾乾會幾近無色 $\rightarrow$ 若加熱紙張會顯現
藍色，故選氯化亞鈷。

17. **1.63**

    PM＝DRT

    $1atm \times 40g/mol＝D \times 0.082atm \cdot L \cdot mol^{-1} \cdot K^{-1} \cdot 298K \Rightarrow D \fallingdotseq 1.63g/L$

18. **20**

    $1atm＝76cm-Hg \Rightarrow 76-56＝20cm-Hg$

19. **0.02**

    $$2CH_3OH ＋ 3O_2 \rightarrow 2CO_2 ＋ 4H_2O$$

    反應後　　$-x$　　$-1.5x$　　$+x$　　$+2x$ mol

    $$C_2H_5OH ＋ 3O_2 \rightarrow 2CO_2 ＋ 3H_2O$$

    反應後　　$-y$　　$-3y$　　$+2y$　　$+3y$

    $$\begin{cases} x+2y=\dfrac{2.20}{44}=0.05 \\ 2x+3y=\dfrac{1.62}{18}=0.09 \end{cases}$$

    $x=0.03mol$，$y=0.01mol \Rightarrow 0.03-0.01＝0.02mol$

20. **10.83**

    $HCl＋NaOH \rightarrow NaCl＋H_2O$

    $$[OH^-]=\frac{50mL \times 0.05M - 24.50mL \times 0.1M}{74.5mL}=6.71 \times 10^{-4}M$$

    $pOH＝-\log[OH^-]＝4-0.83＝3.17$

    $pH＝14-3.17＝10.83$

二、問答與計算題

一、燃煤電廠於發電過程所產生的廢氣，會利用選擇性觸媒（SCR，如V_2O_5）於溫度250°C～400°C下，添加液氨（NH_3）將其中的氮氧化物，轉化為氮氣（N_2）和水（H_2O）後才能排放，此為脫硝（De-NO_X）之原理，試問：

(一)典型的脫硝化學反應式如下，請以最簡單整數比平衡下列反應式。

　　____NH_3＋____NO＋____$O_2 \xrightarrow{V_2O_5}$ ____N_2＋____H_2O

(二)承上題，此反應伴隨氧化數的增減，因此屬於化學反應中的_____反應，其中NH_3是_____劑，O_2是_____劑，NO是_____劑，V_2O_5是_____劑。

(三)脫硝過程中，若廢氣仍有硫氧化物（如SO_2）存在，則易產生一種黑色黏稠狀液體，堵塞觸媒使其失效；為去除廢氣中之硫氧化物，經由加入碳酸鈣，與氧氣、水及二氧化硫反應下生成石膏（化學式為$CaSO_4 \cdot 2H_2O$），此即為濕式脫硫（De-SO_X），請寫出上述脫硫之化學反應式。

答： (一) $4NH_3 + 4NO + 1O_2 \xrightarrow{V_2O_5} 4N_2 + 6H_2O$ or $4NH_3 + 2NO + 2O_2 \rightarrow 3N_2 + 5H_2O$

(二) 氧化還原反應　NH_3：還原劑，NO：氧化劑

　　　　　　　　　O_2：氧化劑，V_2O_5：催化劑

(三) $2SO_2 + 2CaCO_3 + O_2 + 4H_2O \rightarrow 2CaSO_4 \cdot 2H_2O + 2CO_2$

二、請計算下列水溶液中$Ba(IO_3)_2$的溶解度，並提供計算過程：

（$Ba(IO_3)_2$的$K_{sp} = 1.57 \times 10^{-9}$，$\sqrt{1.57} = 1.25$，$\sqrt[3]{1.57} = 1.162$，$\sqrt[3]{4} = 1.587$）

（請以科學記號表示，計算至小數點後第2位，以下四捨五入）

(一)$Ba(IO_3)_2$的溶解度。

(二)在濃度0.1M之$Ba(NO_3)_2$溶液中，$Ba(IO_3)_2$的溶解度。

(三)於200mL濃度0.01M之$Ba(NO_3)_2$與100mL濃度0.1M之$NaIO_3$混合溶液中，$Ba(IO_3)_2$的溶解度。

答： $Ba(IO_3)_{2(s)} \rightarrow Ba^{2+}_{(aq)} + 2IO_3^-_{(aq)}$，反應後$1-x + x + 2x$

(一) $Ksp = [Ba^{2+}][IO_3^-]^2 = x \cdot 4x^2 = 1.57 \times 10^{-9}$

$$x = \sqrt[3]{\frac{1.57 \times 10^{-9}}{4}} = \frac{1.162 \times 10^{-3}}{1.587} = 7.32 \times 10^{-4} \text{mol/L}$$

(二) $Ksp = (0.1)^1 \times 4x^2 = 1.57 \times 10^{-9}$

$$x = \frac{\sqrt{1.57} \times 10^{-4}}{2} = 6.25 \times 10^{-5} \text{mol/L}$$

(三)

	$Ba(NO_3)_2$	$+2NaIO_3$	$\rightarrow Ba(IO_3)_2$	$+2NaNO_3$
初始	200mL×0.01M	100mL×0.1M		
	=2mmol	=10mmol		
反應	−2mmol	−4mmol	+4mmol	+4mmol
反應後	0	6mmol	4mmol	4mmol

$$\rightarrow [NaIO_3] = \frac{6\text{mmol}}{300\text{mL}} = 0.02M$$

$$Ksp = x \times (0.02)^2 = 1.57 \times 10^{-9} \Rightarrow x = 3.93 \times 10^{-6} \text{mol/L}$$

三、變壓器中所使用的絕緣油，需定期取樣檢測，觀察油品是否有劣化狀況（酸價超標、水分過高等），以便即早處理（濾油、換油或檢修等），藉此延長變壓器壽命及維持供電穩定，試問：

(一)在測定油樣酸價前，需先以標準物質KHP來標定配製之0.1N氫氧化鉀（KOH）溶液濃度，若已知40mL除氣純水其空白滴定所耗費的KOH溶液體積(B)為0.01mL，取0.0204g（W）之KHP放入燒杯中，加入40mL之除氣純水使KHP溶解，添加指示劑再以KOH溶液滴定至終點，共耗費KOH溶液體積（V）為5.01mL，試以下列公式計算KOH的標定濃度（F）。

$$F(mg\ KOH/mL) = \frac{W}{(V-B) \times S} \times 1000 \times T$$

S：KHP式量為204

T：KOH式量為56

(二)承上題，若現場人員送測之絕緣油樣品，含有某些弱酸，以濃度標定後之KOH溶液與滴定溶劑50mL先做空白滴定，耗費KOH溶液2mL；再取20g油樣，添加滴定溶劑50mL經攪拌均勻後進行油樣滴定，需耗費KOH溶液共6mL，試以下列油樣酸價計算公式，計算此油樣的酸價。

$$酸價(mg\ KOH/g) = \frac{F \times (V_1 - V_0)}{W}$$

F：上題計算之KOH標定濃 (mg KOH/mL)

V_0：空白滴定所需耗費KOH溶液之體積(mL)

V_1：油樣滴定所需耗費KOH溶液之體積(mL)

W：所取油樣重 (g)

(三)若油樣溶液於25°C時之$[OH^-] = 10^{-8}M$，試問其pH值為何？

答：(一) $F_{(mgKOH/mL)} = \dfrac{w}{(V-B) \times S} \times 1000 \times T$

$= \dfrac{0.0204g}{(5.01-0.01)\,mL \times 204} \times 1000 \times 56 = 1.12mg/mL$

(二) 酸價$(mgKOH/g) = \dfrac{F \times (V_1 - V_0)}{w} = \dfrac{1.12mg/mL \times (6-2)mL}{20g} = 0.224mg/g$

(三) $pOH = -\log[OH^-] = 8$

$pH = 14 - pOH = 6$

四、 請畫出下列各分子的結構式並寫出其學名：

(一)$CHCl_3$

(二)CH_3CH_2OH

(三)C_2H_4

答： (一) $CHCl_3$：三氯甲烷

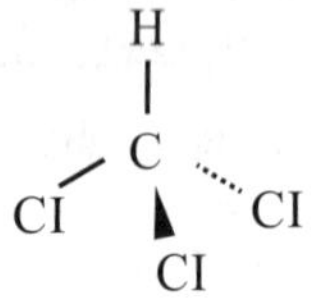

```
        H
        |
        C ⋯⋯ Cl
  Cl ◢
     Cl
```

(二) CH_3CH_2OH：乙醇

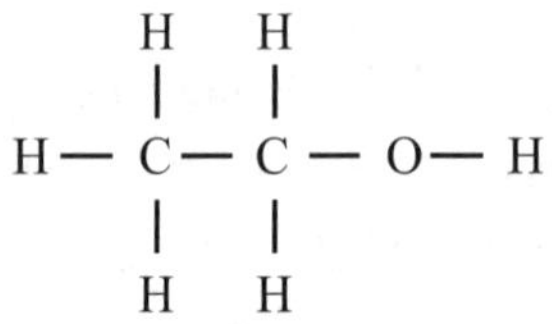

```
    H   H
    |   |
H—C—C—O—H
    |   |
    H   H
```

(三) C_2H_4：乙烯

```
  H        H
   \      /
    C ═ C
   /      \
  H        H
```

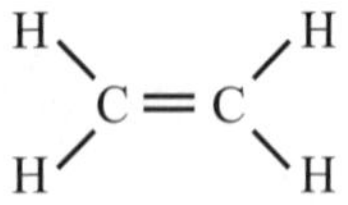

↘109年台電新進僱用人員甄試

一、填充題

1. 在綠色化學的概念中，目標產物的質量除以所有生成物總質量的百分比稱為_____。

2. 某不易揮發溶質15克溶入200克水中，所得溶液在1atm下測得凝固點為$-2.79°C$，則溶質之分子量為：_____。（$K_f=1.86°C/Cm$）

3. (A)3.01×10^{23}個氫分子、(B)5.02×10^{23}個氫原子、(C)8.5克氨（NH_3）、(D)8克甲烷（CH_4），只知亞佛加厥數為6.02×10^{23}，請依上述物質所含氫原子數含量，由多至少排列為_____。

4. 水中的微生物會使水中的有機物轉化為CO_2與H_2O，在此過程中所需O_2的量稱為生化需氧量（BOD），試問要使水中的1個$C_6H_{10}O_5$分子完全變成CO_2與H_2O，需要_____個氧分子。

5. 比重1.16，含21.0%的HCl水溶液300毫升和6.00M的HCl水溶液200毫升混合，假設體積有加成性，則混合後的鹽酸溶液濃度為_____M。（原子量：1.0，Cl：35.5，計算至小數點後第1位，以下四捨五入）

6. 已知$Ag(NH_3)_2{}^+{}_{(aq)}\rightleftharpoons Ag^+{}_{(aq)}+2NH_{3(aq)}$的平衡常數$(Kc)=6.8\times10^{-8}$，今將0.10M $AgNO_{3(aq)}$與10.2M $NH_{3(aq)}$等體積混合，平衡時$[Ag^+]$之濃度為_____M。

7. 利用物質對於兩種互不相溶之溶劑的溶解度差異，將物質由溶解度小的溶劑移至溶解度大的溶劑中，此過程稱為_____。

8. 化學電池的基本原理為利用氧化還原反應，將化學能轉化成電能，其正極進行_____反應。

9. SO_2、CS_2、CH_2Cl_2、NF_3、$CH_3CH_2OCH_2CH_3$，其中_____為非極性分子。（以分子式作答）

10. 有一個酸性水溶液，內含硫酸及硝酸，經滴定分析後，測得氫離子濃度為 4×10^{-3}M，試問其pH值約為_____。（$\log 2 = 0.301$，計算至小數點後第1位，以下四捨五入）

11. 在氫(H_2)分子中，氫原子間透過電子共用形成之化學鍵稱為_____鍵。

12. 假設某金屬陽離子M^{4+}有22個電子，且質量數為51，試問中子數為_____。

13. 天然放射性元素主要放出α、β及γ三種射線，其中波長最短的電磁波是_____射線。

14. 試平衡氧化還原反應式如右：a $MnO_4^- +$ b $H_2S +$ c $H^+ \rightarrow$ d $Mn^{2+} +$ e $S +$ f H_2O，平衡後a～f為最小整數，求a+b+c+d+e+f之和為_____。

15. 在25°C、1atm時，將2升的氨氣與5升的氯化氫氣體兩者混合，若混合後壓力仍為1atm時，則體積為_____公升。

16. 純物質A與B在30°C時的蒸氣壓分別為810mmHg及450mmHg，若1mole的A與2mole的B之混合液視為理想溶液，試計算在此溫度下，混合液的總蒸氣壓為_____mmHg。

17. 已知反應式$A_{(aq)} + 3B_{(aq)} \rightarrow C_{(aq)} + 2D_{(aq)}$達平衡時，[A]＝2M，[B]＝2M，[C]＝2M，[D]＝4M，則其平衡常數(Kc)為_____。

18. 根據查理定律，定量的理想氣體在定壓下，溫度由30°C升高至33°C時，該理想氣體體積將較原來增加_____倍。（以最簡分數作答）

19. 已知某放射性元素的半衰期為13年，今測得其重量為128克，試問經過_____年，該元素重量將剩下4克。

20. 某醇類有機物質的分子式為$C_5H_{12}O$，請問該物質有_____種結構異構物。

解答與解析

1. **原子經濟（或原子效率）**

   原子經濟（或原子效率）$= \dfrac{\text{目標產物的質量}}{\text{生成物總質量}} \times 100\%$

2. **50 g/mol**

   令分子量：M g/mole

   $(0°C - (-2.79°C)) = 1.86(°C/cm) \times \dfrac{15(g)}{M(g/mol)} \times (\dfrac{1}{0.2kg}) \to M = 50 \text{ g/mol}$

3. **D > C > A > B**

   氫原子數含量：

   (A) $\dfrac{3.01 \times 10^{23} \times 2}{6.02 \times 10^{23}} = 1 \text{ mol}$　　　　(B) $\dfrac{5.02 \times 10^{23}}{6.02 \times 10^{23}} = 0.833 \text{ mol}$

   (C) $\dfrac{8.5(g)}{17(g/mol)} \times 3 = 1.5 \text{ mol}$　　　(D) $\dfrac{8(g)}{16(g/mol)} \times 4 = 2 \text{ mol}$

   $\Rightarrow D > C > A > B$

4. **6**

   $C_6H_{10}O_5 + 6O_2 \to 6CO_2 + 5H_2O \Rightarrow$ 需6個氧分子

5. **6.4**

   $(\dfrac{300(mL) \times 1.16(g/mL) \times 21.0\%}{36.5(g/mol)} + 6M \times 0.2(L)) \times \dfrac{1}{(0.3+0.2)L} = 6.4(M)$

6. **1.36×10^{-10}**

   $$\begin{array}{cccc} & Ag(NH_3)_2^+{}_{(aq)} & - \quad Ag^+{}_{(aq)} & + \quad 2NH_{3(aq)} \\ \text{初始} & & 0.05M & 5.1M \\ \text{反應} & +x & -x & -2x \\ \hline \text{反應後} & x & (0.05-x)M & (5.1-2x)M \end{array}$$

   $K_C = \dfrac{[Ag^+][NH_3]^2}{[Ag(NH_3)_2]} = \dfrac{(0.05-x)(5.1-2x)^2}{x} = 6.8 \times 10^{-8}$

   （由於$K_C = 6.8 \times 10^{-8}$很小，$x \cong 0.05$）

   $\to \dfrac{(0.05-x)(5)^2}{0.05} = 6.8 \times 10^{-8} \Rightarrow [Ag^+] = 0.05 - x = 1.36 \times 10^{-10}M$

7. 萃取

8. 還原反應（正極得到電子）

9. CS_2

SO$_2$ ： 　　　NF$_3$：

S＝C＝S　　　CH$_2$Cl$_2$： 　　　CH$_3$CH$_2$OCH$_2$CH$_3$： $\vee^\circ\vee$

10. **2.4**

$pH = -\log[H^+] = -\log(4 \times 10^{-3}) = 3 - 2\log 2 \doteqdot 2.4$

11. 共價鍵

12. **25**

中子數 $= 51 - (22 + 4) = 25$

13. γ射線

14. **28**

$2MnO_4^- + 5H_2S + 6H^+ \rightarrow 2Mn^{2+} + 5S + 8H_2O \rightarrow a + b + c + d + e + f = 28$

15. **3**

$NH_{3(g)} + HCl_{(g)} \rightarrow NH_4Cl_{(s)} \rightarrow 5 - 2 = 3(L)$

16. **570**

$P = P_A^0 \cdot X_A + P_B^0 \cdot X_B = 810(mmHg) \times \dfrac{1}{3} + 450(mmHg) \cdot \dfrac{2}{3} = 570mmHg$

17. **2**

$K_C = \dfrac{[C][D]^2}{[A][B]^3} = \dfrac{2 \cdot 4^2}{2 \cdot 2^3} = 2$

18. $\dfrac{1}{101}$

$V \propto T \Rightarrow \dfrac{V - V_0}{V_0} = \dfrac{306 - 303}{303} = \dfrac{1}{101}$

19. **65**

$\dfrac{128}{4} = 32 = 2^5 \Rightarrow 13 \times 5 = 65$年

20. **8種**

$$CH_3CH_2CH_2CH_2OH \quad (CH_3)_2CHCH_2CH_2OH \quad (various\ isomers)$$

（八種丁醇/戊醇結構式）

二、問答與計算題

一、在氫氧化鉀（KOH）與碳酸鉀（K_2CO_3）之水溶液中，取10毫升樣品至250毫升的燒杯中，以純水稀釋至150毫升，加入5～6滴的酚酞指示劑，用已標定的0.1N鹽酸（HCl）標準液開始滴定，當溶液顏色由紅色變成無色時，此為第一滴定終點，此時鹽酸（HCl）的用量為V1＝20毫升，再加入5～6滴的甲基橙指示劑，繼續以0.1N鹽酸（HCl）標準液滴定，當溶液顏色由黃色變成橙色時，此為第二滴定終點，此時鹽酸（HCl）之總用量為V_2＝20.10毫升。

（已知KOH之分子量為56.1g/mole，K_2CO_3之分子量為138.2g/mole）

（計算至小數點後第2位，以下四捨五入）

(一)請寫出第一段和第二段滴定的酸鹼中和反應式。

(二)請計算氫氧化鉀（KOH）的濃度為多少g/L。

(三)請計算碳酸鉀（K_2CO_3）的濃度為多少g/L。

答：(一) 第一段滴定：

$$KOH_{(aq)} + HCl_{(aq)} \_ KCl_{(aq)} + H_2O_{(l)}$$
$$K_2CO_{3(aq)} + HCl_{(aq)} \_ KCl_{(aq)} + KHCO_{3(aq)}$$

第二段滴定：

$$KHCO_{3(aq)} + HCl_{(aq)} \_ KCl_{(aq)} + H_2CO_{3(aq)}$$

(二) 令初始[KOH]＝X g/L

(三) 　　　　[K_2CO_3]＝Y g/L

$$X(g/L) \times \frac{10(mL)}{1000(mL/L)} \times \frac{1}{56.1(g/mol)} + Y(g/L) \times \frac{10(mL)}{1000(mL/L)} \times \frac{1}{138.2(g/mol)}$$
$$= 0.1(N) \times \frac{20(mL)}{1000(mL/L)}$$

$$\to \frac{X}{56.1} + \frac{Y}{138.2} = 0.2 \cdots (1)$$

$$Y(g/L) \times \frac{10(mL)}{1000(mL/L)} \times \frac{1}{138.2(g/mol)} = 0.1(N) \times \frac{0.1(mL)}{1000(mL/L)}$$

$$\to \frac{Y}{138.2} = 10^{-3} \cdots (2)$$

$$\Rightarrow (2)代入(1)$$

$$X = [KOH] = 11.16 \ g/L$$

$$Y = [K_2CO_3] = 0.14 \ g/L$$

二、已知下列各化學反應式：

$$2NH_{3(g)} + 3N_2O_{(g)} \to 4N_{2(g)} + 3H_2O_{(l)} \quad \triangle H = -241.4 \ kcal$$

$$N_2O_{(g)} + 3N_{2(g)} \to N_2H_{4(l)} + H_2O_{(l)} \quad \triangle H = -75.7kcal$$

$$2NH_{3(g)} + \frac{1}{2}O_{2(g)} \to N_2H_{4(l)} + H_2O_{(l)} \quad \triangle H = -34.2kcal$$

$$H_{2(g)} + \frac{1}{2}O_{2(g)} \to H_2O_{(l)} \quad \triangle H = -68.3kcal$$

(一)請說明何謂赫斯定律（Hess's law）？

(二)請利用赫斯定律（Hess's law），求 1 莫耳的$N_2H_{4(l)}$燃燒生成$N_{2(g)}$與$H_2O_{(l)}$之燃燒熱（$\triangle H$）為多少kcal？（計算至小數點後地1位，以下四捨五入）

答： (一) 赫斯定律：若一反應為二反應式的代數和時，其反應熱為此二反應熱的代數和（條件不變下，化學反應的反應熱只和起始、終點的狀態有關）

(二) $N_2H_{4(l)} + H_2O_{(l)} \to N_2O_{(g)} + 3H_{2(g)} \quad \triangle H = 75.7 \ kcal \cdots (1)$

$N_2H_{4(l)} + H_2O_{(l)} \to 2NH_{3(g)} + \frac{1}{2}O_{2(g)} \quad \triangle H = 34.2 \ kcal \cdots (2)$

$2NH_{3(g)} + 3N_2O_{(g)} \to 4N_{2(g)} + 3H_2O_{(l)} \quad \triangle H = -241.1 \ kcal \cdots (3)$

$H_{2(g)} + \frac{1}{2}O_{2(g)} \to H_2O_{(l)} \quad \triangle H = -68.3 \ kcal \cdots (4)$

$N_2H_{4(l)} + O_2 \to N_{2(g)} + 2H_2O_{(l)}$

$$\triangle H = ((3) + 3(1) + (2) + 9(4)) \cdot \frac{1}{4}$$

$$= \frac{-241.1 + 3 \times 75.7 + 34.2 + 9(-68.3)}{4} = 148.6 \ kcal$$

三、Hg_2Cl_2的溶度積常數（Ksp）為3.2×10^{-17}，試求：

(一)Hg_2Cl_2之溶解度為多少M？

(二)250mL Hg_2Cl_2的飽和溶液中，Hg_2Cl_2的重量為多少克？

（Hg原子量為200g/mole，Cl原子量為35.5g/mole）

（計算至小數點第2位，以下四捨五入）

答：$Hg_2Cl_{2(s)} \rightleftharpoons Hg_2^{2+}{}_{(aq)} + 2Cl^-{}_{(aq)}$

(一) 令$[Hg_2^{2+}] = S(M)$，$[Cl^-] = 2S(M)$

$K_{sp} = [Hg_2^{2+}][Cl^-]^2 = S \cdot (2S)^2 = 4S^3 = 3.2 \times 10^{-17} \rightarrow S = 2 \times 10^{-6}(M)$

(二) $\dfrac{250(mL)}{1000(L)} \times 2 \times 10^{-6}(\dfrac{mol}{L}) \times 471(g/mol) = 2.36 \times 10^{-4}g$

四、如圖所示：已知一理想氣體在A點之體積為4升，壓力為1atm，溫度為27°C，B點為4大氣壓，C點之體積為6升，試求：

(一)B點溫度為多少°C？

(二)C點溫度為多少°C？

(三)D點溫度為多少°C？

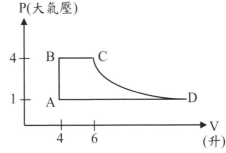

答：$PV = nRT$，$n = \dfrac{PV}{RT} = \dfrac{1 \times 4}{R \times 300} = \dfrac{1}{75R} = mol$

(一) B點溫度$= T = \dfrac{PV}{nR} = \dfrac{PV}{\dfrac{1}{75R} \cdot R} = 1200K$

(二) C點溫度$= \dfrac{4 \times 6}{\dfrac{1}{75R} \cdot R} = 1800K$

(三) 同一理想氣體進行等溫膨脹時

$P_1V_1 = P_2V_2 = nRT$（nR為定值）

D點溫定$= T_C = 1800K$

五、 一溶液含0.1M之HF，0.2M之HNO_2及0.5M之CH_3COOH，試計算此溶液之$[H^+]$濃度為多少M？（已知HF，HNO_2及CH_3COOH之K_a依序是7×10^{-4}，4.5×10^{-4}，1.8×10^{-5}）

答： 令$[H^+]=x(M)=a+b+c(M)$

$HF_{(aq)}\quad-\quad H^+_{(aq)}\quad+\quad F^-_{(aq)}$

$0.1-a\qquad\qquad x\qquad\qquad a\qquad \dfrac{xa}{0.1-a}=7\times10^{-4}\quad\to a=\dfrac{7\times10^{-5}}{x}$

$HNO_2\quad-\quad H^+_{(aq)}\quad+NO_2^-{}_{(aq)}$

$0.2-b\qquad\qquad x\qquad\qquad b\qquad \dfrac{xb}{0.2-b}=4.5\times10^{-4}\quad\to b=\dfrac{9\times10^{-5}}{x}$

$CH_3COOH\quad-\quad CH_3COO^-_{(aq)}\quad+\quad H^+_{(aq)}$

$0.5-c\qquad\qquad x\qquad\qquad c\qquad \dfrac{xc}{0.5-c}=1.8\times10^{-5}\quad\to c=\dfrac{9\times10^{-6}}{x}$

$x=a+b+c=\dfrac{7\times10^{-5}}{x}+\dfrac{9\times10^{-5}}{x}+\dfrac{9\times10^{-6}}{x}$

$\to x=[H^+]=1.3\times10^{-2}M$

NOTE

↘109年四技二專入學測驗

( )　1. 關於物質鍵結與作用力的敘述，下列何者錯誤？
　　　(A) 在鑽石內之碳原子採用sp^2混成軌域而相互鍵結成為網狀立體結構
　　　(B) 在甲烷分子內C與H原子以共價鍵連結，兩個相鄰近的甲烷分子間會產生凡得瓦力
　　　(C) 藉由金屬原子所形成的陽離子與其電子海中自由電子間之靜電引力，可使金屬原子結合形成金屬固體
　　　(D) H與F原子的電負度差異大，故在兩個相鄰近HF分子間可存在氫鍵的作用力。

( )　2. 下列物質：CCl_4、HF、NO_2、SO_2、BF_3、CO_2、HCN、苯（C_6H_6），其中共有幾個為極性分子？
　　　(A)6　　　　　　(B)5　　　　　　(C)4　　　　　　(D)3。

( )　3. 反應式為$aA+bB+cC \rightarrow dD$，反映速率式：$R=k[A]^2[B]^1$。下列有關上述反應及其反應速率的敘述，何者正確？
　　　(A) 若反應溫度升高時，將可增加分子間反應時的有效碰撞頻率
　　　(B) 在溫室附近，若[A]、[B]、[C]濃度固定，當反應溫度每升高10°C時，其反應速率將下降成原來的1/6
　　　(C) 若溫度固定，使[A]、[B]、[C]皆增加為原來的2倍，則R變成原來的6倍
　　　(D) 正催化劑與反應物形成活化錯合體，會提高反應活化能，降低反應速率。

( )　4. 在25°C時，若某難溶鹽$XY_{(s)}$（莫耳質量為143.5公克）在水中的溶解度積（K_{sp}）為1.82×10^{-10}，則該鹽類在水中的溶解度為多少公克/公升？（$\sqrt{1.82}=1.35$）
　　　(A)1.35×10^{-5}　　　　　　　　(B)1.94×10^{-4}
　　　(C)1.35×10^{-4}　　　　　　　　(D)1.94×10^{-3}。

（　）　5. 關於週期表中主族元素的特性趨勢，下列敘述何者正確？
(A)第15族各元素之第一游離能，隨著原子序的增加而增加
(B)第二週期各元素之非金屬性，隨著原子序的增加而減少
(C)第16族各元素之電負度，隨著原子序的增加而減少
(D)在1大氣壓下，第1族各元素之熔點隨著原子序的增加而增加。

（　）　6. 關於氫原子模型與氫原子光譜的敘述，下列何者正確？（高能階為n_H，低能階為n_L）
(A)波耳氫原子模型假設在氫原子核外不同軌道上作圓周運動的電子，各有不同特定的能量
(B)帕申系列光譜線位在可見光區，係由n_H回到$n_L = 1$能階時所放出
(C)來曼系列光譜線位在紅外線區，係由n_H回到$n_L = 2$能階時所放出
(D)巴耳末系列光譜線位在紫外線區，係由n_H回到$n_L = 3$能階時所放出。

（　）　7. 某一濃硫酸的重量百分率濃度為98.0%，其比重為1.84。某生量取100.0毫升的濃硫酸並逐步加入1.00公升的純水中，溶液再經純水稀釋與攪拌後的總體積為2000.0毫升，則最後此硫酸水溶液的體積莫耳濃度為多少M？（硫酸分子量=98.0）
(A)0.0460　　(B)0.0840　　(C)0.920　　(D)1.84。

（　）　8. 若取3.60公克葡萄糖加入純水配製成2000.0毫升溶液，在25°C時，則此溶液之滲透壓為多少atm？（葡萄糖分子量=180；理想氣體常數R=0.082atm·L/mol·K）
(A)0.148　　(B)0.244　　(C)0.489　　(D)0.822。

（　）　9. 關於原子在基態時的電子組態及軌域之敘述，下列何者錯誤？
(A)氧原子（$_8$O）的電子組態為$1s^2 2s^2 2p^4$
(B)氖原子（$_{10}$Ne）的電子組態為$1s^2 2s^2 2p^5$
(C)每1個鎂原子（$_{12}$Mg）內含有2個價電子
(D)氮原子（$_7$N）內3個2P軌域均為半填滿。

（　）　10. 在40°C下，某反應式為$2A_{(aq)} + B_{(aq)} \rightleftharpoons C_{(aq)} + D_{(aq)}$將1.00M的A溶液及2.00M的B溶液混合進行反應，當反應達到平衡時，若測得產物C的濃度為0.40M，則在此溫度下，該反應的平衡常數（K）為何？
(A)0.17　　(B)0.40　　(C)2.5　　(D)4.5。

( )　11. 一核反應方程式如下：$^{235}_{92}U + ^{1}_{0}n \rightarrow ^{99}_{40}Zr + ^{135}_{52}Te + 2X$
下列何者，可以代表方程式中的X？
(A)α粒子　　　(B)β粒子　　　(C)正子　　　(D)中子。

( )　12. 六種有機化合物：甲酸、乙醚、乙酸乙酯、丙醛、2-丙醇、丙醇，
上述具有雙鍵結構的化合物共有幾個？
(A)2　　　　　(B)3　　　　　(C)4　　　　　(D)5。

( )　13. 針對$Cu_{(s)}$與濃硝酸的反應敘述，下列何者正確？
$Cu_{(s)} + NO^{-}_{3\,(aq)} + H^{+}_{(aq)} \rightarrow Cu^{2+}_{(aq)} + NO_{2(g)} + H_2O_{(l)}$（尚未平衡）
(A) 方程式完成平衡後，若$Cu_{(s)}$的係數為1，則$NO_{2(g)}$的係數為4
(B) $NO^{-}_{3\,(aq)}$中N的氧化數為+6
(C) $H^{+}_{(aq)}$作為氧化劑
(D) $Cu_{(s)}$作為還原劑。

( )　14. 下列關於酸鹼鹽的敘述，何者正確？
(A) 依據布忍斯特·洛瑞（Bronsted-Lowry）酸鹼的定義，H_2O可以
為酸也可以為鹼
(B) 鹼0.1M $HCl_{(aq)}$和0.1M $NH_{3(aq)}$，等體積混合時，可配製成緩衝溶液
(C) 以0.1M $HCl_{(aq)}$滴定0.1M $NH_{3(aq)}$，若達到當量點時，溶液呈現鹼性
(D) 以強酸滴定弱鹼時，酚酞比甲基更適合作為指示劑。

( )　15. 關於鹵素族（第17族）的元素與其化合物的性質，下列共有幾項敘
述是正確？
甲：溴（Br_2）在常溫常壓下是固體
乙：氟原子（$_9F$）的基態價電子組態為$2s^2 2p^5$
丙：次氯酸的化學式為$HClO_2$
丁：碘化銀可作為人造雨的晶體
(A)2　　　　　(B)3　　　　　(C)4　　　　　(D)5。

( )　16. 常溫常壓下,關於過渡元素及其化合物特性的敘述,下列何者正確？
(A) 有些過渡元素為金屬，另有一些過渡元素則為非金屬
(B) 純金在空氣中會比純銅更易被氧化
(C) 化合物Cr_2O_3的顏色為紅色
(D) 純鐵具有銀白色光澤,富有延展性。

( )　17. 在下列有機化合物反應中所形成的主產物，何者正確？

(A)

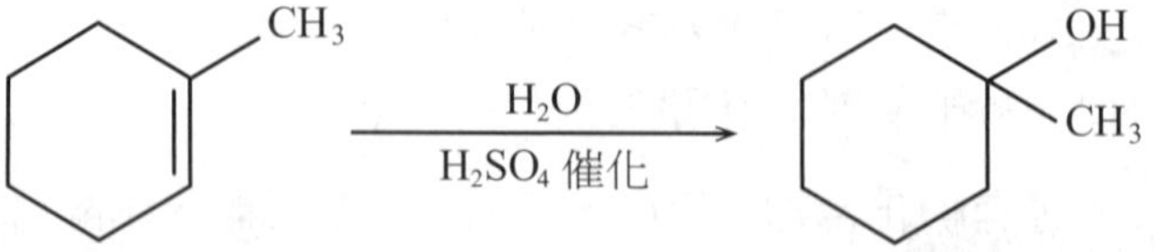

(B) $H_3C-CH=CH_2 + H-Br \longrightarrow H_3C-CH_2-CH_2-Br$

(C)

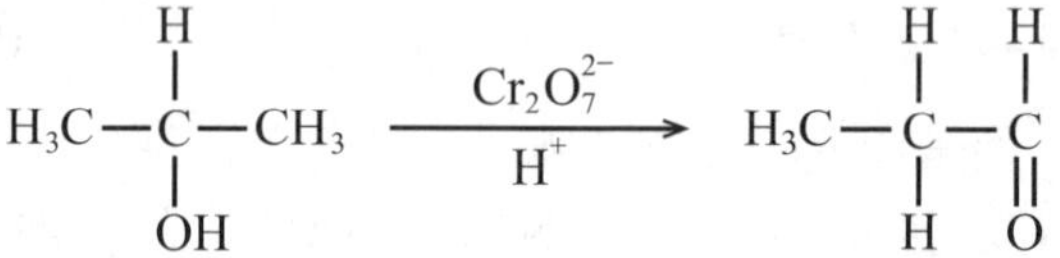

(D) $CH_3CH_2CH_2CH_2-Cl + KOH \xrightarrow{\text{乙醇}} CH_3CH=CHCH_3 + KCl + H_2O$。

( )　18. 在25°C，1atm下，某生於實驗室進行鋅-銅電池製作與放電測試之實驗，下列敘述何者正確？

(A) 製作鋅-銅電池時，需將鋅板浸於0.1M硫酸銅水溶液中

(B) 以銅板作為陽極，進行氧化作用

(C) 當鋅-銅電池放電測試完成後，鋅電極板的重量會減輕

(D) 無論鋅-銅電池放電測試的時間長短，所測得的電池電位皆是恆定不變。

( )　19. 關於物質性質的分類，下列何者全部是屬於物理性質？

(A)比重、酸鹼性、溶解度　　　(B)折射率、酸鹼性、自然性

(C)助燃性、熔點、揮發性　　　(D)沸點、導電性、比熱。

( )　20. 某天然氣樣品只含丙烷和丁烷，基上述混合氣體樣品5.00公克和足量的氧氣完全燃燒後僅生成二氧化碳和水，若生成物中二氧化碳的重量為15.1克，則天然氣樣品中丙烷的重量百分率為多少%？

（原子量：H=1.0，C=12.0，O=16.0）

(A)33.1　　　　(B)42.0　　　　(C)56.8　　　　(D)93.7。

( )　21. 已知分子重為60.00的一莫耳某化合物中，含有二莫耳的X原子，且X原子在此化合物的重量百分率為46.70%，則一莫耳X原子為多少公克？

(A)12.01　　　　(B)14.01　　　　(C)16.00　　　　(D)28.00。

( )　22. 已知$C_2H_5OH_{(1)}$的標準莫耳燃燒熱$\triangle H_c^\circ = -326.7$仟卡/莫耳，且
$C_2H_{4(g)}$、$CO_{2(g)}$和$H_2O_{(1)}$標準莫耳生成熱$\triangle H_f^\circ$分別為12.50、-94.05
和-68.32仟卡/莫耳，則反應：$C_2H_{4(g)} + H_2O_{(1)} \rightarrow C_2H_5OH_{(1)}$的標準反
應熱$\triangle H^\circ$為多少仟卡？

　　　(A)-270.88　　(B)-122.18　　(C)-10.54　　(D)220.15。

( )　23. 有關氧氣與氮氣的敘述，下列何者正確？

　　　(A) 在一大氣壓下，氧氣的沸點高於氮氣的沸點

　　　(B) 氧氣不自然但可助燃，氮氣可自然但不助燃

　　　(C) 常溫常壓下，氮氣易溶於水，而氧氣難溶於水

　　　(D) 在STP下，氧氣的密度比氮氣的密度小。

( )　24. 在STP下，5.6公升的甲烷與乙烷之混合氣體共重6.1公克，則上述混
合氣體中甲烷與乙烷的莫耳數比為何？（假設甲烷與乙烷不會發生
反應，且均是為理想氣體；原子量：H=1.0，C=12.0；氣體常數
R=0.082atm·L/mol·K）

　　　(A)1：2　　(B)1：3　　(C)2：3　　(D)2：1。

( )　25. 有關水中溶氧量（DO）、化學需氧量（COD）與生化需氧化量
（BOD）的敘述，下列何者正確？

　　　(A) 當測得水中COD數值愈大時，表示水中有機物質的汙染愈嚴重

　　　(B) 檢測水中BOD時，是以$KMnO_4$作為氧化劑，來量測水中會被化
　　　　 學方法氧化的有機物含量

　　　(C) 當測得水中BOD數值愈大時，表示其受到有害的無機物質之汙
　　　　 染愈嚴重

　　　(D) 工廠廢水若含有廢熱時，當此廢水排放至溪流中，會造成溪流
　　　　 水中的DO值上升。

( )　26. 有關陰離子定性分析的敘述，下列何者正確？

　　　(A) 在含有$BaCrO_4$沉澱0.1公克的水溶液10毫升中，逐滴滴入10滴
　　　　 3M鹽酸水溶液並充分反應，則$BaCrO_4$沉澱會發生溶解

　　　(B) 在含有$Fe(CN)_6^{3-}$及$Fe(CN)_6^{4-}$混合離子的水溶液中加入$FeCl_3$溶
　　　　 液並充分反應後，會有藍色沉澱生成，但若加入的是$FeSO_4$溶
　　　　 液而非$FeCl_3$溶液，則不會有藍色沉澱生成

(C) 在含有AgSCN及AgI混合沉澱物的水溶液中先加入3M醋酸溶液酸化，皆著加入鋅粉並充分反應後，AgSCN沉澱不溶解，而AgI沉澱可溶解

(D) 以棕色環檢驗法檢測水溶液中的NO_3^-離子，會添加$FeSO_4$及H_2SO_4進行反應，而藉由Fe^{2+}與NO_3^-反應產生的Fe^{3+}與NO兩者進行後續反應，產生$Fe(NO)^+$棕色溶液，可確認NO_3^-離子的存在。

(　) 27. 在相同條件下，甲、乙、丙及丁四人每人皆分析同一試樣水溶液中的氯離子濃度3次，甲得到的測值為2.2、2.4、2.9mg/L，乙得到的測值為2.2、2.5、2.8mg/L，丙得到的測值為2.2、2.6、2.7mg/L，丁得到的測值為2.1、2.7、2.7mg/L，若比較此4組數據的標準偏差，則相對而言，此四人中何人的分析數據具有最差的精密度（precision）？
(A)甲　　　　　(B)乙　　　　　(C)丙　　　　　(D)丁。

(　) 28. 某不含水的樣品重6.40毫克，該樣品僅含有X毫克CaC_2O_4、Y毫克$CaCO_3$及Z毫克CaO混合物，在使用重量分析法進行實驗時，樣品經歷2次重量減少，其第1次在溫度300°C～500°C重量減少0.28毫克。而第2次在溫度600°C～900°C重量減少2.2毫克，則該樣品中X、Y及Z數值的大小為何？（原子量：Ca=40，C=12，O=16）
(A)X＞Y＞Z　　　　　　　　(B)X＞Z＞Y
(C)Y＞X＞Z　　　　　　　　(D)Z＞X＞Y。

(　) 29. 含氯離子的甲、乙、丙三個水溶液試樣，甲水溶液試樣50.0毫升，乙鉻酸鉀為指示劑並以0.012M的硝酸銀標準液滴定，到達滴定終點時用去10.0毫升。以水溶液試樣50.0毫升，加入20.0毫升0.010M的硝酸銀溶液反應完全並濾除氯化銀後，以0.010M的KSCN標準溶液滴定過量的硝酸銀，到達滴定終點時用去5.0毫升。丙水溶液試樣40.0毫升，以二氯螢光黃為指示劑並以0.010M的硝酸銀標準液滴定，到達滴定終點時用去8.0毫升。則前述三個水樣的氯離子體積莫耳濃度大小順序為何？
(A)甲＞乙＞丙　　　　　　　(B)丙＞甲＞乙
(C)乙＞丙＞甲　　　　　　　(D)乙＞甲＞丙。

( )　30. 將某100毫升含鈣離子及鎂離子的水溶液試樣，分裝成體積各為60.0毫升及40.0毫升的兩份水溶液。於60.0毫升水溶液加入緩衝溶液，調控其pH為10，並以染毛色媒黑T（EBT，又稱BT）為指示劑，於滴入40.0毫升0.0500M的乙二胺四乙酸（EDTA）標準液後，到達滴定終點。於40.0毫升水溶液加入緩衝溶液，調控其pH為12，並以羥萘芬蘭（NN）為指示劑，於不含有氨的情況下滴入10.0毫升0.0500M的EDTA標準液後，到達滴定終點。則原100毫升水溶液試樣中鎂離子的毫莫耳數為何？
　　　 (A)1.25　　　　(B)2.08　　　　(C)3.33　　　　(D)3.75。

( )　31. 由濃度為25.0毫克/公升的磷酸二氫鉀標準液，取2.0、4.0、6.0、8.0及10.0毫升分別加入50.0毫升量瓶中，各加入5.0毫升鉬酸氨溶液並混合、靜置數分鐘後，再分別加入5.0毫升還原劑（以亞硫酸氫鈉及對甲胺基酚配製），接著加純水至標線並混合、靜置30分鐘。於完成酚光光度計空白（零點）校正之後，由前述5種配製溶液各取出3.0毫升置入分光光度計比色槽中，在660nm測定吸收度，其讀值分別為0.10、0.20、0.30、0.40以及0.50。若取某樣品10.0毫升，依照前述相同程序所測定的吸收度為0.25，則下列何者為該樣品磷酸二氫鉀的濃度（毫克/公升）？
　　　 (A)12.5　　　　(B)6.25　　　　(C)1.25　　　　(D)0.25。

( )　32. 有關原子光吸收光譜儀（AAS）與誘導耦合電漿原子發射光譜儀（ICP-AES）分析元素總量的比較，下列敘述何者正確？
　　　 (A) 儀器操作時，AAS火焰溫度較ICP-AES電漿溫度高，可有效抑制原子的游離反應
　　　 (B) AAS可以分析金屬及非金屬元素（例如溴、氮及磷）
　　　 (C) ICP-AES儀器操作時，須利用中空陰極管進行金屬元素檢測
　　　 (D) ICP-AES比AAS更容易使難溶性化合物達成較佳的原子化，更適合難溶性化合物的元素分析。

( )　33. 有關氣相層析儀（GC）的敘述，下列何者正確？
　　　 (A) 若偵測器為熱傳導度偵檢器（TCD），則使用氮氣為載體氣體較使用氦氣為載體氣體靈敏度高

(B) 若偵檢器為電子捕獲偵檢器（ECD），則其適用於含鹵素農藥的檢測

(C) 分析管柱的溫度設定值愈高，則所有被分析物的滯留時間都會增加

(D) 增加分析管柱長度，可縮短倍分析物的滯留時間，提升分離效果。

( )　34. 某開瓶使用過的市售酒精溶液已被放置一段時間，今需測定其乙醇的濃度。取該酒精溶液5.00毫升加入純水稀釋成1000毫升，接著取該稀釋液25.0毫升並加入硫酸酸化的0.020M二鉻酸鉀溶液60.0毫升，然後加熱將其中的乙醇完全氧化為乙酸。待其冷卻後，加入0.120M亞鐵離子標準液10.0毫升，則下列何者為該酒精溶液的體積百分率濃度（(乙醇體積／溶液體積)×100%）？（假設乙醇蒸發量可忽略）（乙醇分子量＝46）（純乙醇密度＝0.8公克/毫升）

（主要相關反應式：

$6Fe^{2+}+Cr_2O_7^{2-}+14H^+ \rightarrow 2Cr^{3+}+6Fe^{3+}+7H_2O$ 與

$3C_2H_5OH+2Cr_2O_7^{2-}+16H^+ \rightarrow 4Cr^{3+}+3CH_3COOH+11H_2O$)

(A)81%　　　　(B)75%　　　　(C)69%　　　　(D)63%。

( )　35. 以物質的物理或化學性為基礎，利用光學、電學、磁學等儀器進行定性或定量之分析方法稱為儀器分析，下列敘述何者分類屬於儀器分析法？

(A) 使用滴定管進行氫氧化納標準液滴定位之醋酸溶液濃度之分析實驗

(B) 使用離心機輔助分離第一屬陽離子分析中固體與液體分離之分析實驗

(C) 使用間接Volhard法進行水中氯離子含量分析實驗

(D) 使用原子吸收光譜儀進行中藥之重金屬汙染分析實驗。

( )　36. 以40.0毫升0.5M的醋酸水溶液和60.0毫升0.5M的醋酸鈉水溶液所配製得到的緩衝溶液，再加入下列何者，可使該緩衝溶液具有最佳之緩衝能力？

(A)5.0毫升1.0M的HCl$_{(aq)}$　　　　(B)10.0毫升1.0M的HCl$_{(aq)}$

(C)5.0毫升1.0M的NaOH$_{(aq)}$　　　　(D)10.0毫升1.0M的NaOH$_{(aq)}$。

( )　37. 利用焰色試驗法進行鹼金屬和鹼土金屬的定性分析，觀察火焰的焰色而推知其可能含有的成分，下列敘述何者正確？

(A) 鉀離子所呈現的焰色為淡藍色

(B) 需要透過鈷玻璃才能觀察鈉離子所呈現的焰色

(C) 鈣離子所呈現的焰色為黃綠色

(D) 需重複使用濃鹽酸清洗白金絲，然後置於本生燈氧化焰中加熱，使燃燒能呈現本生燈本來的火焰顏色為止，在進行待測物的焰色試驗。

( )　38. 僅含第一屬陽離子之未知水溶液中，加入3M HCl產生白色沉澱，經過離心並都丟棄橙液，所得白色沉澱物加入熱水能完全溶解，則此為之水溶液最可能含有離子為下列何者？

(A)Ag^+ 　　　　　　　　(B)Pb^{2+}

(C)Hg_2^{2+} 　　　　　　(D)Ag^+和Hg_2^{2+}。

( )　39. 有關陽離子之分離與檢驗的實驗，可利用原試樣溶液或利用先經過第一至第四屬陽離子分離後的水溶液，再進行其他的陽離子分析，下列敘述何者正確？

(A) 第五屬所有陽離子分析皆無適當的沉澱劑，僅能以焰色法檢驗之

(B) 在強鹼條件下，原試樣溶液產生的氣體，若可使潤濕的紅色石蕊試紙呈現藍色，則可確認NH_4^+的存在

(C) 焰色實驗法觀察到綠色火焰代表溶液有鈉離子存在

(D) 焰色試驗法觀察到綠色火焰代表溶液有鉀離子存在。

( )　40. 含共軛雙鍵的芳香烴，例如苯分子（C_6H_6），有關其電子轉移的敘述，下列何者正確？

(A) 苯可吸收可見光，其能量可造成$\sigma \rightarrow \sigma^*$的能階轉移

(B) 苯可吸收可見光，其能量可造成$n \rightarrow \sigma^*$的能階轉移

(C) 苯可吸收可見光，其能量可造成$n \rightarrow \pi^*$的能階轉移

(D) 苯可吸收紫外光，其能量可造成$\pi \rightarrow \pi^*$的能階轉移。

( )　41. 下列關於電磁波的敘述，何者正確？

(A) 吸收紅外光可造成氫原子的1s軌域電子游離

(B) 吸收無線電波可造成水分子之OH鍵的震動能階改變

(C) 吸收紅外光可造成水分子之OH鍵斷裂

(D) 吸收微波可造成水分子的轉動能階改變。

( ) 42. 在逆向液相層析法實驗中，若移動相溶液僅由水與乙醇混合均勻溶液組成，下列由水與乙醇組合之不同體基百分比（水：乙醇）的移動相中，其分析物的滯留時間，何者最短？

(A)20：80 　　　　　　　(B)50：50

(C)70：30 　　　　　　　(D)90：10。

( ) 43. 取無水碳酸鈉x莫耳和無水碳酸氫鈉y莫耳溶解於純水中配製成一待測水溶液，取25毫升此待測水溶液，以0.1M鹽酸標準滴定液滴定時，到達第一滴定終點所需的滴定體積為10毫升，以0.1M鹽酸標準滴定液繼續滴定到達第二滴定終點另需體積30毫升，則無水碳酸鈉和無水碳酸氫鈉之莫耳數比值（x/y）為多少？

(A)1 　　　(B)0.5 　　　(C)0.33 　　　(D)0.2。

( ) 44. 下列關於使用分析器具及藥品的配製，何者正確？

(A) 使用量液管吸取18M濃硫酸27.7毫升，放入1000毫升量瓶中，用量筒取約250毫升純水加入量瓶中，加水置量瓶刻度，均勻混合，以配製1M硫酸水流液

(B) 精秤1.95公克乾燥之$KH(IO_3)_2$，加入約20公克KI，放入500毫升量瓶中，用量筒取約250毫升純水及50毫升1M硫酸水溶液加入量瓶中，使固體完全溶解，加水至量瓶刻度，均勻混合，可配製得碘的水溶液（已知$KH(IO_3)_2$及KI式量分別為390及166）

(C) 在室溫下，秤取0.8公克過錳酸鉀試藥，放入500毫升量瓶中，用量筒取約250毫升純水加入量瓶中，以本生燈加熱量瓶，使過錳酸鉀試藥內的雜質與過錳酸鉀作用而除去，以配製過錳酸鉀標準水溶液

(D) 在室溫下，精秤1.2公克硝酸銀試藥，放入500毫升量瓶中，用量筒取約250毫升0.1M KCl水溶液加入量瓶中，加水至量瓶刻度，均勻混合，以配製硝酸銀標準水溶液。

( )　45. 人體的血液除了可運送氧氣，本身也是一種緩衝溶液，下列緩衝溶液何者最可能是血液之pH值維持在7.4左右？（已知25°C時，$H_2CO_{3(aq)}$和$HCO_3^-{}_{(aq)}$的K_a值分別為4.4×10^{-7}和1.0×10^{-11}）
(A)$Na_2CO_{3(aq)}+NaOH_{(aq)}$　　　(B)$H_2CO_{3(aq)}+HCl_{(aq)}$
(C)$NaHCO_{3(aq)}+Na_2CO_{3(aq)}$　　(D)$H_2CO_{3(aq)}+NaHCO_{3(aq)}$。

( )　46. 在氧化還原反應中，關於氧化劑的敘述，何者有誤？
(A) 反應後，其氧化數會減少的反應物
(B) 本身被還原
(C) 在氧化還原反應中失去電子
(D) 氧化其他反應物。

( )　47. 原子吸收光譜儀其原子化的方法為火焰式以及電熱式兩種，以下關於水焰式原子吸收光譜儀所使用的氣體燃料及助燃劑，何者有最高的火焰溫度？
(A)乙炔及氧氣　　　　　　(B)乙炔及空氣
(C)氫氣及氧氣　　　　　　(D)氫氣及空氣。

( )　48. 反應式$5NaClO_2+4HCl\rightarrow5NaCl+4ClO_2+2H_2O$
含有四種含氯化合物為$NaClO_2$、HCl、$NaCl$和ClO_2，其Cl的氧化數分別為a、b、c和d，則$5a+4b+5c+4d=$？
(A)0　　　　(B)9　　　　(C)11　　　　(D)22。

( )　49. 在25°C下，分別配製$NaCl_{(aq)}$、$Na_3PO_{4(aq)}$、$NaNO_{3(aq)}$和$Na_2SO_{4(aq)}$四種水溶液，重量百分濃度均為0.1%，則何種水溶液中所含鈉離子的體積莫耳濃度（M）最小？
（原子量：Na=23，Cl=35.5，P=31，O=16，N=14，S=32）
(A)$NaCl_{(aq)}$　　　　　　(B)$Na_3PO_{4(aq)}$
(C)$NaNO_{3(aq)}$　　　　　(D)$Na_2SO_{4(aq)}$。

( )　50. 在室溫時，若M、N和Q三種金屬的離子與CrO_4^{2-}離子產生的沉澱物，其$MCrO_4$、$NCrO_4$和Q_2CrO_4的Ksp分別為1.0×10^{-12}、1.0×10^{-14}與3.2×10^{-14}。同溫下，三者在純水中的溶解度分別為S_M、S_N和S_Q，則下列何者正確？
(A)$S_M=S_N$　　　　　　(B)$S_N>S_M$
(C)$S_M>S_N$且$S_Q>S_N$　　(D)$S_M=2S_Q$。

解答與解析

1.**A**　以sp^3混成軌域相互鍵結，故選(A)

2.**B**　極性分子：HF、NO_2、NH_3、SO_2、HCN⇒共5個，故選(B)

3.**A**　(A)敘述正確，選(A)

(B)$k = Ae^{\frac{-Ea}{RT}}$，室溫下（$25°C=298k$）上升$10°C$時

$$\frac{R}{R_0} = \frac{A\, e^{\frac{-Ea}{R \times 308(K)}}}{A\, e^{\frac{-Ea}{R \times 298(K)}}} \cdot \frac{[A]^2[B]^1}{[A]^2[B]^1} = e^{\frac{-Ea}{R}(\frac{1}{308} - \frac{1}{298})} > 0$$，反應速率會上升

(C)$\dfrac{R}{R_0} = \dfrac{k}{k} \dfrac{(2[A])^2(2[B])^1}{([A])^2([B])^1} = 8$

(D)降低活化能，提高反應速率

4.**D**　$XY_{(s)} \rightarrow X^+_{(aq)} + Y^-_{(aq)}$

設$[X^+]=[Y^-]=a(M)$

$K_{sp} = [X^+][Y^-] = 1.82 \times 10^{-10} = a^2$

$\rightarrow a = \sqrt{1.82 \times 10^{-10}} = 1.35 \times 10^{-5}(M)$

$\rightarrow 1.35 \times 10^{-5}(\dfrac{mol}{L}) \times 143.5(g/mol) = 1.94 \times 10^{-3}(g/L)$，故選(D)

5.**C**　(A)同一族元素，第一游離能，隨著原子序增加而減少

(B)同一週期元素，其非金屬性，隨著原子序增加而增加

(C)正確，選(C)

(D)同一族元素，元素組成為金屬單質，其熔點隨原子序增加而遞減

6.**A**　(A)正確，選(A)

(B)紅外光波段，由n_M回到n_L=3能階時所放出

(C)紫外光波段，由n_M回到n_L=1能階時所放出

(D)四條譜線處於可見光波段，由n_M回到n_C=2能階時所放出

7.**C**　$M=DV$

$$濃度 = \frac{100.0(mL) \times 1.84(g/mL) \times 98.0\% \times \dfrac{1}{98.0(g/mol)}}{2000.0(mL) \times \dfrac{1}{1000(mL/L)}} = 0.920(M)$$，故選(C)

8. **B**　$\pi = CBRT = \dfrac{3.60g \cdot \dfrac{1}{180(g/\text{mol})}}{2(L)} \cdot 0.082(atm \cdot L/mol \cdot K) \cdot 298K = 0.244atm$

故選(B)

9. **B**　Ne的電子組態：$1s^2 2s^2 2p^6$，故選(B)

10. **C**

$2A_{(aq)}$	$+$	$B_{(aq)}$	$-$	$C_{(aq)}$	$+$	$D_{(aq)}$
1.00M		2.00M		0M		0M
$-0.8M$		$-0.4M$		$-0.4M$		$-0.4M$
0.2M		1.6M		0.4M		0.4M

$\rightarrow k = \dfrac{[C][D]}{[A]^2[B]} = \dfrac{0.4 \cdot 0.4}{0.2^2 \cdot 1.6} = 2.5$，故選(C)

11. **D**　$^{235}_{92}U + ^1_0n \rightarrow ^{99}_{40}Zr + ^{135}_{52}Te + 2^1_0X \Rightarrow X = $中子，故選(D)

12. **C**　具雙鍵結構的化合物：甲酸、乙酸乙酯、丙醛、丙酮共4個，故選(C)

13. **D**　$Cu_{(s)} + 4NO_3^-{}_{(aq)} + 4H^+{}_{(aq)} \rightarrow Cu(NO_3)_{2(aq)} + 2NO_{2(g)} + 2H_2O_{(l)}$
(A)NO_2的係數是2
(B)$NO_3^-{}_{(aq)}$中N的氧化數是$+5$
(C)NO_3^-做氧化劑
(D)正確，選(D)

14. **A**　(A)正確，選(A)
(B) $HCl_{(aq)}$和$NH_4Cl_{(aq)}$混合不能配製成緩衝溶液
(C) 酸性
(D) 酚酞變色範圍之pH值：$6.4 - 8.2$
　　甲基紅變色範圍之pH值：$4.2 - 6.2 \Rightarrow$甲基紅較合適

15. **B**　甲：液體　　丁：HClO
乙：正確　　戊：正確
丙：正確　　$\Rightarrow$共3個，故選(B)

16. **D**　(A)過渡元素階為金屬
(B)純銅較易被氧化
(C)綠色
(D)正確，故選(D)

17. **A** (A)正確，選(A)

$$\begin{array}{c} \quad\quad Br \\ \quad\quad | \\ (B)H_3C-CH-CH_3 \end{array}$$

$$\begin{array}{c} \quad\quad O \\ \quad\quad \| \\ (C)CH_3-C-CH_3 \end{array}$$

(D)$CH_3CH_2CH_2CH_2-OH$

18. **C** (A)銅板浸於硫酸銅水溶液中　(B)鋅板作為陽極
　　　(C)正確，選(C)　　　　　　　(D)電池電位不會恆定不變

19. **D** (A)酸鹼性為化學性質　　　　(B)酸鹼性，自燃性為化學性質
　　　(C)助燃性為化學性質　　　　(D)皆為物理性質，故選(D)

20. **B** $C_3H_{8(g)}+5O_2 \rightarrow 3CO_{2(g)}+4H_2O_{(l)}$

$2C_4H_{10(g)}+13O_2 \rightarrow 8CO_{2(g)}+10H_2O_{(l)}$

令丙烷的重量百分濃度為X%

$$\frac{5.00(g)\times x\%}{44(g/mol)}\times 3+\frac{5.00(g)\times(100-x)\%}{58(g/mol)}\times\frac{8}{2}=15.1(g)\times\frac{1}{44(g/mol)}$$

$\rightarrow x\%=42.0\%$，故選(B)

21. **B** 令x原子的原子量為a(g/mol)

$$a=\frac{60.00(g/mol)\times 46.70\%}{2}=14.01(g/mol)$$，故選(B)

22. **C**

	$C_2H_5OH_{(l)}$	+	$3O_{2(g)}$	$\rightarrow$	$2CO_{2(g)}$	+	$3H_2O_{(l)}$
燃燒熱	-326.7		0		0		0
生成熱	X				$(-94.05)\times 2$		$(-68.32)\times 3$

$\rightarrow -326.70-0=(-94.05)\times 2+(-68.32)\times 3-x \Rightarrow x=-66.36$仟卡/莫耳

	$C_2H_{4(g)}$	+	$H_2O_{(l)}$	$\rightarrow$	C_2H_5OH
生成熱	12.50		-68.32		-66.36

$\rightarrow \triangle H^\circ=-66.36-(12.50)-(-68.32)=-10.54$仟卡/莫耳，故選(C)

23. **A** (A)氧氣沸點：$-183°C$
　　　　氮氣沸點：$-196°C \rightarrow$故選(A)
　　　(B)氮氣不自燃也不助燃
　　　(C)氮氣難溶於水
　　　(D)氧氣密度：1.429g/L
　　　　氮氣密度：1.251g/L

24. **C** 令乙烷x mol，甲烷：$\dfrac{6.1-30x}{16}$ mol

PV＝nRT → 1(atm)×5.6(L)

$$=(\frac{6.1(g)-30(g/mol)\times x(mol)}{16.0(g/mol)}+x\ mol)\times0.082(atm\cdot L/mol\cdot K)\times273K$$

$$\rightarrow x\doteqdot0.15\ mol$$

→ 莫耳數比：甲烷：乙烷＝0.1：0.15＝2：3，故選(C)

25. **A** (A)正確，選(A)   (B)COD
(C)有機物汙染   (D)下降

26. **A** (A)正確，選(A)
(B) 皆會產生藍色沉澱物（$Fe_4(Fe(CN)_6)_3$）

$$3Fe(CN)_{6(aq)^+}^{4-}+4FeCl_{3(aq)}\rightarrow Fe_4(Fe(CN)_6)_{3(s)}+12Cl^-_{(aq)}$$

$$6Fe(CN)_{6(aq)^+}^{3-}+9FeSO_{4(aq)}\rightarrow2Fe_4(Fe(CN)_6)_{3(s)}+9SO_4^{2-}{}_{(aq)}+Fe_{(s)}$$

(C) AgSCN，AgI皆會參與反應而被消耗掉

$$2AgSCN_{(s)}+Zn_{(s)}+2CH_3COOH_{(aq)}\rightarrow2Ag_{(s)}+Zn(CH_3COO)_{2(s)}+2HSCN_{(l)}$$

$$2AgI_{(s)}+Zn_{(s)}\rightarrow ZnI_{2(s)}+Ag_{(s)}$$

(D) $NO+Fe^{2+}+SO_4^{2-}\rightarrow[Fe(NO)]SO_4$棕色錯合物

27. **A** (A) $(2.2+2.4+2.9)/3=2.5$

$$S=\sqrt{\frac{(-0.3)^2+(0.1)^2+(0.4)^2}{2}}=\sqrt{\frac{0.26}{2}}\Rightarrow選(A)$$

(B) $(2.2+2.5+2.8)/3=2.5$

$$S=\sqrt{\frac{(-0.3)^2+0^2+(0.3)^2}{2}}=\sqrt{\frac{0.18}{2}}$$

(C) $(2.2+2.6+2.7)/3=2.5$

$$S=\sqrt{\frac{(-0.3)^2+(0.1)^2+(0.2)^2}{2}}=\sqrt{\frac{0.14}{2}}$$

(D) $(2.1+2.7+2.7)/3=2.5$

$$S=\sqrt{\frac{(-0.4)^2+(0.2)^2+(0.2)^2}{2}}=\sqrt{\frac{0.24}{2}}$$

28. **C** $CaC_2O_{4(s)}\rightarrow CaCO_{3(s)}+CO_{(g)}$
$CaCO_{3(s)}\rightarrow CaO_{(s)}+CO_{2(g)}$

$$\frac{x}{128}(128-100)=0.28 \rightarrow x=1.28 \text{ mg}$$

$$(\frac{1.28}{128}+\frac{Y}{100})(100-56)=2.2 \rightarrow Y=4.00\text{mg}$$

$$Z=6.40-1.28-4.00=1.12\text{mg}$$

$$\Rightarrow Y>X>Z，故選(C)$$

29.**D**　甲：$50.0(\text{mL})\times a(M)=0.012(M)\times 10.0(\text{mL}) \rightarrow a=0.0024M$

乙：$50.0(\text{mL})\times b(M)=0.010(M)\times 20.0(\text{mL})-0.010(M)\times 5.0(\text{mL}) \rightarrow b=0.003M$

丙：$40.0(\text{mL})\times c(M)=0.010(M)\times 8.0(\text{mL}) \rightarrow c=0.002M$

$\Rightarrow$乙>甲>丙，故選(D)

30.**B**　令水溶液中含x mmol的鎂離子

　　　　　　　y mmol的鈣離子

$$pH=10 \quad (x+y)\times\frac{60.0\text{mL}}{100\text{mL}}=40.0\text{mL}\times 0.0500M \quad \left.\begin{array}{l} \end{array}\right\} \rightarrow \quad x=2.08 \text{ mmol}，故選(B)$$

$$pH=12 \quad y\times\frac{40.0\text{mL}}{100\text{mL}}=10.0\text{mL}\times 0.0500M \rightarrow \quad y=1.25 \text{ mmol}$$

31.**A**　$$\frac{25(\frac{\text{mg}}{\text{L}})\times 10.0\,\text{mL}}{x(\frac{\text{mg}}{\text{L}})\times 10.0\,\text{mL}}=\frac{0.5}{0.25} \rightarrow x=12.5(\frac{\text{mg}}{\text{L}})，故選(A)$$

32.**D**　(A)ICP-AES電漿溫度高

(B) 可分析金屬元素

(C) 樣品經霧化後，所形成之氣膠藉由載流氣體輸送至電漿焰炬，經由無線電頻感應耦合電漿加熱，將各待測元素激發。各激發原子或離子所發射之光譜線，經由光柵分光，得各特定波長之發射譜線與各譜線強度，再由光檢器予以偵測

(D)正確，故選(D)

33.**B**　(A)氦氣靈敏度較高　　　　　　(B)正確，故選(B)

(C)滯留時間下降　　　　　　　(D)會增加被分析物的滯留時間

34.**C**　設原酒精濃度為x%

$$\frac{5.00\text{mL}\times \text{x}\%}{1000\text{mL}}\times 25.0\text{mL}\times 0.8\frac{\text{g}}{\text{mL}}\times\frac{1}{46\text{g/mol}}\times\frac{2}{3}$$

$$=[0.02(M)\times 60(\text{mL})-\frac{0.12M\times 10.0\text{mL}}{6}]\cdot\frac{1}{1000} \rightarrow x=69\%，故選(C)$$

35. **D** (A)(B)(C)是利用光學、電學、磁學等儀器進行定性或定量分析，故不屬於儀器分析法→(D)為儀器分析法，故選(D)

36. **A** 　　　$CH_3COOH_{(aq)}$ ― $CH_3COO^-_{(aq)}$ ＋H^+
　　　40mL×0.5M＝20mmol　　60mL×0.5M＝30mmol
　　　→加入5mmol的H^+可使CH_3COOH：CH_3COO^-莫耳數比＝1：1
　　　→故選(A)

37. **D** (A)黃綠色
(B)鈷玻璃會過濾掉鈉離子的焰色
(C)磚紅色
(D)正確，選(D)

38. **B** $PbCl_2$室溫下為白色固體
加熱後可溶解於水中，故選(B)

39. **B** (A)除了焰色法，亦有其他方法定性陽離子的存在
(B)正確，選(B)
(C)金黃色
(D)紫色

40. **D** 苯可吸收紫外光，使$\pi \rightarrow \pi^*$

41. **D** (A)$\frac{1}{\lambda}=Rn(\frac{1}{n_1^2}-\frac{1}{n_2^2})=1.097\times10^{-2}(nm^{-1})(\frac{1}{1^2}-\frac{1}{\infty^2})\rightarrow\lambda=91.16nm\rightarrow$紫外光
(B)振動能階不會改變
(C)OH鍵不會斷裂
(D)正確，選(D)

42. **A** 逆向液相層析法，極性小的物質會先流出來→極性：水>酒精⇒故選(A)

43. **B** $CO_3^{2-}_{(aq)}+H_2O_{(l)}$―$HCO_3^-_{(aq)}+OH^-_{(aq)}$
$HCO_3^-_{(aq)}+H_2O_{(l)}$―$H_2CO_{3(aq)}+OH^-_{(aq)}$
x mol＝0.1M×10mL→x＝1×10^{-3} mol
$1\times10^{-3}+y\times10^{-3}$＝0.1M×30mL→y＝$2\times10^{-3}$ mol→x：y＝1：2，故選(B)

44. **B** (A)$\dfrac{\dfrac{18M\times x\ mL}{1000}}{1L}$＝1M⇒x＝55.56mL→需秤取55.56mL的18M濃硫酸

(B)正確，選(B)

(C) $KMnO_{4(s)}$常含有些許雜質，故不宜直接量取計算標準溶液中的MnO_4^-的濃度。通常會利用草酸鈉、氧化砷（III）、碘化鉀或鐵金屬來標定其濃度

(D) 量取純水即可，不能取$KCl_{(aq)}$

45. **D**　$HA \rightleftharpoons H^+ + A^-$，$K_a = \dfrac{[H^+][A^-]}{[HA]}$

$$\rightarrow pH = -\log[H^+] = -\log(\dfrac{K_a[HA]}{[A^-]})$$

$$\rightarrow pH = pK_a + \log\dfrac{[A^-]}{[HA]}$$

$H_2CO_{3(aq)} \rightleftharpoons HCO_3^-{}_{(aq)} + [H^+]$

$$pH = 6.35 + \log\dfrac{[HCO_3^-]}{[H_2CO_3]}$$

$HCO_3^-{}_{(aq)} \rightleftharpoons CO_3^{2-}{}_{(aq)} + [H^+]$

$$pH = 11 + \log\dfrac{[CO_3^{2-}]}{[HCO_2^-]} \qquad\qquad \rightarrow 故選(D)$$

46. **C**　得到電子，故選(C)

47. **A**　(A)可達3300°C，選(A)

(C)可達570°C

48. **D**　$NaClO_2$，$a=+3$　　　HCl，$b=-1$　　　$NaCl$，$C=-1$

ClO_2，$d=+4 \rightarrow 5a+4b+5c+4d=22$，故選(D)

49. **C**　(a) $\dfrac{0.1\%}{58.5} \times 1 = \dfrac{0.1\%}{58.5}$　　　　　　(b) $\dfrac{0.1\%}{164} \times 3 = \dfrac{3}{164} \cdot 0.1\%$

(c) $\dfrac{0.1\%}{85} \times 1 = \dfrac{1}{85} \cdot 0.1\%$　　　　(d) $\dfrac{0.1\%}{142} \times 2 = \dfrac{1}{71} \cdot 0.1\%$

$\Rightarrow b > a > d > c$，故選(C)

50. **C**　$MCrO_{4(s)} \rightleftharpoons M^{2+}{}_{(aq)} + CrO_4^{2-}{}_{(aq)}$，$K_{sp} = [M^{2+}][CrO_4^{2-}] = 1.0 \times 10^{-12}$

$([M^{2+}] = [CrO_4^{2-}]) \rightarrow [M^{2+}] = 10^{-6}M$

$NCrO_{4(s)} \rightleftharpoons N^{2+}{}_{(aq)} + CrO_4^{2-}{}_{(aq)}$，$K_{sp} = [N^{2+}][CrO_4^{2-}] = 1.0 \times 10^{-14}$

$([N^{2+}] = [CrO_4^{2-}]) \rightarrow [N^{2+}] = 10^{-7}M$

$Q_2CrO_{4(s)} \rightleftharpoons 2Q^+{}_{(aq)} + CrO_4^{2-}{}_{(aq)}$，$K_{sp} = [Q^+]^2[CrO_4^{2-}] = 3.2 \times 10^{-14}$

$([Q^+] = 2[CrO_4^{2-}]) \rightarrow \dfrac{1}{2}[Q^+]^3 = 3.2 \times 10^{-14} \rightarrow [Q^+] = 4 \times 10^{-5}M$

$\rightarrow S_Q > S_M > S_N$，故選(C)

↘110年台電新進雇用人員甄試

一、填充題

1. 元素 $^{17}_{8}O$ 的中子數為_____。

2. 維生素C的質量百分組成為40.92%碳(C)，4.58%氫(H)，54.50%氧(O)，已知其實驗式中碳有3個，請寫出其實驗式_____。

3. 離子 $Cr_2O_7^{2-}{}_{(aq)}$ 中Cr的氧化數為（應包括正負符號）。

4. 要完全中和20mL之0.25M H_2SO_4 溶液，需要加_____mL的0.5M KOH溶液。

5. 甲烷(CH_4)、四氯化碳(CCl_4)、1,2-二氯乙烷($C_2H_4Cl_2$)、順式-二氯乙烯($C_2H_2Cl_2$)，此四種化合物中極性最強的為_____。

6. 將HCl、葡萄糖、醋酸加入水中，分別配製成(a)0.5mHCl$_{(aq)}$、(b)0.5m葡萄糖(aq)、(c)0.5m醋酸(aq)水溶液，使水的凝固點發生改變，則其凝固點由高到低排列依序為_____。（請以(a)(b)(c)表示）

7. 某清潔劑 $OH^-_{(aq)}$ 濃度為0.001M，則其pH值為_____。

8. 反應的焓變化(ΔH)、熵變化(ΔS)、自由能變化(ΔG)，可能影響反應的速率、平衡、自發性等，請寫出定溫下此三者與溫度(T)間的數學關係式為_____。

9. 將氰化鉀溶液加入硫酸銅(II)溶液中，形成白色沉澱物，若再加入過量氰化鉀溶液，該白色沉澱物將重新溶解形成_____。（請以化學式表示）

10. 用0.05M紫色KMnO$_{4(aq)}$滴定草酸氫鈉NaHC$_2$O$_{4(aq)}$，達當量點時溶液會變粉紅色，請寫出此滴定反應之離子方程式_____。

11. 如圖所示為一安全吸球，裝於吸管上以吸取液體試劑
或樣品，球上有3個閥A、B、C。使用時操作步驟為
排氣、吸液、排液，請問前述步驟對應3個閥之操作順
序，依序為_____。（請以A、B、C表示）

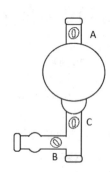

12. 一般大自然淡水之飽和溶氧量約為8ppm，即1kg水中含有_____g溶氧。

13. 氟、氯、溴、碘4種元素之氧化力由強至弱排列為_____。

14. SO2(g)分子為一共振混合體，其鍵級(BondOrder)為_____。

15. 在相同溫度下，甲乙兩密閉容器以閥隔開。甲容器內為氫氣，體積為2公
升，壓力2atm；乙容器內為氧氣，體積為3公升，壓力1atm。今將閥打開使
兩容器相通，平衡後其壓力為_____atm。

16. 石墨為層狀結構，層與層間以_____維繫。

17. 某放射性元素之半衰期為7.5分鐘。今自系統中取樣後15分鐘開始計測，計
測結果該放射性元素之輻射強度為5×10^4 Bq/mL，若忽略計測中之衰變，則
系統中該放射性元素之輻射強度為_____Bq/mL。

18. 取5.4mL濃硫酸(濃度98%、密度1.84g/mL)，倒入純水中稀釋至1000mL，該
稀釋液中硫酸之當量濃度為_____N。（原子量H=1、S=32、O=16，計算
至小數點後第2位，以下四捨五入）

19. 25℃之純水，其酸鹼性為中性，pH值=7。10℃之純水，其酸鹼性仍為中
性，pH值_____7。（請以>、=、<表示）

20. 環烷類的通式為_____。

解答與解析

1. **9**

　質量數減原子序即為中子數

2. **$C_3H_4O_3$**

　將各種類比重除以其原子量得到碳氫氧的個數比，$\dfrac{40.92}{12}:\dfrac{4.58}{1}:\dfrac{54.50}{16}\approx3:4:3$，

　可知實驗式應為$C_3H_4O_3$

3. **+6**

　離子中的氧皆為－2價，經過計算$\dfrac{-2+2\times7}{2}=6$，得鉻的氧化數為+6

4. **20**

　H_2SO_4為雙質子酸，每莫耳可解離出兩個氫離子；KOH只能解離出一個氫氧根離子

　設加入x mL可以中和，得$20\times0.25\times2=x\times0.5\times1\Rightarrow x=20$

5. **順式—二氯乙烯**

　除了順式—二氯乙烯的三個分子均為非極性分子

6. **bca**

　凝固點下降幅度與重量莫耳濃度以及凡特荷夫因子成正比，三者的重量莫耳濃度相等，凡特荷夫因子HCl>葡萄糖>醋酸，因此下降幅度HCl>葡萄糖>醋酸，凝固點大小順序與下降幅度相反，下降越多，凝固點越小

7. **11**

　$pH=14-pOH=14-(-\log0.001)=11$

8. **$\Delta G=\Delta H-T\Delta S$**

9. **$Cu(CN)_4^{2-}{}_{(aq)}$**

　銅離子可以與氰離子形成$Cu(CN)_2$，其難溶於水，但過量的氰離子反而會與銅離子形成$Cu(CN)_4^{2-}$

10. **$2MnO_4^-+5HC_2O_4^-+11H^+\rightarrow2Mn^{2+}+10CO_2+8H_2O$**

　以過錳酸鉀滴定草酸氫鈉，判斷滴定終點為MnO_4^-中的錳無法再被還原，以此判斷草酸氫根使用完畢

11. **ACB**

A為連通球體與大氣的閥，平常為密封狀態，按下後通大氣

B為下方吸量管與大氣的閥，平常為密封狀態，按下後通大氣

C為求體與下方吸量管的閥，平常為密封狀態，按下後兩者相通

正確使用方法為，按壓A並將球體內空氣排出適宜的量；接著按下B吸取液體；需要排液時按下C通大氣，使液體排出

12. **0.008**

ppm為百萬分之一，亦即一公斤物質中含有的毫克數，8ppm代表一公斤的水裡含有8毫克的水

13. **氟、氯、溴、碘**

鹵素的氧化力由週期表上至下依序降低，故排名為氟、氯、溴、碘

14. **1.5**

SO_2主要會在下圖左與右之間共振，平常看到的表示方式常常是中間那種兩個雙鍵的樣式，但實際上占比很低，所以只考慮左右兩種，因此鍵級為1.5

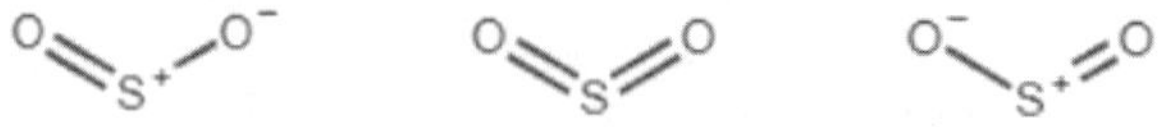

15. **1.4**

氫氣與氧氣不會發生反應，假設為理想氣體

設甲原來含有氣體莫耳數$n_{甲} = \dfrac{PV}{RT} = \dfrac{4}{RT}$

設乙原來含有氣體莫耳數$n_{乙} = \dfrac{PV}{RT} = \dfrac{3}{RT}$

混合後的壓力為$\dfrac{n_{甲} + n_{乙}}{RT} = \dfrac{7}{5} = 1.4$

16. **凡得瓦力**

石墨烯為層狀結構，其層與層之間依靠凡得瓦力相吸

17. **2×10^5**

半衰期白話的意思是變成一半的時間，此題中的放射性元素每過7.5分鐘輻射強度就會剩下一半，15分鐘為兩個半衰期，因此為原來強度的0.25倍，$5 \times 10^4 \div 0.25 = 2 \times 10^5$

18. **0.20**

計算總共硫酸多少莫耳，$5.4 \times 1.84 \times 98\% \div 98 = 0.010$，稀釋至1000毫升後，可以知道莫耳濃度是0.010，而硫酸的當量濃度為莫耳濃度的兩倍，為0.020

19. **>**

水的解離常數隨溫度上升而增加，因此溫度較低的水在中性時解離出來的氫離子比25度時少，pH值>7

20. **C_nH_{2n}**

烷類的通式為C_nH_{2n+2}，而每多一個環碳數少二，因此環烷類通式為C_nH_{2n}

二、問答與計算題

一、已知$E^O_{Zn-Zn2+}=0.76V$；$E^O_{Ag-Ag+}=-0.80V$，**試求：**
  (一)電池Zn－Ag$^+$之ΔE^O值為何？
  (二)若$E^O_{Zn2+-Zn}=0.00V$，則鋅銀電池之ΔE^O值為何？E^O_{Ag+-Ag}值為何？
  (三)增大Zn或Ag電極的面積，ΔE^O將如何改變？
  (四)當電池達平衡狀態時，ΔE之值為何？

答：(一) $\Delta E^{\circ}_{電池}$=陽極氧化電位－陰極氧化電位=0.76－(－0.80)=1.56V
  (二) 改變標準還原電位的定義，但電池的不會因還原電位的標準改變而改變，因此還是1.56V
  $\Delta E^{\circ}_{電池}$=陰極還原電位－陽極還原電位E^O_{Ag+-Ag}＝－0=1.56，所以E^O_{Ag+-Ag}=1.56V
  (三) 電極的面積增大並不影響ΔE^O，因此保持1.56V
  (四) 電池達平衡時，電位差應為0V

二、平衡反應$3O_2(g) \rightleftharpoons 2O_3(g)$ $\Delta H^O=284kJ$，**請回答下列問題：**
  (一)請寫出平衡常數K_C與反應物和產物濃度的數學關係式。
  (二)縮小體積使系統壓力增加，會使平衡向左、向右或是不影響平衡？
  (三)在系統加入O_2使壓力增加，會使平衡向左、向右或是不影響平衡？
  (四)降低系統溫度，會使平衡向左、向右或是不影響平衡？
  (五)添加觸媒使反應加速，會使平衡向左、向右或是不影響平衡？

答：(一) $K_c = \dfrac{[O_3]^2}{[O_2]^3}$

(二) 體積變小壓力增加時，平衡向氣體化學計量較小的方向移動，也就是向右

(三) 加入O_2使O_2起始濃度變高，但O_3的起始濃度沒有改變，因此反應平衡向右

(四) 從反應熱可以看出此反應為吸熱反應，因此降溫會使平衡向左移動

(五) 添加觸媒並不會影響反應平衡

三、 請畫出下列分子之路易士（Lewis）結構式，並寫出 σ 鍵及 π 鍵數目：

(一)$CH_3-C\equiv CH$

(二)CH_3COCH_3

(三)N_2F_2

答：(一) 6個σ鍵；2個π鍵

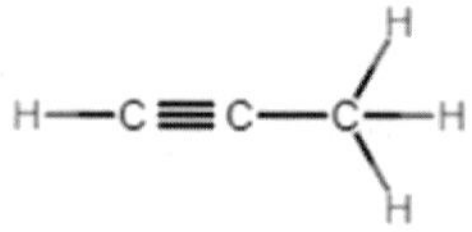

(二) 9個σ鍵；1個π鍵

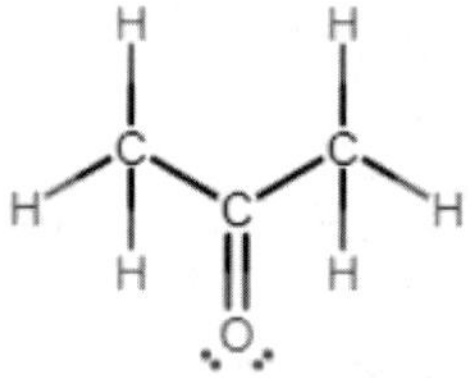

(三) 3個σ鍵；1個π鍵

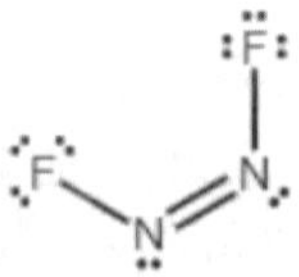

四、 反應2A+B→3C+D的實驗數據如下：

實驗	[A]（初濃度，M）	[B]（初濃度，M）	$\dfrac{-\Delta[A]}{\Delta t}$（M/分）
1	0.2	0.1	100
2	0.4	0.2	800
3	0.4	0.4	1600

(一)請列出此反應之速率定律式。

(二)當[A]=0.2M，[B]=0.3M時，試求$\dfrac{-\Delta[A]}{\Delta t}$之值為何？$\dfrac{-\Delta[D]}{\Delta t}$之值為何？

答： (一) 化合物A起始的減少速率與反應速率成正比，從實驗2,3看出來B濃度加倍時反應速率加倍；結合這個結果再觀察實驗1,2，看出當A濃度加倍時反應速率變為4倍，可以得到$r=k[A]^2[B]$，又因為反應中A的係數為兩倍，經過計算，可以得到$\dfrac{100}{2}=k \times 0.2^2 \Rightarrow k=12500$

　　　　r=12500$[A]^2[B]$M/min

(二) $\dfrac{-\triangle[A]}{\triangle t}=-(-r \times 2)=2r=2 \times 12500 \times 0.2^2 \times 0.3=300$M/min

$\dfrac{\triangle[D]}{\triangle t}=r=12500 \times 0.2^2 \times 0.3=150$M/min

↘110年經濟部所屬事業機構新進職員甄試

( )　1. 血液酒精濃度（BAC）含量可以經由測量呼氣酒精濃度（BrAC）得知，此方法係根據下列何者？
(A)波以耳定律（Boyle's law）　　(B)查理定律（Charle's law）
(C)黑斯定律（Hess's law）　　(D)亨利定律（Henry's law）。

( )　2. 下列關於天然氣的相關敘述，何者有誤？
(A)主成分為丙烷
(B)為易燃性氣體
(C)從國外進口時會先液化以利船運輸送
(D)比重較空氣輕。

( )　3. 下列有關一級反應（first order reaction）的敘述，何者有誤？
(A)半衰期$t_{1/2} = \dfrac{\ln 2}{k}$
(B)$t_{1/2}$愈大，反應速率愈快
(C)放射性物質的衰變現象是一級反應
(D)一級反應的半衰期和反應物濃度無關。

( )　4. 某金屬結構為面心立方單位晶格，晶格邊長為360 pm，該金屬的密度為8.96 g/cm^3，請問該金屬最可能為下列何者？
(A) Cu（63.5）　(B) Ag（108）　(C) Au（197）　(D) Cs（133）。

( )　5. 天然橡膠是由何種單體結合而成的聚合物？
(A)乙烯　　　(B)氯乙烯　　　(C)異戊二烯　　(D)氯丁二烯。

( )　6. 已知硝酸鈉在水中溶解度（100克水）為：60℃下溶解度125克，20℃下溶解度88克，若將60℃之硝酸鈉飽和溶液450克冷卻至20℃時，會析出晶體多少克？
(A) 30　　　(B) 37　　　(C) 74　　　(D) 148。

( )　7. 鉛蓄電池的放電過程反應如下，充電過程則為此反應的逆反應：
$Pb + PbO_2 + 2H_2SO_4 \rightarrow 2PbSO_4 + 2H_2O$，則下列敘述何者正確？
(A)放電過程中Pb是氧化劑
(B)放電過程中PbO_2被氧化

(C)充電過程中$PbSO_4$發生氧化及還原反應

(D)放電過程中硫酸被氧化。

( )　8. 在Cl-F路易士結構中，Cl與F的形式電荷（formalcharge）分別為何？

(A)-1,-1　　　(B)0,0　　　(C)0,-1　　　(D)+1,-1。

( )　9. 依價鍵理論，在$[Ni（CN）_4]^{2-}$錯合物中，其中心金屬混成軌域為何？

(A)sp^3　　　(B)d^2sp　　　(C)dsp^2　　　(D)d^2sp^3。

( )　10. 在定溫時，將3大氣壓氨氣3公升及1大氣壓氯化氫氣體1公升共置於4公升真空容器中，最終壓力為多少大氣壓？

(A)1　　　(B)2　　　(C)2.5　　　(D)3。

( )　11. 週期表第三列元素中A元素具有2個價電子，而B元素具有7個價電子，則A與B所結合成的化合物，下列敘述何者正確？

(A)分子式為A_2B

(B)不具延展性

(C)常溫下為氣體

(D)固、液態不導電，但水溶液具導電性。

( )　12. 下列何者不屬於溫室氣體？

(A)CH_4　　　(B)CO_2　　　(C)O_3　　　(D)SO_2。

( )　13. 測定聚合物之分子量，利用下列何種方法較適當？

(A)測定溶液之滲透壓　　　(B)測定溶液之沸點

(C)測定溶液之密度　　　(D)測定溶液之蒸氣壓。

( )　14. 逆滲透（RO）為現行常見的水純化處理方式之一，若於27℃下對0.2M的NaCl水溶液進行逆滲透處理，至少要施加多大的機械壓力？

(A)0.01atm　　　(B)0.05atm　　　(C)5atm　　　(D)10atm。

( )　15. $^{241}_{94}Pu$衰變成$^{209}_{83}Bi$，總共放射出多少α及β粒子？

(A)9　　　(B)11　　　(C)13　　　(D)15。

( ) 16. $CH_3CHO \rightarrow CH_4 + CO$ 之反應，於定溫定容下，容器內總壓與時間t之實驗數據如下表，請判斷此反應的級數為何？

t	0	10	30	90
總壓	100	150	175	200

(A)0　　　　　(B)1　　　　　(C)2　　　　　(D)3。

( ) 17. 下列敘述何者有誤？
(A)催化劑可改變活化能
(B)催化劑可改變反應機構
(C)催化劑可改變反應速率
(D)催化劑可改變反應平衡狀態。

( ) 18. 某硬水溶液含Ca^{2+}，若取該硬水100mL，使用H^+型陽離子交換樹脂交換水中Ca^{2+}，其流出液以0.1 N NaOH溶液滴定，需12.5mL可達滴定終點，求原硬水溶液中（Ca^{2+}）為若干ppm？（Ca原子量40）
(A)500　　　　(B)250　　　　(C)50　　　　(D)25。

( ) 19. 電解下列各物質水溶液，其電解產物等於電解水者為何？
(A)飽和食鹽水
(B)$Hg（NO_3）_2$
(C)$CuSO_4$
(D)$KAl（SO_4）_2$。

( ) 20. 下列何者金屬與鐵連接後可防止鐵的生鏽？
(A)Ag　　　　(B)Cu　　　　(C)Zn　　　　(D)Au。

( ) 21. 血紅素分子中心金屬原子為何？
(A)Fe　　　　(B)Zn　　　　(C)Mg　　　　(D)Al。

( ) 22. 有甲及乙2種液體，甲液體蒸氣壓為X，乙液體蒸氣壓為Y，且X>Y，混合二液體後發現溶液上蒸氣中含有50%的甲，請問此時溶液中甲液體的莫耳分率為何？
(A)Y/（2X+2Y）
(B)X/（2X+2Y）
(C)X/（X+Y）
(D)Y/（X+Y）。

( ) 23. 下列氣體在同條件下，擴散速率由大到小排列順序，何者正確？
(甲)SF_6　(乙)N_2O　(丙)SO_2　(丁)H_2
(A)甲>丁>丙>乙
(B)乙>甲>丁>丙
(C)丙>乙>甲>丁
(D)丁>乙>丙>甲。

( )　24. 下列何者具有偶極矩（dipolemoment）？

　　　　(A)CO_2　　　　(B)SeO_3　　　　(C)SF_4　　　　(D)XeF_4。

( )　25. 在沸騰的四氯金酸（Chloroauric acid）溶液中迅速加入檸檬酸鈉
　　　　（Sodium citrate），以氧化還原方式製作金奈米粒子，下列敘述何
　　　　者正確？

　　　　(A)檸檬酸鈉作為還原劑，將+2價的金還原為0價

　　　　(B)當固定四氯金酸的量，而將加入檸檬酸鈉的量增加，生成的金
　　　　　　奈米粒子平均粒徑將變小

　　　　(C)若金奈米粒子的粒徑變小，其吸收光波長將有紅位移現象

　　　　(D)因金的密度遠大於水，平均粒徑20奈米的金粒子生成後會迅速
　　　　　　形成紅色沉澱。

( )　26. $SO_2(X)_2$之X-S-X鍵角大小，下列何者最大？

　　　　(A)$SO_2(CH_3)_2$　　　　　　　　　(B)$SO_2(Cl)_2$

　　　　(C)$SO_2(F)_2$　　　　　　　　　　(D)$SO_2(OH)_2$。

( )　27. 下列何者之晶體結構不屬於八面體？

　　　　(A)LiF　　　　(B)MgO　　　　(C)NaCl　　　　(D)ZnS。

( )　28. 下列何者之電子組態有誤？

　　　　(A)Co$[Ar]4s^2 3d^7$　　　　　　　(B)In$[Kr]5s^2 4d^{10} 5p^3$

　　　　(C)Se$[Ar]4s^2 3d^{10} 4p^4$　　　　(D)Y$[Kr]5s^2 4d^1$。

( )　29. 下列何者具有最高游離能？

　　　　(A)B　　　　(B)C　　　　(C)N　　　　(D)O。

( )　30. 氯化銫單位晶格中含陽離子數幾個？

　　　　(A)1個　　　　(B)2個　　　　(C)3個　　　　(D)4個。

( )　31. 具有d^4組態的基態自由離子之項（term）為以下何者？

　　　　(A)^2D　　　　(B)^5D　　　　(C)^3F　　　　(D)^4F。

( )　32. 下列何者之沸點最高？

　　　　(A)HBr　　　　(B)HF　　　　(C)NH_3　　　　(D)H_2S。

( )　33. 下列何者中心原子的混成軌域不是sp^2？

　　　　(A)C_{60}　　　　(B)graphite　　　　(C)HgH_2　　　　(D)NO_3^-。

( )　34. 下列何者分子形狀不是四角錐形？

(A)BrF_5　　　　(B)ICl_5　　　　(C)IF_5　　　　(D)XeF_4。

( )　35. 面心立方體堆積的金屬原子單位晶格中含有多少個粒子？

(A)2個　　　　(B)4個　　　　(C)6個　　　　(D)8個。

( )　36. 下列碳酸鹽化合物何者的分解（decompose）溫度最高？

(A)$BaCO_3$　　　　(B)$CaCO_3$　　　　(C)$MgCO_3$　　　　(D)$SrCO_3$。

( )　37. B_2O_3的晶體結構為平面三角形，其配位數為多少？

(A)2　　　　(B)3　　　　(C)4　　　　(D)6。

( )　38. 下列何者具有最小的晶格能（lattice enthalpy）？

(A)CsI　　　　(B)LiF　　　　(C)LiI　　　　(D)NaF。

( )　39. 第一至第三列過渡元素之敘述何者有誤？

(A)鉻的硬度最大　　　　　　(B)汞的沸點最低

(C)鈧的共價半徑最小　　　　(D)鎢的熔點最高。

( )　40. 下列何者屬於軟鹼（soft base）？

(A)C_2H_4　　　　(B)N_2H_4　　　　(C)R_2O　　　　(D)SO_4^{2-}。

( )　41. 下列敘述何者有誤？

(A)$NaNH_2$在液氨中為鹼　　　　(B)$NaSO_3$在液態SO_2中為鹼

(C)NH_4Cl在液氨中為鹼　　　　(D)$SOCl_2$在液態SO_2中為酸。

( )　42. 下列何者之點群（point group）有誤？

(A)1,5-dibromonaphthalene C_2h　　(B)H_3CCH_3　D_3d

(C)NH_3　C_3v　　　　(D)PF_5　D_3d。

( )　43. XeF_4具有多少孤電子對數（lone pairs）？

(A)0　　　　(B)1　　　　(C)2　　　　(D)3。

( )　44. 下列何者酸性最強？

(A)H_2CO_3　　　　(B)HSO_4^-　　　　(C)H_3PO_4　　　　(D)HNO_2。

( )　45. 下列何者鍵角最小？

(A)AsH_3　　　　(B)NH_3　　　　(C)H_2O　　　　(D)H_2Te。

( )　46. 下列何者水合離子的顏色敘述有誤？
　　　(A)Co^{3+}紅色　　(B)Cr^{2+}藍色　　(C)Mn^{3+}紅色　　(D)V^{3+}綠色。

( )　47. 下列同核雙原子分子何者為順磁性（paramagnetic）？
　　　(A)C_2　　　　　(B)F_2　　　　　(C)Li_2　　　　　(D)O_2。

( )　48. 下列何者不是四面體錯合物？
　　　(A)FeO_4^{2-}　　(B)$GaCl_4^{2-}$　　(C)$PdCl_4^{2-}$　　(D)$ZnCl_4^{2-}$。

( )　49. 下列何者的點群（point group）不是$D\infty h$？
　　　(A)$[Ag(CN)_2]^-$　(B)C_2H_2　　(C)CO_2　　(D)SCO。

( )　50. 下列何者的偶極矩（dipole moment）最大？
　　　(A)NH_3　　　　(B)H_2O　　　　(C)H_2S　　　　(D)SO_2。

解答與解析

1.**D**　(A)定溫下，密閉容器中定量氣體的體積與壓力成反比，也就是說體積越小壓力越大；(B)氣體壓力固定時，氣體體積與溫度成正比，意即壓力固定時，體積越大溫度越高；(C)定壓定容條件下，化合物反應生成產物時，無論途徑為何，反應熱皆相同；(D)定溫下，難溶性或微溶性氣體在液體中的溶解度與氣體在液體上的壓力成正比。血液中的酒精會經由擴散作用到達肺部，可由人體呼出來的氣體以亨利定律推估血液中的酒精濃度。

2.**A**　主要成分為甲烷

3.**B**　半衰期（$t_{1/2}$）越大，表示反應所需的時間越長，速率也就越慢

4.**A**　面心立方每一單位晶格有4個粒子數。$D=\dfrac{M}{V}$，體積V為晶格邊長的3次方，故可知$8.96=\dfrac{\left(\dfrac{X}{6*10^{23}}\right)\times 4}{\left(3.6*10^{-8}\right)^3}$，X=63.5

5.**C**　(A)乙烯聚合物為PE塑膠；(B)氯乙烯聚合物為PVC塑膠；(D)聚合物為CR氯丁橡膠，為人工產物

6.**C**　水=$\dfrac{100}{100+125}\times 450=200g$，硝酸鈉質量=450−200=250g。又，20°C時溶解的硝酸鈉質量=$\dfrac{88}{100}\times 200=176g$，兩者相減=250−176=74g

7.**C**   (A)為還原劑；(B)被還原；(D)硫酸不參與氧化還原

8.**B**   形式電荷計算公式：FC＝（價電子數）－（獨立電子對數）－$\frac{1}{2}$（共用電子對數）

Cl：價電子數=7，獨立電子對數=3，共用電子對數=1。FC=7-3-$\frac{1}{2}$(2)=3

F：價電子數=7，獨立電子對數=3，共用電子對數=1。FC=7-3-$\frac{1}{2}$(2)=3

故Cl－F分子中的形式電荷分別為(B)0,0

9.**C**

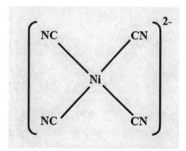

10.**B**   兩者反應會產生氯化銨固體，但在題目條件中，氯化氫足量而氨氣過量，故經計算選(B)

11.**B**   (A)AB$_2$；(C)固態

12.**D**   氣態SO$_2$（二氧化硫）易溶於水，屬大氣汙染物

13.**A**

14.**D** $\pi = iCRT$
π＝滲透壓（atm），i=2，C=莫耳濃度，R=理想氣體常數，T=絕對溫度（K）=27+273.15=300.15K經計算得壓力約為10 atm

15.**C**   α粒子：8個；β粒子5個

16.**C**   反應速率與濃度二次方成正比

17.**D**   催化劑只會加速讓反應達到平衡，無法改變反應狀態與產物性質

18.**B**   NaOH的莫耳數=0.1mol/L×0.0125L
陽離子交換過程中，2H$^+$+2OH$^-$→2H$_2$O

因為每1個Ca^{2+}會釋放2個H^+，所以Ca^{2+}的莫耳數將是NaOH莫耳數的一半，

又$ppm=\dfrac{mg（質量）}{1（體積）}$，經計算得$Ca^{2+}$濃度為250ppm

19. **D**　(A)氯氣與氫氣；(B)氧氣與汞；(C)氧氣與銅

20. **C**　與活性大於鐵的金屬結合可以防止鐵生鏽，故選(C)

21. **A**　血紅素帶有鐵（Fe）原子。

22. **D**　假設甲在溶液中的莫耳分率為n，乙在溶液中的莫耳分率為$1-n$，根據拉午耳定律（Raoult's law），甲的蒸氣壓貢獻$=nX$，乙的蒸氣壓貢獻$=（1-n）$ Y。又，甲和乙的蒸氣壓貢獻相等，$nX=（1-n）Y$，得$n=Y/（X+Y）$

23. **D**　氣體擴散速率可用格雷姆定律（Graham's law）推知。在同溫同壓下，氣體的擴散速率、逸散速率皆與氣體之分子量的平方根成反比，也就是說分子量開根號之後數值越大者擴散速率越慢。甲分子量為146，乙分子量為44，丙分子量為64，丁分子量為2，故答案選(D)

24. **C**　SF_4為非對稱分子，故有偶極矩

25. **B**　(A)+3價；(C)藍位移；(D)懸浮物

26. **A**　$SO_2（CH_3）_2$帶有甲基，具有最大的立體障礙，故鍵角也最大

27. **D**　(D)為四面體結構

28. **B**　$In[Kr]5s^2 4d^{10} 5p^1$

29. **C**　在週期表中，游離能通常隨著原子序的增加而增加，因為原子半徑變小，電子被更緊緊地束縛到原子核。同時，游離能也會隨著原子在週期表中從左到右移動而增加，因為有效核電荷（有效正電荷）的增加。給定的選項B、C、N和O分別代表硼、碳、氮和氧。它們都在週期表的第二週期。從左到右，游離能通常會增加，但是在達到完全填滿或半滿的p軌域時會有所不同，因為這些配置特別穩定。

氮的電子配置是$1s^2 2s^2 2p^3$，它有一個半滿的p軌域，這是一個特別穩定的電子排列。因此，比起碳（$1s^2 2s^2 2p^2$）和氧（$1s^2 2s^2 2p^4$），氮的游離能會更高，因為移除一個電子會破壞這個穩定的半滿p軌域。硼的電子配置是$1s^2 2s^2 2p^1$，它的游離能比碳和氧都低。因此，在這四個選項中，氮具有最高的游離能。

30. **A**　氯化銫屬體心立方（BCC）結構。每個角上的氯離子被共享於鄰近的8個單位晶格，因此每個氯離子只計算1/8。由於立方體有8個角，所以這給我們$8 \times 1/8 = 1$個完整的氯離子。單位晶格的中心完全屬於該單位晶格，因此還有1個完整的銫離子。題目問陽離子（也就是銫離子），故選(A)

31. **B**　根據洪德定則，對於d^4組態，由於有4個未成對電子，總自旋量子數S是2，多重度是2S+1=5。總軌域角動量為2，所以項符號為D，歸納得到答案為(B)

32. **B**　沸點受分子間作用力影響，其中包括氫鍵、偶極－偶極相互作用和倫敦分散力。(A)沒有氫鍵形成；(B)具有氫鍵（強分子作用力），沸點最高(C)形成氫鍵，但稍弱(D)分子間主要通過倫敦分散力相互作用

33. **C**　(C)汞化合物通常涉及d軌域

34. **D**　(D)Xe周圍有4個成鍵電子對和2個孤對電子，根據VSEPR，將形成一個平面正方形

35. **B**　面心立方體的每個角有一個原子，立方體有8個角，但每個角上的原子在相鄰的8個立方體中被共享，所以每個角貢獻1/8個原子到單位晶格。每個面中心有一個原子，立方體有6個面，但每個面中心的原子在相鄰的2個立方體中被共享，所以每個面中心貢獻1/2個原子到單位晶格。因此，原子總數$= 8 \times \dfrac{1}{8} + 6 \times \dfrac{1}{2}$

36. **A**　通常金屬陽離子越大，其對碳酸根的穩定作用越弱，因此所需的分解溫度越低。相反，較小的金屬陽離子有較高的電荷密度，能夠更強地吸引碳酸根，因此分解溫度較高。再將晶體結構納入考量，故選(A)

37. **B**　在此晶體結構中，每個硼原子通常與三個氧原子相連，形成一個平面三角形的結構。這意味著硼原子的配位數，即一個中心原子周圍與之直接相連的原子的數量為3

38. **A**　一般而言：1.離子的電荷越大，晶格能越大，因為電荷越大的離子間的靜電吸引力越強。2.離子的半徑越大，晶格能越小，因為離子間的距離增加，靜電吸引力隨之減弱。(A)具有最大的離子半徑，故有最小的晶格能

39. **C**　在過渡金屬中，隨著原子序的增加，共價半徑通常會變小，故(C)為錯誤敘述

40. **A**　因為具有高密度的碳碳雙鍵

41. **C**　應為酸

42. **BD** 點群描述分子的對稱性。(B)在一般情況下，丙烷分子是非對稱的，並不會有簡單的點群對稱性；(D)應為D_{3h}

43. **C** Xe周圍有4個成鍵電子對和2個孤對電子

44. **B** (A)Ka約為10^{-7}；(B)Ka約為10^{-2}；(C)Ka約為10^{-2}~10^{-3}；(D)Ka約為10^{-3}。(B)Ka最大，酸性最強

45. **D** 鍵角的大小受到中心原子的電子對排斥和所涉及原子的大小的影響。當中心原子有孤對電子時，孤對電子會佔據更多空間，從而將成鍵電子對推得更遠，這導致鍵角減小

46. **A** 橘黃色

47. **D** 順磁性是指分子含有未配對電子。(D)具有最明顯的順磁性

48. **C** (C)為平面結構

49. **D** SCO結構彎曲，不具有$D_{\infty h}$點群的對稱性

50. **B** (A)跟(B)都有偶極矩，但$O-H$電負度差異比$N-H$大，H_2O分子角度也更加彎曲，故選(B)

↘110年四技二專入學測驗

( )　1. 蛋白質是由下列何種物質聚合而成？

(A) $R-\overset{\overset{\displaystyle O}{\|}}{C}-NH_2$

(B) $R-\overset{\overset{\displaystyle O}{\|}}{C}-Cl$

(C) $R-\overset{\overset{\displaystyle H}{|}}{\underset{\underset{\displaystyle NH_2}{|}}{C}}-\overset{\overset{\displaystyle O}{\|}}{C}-OH$

(D) $HO-\overset{\overset{\displaystyle O}{\|}}{C}-(CH_2)_n-\overset{\overset{\displaystyle O}{\|}}{C}-OH$。

( )　2. 下列產品中何者不是由石化原料所製成？
(A)嫘縈　　　(B)耐綸　　　(C)電木　　　(D)保麗龍。

( )　3. 實驗室使用的燒杯、試管常常需要加熱，因此必須使用耐熱性佳的玻璃器皿，何種材質最適合當作耐熱玻璃？
(A)硼玻璃　　　(B)水玻璃　　　(C)鈉玻璃　　　(D)鉛玻璃。

( )　4. 下列水溶液濃度均為0.1M，何者為弱電解質？
(A)氫氧化鈉　　　(B)氨水　　　(C)葡萄糖　　　(D)氯化鈉。

( )　5. 下列水中污染物，何者具有類似生物體內激素的作用？
(A)甲基汞　　　(B)甲醛　　　(C)六價鉻　　　(D)壬基酚。

( )　6. 下列何者為各類燃料電池發電過程的共同產物？
(A)CO_2　　　(B)H_2O　　　(C)O_2　　　(D)H_2。

( )　7. 下列何者為一氧化碳與氧氣反應生成二氧化碳的示意圖？

( )　8. 比較下列各組物種1莫耳的質量，哪一組物種的差異最大？
(A)^{32}S與$^{32}S^{2-}$　　(B)^{23}Na與$^{23}Na^+$　　(C)$^{35}Cl^-$與$^{37}Cl^-$　　(D)^{12}C與^{13}C。

( )　9. 有關鎂帶燃燒反應：$2Mg_{(s)}+O_{2(g)}→2MgO_{(s)}$，下列敘述何者正確？
(A)Mg得到電子還原成Mg^+
(B)O得到電子還原成O^{2-}
(C)MgO中Mg的氧化數為-1
(D)MgO中O的氧化數為+2。

( )　10. 化石燃料的性質中，下列何者與其熱值之關聯性最大？
(A)辛烷值　　　(B)密度　　　(C)比熱　　　(D)含碳量。

( )　11. 下列何者不屬於非法掩埋煉鋼爐渣所可能造成之土壤污染？
(A)高溫污染　　(B)強鹼污染　　(C)戴奧辛污染　　(D)重金屬污染。

( )　12. 目前臺灣所謂「農地種電」是指下列哪一種發電方式？
(A)生質能發電　(B)太陽能發電　(C)水力發電　　(D)風力發電。

( )　13. 下列何者最適合解釋週期表中各種元素其原子內部電子的運動及分佈？
(A)質能互變轉換公式
(B)元素週期定律
(C)量子力學
(D)道耳吞（J.Dalton）原子說。

( )　14. 為減少氟氯碳化物(CFCs)對臭氧層的破壞，應減少此類化合物中何種元素的比例？
(A)Cl　　　　　(B)F　　　　　(C)C　　　　　(D)H。

( )　15. 下列何者與一次性化學電池的種類無關？
(A)電池陰極及陽極的材質
(B)電池內之電解液
(C)電池陰陽極與正負極之對應關係
(D)電池電壓大小。

( )　16. 下列敘述何者錯誤？
(A)濃硫酸可用於薑黃蛋白反應
(B)多倫試劑可與葡萄糖反應
(C)斐林試劑可將果糖氧化
(D)碘試液可用於檢測澱粉。

( )　17. 故宮的毛公鼎是西周晚期的青銅器，請問青銅是添加何種金屬的銅合金？
(A)鋅　　　(B)錫　　　(C)金　　　(D)鎳。

( )　18. 已知某碳氫化合物之熱值為36kJ/g，且0.25莫耳該化合物完全燃燒後可產生77公克CO_2及36公克H_2O，則該化合物之莫耳燃燒熱為若干kJ/mol？(原子量：H=1，C=12，O=16)
(A)7200　　　(B)4800　　　(C)3600　　　(D)1800。

( )　19. 下列有關聚合物的敘述，何者正確？
(A)澱粉是β-葡萄糖所組成的聚合物，纖維素是葡萄糖所組成的聚合物
(B)乳糖是葡萄糖與半乳糖的聚合物
(C)蠶絲是胺基酸的聚合物
(D)耐綸（Nylon）是己二酸與乙二醇的聚合物。

( )　20. 25℃下，下列水溶液中鈉離子的濃度何者為46ppm？
（原子量：C=12，O=16，Na=23）
(A)每1毫升含有0.046毫克碳酸鈉的水溶液
(B)每1毫升含有106毫克碳酸鈉的水溶液
(C)每1公升含有0.106公克碳酸鈉的水溶液
(D)每1公升含有0.212公克碳酸鈉的水溶液。

( )　21. 某一醇類化合物其分子量為46，實驗式為C_2H_6O，該化合物為下列何者？
（原子量：H=1，C=12，O=16）
(A)CH_3COOH　　　　　(B)CH_3CH_2OH
(C)CH_3OCH_3　　　　　(D)$HO(CH_2)_4OH$。

( )　22. 下列有關氫氧化鈉的敘述，何者正確？
(A)氫氧化鈉結晶的結構中，Na與O以共價鍵結合
(B)25℃下，$1\times10^{-9}M$的氫氧化鈉水溶液，pH=5
(C)Na和H的價電子數均為1，O的價電子數為6
(D)氫氧化鈉難溶於水，易溶於酒精。

( )　23.胃藥的種類繁多，其中制酸劑常用於中和胃酸，此種胃藥可能含有下列哪種成分？
(A)CH_3CH_2OH
(B)$HOCH_2CH_2OH$
(C)$Al(OH)_3$
(D)CH_3COOH。

( )　24.磁浮列車是利用車上的超導體設備，使列車懸浮於軌道上，下列有關超導體的敘述何者錯誤？
(A)溫度低於超導轉變溫度(T_C)時才具有超導特性
(B)超導體具有零電阻性質
(C)超導體具有順磁性
(D)超導體有傳統超導體和高溫超導體兩種。

( )　25.甲：碳酸鈣加熱之氣體產物；乙：電解水之陰極產物；丙：MnO_2以為觸媒，加熱$KClO_4$之氣體產物；丁：液態空氣分餾先汽化之產物；戊：碳酸氫鈉加熱之氣體產物。若欲製造尿素$[CO_2+2NH_3 \rightarrow CO(NH_2)_2+H_2O]$，則下列程序何者最適當？
(A)甲、乙產生之氣體先反應，產物再與丁反應
(B)乙、丙產生之氣體先反應，產物再與戊反應
(C)甲、丁產生之氣體先反應，產物再與丙反應
(D)乙、丁產生之氣體先反應，產物再與甲反應。

解答與解析

1.**C**　(A)醯胺類官能基；(B)醯氯類官能基；(C)有氨基與羧基，是胺基酸，為組成蛋白質的主要成分；(D)二羧酸類

2.**A**　嫘縈由植物棉加工製成

3.**A**　(B)水玻璃雖耐熱但耐鹼與耐水性差，不適合作為容器；(C)受熱之後容易破裂；(D)耐酸性差

4.**B**　(A)強電解質；(C)非電解質；(D)氯化鈉水溶液為強電解質

5.**D**　(A)主要影響為神經毒性；(B)主要影響為肝臟毒性；(C)具有腐蝕性

6.**B** 在燃料電池的氧化還原反應中，水為唯一產物，其餘氣體與所選用的燃料有關

7.**A** 一氧化碳為CO，氧氣為O_2，還需考量係數的平衡故選(A)

8.**C** 化學元素左上為質量數，右上符號為電子的增減。電子的質量很小，增減不影響質量，故通過質量數可得答案為(C)

9.**B** (A)失去電子屬於氧化(C)+2(D)−2

10.**D** 熱值的定義為「一單位數量的燃料完全燃燒時產生的熱量」，故選(D)。(A)抗爆震程度；(B)一單位體積下物體的質量；(C)表示物體吸熱或散熱的能力

11.**A** 煉鋼爐渣已經過冷卻，但富含化學汙染物，處理不易，故常有非法掩埋之情事發生

12.**B** (C)需要大量水資源，農地不符合條件；(D)多在海岸邊

13.**C** (A)闡述能量與質量之間互相轉換的關係；(B)歸納性質相似的元素；(C)道耳吞的原子說：1.原子為組成物質的基本粒子，無法再被分割2.同一元素的原子具有相同的質量和性質3.不同元素原子的質量與性質也不同4.發生化學變化時，原子間重新排列組合，但種類及數目不變

14.**A** 氯為危害臭氧層最主要的元素

15.**C** (C)陰陽極與正負極之對應關係與電子移動方向有關

16.**A** (A)薑黃蛋白反應：帶苯環的蛋白質與濃硝酸加熱反應出現黃色的產物

17.**B** 黃銅：鋅銅合金。白銅：鎳銅合金。紅銅：純銅，又稱紫銅。

18.**C** $CO_2=44$，$H_2O=18$，由題目可得該碳氫化合物之實驗式為C_7H_{16}，其分子量為100。1莫耳該化合物有100g，該化合物之莫耳燃燒熱為3600KJ/mol。

19.**C** (A)澱粉：$\alpha-$葡萄糖；纖維素：$\beta-$葡萄糖

20.**C** ppm的定義為百萬分之一，因此該水溶液內有46mg的鈉離子，也就是0.002莫耳。碳酸鈉為Na_2CO_3，分子量為106，1單位解離時會產生2單位的鈉離子，故選(C)

21.**B** (A)乙酸(C)二甲醚(D)雖為醇類，分子量為90，實驗式為$C_4H_{10}O_2$

22. **C**　(A)以離子鍵結合；(B)氫氧化鈉為鹼性，其水溶液pH值會大於7；(D)易溶於水，難溶於酒精

23. **C**　制酸劑多含碳酸氫鈉、鎂、鋁、鈣等鹼性物質以達中和胃酸之效，故選(C)

24. **C**　超導體兩個顯著的特徵為零電阻與完全抗磁性，故(C)為錯誤敘述

25. **D**　甲：二氧化碳。乙：氫氣。丙：氧氣。丁：氮氣。戊：二氧化碳。尿素的製備需要氨與二氧化碳，故先將乙、丁反應後，再與甲反應。

↘111年台糖新進工員甄試

一、選擇題

( )　1. 現代的網路數據傳送速率(datarate)是以「每秒位元數（bps：bitpersecond）」為單位，若數據傳送速率為1Gbps，則代表每秒可傳送多少位元數？
(A)1×10^{3}　　(B)1×10^{5}　　(C)1×10^{7}　　(D)1×10^{9}。

( )　2. 由實驗結果得知，一油滴帶有4.83×10^{-18}庫倫(C)的總電荷，則此油滴約含有幾個帶電荷的粒子？（亞佛加厥常數＝6.022×10^{23}，法拉第常數F＝96500C/mol）
(A)20　　(B)30　　(C)200　　(D)300。

( )　3. 在相同的溫度與壓力下，有相同體積的理想氣體氧氣與未知試樣氣體A，已知氧氣重1.425g而A重1.250g，若A為碳氫化合物C_xH_y，則下列何者為A？（原子量：H＝1.0，C＝12.0，O＝16.0）
(A)CH_4　　(B)C_2H_2　　(C)C_2H_4　　(D)C_3H_6。

( )　4. 已知有A、B兩瓶濃度分別為0.75M與3.00M的硫酸試劑，若在不許再添加水的情形下，要配製0.120L的1.50M硫酸溶液，則須由A、B兩瓶各取多少L？
(A)A：0.10L、B：0.02L　　(B)A：0.08L、B：0.04L
(C)A：0.06L、B：0.06L　　(D)A：0.04L、B：0.08L。

( )　5. 假設X、Y、Z三種元素，它們的原子序依順次加1，且知X可形成安定的X^-離子，Z可形成安定的Z^+離子，有關此三元素，下列敘述何者錯誤？
(A)中性原子Y比中性原子X多1個電子，但比中性原子Z少1個電子
(B)Y可能為惰性氣體
(C)X^-離子和Z^+離子各有與中性原子Y相同的電子數
(D)X、Y、Z是週期表中的同族元素。

( )　6. 將1.0g的非揮發性非電解質溶質A加入100g的純水中，測得水溶液的凝固點為-0.32℃；另將57.0g的蔗糖($C_{12}H_{22}O_{11}$)加入500g的純水

中，測得水溶液的凝固點為-0.62℃，則A的分子量為多少g/mol？
（原子量：H＝1.0，C＝12.0，O＝16.0）
(A)52　　　　　　(B)58　　　　　　(C)66　　　　　　(D)82。

(　) 7. 某些有機化合物雖有相同分子式，但結構並不相同，性質也有差異，稱為同分異構物（isomer），而異構物可區分為多種類型。有關異構物的敘述，下列何者正確？
(A)戊烷（C_5H_{12}）共有五種結構（structural）異構物
(B)丙酮與丙醛（分子式均為C_3H_6O）是屬於構型（conformational）異構物
(C)1-氯丙烯（1-chloro-1-propene,C_3H_5Cl）具有順、反式幾何（geometric）異構物
(D)CH_2ClBr分子因為沒有可互相成為鏡像的分子，不是光學（optical）異構物。

(　) 8. 在27℃時，某生欲以滲透壓實驗決定一蛋白質的未知分子量，其將2.25×10^{-3}g的蛋白質溶於純水中，形成體積為1.50mL的水溶液，實驗測得該蛋白質水溶液的滲透壓為1.14mmHg，則該蛋白質的分子量為多少g/mol？（氣體常數R＝0.082atm·L·mol^{-1}·K^{-1}，該蛋白質為非揮發性的非電解質）
(A)1.23×10^4　　(B)2.46×10^4　　(C)3.69×10^4　　(D)4.92×10^4。

(　) 9. 在測定反應物A與B的反應速率方程式的三次實驗中，如【表1】所示，已知A與B在下列三次不同濃度時的反應速率R，有關該反應的反應速率方程式與速率常數值k，下列何者正確？
(A)R=k$[A]^2$[B]、k=1.64×10^{-3}　　　(B)R=k[A][B]、k=2.30×10^{-5}
(C)R=k[A]$[B]^2$、k=1.00×10^{-3}　　　(D)R=k$[A]^2$$[B]^2$、k=$7.13 \times 10^{-4}$。

實驗	[A]（mol·dm^{-3}）	[B]（mol·dm^{-3}）	R（mol·dm^{-3}·s^{-1}）
1	1.4×10^{-2}	2.3×10^{-2}	7.40×10^{-9}
2	2.8×10^{-2}	4.6×10^{-2}	5.92×10^{-8}
3	2.8×10^{-1}	4.6×10^{-2}	5.92×10^{-6}

【表1】

( )　10. 液態苯的完全燃燒反應方程式如【表2】所示。當該反應在25℃及定容下進行時，反應所引起的能量變化為-3266kJ/mol。若該反應在同溫但改為定壓下進行，則反應之標準莫耳燃燒熱$\triangle H_c°$約為多少kJ/mol？（氣體常數R=8.314J·mol^{-1}·K^{-1}）
　　(A)-3262　　　(B)-3266　　　(C)-3270　　　(D)-6982。

$$C_6H_{6(1)}+(15/2)O_{2(g)}\rightarrow 6CO_{2(g)}+3H_2O_{(1)}$$
【表2】

( )　11. 純矽原子間以共價鍵的形式存在，因缺少自由電子使純矽的導電性極差，若在純矽中加入少許下列何種元素可以得到P型半導體？
　　(A)B　　　　(B)Ge　　　　(C)Te　　　　(D)Sb。

( )　12. 電解高濃度的食鹽水溶液，在陰極可以得到？
　　(A)Na(s)　　　　　　　　　　(B)NaOH(aq)＋H_2(g)
　　(C)O_2(g)　　　　　　　　　　(D)Cl_2(g)。

( )　13. 10升的水中含有0.10毫克的鉛，假設溶液的比重為1.0，則鉛的濃度為多少ppb？
　　(A)0.010　　　(B)0.10　　　(C)1.0　　　(D)10。

( )　14. 有關現代週期表，下列敘述何者正確？
　　(A)依原子量的週期函數排列　　　(B)共分為7週期、18族
　　(C)第一族有2個元素　　　　　　(D)第三週期有18個元素。

( )　15. 下列何者為離子化合物所具有的特性？
　　(A)常態下通常為液體　　　　　　(B)呈固態時具有延展性
　　(C)呈液態時不導電　　　　　　　(D)熔點及沸點均很高。

( )　16. 一氧化還原反應方程式：$aCr2O^{2-}+bI-+cH^+\rightarrow dCr^{3+}+eI_2+fH_2O$，若各平衡係數為最小整數，則各平衡係數的總和為何？
　　(A)28　　　(B)29　　　(C)32　　　(D)33。

( )　17. 以1法拉第的電量電解熔融的氧化鋁(Al_2O_3)，理論上可以析出鋁多少克？（原子量：Al=27）
　　(A)4.5　　　(B)9.0　　　(C)27　　　(D)54。

( )　18. 有關主族元素，下列敘述何者正確？
　　　　(A)鹼金屬的活性：Li＞Na＞K＞Rb
　　　　(B)鹼土金屬氫氧化物的鹼性：$Be(OH)_2$＞$Mg(OH)_2$＞$Ca(OH)_2$＞
　　　　　$Sr(OH)_2$
　　　　(C)鹵素的活性：F_2＞Cl_2＞Br_2＞I_2
　　　　(D)氫鹵酸的酸性：HF＞HCl＞HBr＞HI。

( )　19. 在同溫同壓下，下列何者氣體的密度最大？
　　　　(A)H_2　　　　(B)He　　　　(C)O_3　　　　(D)CO_2。

( )　20. 有關原子構造中質子、中子及電子，下列敘述何者正確？
　　　　(A)發現的先後順序依序為電子、中子、質子
　　　　(B)質量大小：質子＞中子＞電子
　　　　(C)所有原子核一定由質子與中子組成
　　　　(D)中性原子的質子和電子的數目相等。

( )　21. 某化合物含有40.9%的碳、4.6%的氫以及54.5%的氧，則其實驗式式
　　　　量為何？
　　　　(A)60　　　　(B)72　　　　(C)80　　　　(D)88。

( )　22. 已知氫氣、甲烷、甲醇及丙烷的莫耳燃燒熱分別為-68、-208、-174
　　　　及-526kcal/mol，則單位質量熱值的大小順序為下列何者？
　　　　(A)氫氣＞丙烷＞甲烷＞甲醇　　　(B)氫氣＞甲烷＞丙烷＞甲醇
　　　　(C)丙烷＞甲烷＞甲醇＞氫氣　　　(D)甲烷＞丙烷＞甲醇＞氫氣。

( )　23. 原子序13的元素A和原子序8的元素B化合時，生成的化合物其化學
　　　　式為下列何者？
　　　　(A)A_2B　　　　(B)AB_2　　　　(C)A_2B_3　　　　(D)A_3B_2。

( )　24. 已知在25℃時Ag_2CO_3的溶解度為0.032g/L，則其溶度積（Ksp）為
　　　　何？（原子量：Ag＝108）
　　　　(A)1.0×10^{-3}　　(B)1.3×10^{-4}　　(C)1.3×10^{-8}　　(D)6.2×10^{-12}。

( )　25. 乙酸與異戊醇在濃硫酸催化下反應生成有香蕉味的乙酸異戊酯，今使
　　　　用15克乙酸與25克異戊醇反應生成酯類13克，則此反應產率為何？
　　　　(A)32%　　　　(B)36%　　　　(C)40%　　　　(D)50%。

二、複選題

( )　26. 依據有效數字的定義，一個數值可用指數式和非指數式加以表示，
如：$2.24 \times 10^4 = 22400 \pm 100$，下列數值的表示關係，哪些為正確？
(A)$80.10 \pm 0.01 = 8.01 \times 10^1$　　　(B)$0.0062 \pm 0.0001 = 6.2 \times 10^{-3}$
(C)$1.83 \times 10^{-4} = 0.000183 \pm 0.000001$　(D)$8.5 \times 10^4 = 85000 \pm 100$。

( )　27. 當下列反應都已經達到平衡後，如果將平衡系統的壓力降低，依據
勒沙特列原理，有哪些反應會朝向生成物的方向進行？
(A)$H_{2(g)} + I_{2(g)} \rightleftarrows 2HI_{(g)}$　　　(B)$CaCO_{3(s)} \rightleftarrows CaO_{(s)} + CO2_{(g)}$
(C)$2NO_{2(g)} \rightleftarrows N_2O_{4(g)}$　　　(D)$C_{(s)} + CO_{2(g)} \rightleftarrows 2CO_{(g)}$。

( )　28. 將下列各組的二種水溶液互相均勻混合，每一種水溶液的體積均為
10mL，在各組混合溶液中，最終存在的金屬陽離子莫耳數，有哪
些組會相等？（假設體積變化可忽略不計）
(A)0.2MAgNO$_3$+0.2MHCl　　　(B)0.1MAgNO$_3$+0.2MKCN
(C)0.2MBaCl$_2$+0.3MZnSO$_4$　　(D)0.1MFeCl$_3$+0.3MNaOH。

( )　29. 已知H_2和I_2在反應溫度430℃下可以生成HI，反應方程式如【表
3】所示，假設反應開始時，H_2、I_2和HI的濃度分別為0.00587M、
0.00408M和0.0236M，且該反應在此溫度下的平衡常數值為54.3，
則下列敘述何者正確？（$\sqrt{0.25} = 0.5$）
(A)反應開始時，反應商數<平衡常數
(B)H_2的平衡濃度約為0.00454M
(C)I_2的平衡濃度約為0.00275M
(D)HI的平衡濃度約為0.0249M。

$$H_{2(g)} + I_{2(g)} \rightleftarrows 2HI_{(g))}$$

【表3】

( )　30. 物質變化可分為物理變化及化學變化，下列何者屬於物理變化？
(A)食鹽溶於水　(B)苯汽化　　(C)甲烷燃燒　　(D)碘的昇華。

( )　31. 下列何者可以是理想氣體常數的單位？
(A)mmHg·L/(mol·K)　　　(B)W/(mol·K)
(C)erg/(mol·K)　　　(D)cal/(mol·K)。

( )　32. 有些物質為電子的良好導體，有些則為絕緣體，而物質的狀態也會
影響導電度，請問下列物質中哪些會導電？

(A)硝酸鉀（熔融狀態）　　　　(B)氯化鈉（固體）
(C)葡萄糖（水溶液）　　　　　(D)氫氧化鈉（水溶液）。

( )　33. 有關陰極射線，下列敘述何者正確？
(A)陰極射線由陰極射出往陽極飛行
(B)陰極射線可受電場偏轉
(C)陰極射線可受磁場偏轉
(D)陰極射線其荷質比隨陰極板種類而異。

( )　34. 下列含氧酸的陰離子中，何者是-2價？
(A)碳酸根　　(B)硫酸根　　(C)磷酸根　　(D)亞硫酸根。

( )　35. 有關催化劑對化學反應效應，下列敘述何者正確？
(A)改變反應熱　　　　　　　(B)改變反應機構
(C)改變反應速率常數　　　　(D)改變反應活化錯合體。

( )　36. 下列哪些分子為具極性共價鍵的非極性分子？
(A)CO_2　　　(B)BF_3　　　(C)NF_3　　　(D)CCl_4。

( )　37. 反應方程式為a $A_{(g)}$＋b $B_{(g)}$→c $C_{(g)}$＋d $D_{(g)}$，其反應速率定律式可以表示成$R＝k[A]^m[B]^n$，有關反應速率定律式，下列敘述何者正確？
(A)m和n分別為A和B的反應級數
(B)m和n與反應方程式的係數有關
(C)m和n可以是整數或是分數，但不得為零
(D)m+n為反應的總級數。

( )　38. 自然界的氯有兩種同位素：^{35}Cl與^{37}Cl，若氯的平均原子量為35.5，下列敘述何者正確？
(A)^{35}Cl與^{37}Cl在自然界中之含量比為3：1
(B)^{35}Cl與^{37}Cl兩者物理性質相同
(C)^{35}Cl與^{37}Cl兩者的中子數相同
(D)^{35}Cl與^{37}Cl兩者的核電荷數相同。

( )　39. 有關乙酸及甲酸甲酯兩種化合物，下列敘述何者正確？
(A)兩者實驗式相同　　　　　(B)兩者分子式相同
(C)兩者結構式相同　　　　　(D)兩者是同分異構物。

( ) 40. 有關大氣污染物中，碳的氧化物及氮的氧化物對生態環境的影響，下列敘述何者正確？
(A)CO：造成酸雨
(B)CO_2：引起溫室效應
(C)NO：破壞臭氧層
(D)NO_2：形成光化學煙霧。

解答與解析

一、單選題

1. **D** $1Gbps=1000000000bps=1 \times 10^9$ bps

2. **B** $4.83 \times 10^{-18} C \div \left(96500 \dfrac{C}{mol}\right) \times \left(6.022 \times 10^{23} \dfrac{個}{mol}\right) = \dfrac{4.83 \times 6.022}{9.65} \times 10^1 \approx 30$

3. **C** 同溫同壓同體積的理想氣體，其重量比等於其分子量比，所以1425：1250= 32：(12x+y)⇒32：(12x+y)=57：50⇒(12x+y)≈28，故選C

4. **B** 假設從A取aL，B取bL，可得 $\begin{cases} a+b=0.12 \\ \dfrac{0.75a+3b}{0.12}=1.5 \end{cases} \Rightarrow \begin{cases} a+b=0.12 \\ 0.25a+b=0.06 \end{cases} \Rightarrow \begin{cases} a=0.08 \\ b=0.04 \end{cases}$

5. **D** 週期表主族的元素在同週期的情況下，右邊的會比左邊的更容易形成穩定的陰離子，左邊的比右邊的容易形成穩定陽離子。故原子序較小的X可以形成負一價的離子，而原子序大二的Z反而可以形成穩定的正一價離子，可以推測XYZ橫跨了兩個週期，分別為鹵素、惰性氣體、鹼金族。

6. **B** 相同溶劑的情況下，凝固點下降幅度與重量莫耳濃度成正比，假設A的分子量為m得 $\dfrac{57 \div 342}{0.5} : \dfrac{1 \div a}{0.1} = 0.62:0.32 \Rightarrow \dfrac{3.1}{a} : \dfrac{18.24}{342} \Rightarrow a \approx 58$

7. **C** (A)戊烷只有三種異構物；(B)丙酮與丙醛為結構異構物；(D)CH_2ClBr也存在鏡像分子，只是與原本的可通過旋轉重合，確實不存在鏡像異構物

8. **B** 假設蛋白質分子量為m，透過滲透壓公式可以得到 $\dfrac{1.14}{760} = 1 \times \dfrac{2.25 \times 10^{-3} \div m}{1.5 \times 10^{-3}} \times 0.082 \times 300 \approx 24600$

9. **A** 從實驗2和3可以觀察出，當B的濃度不變，A濃度變10倍時，反應速率變100倍，可以推測出與反應速率與$[A_2]$；再經由實驗1和2觀察，當A濃度變2

倍，B濃度變2倍時，反應速率變8倍，從前面的結果可以推測出當A濃度變2倍，B濃度不變時反應速率應該是4倍，所以可以知道B濃度加倍，反應速率加倍，得知反應速率與[B]成正比，故選(A)

10. **C**　在定壓過程中需要額外考慮PV功，反應前氣體莫耳數為7.5，反應後變成6，因為是定溫過程，$\triangle PV=\triangle nRT=-1.5\times8.314\times298\approx-3716\approx-4k$，$-3266+(-4)=-3270$

11. **A**　P型半導體一般來說是在矽裡面參雜三價元素，只有(A)為三價，故選(A)

12. **A**　陰極發生還原反應，食鹽水中會產生的陽離子有鈉離子和氫離子，其中氫離子比較容易發生還原，故會產生氫氣，而剩下不容易氧化還原的氫氧根離子和鈉離子會以氫氧化鈉水溶液的形式存在

13. **D**　ppb的涵義為十億分之一，也就是10^{-9}因為比重為1，所以10公升水溶液的重量為10公斤，濃度為$\dfrac{0.1}{10000000}=1\times10^{-8}=10\times10^{-9}$

14. **B**　(A)現行週期表依原子序排列；(C)第一族有6個元素；(D)第三週期有八個元素

15. **D**　離子化合物通常有熔沸點高、硬度高、液態可導電等特性

16. **D**　反應式為：$Cr_2O_7^{2-}+6I^-+14H^+\rightarrow2Cr^{3+}+3I_2+7H_2O$

17. **B**　$Al^{3+}+3e^-\rightarrow Al$，一莫耳的鋁離子需要三莫耳的電子才能還原，因此一法拉第的電量只能還原三分之一莫耳的鋁，$27\div3=9$

18. **C**　(A)鹼金族活性由上至下遞增，相反；(B)鹼土金族越往下，其氫氧化物鹼性越強，相反；(D)應為

19. **C**　理想上，同溫同壓下應該會有相同的莫耳數，密度又是質量除以體積，體積相同的情況下，質量越大密度越大，因此分子量越大的氣體會有越大的密度，氫氣分子量為2；氦為4；臭氧為48；二氧化碳為44，故選(C)

20. **D**　(A)應為電子、質子、中子；(B)應為中子、質子、電子；(C)氫原子核即沒有中子

21. **D**　將各種類比重除以其原子量得到碳氫氧的個數比，$\dfrac{40.9}{12}:\dfrac{4.6}{1}:\dfrac{54.5}{16}\approx3:4:3$，可知簡式應為$C_3H_4O_3$，分子量為88的正整數倍，故選(D)

22. **B** 已知莫耳燃燒熱，單位質量燃燒熱比較需要再分別除以其分子量，故氫氣、甲烷、甲醇、丙烷的單位質量莫耳燃燒熱比為 $\frac{-68}{2}:\frac{-208}{16}:\frac{-174}{32}:\frac{-526}{44}$

= $-34.0：-13.0：-5.4：-12.0$，比較大小不考慮負號的情況下應選(B)

23. **C** 原子序13為鋁；8為氧，較常見的化合物為Al_2O_3和AlO，故選(C)

24. **D** 先計算莫耳濃度，$s=\frac{0.032}{276}\approx1.16\times10^{-4}$

其解離反應式為$Ag_2CO_{3(s)}\rightleftharpoons 2Ag^+_{(aq)}+CO^{2-}_{3(aq)}$，因此$K_{sp}=(2s)^2s=4s_3$再考慮數量級故選(D)

25. **C** 此反應反應式為$C_2H_4O_2+C_5H_{12}O\rightleftharpoons C_7H_{14}O_2$。各化合物莫耳數別是：

乙酸：$\frac{15}{60}=0.25$

異戊醇：$\frac{25}{88}=0.28$

乙酸異戊酯：$\frac{13}{130}=0.10$

乙酸為限量試劑，理論產量應為0.25莫耳，實際產量為0.10莫耳，產率為

$\frac{0.10}{0.25}=0.4$

二、複選題

26. **BC**
指數表示的最後一位換為非指數表示時會以包含誤差的形式表示，因此(A)應該是$80.10\pm0.01=8.010\times10^1$；(D)$8.5\times10^4=85000\pm1000$

27. **BD**
根據勒沙特列原理，壓力降低會使平衡向氣體化學計量較大的方向移動

28. **CD**
(A)銀離子會與氯離子產生$AgCl$沉澱，溶液中僅含少量金屬陽離子；(B)銀離子與氰離子產生$AgCN$沉澱，溶液中僅含少量銀離子與0.05M鉀離子；(C)鋇離子與硫酸根形成$BaSO_4$沉澱，溶液中僅含少量鋇離子與0.15M鋅離子；(D)鐵離子與氫氧根離子形成$Fe(OH)_3$沉澱，溶液中只存在0.15M鈉離子。選(C)(D)

29. **ABC**

$Q = \dfrac{0.0236^2}{0.00587 \times 0.00408} \approx 23.26 < 54.3$，(A)正確

假設平衡時HI增加$2x$的濃度，$54.3 = \dfrac{(0.0236 + 2x)^2}{(0.00587 - x)(0.00408 - x)}$，$x \approx 0.00131$

，H_2平衡濃度約為0.00456M，I_2平衡濃度約為0.00277M，HI平衡濃度約為
0.0262M，(B)(C)正確

30. **ABD**

燃燒屬於化學變化

31. **ACD**

32. **AD**

(A)離子化合物的熔融態可導電；(B)離子化合物固態不可導電；(C)不含電解質
的水溶液不導電；(D)電解質水溶液可導電

33. **ABC**

(D)陰極射線測定的荷質比是墊子的荷質比，其不受陰極板種類影響

34. **ABD**

(C)磷酸根為-3價

35. **BCD**

反應熱只與起始物和生成物的狀態有關，與路徑無關，催化劑不影響

36. **ABD**

(A)分子形狀為線性，且中心原子兩端結構一樣，因此沒有極性，但炭與氧之間
的鍵結具有極性
(B)分子形狀為正三角形，且以中心原子為對稱中心，因此沒有極性，但硼和氯
之間的鍵結具有極性
(C)分子形狀為四面體（非正四面體），為極性分子
(D)分子形狀為正四面體，且以中心原子為對稱中心，因此沒有極性，但碳和氯
之間的鍵結具有極性

37. **AD**

(B)與反應方程式的係數無關；(C)m、n也可能為0

38. **AD**

(A)假設^{35}Cl占比x，^{37}Cl占比y，$\begin{cases} x+y=1 \\ 35x+37y=35.5 \end{cases} \Rightarrow \begin{cases} x=0.75 \\ y=0.25 \end{cases}$，比例為3：1

(B)同位素的物理性質不相同

(C)(D)同位素電子數相同，質子數相同，中子數不同，荷電數相同

39. **ABD**

(1)乙酸和甲酸甲酯的實驗式為CH_2O；(2)乙酸和甲酸甲酯的分子式皆為$C_2H_4O_2$；(4)有相同的分子式，兩者為同分異構物

40. **BCD**

一氧化碳主要對生物健康造成影響

三、非選題

一、在溫度25℃下，將濃度為0.10M的$AgNO_3$水溶液10.0mL與濃度為0.20M的25.0mLBaCl2水溶液相互混合，充分攪拌後，AgCl完全沉澱。假設AgCl完全不溶於水，請回答下列問題：（原子量：N＝14.0，O＝16.0，Cl＝35.5，Ag＝108.0，Ba＝137.3）

(一)可獲得多少公克的AgCl沉澱？

(二)混合溶液中，最終各種離子的濃度分別為多少M？

答： (一) 計算銀離子與氯離子的莫耳數：

Ag$^+$：0.10×0.0100=0.0010

Cl$^-$：0.20×0.0250×2=0.010

銀離子為限量試劑，共可得0.001莫耳的氯化銀，重量(108+35.5)×0.0010=0.14克

(二) 除了沉澱的氯化銀外皆離子態存在，因此算出各離子莫耳數在除以溶液總體積可以得到濃度

Ag$^+$：由上題可知，銀離子完全形成氯化銀，故濃度為0M

NO$_3$：$\dfrac{0.0010}{0.0100+0.0250} \approx 0.029$

Ba^{2+}：$\dfrac{0.20 \times 0.0250}{0.0100+0.0250} \approx 0.14$

Cl$^-$：$\dfrac{0.010-0.0010}{0.0100+0.0250} \approx 0.3$

二、強酸及強鹼在水中幾乎完全解離，但弱酸及弱鹼在水中只能部分解離，未解離的酸或鹼可與其相對應的離子間達成解離平衡，請回答下列問題：

(一)已知醋酸在25℃下的酸解離常數Ka＝2.0×10^{-5}，則0.050M的醋酸水溶液的氫離子濃度及解離度 α 分別為何？

(二)承第(一)小題，若取40毫升0.050M的醋酸水溶液加入10毫升0.10M醋酸鈉水溶液，則該緩衝溶液的氫離子濃度為何？

答： (一) $K_a = \dfrac{\left[H^+\right]\left[CHCOO^-\right]}{\left[CHCOOH\right]}$

	CHCOOH	CHCOO$^-$	H$^+$
起始	0.050	0	10^{-7}
平衡	0.050－x	x	10^{-7}+x

$2.0 \times 10^{-5} = \dfrac{\left(x + 10^{-7}\right)(x)}{0.050 - x}$ ，x≈0.00099

氫離子濃度約為0.00099M

解離度：$\dfrac{0.00099}{0.050} = 2.0\%$

(二) 配置緩衝的情況下，可以快速地由弱酸以及其鹽類的初始濃度計算出其氫離子濃度

$\left[H^+\right] = \dfrac{Ka[CHCOOH]_{初始}}{[CHCOOH^-]_{初始}} = \dfrac{2.0 \times 10^{-5} \times 0.050}{0.10} = 1.0 \times 10^{-5}$

⬇️111年台灣菸酒從業評價職位人員甄試

一、有關氫原子光譜之能階，請回答下列問題：

(一)當電子在氫原子不同能階(n)中躍動時，電子會吸收或放出能量，過程伴隨相對應之光譜產生，各能階上電子的能量(E)，若設定當n＝∞時能量為0，則$E=-2.179 \times 10^{-18}/n^2$J。計算一電子由n＝4降回至n＝1時，所放出輻射光的頻率ν(1/s)與波長λ(nm)分別為多少？（普朗克常數h＝6.626×10^{-34}J·s，光速C＝3×10^8m/s）

(二)承第(一)小題，能量E等式中的數值2.179×10^{-18}稱為什麼常數？又式中的「－」代表何種物理意義？

(三)承第(一)小題，所發出的光譜屬於何種系列及位於哪一個光區？

(四)當電子由n＝4降回至n＝2時，所發出的光譜屬於何種系列及位於哪一個光區？

答：

(一) $\Delta E = -2.179 \times 10^{-18} \times \left(\dfrac{1}{1^2} - \dfrac{1}{4^2} \right) = -2.179 \times 10^{-18} \times \dfrac{15}{16} = -2.043 \times 10^{-18}$

$$v = \frac{-\Delta E}{h} = \frac{2.043 \times 10^{-18}}{6.626 \times 10^{-34}} = 3.083 \times 10^{15}$$

$$\lambda = \frac{c}{v} = \frac{3 \times 10^8 \times 10^9}{3.083 \times 10^{15}} = 97.31$$

(二) 雷德堡常數（Rydberg constant）；能量降低

(三) 從n大於等於2的越遷至n等於1的稱為萊曼（Lyman）系列，萊曼系列均位於紫外光區

(四) 從n大於等於3的越遷至n等於2的稱為巴耳末（Balmer）系列，巴耳末系列的光區不同，從n小於等於8的位置躍遷的會位於可見光區

二、已知有一電化學電池，在溫度為25℃時，其電池符號可表示為： $Fe|Fe^{2+}(1M)$ $\|Co^{2+}(1M)|Co$，而且兩個半反應的標準還原電位分別為：

$Fe^{2+}_{(aq)} + 2e^- \rightarrow Fe_{(s)}$　　$E^O = -0.44V$

$Co^{2+}_{(aq)} + 2e^- \rightarrow Co_{(s)}$　　$E^O = -0.28V$

有關電化學電池，請回答下列問題：

(一)寫出此電化學電池的全反應並求其電位為多少伏特(V)？

(二)承第(一)小題，求出全反應的平衡常數K_c值及自由能變化量$\Delta G°$（kJ/mol）各為多少？（K_c可以10^{xxx}的方式表示答案，法拉第常數F＝96500J·V^{-1}·mol^{-1}）

(三)若[Co^{2+}]＝0.15M、[Fe^{2+}]＝0.75M，則反應的電位為多少伏特(V)？（log5=0.699）

(四)如何判斷電池反應在標準狀態下是否為一自發反應？

答：(一) $Fe+Co^{2+}\rightarrow Fe^{2+}+Co$

E°電池＝陰極還原電位－陽極還原電位＝－0.28－（－0.44)=1.13

$E=E°-\dfrac{0.0591}{2}\log\dfrac{1}{1}=1.13$

(二) 由能斯特方程式可以知道在平衡時以下等式會成立$E=E°-\dfrac{0.0591}{2}\log K_c$

由於平衡時E＝0，可以得到$K_c=10^{38.2}$

$\Delta G=-nFE°=-2\times96500\times1.13\approx-218kJ$

(三) $E=E°-\dfrac{0.0591}{2}\log\dfrac{0.75}{0.15}=1.13-\dfrac{0.0591}{2}\times0.699=1.11$

(四) 依靠E的值，若為正則自發；負則否

三、有關離子間的沉澱反應和離子分離，請回答下列問題：

(一)寫出如何以$HCl_{(aq)}$、$NH_4OH_{(aq)}$、$NaOH_{(aq)}$等試劑分離出混合溶液中的Ag^+、Cu^{2+}、Zn^{2+}、Fe^{3+}等四種離子的順序方法。

(二)一混合溶液中含有各為0.1M之Ag^+、Cu^+、Ca^{2+}、Fe^{2+}等四種離子，先加入2MNaBr於混合溶液中，產生沉澱A；過濾後，加入硫化物溶液於濾液中，產生黑色沉澱物B；再將沉澱物過濾，於濾液中加入2M碳酸鈉溶液，生成沉澱C。請問A、B、C各為何種沉澱物？

(三)將0.5L的2.0×10^{-3}M$AlCl_3$水溶液與0.5L的4.0×10^{-2}MNaOH水溶液，在25℃下充分混合，並以水將溶液體積稀釋至1000L，依計算結果說明是否有$Al(OH)_3$固體沉澱物產生？（25℃，Ksp，$Al(OH)_3$＝5.00×10^{-33}）

(四)將數滴鉻酸鉀指示劑加入10.0mL的NaCl水溶液中，再以0.1M硝酸銀水溶液滴定之，當滴定體積達8.0mL時，溶液呈現紅色，求NaCl水溶液中，每L含有多少g的Cl^-？（原子量；Cl＝35.5）

答：(一) 加入鹽酸使銀離子生成氯化銀沉澱，將氯化銀過濾取出；再加入大量氫氧化鈉水溶液，會生氫氧化鐵和氫氧化銅沉澱，以及$[Zn(OH)_4]^{2-}$，過濾後得氫氧化鐵和氫氧化銅；再將氫氧化鐵和氫氧化銅混合固體加入氨水，氫氧化銅會形成銅氨絡合物，可溶於水，固體剩下氫氧化鐵，過濾即可將兩者分離

(二) 溴離子會與銀離子和亞銅離子產生沉澱，所以A為溴化銀和溴化亞銅；剩下的亞鐵離子和鈣離子中，亞鐵離子會與硫化物形成硫化亞鐵沉澱，B為硫化亞鐵；鈣離子會與碳酸根產生碳酸鈣沉澱，C為碳酸鈣

(三) 先計算鋁離子與氫氧根離子的總莫耳數

Al^{3+}：$2.0 \times 10^{-3} \times 0.5 = 1 \times 10^{-3}$

OH^-：$4.0 \times 10^{-2} \times 0.5 = 2 \times 10^{-2}$

假設完全沒有發生沉澱，$[Al^3][OH^-]^3 = 8 \times 10^{-9} > 5.00 \times 10^{-33}$

(四) 此滴定一開始會產生白色的氯化銀沉澱，當溶液中的氯離子消耗殆盡，銀離子開始會與鉻酸根產生紅色沉澱，依靠出現紅色沉澱來判斷達到滴定終點。因此滴定終點應該是加入的銀離子等於測定品中氯離子的時候。

加入銀離子莫耳數為：$0.1 \times 0.0080 = 0.00080$，因此測定品中氯離子的莫耳濃度應為：$\dfrac{0.00080}{0.0100} = 0.080$，可得一公升測定品中含有

$0.080 \times 35.5 \approx 2.8$克氯離子

四、 已知有兩個體積固定的密閉容器A與B，中間以一個可以忽略體積的連通管相連接，且管中間有一個關閉的活栓隔開。容器A的內體積為50mL，內有壓力為190mmHg的SO_2與O_2混合氣體，且O_2的莫耳百分比為60%。容器A與B的溫度各為17℃與388℃，且都維持不變。有關理想氣體，請回答下列問題，未列出計算過程者不予計分：

(一)容器A內，O_2與SO_2氣體的均方根速度（U_{rms}）比值（即U_{rms}，O_2/U_{rms}，SO_2）為多少？

(二)容器A內，每1mL含有多少個O_2分子？（亞佛加厥常數＝6.022×10^{23}）

(三)將連通管間的活栓打開，使SO_2與O_2混合氣體快速進入原為真空的容器B內，當與容器A的壓力相等時，關閉活栓，容器B的壓力為120mmHg，則

容器B的內體積為多少mL？（連通管及活栓的體積可忽略不計；過程中，SO_2與O_2不會反應）

(四) 容器B內的SO_2與O_2氣體，在關閉活栓後，因為內有可忽略體積的催化劑而發生反應，產生SO_3，反應後容器的壓力為108mmHg，則容器B內有多少莫耳百分比的SO_2於反應中消耗掉？（原子量：O＝16.0，S＝32.0，氣體常數R＝0.082atm·L·mol^{-1}·K^{-1}）

答： (一) 所求為：$\dfrac{U_{rms,O_2}}{U_{rms,SO_2}}=\dfrac{\sqrt{\dfrac{3PV}{n_{O_2}M_{O_2}}}}{\sqrt{\dfrac{3PV}{n_{SO_2}M_{SO_2}}}}=\sqrt{\dfrac{n_{SO_2}M_{SO_2}}{n_{O_2}M_{O_2}}}=\sqrt{\dfrac{0.4n_{all}M_{SO_2}}{0.6n_{all}M_{O_2}}}=\sqrt{\dfrac{0.4\times64}{0.6\times32}}$

≈1.15

(二) 先計算總共有多少氣體分子，$n=\dfrac{PV}{RT}=\dfrac{\dfrac{190}{760}\times0.050}{0.082\times290}=0.00052$，又已知氧占其中的60%，所以總共有0.00052×0.6=0.00031的氧分子，題目求的是單位體積中的含量，再除以體積$\dfrac{0.00031}{50}=0.0000062$

(三) 設A容器中的莫耳變化量為

$\Delta n=\dfrac{(PV)_{末}-(PV)_{初}}{RT}=\dfrac{\dfrac{120}{760}\times0.050-\dfrac{190}{760}\times0.050}{0.082\times290}=-0.00019$，A容器中減少的莫耳數盡數轉移到B容器中，所以B容器最後含有0.00019莫耳的氣體，B容器的體積為$\dfrac{0.00019\times0.082\times661}{\dfrac{120}{760}}=0.065$公升，相當於65毫升

(四) 反應式為$SO_2+\dfrac{1}{2}O_2\rightarrow SO_3$，每一分子的$SO_2$反應會讓總分子數下降0.5假設反應前B容器中的$SO_2$莫耳數為x，從題幹可以知道$O_2$為1.5x，再假設反應掉的$SO_2$莫耳數為xy可以得到$\dfrac{(x-xy+1.5x-0.5xy+xy)}{(x+1.5x)}=\dfrac{108}{120}$

$\Rightarrow\dfrac{2.5-0.5y}{2.5}=\dfrac{108}{120}\Rightarrow y=0.5$，消耗掉的莫耳百分比為$\dfrac{0.5x}{x}=50\%$

⬛111年經濟部所屬事業機構新進職員甄試

( )　1. 下列哪一個金屬原子或離子的半徑最大？
　　　　(A)Ca　　　　　　(B)Mg^{2+}　　　　　(C)Zn^{2+}　　　　　(D)Mn。

( )　2. 甲、乙、丙三個容器，分別裝有理想氣體A、B、C，甲—乙、乙—
　　　　丙間互相連通，並有活栓可控制開關。原始狀態各活栓為關閉，各
　　　　容器內的氣體壓力及體積如下：
　　　　甲：2.00atm，3.00L
　　　　乙：8.00atm，4.00L
　　　　丙：5.00atm，5.00L
　　　　定溫下，將各活栓打開，假設三種氣體互不反應，當容器內氣體達
　　　　到平衡後，若忽略各活栓的體積，則容器內的壓力應變為多少大氣
　　　　壓（atm）？
　　　　(A)1.25　　　　　(B)4.80　　　　　(C)5.25　　　　　(D)6.50。

( )　3. 咖啡因（Caffeine）分子內之各種原子質量占比分別為C=49.48%，
　　　　H=5.15%，N=28.87%，O=16.49%。已知咖啡因之分子量為194.2，
　　　　請推測其分子式，下列何者正確？
　　　　(A)$C_4H_5N_2O$　　(B)$C_8H_{10}N_4O_2$　　(C)$C_6H_8N_2O$　　(D)$C_8H_{10}N_4O$。

( )　4. 在溫度27℃、一大氣壓下，將20.0g的$MgCO_3$（分子量=84）加入
　　　　500mL的純水中。經充分攪拌，並靜置一段時間後，取出上層澄
　　　　清液，測得其滲透壓為112mmHg。試問在一大氣壓、27℃時，
　　　　$MgCO_3$的溶度積常數（Ksp）最接近下列哪一個數值？
　　　　(A)3.0×10^{-3}　　(B)1.0×10^{-3}　　(C)9.0×10^{-6}　　(D)3.0×10^{-6}。

( )　5. 下列哪一個氧化物無法和氧氣反應？
　　　　(A)SO_3　　　　　(B)N_2O　　　　　(C)As_2O_3　　　　　(D)P_4O_6。

( )　6. $HCl_{(g)}$分解產生$H_{2(g)}$和$Cl_{2(g)}$之反應式為$2HCl_{(g)} \leftrightarrow H_{2(g)}+Cl_{2(g)}$，於500℃
　　　　的平衡常數（Kc）為0.01。將5.0莫耳$HCl_{(g)}$放入溫度為500℃的容
　　　　器中，當反應達到平衡時，若容器體積不變，則$HCl_{(g)}$的分解百分
　　　　率(%)最接近下列何者？
　　　　(A)1.7　　　　　(B)2.1　　　　　(C)4.3　　　　　(D)8.6。

(　)　7. 下列有關反應熱及物質能量轉換的敘述何者正確？
　　　(A)一莫耳的純物質由液體汽化為氣體所需的熱量，少於其由氣體凝結為液體所放出的熱量
　　　(B)有一化學反應，其生成物的莫耳生成熱比反應物的莫耳生成熱小，則此反應為吸熱反應
　　　(C)二氧化碳的莫耳汽化熱等於乾冰的莫耳昇華熱
　　　(D)二氧化碳的莫耳生成熱等於石墨的莫耳燃燒熱。

(　)　8. 某碳氫化合物10.0g，經完全燃燒後產生30.8g二氧化碳，下列何者為此化合物之分子式？
　　　(A)CH_4　　　　(B)C_2H_6　　　　(C)C_7H_{16}　　　　(D)C_3H_8。

(　)　9. 在標準狀態下，已知Zn-Ag電池電壓為1.56V，Zn-Cu電池電壓為1.10V。若指定$Cu^{2+}_{(aq)}+2e^-→Cu_{(s)}$的電位為參考點（$E^0$=0.00V），則$Ag^+_{(aq)}+e^-→Ag_{(s)}$之$E^0$為多少伏特(V)？
　　　(A)0.23　　　　(B)0.46　　　　(C)0.80　　　　(D)1.10。

(　)　10. 下列何者最接近$1.00×10^{-2}$M的$H_2SO_{4(aq)}$之pH值？
　　　$H_2SO_{4(aq)}↔H^+_{(aq)}+HSO_{4-(aq)}$　　　　K_{a1}極大
　　　$HSO_{4-(aq)}↔H^+(aq)+SO_4^{2-}_{(aq)}$　　　　$K_{a2}=1.2×10^{-2}$
　　　(A)1.50　　　　(B)1.84　　　　(C)1.92　　　　(D)2.00。

(　)　11. 硫代硫酸鈉（$Na_2S_2O_3$）可去除水中殘餘的氯，其化學反應如下所示（反應係數未平衡）。若有1莫耳硫代硫酸鈉完全反應，請問該反應之電子轉移數為多少莫耳？
　　　$Na_2S_2O_3+b\ Cl_2+c\ H_2O→d\ NaHSO_4+e\ HCl$
　　　(A)8　　　　(B)6　　　　(C)4　　　　(D)2。

(　)　12. 在定容反應器中灌入氣體X與Y各1莫耳，反應產生氣體Z，3種氣體視為理想氣體。反應後溫度不變，測得混合氣體的總莫耳數為1.5莫耳，且X、Y、Z三種氣體的分壓比為6：5：4。已知該反應的化學反應式為aX+bY→cZ，則反應式中的係數a、b、c，下列何者正確？
　　　(A)a=1、b=2、c=3　　　　　　(B)a=4、b=5、c=6
　　　(C)a=6、b=5、c=4　　　　　　(D)a=4、b=5、c=4。

( )　13. 下列化合物何者沸點最高？

(A)CH_3CH_2OH　　(B)CH_3COOH　　(C)CH_3CHO　　(D)CH_3CONH_2。

( )　14. 反應$H_{2(g)}+I_{2(g)} \leftrightarrow 2HI_{(g)}$於密閉系統中進行，若所有的氣體均符合理想氣體的條件，於反應達平衡後加入少量的$Ar_{(g)}$，且系統之溫度與體積維持不變，則下列敘述何者正確？

(A)加入$Ar_{(g)}$後，各反應物的濃度不變

(B)加入$Ar_{(g)}$後，達到平衡時會產生更多的$HI_{(g)}$

(C)反應會向左進行而達到平衡

(D)反應的平衡常數會變大。

( )　15. 鈉、鎂及鋁三種物質的第n游離能分別為1090.3、346.6及434.2kcal/mol。試問n為多少？

(A)n=1　　　　(B)n=2　　　　(C)n=3　　　　(D)n=4。

( )　16. 鎳鎘電池反應如下，若一電池經使用一段時間後，消耗了8.0g的鎘。今以5.0A（安培）的電流為之進行充電，試問理論上至少約需多少分鐘始能完成充電（已知鎘的原子量為112.4，1法拉第=96,500庫侖）？

$Cd+NiO_2+2H_2O \rightarrow Cd(OH)_2+Ni(OH)_2$

(A)23　　　　　(B)36　　　　　(C)46　　　　　(D)72。

( )　17. 在溫度25℃下，濃度均為0.1M的下列五種物質的水溶液，若將pH值由低至高排列，請問下列排序何者正確（CH_3COOH之$Ka=1.8 \times 10^{-5}$，NH_3之$Kb=1.8 \times 10^{-5}$）？

①NH_3　　　　②NH_4Cl　　　　③CH_3COOH　　　④CH_3COONa

⑤CH_3COONH_4

(A)②③⑤①④　　(B)③②④⑤①　　(C)②③④①⑤　　(D)③②⑤④①。

( )　18. 若壓力不變情況下，溫度由27℃升高為627℃時，理想氣體分子間的平均距離會增為原來的多少倍？

(A)1.01　　　　(B)1.44　　　　(C)2.85　　　　(D)3.00。

( )　19. 根據下列化學鍵鍵能，請計算$N_{2(g)}+F_{2(g)} \rightarrow NF_{3(g)}$（反應式未平衡），$NF_{3(g)}$的莫耳生成熱最接近下列哪一數值(kJ/mol)？

（鍵能：N-N=160KJ/mol，N=N=420KJ/mol，N≡N=940KJ/mol，
F-F=150KJ/mol，N-F=270KJ/mol）
(A)850　　　　(B)230　　　　(C)-115　　　　(D)-230。

( )　20. 下列哪一個分子可能具有環狀結構或一個雙鍵？
(A)$C_5H_{10}O$　(B)$C_5H_{10}C_{12}$　(C)$C_5H_{11}C_1$　(D)$C_5H_{11}ClO$。

( )　21. 容器中含有碘化鉀與澱粉的混合液，若以石墨棒作為電極，形成電
解電池。下列敘述何者正確？
(A)電解時水被氧化　　　　　(B)負極附近有氧氣生成
(C)負極附近溶液的pH值下降　(D)正極附近溶液變藍色。

( )　22. 室溫下將2.34克NaCl完全溶解於500克水中，再將其置於溫度
為-0.46°C的冰箱中。試問經長時間後，此溶液最多析出多少克的
冰（已知NaCl分子量為58.5，水的莫耳凝固點下降常數為1.86°C/
m）？
(A)45　　　　(B)89　　　　(C)177　　　　(D)339。

( )　23. 下列有關元素性質的敘述何者正確？
(A)同一原子的游離能和電子親和力的大小相同，僅符號相反
(B)第二週期原子的電子親和力中，以氟所釋出的能量最大
(C)第三週期原子的半徑大小隨原子序的增加而增大
(D)氟原子的電子親和力絕對值大於其游離能。

( )　24. 基態Cu原子之電子組態，下列何者正確？
(A)[Ar]$3d^94s^2$　(B)[Ar]$3d^{10}4s^2$　(C)[Ar]$3d^{10}4s^1$　(D)[Ar]$3d^84s^2$。

( )　25. 下列哪一個為單質子酸？
(A)H_3PO4　(B)H_3PO_3　(C)H_3PO_2　(D)H_2SO_3。

( )　26. 下列何種氧化物在水溶液中為鹼性？
(A)SnO　　　(B)CO_2　　(C)P_2O_5　　(D)MgO。

( )　27. 下列哪一個分子具有極性？
(A)NH_3　　(B)BBr_3　　(C)CS_2　　(D)$SiCl_4$。

( ) 28. 下列何者具有順式和反式異構物？
(A)$[PF_2Cl_4]$　　(B)$POCl_3$　　(C)$MePF_4$　　(D)BF_2Cl。

( ) 29. 下列哪一個化合物非和其他化合物等電子（isoelectronic）？
(A)$[SiF_6]^{2-}$　　(B)$[PF_6]^-$　　(C)$[AlF_6]^{3-}$　　(D)$[BrF_6]^-$。

( ) 30. 化合物$[Fe(CO)_5-x(PPh_3)x]$之元素分析結果，C占70.50%，H占4.55%，則x為多少？
(A)1　　(B)2　　(C)3　　(D)4。

( ) 31. H_2S的混成軌域為下列何者？
(A)sp　　(B)sp^2　　(C)sp^3　　(D)s。

( ) 32. 有關BCl_3的對稱元素，下列何者有誤？
(A)有3個對稱面　　　　　　(B)有1個C3軸
(C)有3個C2軸　　　　　　(D)沒有反轉中心。

( ) 33. 下列哪一種溶劑能和Br形成氫鍵？
(A)MeOH　　(B)DMF　　(C)THF　　(D)MeNO2。

( ) 34. 下列哪一種溶劑為非極性溶劑？
(A)acetonitrile　　(B)benzene　　(C)acetic acid　　(D)water。

( ) 35. 下列哪一個化合物的分子結構具有反轉中心？
(A)BF_3　　(B)SiF_4　　(C)XeF_4　　(D)PF_5。

( ) 36. $[Co(dien)2]^{3+}$有多少個螯合環（chelate ring）？（dien為H_2N-CH_2CH_2-NH-CH_2CH_2-NH_2的縮寫）
(A)6　　(B)4　　(C)3　　(D)2。

( ) 37. 在298K下$Fe(OH)_2(S)$水中的溶解度為2.30×10^{-6}mol dm^{-3}，則其平衡常數為下列何者？
(A)1.06×10^{-11}　　(B)5.29×10^{-12}　　(C)1.22×10^{-17}　　(D)4.87×10^{-17}。

( ) 38. 有關超臨界流體（supercritical fluid），下列敘述何者有誤？
(A)NH_3可為超臨界流體
(B)CO_2可為超臨界流體
(C)H_2O可為超臨界流體
(D)當系統壓力增加，流體密度減少。

( )　39. [NiCl$_4$]^2 的分子結構為四面體，則金屬混成組態及磁性為下列何者？

(A)SP^3，順磁性　　　　　　　(B)SP^3，反磁性

(C)dSP^2，順磁性　　　　　　　(D)dSP^2，反磁性。

( )　40. 下列哪一個化合物之鍵角最大？

(A)OF$_2$　　　　(B)SF$_2$　　　　(C)OCl$_2$　　　　(D)SCl$_2$。

( )　41. 若[Fe(CO)$_2$(NO)$_2$]的Fe遵守18電子原理（18-electron rule），則每個NO配位基提供多少電子？

(A)4　　　　(B)3　　　　(C)2　　　　(D)1。

( )　42. 下列化合物之分子結構何者有誤？

(A)[ICl$_4$]$^-$為平面四邊形　　　　(B)[BrF$_2$]$^+$為線形

(C)[BrF$_5$]為四角錐　　　　(D)[IF$_6$]$^+$為八面體。

解答與解析

1.**A**　元素週期表上同一週期，越往左邊半徑越大

2.**C**　$P_tV_t＝P_AV_A＋P_BV_B＋P_CV_C$
$P_t×(3+4+5)＝(2×3)+(8×4)+(5×5)$
$P_t＝5.25(atm)$

3.**B**　原子量C=12，H=1，N=14，O=16。

4.**C**　Ksp=(0.00014737atm)×(0.00014737atm)=2.1723×10^{-8}atm^2，將單位轉換成(mol/L)得答案為C

5.**A**　SO$_3$已處於最高氧化態，無法再與氧氣反應

6.**D**　根據反應2HCl(g)⇌H$_2$(g)+Cl$_2$(g)，平衡常數Kc=0.01。初始濃度5.0M的HCl(g)在500°C下分解，計算後得到HCl(g)的分解百分率約為8.6%表單的頂端

7.**D**　(A)熱量應該相等；(B)放熱反應；(C)在標準條件下，二氧化碳的莫耳汽化熱並不存在

8.**C**　C$_x$H$_y$+O$_2$→CO$_2$+H$_2$O。30.8g二氧化碳約為0.7mol，故可知此碳氫化合物約有8.41g的碳、1.59g的氫，碳對氫的莫耳比例約為2.28。(C)選項最接近此莫耳比例

9. **B** (1)計算鋅的標準電極電勢 $E^0_{Zn^{2+}/Zn}$：

$$E^0_{Zn^{2+}/Zn} = E^0_{Cu^{2+}/Cu} - E_{Zn-Cu}$$

$$E^0_{Zn^{2+}/Zn} = 0.00V - 1.10V = -1.10V$$

(2)使用 $E^0_{Zn^{2+}/Zn}$ 來計算銀的標準電極電勢 $E^0_{Ag^+/Ag}$：

$$E^0_{Ag^+/Ag} = E_{Zn-Ag} + E^0_{Zn^{2+}/Zn}$$

$$E^0_{Ag^+/Ag} = 1.56V + (-1.10V) = 0.46V$$

(3)結果：$E^0_{Ag^+/Ag} = 0.46V$

10. **B** $[H^+]_{初始} = [HSO4^-]_{初始} = 1.00 \times 10^{-2}M$

$$K_{a2} = \frac{x2}{[HSO4^-]_{初始} - x} = 1.2 \times 10^{-2}$$

$pH = -\log([H^+])_{初始} + x$

11. **A** 在反應中，硫代硫酸鈉（$Na_2S_2O_3$）中的硫由+2被氧化到亞硫酸氫鈉（$NaHSO_4$）中的+6，變化了4個氧化數，總共需要8個電子（因為$Na_2S_2O_3$有兩個硫原子）；氯（Cl_2）由0被還原到氯化氫（HCl）中的-1，每分子Cl_2提供2個氯原子，每個氯原子接收1個電子，所以每分子Cl_2可以接收2個電子。由於在反應中硫失去的總電子數（8個）必須等於氯獲得的總電子數，因此當1莫耳硫代硫酸鈉完全反應時，總共會有8莫耳的電子被轉移，故選(A)。

12. **D** 反應前，氣體X和Y總共有2莫耳。反應後混合氣體總莫耳數為1.5莫耳。所以反應導致總莫耳數減少了0.5莫耳。根據分壓比6:5:4，設比例因子為k，則X、Y、Z的莫耳數分別為6k、5k、4k，且 6k+5k+4k=1.56k+5k+4k=1.5 莫耳，解得k=0.1 莫耳。由於反應前X和Y各有1莫耳，所以X減少了1-6k=0.4莫耳，Y減少了1-5k=0.5莫耳，Z增加了k=0.4莫耳。這對因此答案為a=4、b=5、c=4。

13. **D** (D)的醯胺官能基所形成的氫鍵具有最高能量，故沸點最高

14. **A** 加入氬氣（Ar）後，因為氬氣不參與反應，所以各反應物的濃度以及反應的平衡常數都保持不變

15. **B** 由於鎂的第一游離能是三種元素中最低的，而鋁的游離能高於鎂但低於鈉，因此n等於2

16.**C**　NiO_2莫耳數為 $\dfrac{8.0g}{\dfrac{58.69g}{mol}+2\times\dfrac{16.00g}{mol}}$，總電荷量＝莫耳數×電子轉移術×法拉

第常數，反應時間＝$\dfrac{總電荷量}{電流安培量}\times\dfrac{1}{3600}$

17.**D**　NH_3：弱。NH_4Cl：為NH_3的共軛酸鹽。CH_3COOH：弱酸。CH_3COONa：為 CH_3COOH的共軛鹼鹽類。$CH_3COONH4$：同時含有弱酸和弱鹼離子

18.**B**　$PV=nRT$。理想氣體分子間平均距離與體積的立方根成正比，

因此$\left(\dfrac{V_2}{V_1}\right)^{1/3}=\left(\dfrac{T_2}{T_1}\right)^{1/3}$，經由計算選(B)。

19.**C**　(1)計算斷裂N_2和F_2所需的能量（吸收）：$\triangle H_{斷裂}=\dfrac{1}{2}\times E(N\equiv N)+\dfrac{3}{2}\times E(F-F)$
　　(2)計算形成NF_3所釋放的能量（放出）：$\triangle H_{形成}=3\times E(N-F)$
　　(3)計算NF_3的莫耳生成熱：$\triangle H_{生成}=\triangle H_{斷裂}-\triangle H_{形成}$
　　其中$E(N\equiv N)$是N_2中$N\equiv N$鍵的鍵能，$E(F-F)$是F_2中$F-F$的鍵能，$E(N-F)$是NF_3中$N-F$的鍵能。
　　將已知的鍵能帶入計算，得到NF_3的莫耳生成熱為$-115kJ/mol$

20.**A**　計算DBE。其公式為$DBE=C+1+\dfrac{N}{2}-\dfrac{H}{2}-\dfrac{X}{2}$，C是碳原子的數量，N是氮原子的數量，H是氫原子的數量，X是鹵素原子的數量。當DBE=1時分子可能有一個環或一個雙鍵，故選(A)

21.**D**　(B)負極產生氫氣(C)pH值上升

22.**C**　水的$K_f=1.86$，帶入$\triangle T_f=K_f\times Cm\times i$
　　$\triangle T_f$：凝固點下降量，Cm：溶液重量莫耳濃度，K_f：凝固點下降常數，i：凡特何夫因數

23.**B**　(A)游離能：從中性原子移除一個電子所需的能量。電子親和力：中性原子接受一個電子時所釋放的能量；(C)減少；(D)小於

24.**C**　3d軌域全滿會使能量更加穩定，故選(C)

25.**C**　單質子酸：一分子只能解離出一個H^+。(C)選項解離後得H^+和$H_2PO_2^-$。

26.**D**　金屬氧化物水溶液通常為鹼性；非金屬氧化物水溶液通常為酸性。然而(A)選項不溶於水，故選(D)。

27. **A** 分子極性由形狀和原子間的電荷分布來決定，極性分子通常具有非對稱形狀。(A)金字塔結構且N具有一對未共用電子對；(B)平面三角形；(C)兩端對稱的線性分子；(D)四面體結構，故選(A)。

28. **A** 分子中的連接為單鍵時可形成順反異構物；雙鍵則會限制鍵結的轉動。另要考慮中心原子以外的原子數量是否足夠，故選(A)。

29. **D** (A)14+(6×7)+2=14+42+2=58
(B)15+(6×7)+1=15+42+1=58
(C)13+(6×7)+3=13+42+3=58
(D)35+(6×7)+1=35+42+1=78

30. **B** PPh_3的分子式為$(C_6H_5)_3P$，帶入各個原子的原子量即可求得X。

31. **C** 會形成三個sp^3混成軌域。

32. **A** BCl_3為平面三角形分子。

33. **A** 氫鍵通常由帶強正電的氫離子與帶負電的離子所形成。要與Br形成氫鍵，溶劑須提供足夠的極性與氫離子。
(B)(C)無法提供氫離子(D)電負度不足，故選(A)。

34. **B** (B)Benzene（苯）為完全對稱的環狀碳氫化合物，是非極性分子。

35. **C** (C)具有方形平面結構，故有反轉中心。

36. **B** 每個dien會形成兩個螯合環（第一第二氮原子之間；第二第三氮原子之間），題目中有兩個dien，故選(B)。

37. **D** $K_{sp}=[Fe^{2+}][OH^-]^2$
$K_{sp}=(2.30×10^{-6})(4.60×10^{-6})^2$
答案選(D)。

38. **D** (D)流體密度會跟著增加。

39. **A** 為Sp^3混成軌域的四面體結構，因有未成對電子故有順磁性，選(A)。

40. **C** 鍵角大小與中心原子電子對的排斥效應有關，並受到周圍原子所帶有的電子雲影響。

41.**B** 假設每個NO配位基有X個電子

8+2×2+2x=18

4+2x =10

2x=6

x=3

選(B)

42.**B** (B)應該具有彎曲的結構。

↘111年四技二專入學測驗

( )　1. 關於原子軌域，下列敘述何者正確？
　　　(A)軌域越靠近原子核其能量越高
　　　(B)電子由基態軌域n=1轉移至激發態軌域n=4，會釋出能量
　　　(C)電子若由基態激發至較高能階，即處於不穩定狀態，當其返回
　　　　　基態時，會將多餘的能量釋出，以達到穩定狀態
　　　(D)電子由n=1激發至n=4所需之能量，是n=1激發至n=2的4倍。

( )　2. 酸溶於水中之酸性強弱依序為：$HI>HNO_2>CH_3COOH>HClO>$
　　　HCN由布忍斯特-洛瑞（Bronsted - Lowry）定義，下列何者鹼性最弱？
　　　(A)I^-　　　　(B)NO_2^-　　　　(C)CH_3COO^-　　　(D)CN^-。

( )　3. 現代使用汽油的汽、機車須要裝觸媒轉化器，其目的是：
　　　(A)減少CO_2的汙染排放
　　　(B)增加引擎馬力
　　　(C)增進汽缸中汽油的燃燒效率
　　　(D)減少碳氫化合物、一氧化碳及氮氧化物的排放汙染。

( )　4. 下列有關水性質的敘述，何者正確？
　　　①暫時硬水含鈣、鎂硫酸鹽，可用煮沸加以軟化
　　　②暫時硬水含鈣、鎂碳酸氫鹽，可用煮沸加以軟化
　　　③永久硬水含鈣、鎂碳酸氫鹽，無法用煮沸加以軟化
　　　④永久硬水含鈣、鎂硫酸鹽，可用離子交換法加以軟化
　　　(A)①②　　　　(B)②③　　　　(C)②④　　　　(D)①④。

( )　5. 有關物質凝相性質的敘述，下列何者不正確？
　　　(A)共價網狀晶體具有極高的熔點及沸點，且都不導電
　　　(B)離子晶體不導電，但液化時可導電
　　　(C)晶體在熔融過程中溫度不上升
　　　(D)溫度越高，液體的表面張力愈小。

( )　6. 下列有關氣體的性質與製備實驗之敘述，何者正確？
　　①氧氣有助燃性質，可用排水集氣法收集
　　②氧氣能氧化金屬形成金屬氧化物，金屬氧化物若能溶於水，能使
　　　石蕊試紙變藍色
　　③二氧化碳氣體，可用向下集氣法收集
　　④二氧化碳氣體，遇澄清石灰水反應產生白色混濁
　　(A)①②④　　　(B)②③④　　　(C)①③④　　　(D)①②③。

( )　7. 化學反應式：a $Cu_{(s)}$+b $HNO_{3(aq)}$→c $Cu(NO_3)_{2(aq)}$+d $H_2O_{(l)}$+e $NO_{2(g)}$，
　　式中a、b、c、d及e為平衡方程式的係數且為最小整數比，下列敘
　　述何者正確？
　　(A)a+b=5，Cu為氧化劑
　　(B)b+c=6，Cu為還原劑
　　(C)c+d=3，HNO_3被氧化成$Cu(NO_3)_2$
　　(D)d+e=4，HNO_3被還原成NO_2。

( )　8. 有關醣類的敘述，下列何者正確？
　　(A)雙醣分子量為單醣分子量的兩倍
　　(B)肝醣為多醣類，由多個葡萄糖脫水形成
　　(C)兩個葡萄糖結合脫水形成蔗糖
　　(D)在常見的單醣與雙醣中，最甜的是蔗糖。

( )　9. 關於碳的同位素，下列何者正確？
　　①碳和碳有相同的質量數
　　②碳因具有放射性，可用來對含有機物質的物品進行年代分析
　　③碳和碳具有相同的電子組態
　　④碳和碳具有相同的化學與物理性質
　　(A)①②③　　　(B)③④　　　(C)①④　　　(D)②③。

( )　10. 關於分子特性之敘述，何者正確？
　　(A)HF較HCl的沸點低是因為分子間具不同的凡得瓦力影響
　　(B)乙二醇較乙醇黏滯性高，是因為乙二醇分子較大，具較少的氫鍵
　　(C)CF_4分子的接觸表面積較CCl_4大，使分子間分散力較大而有較高
　　　的沸點
　　(D)核酸形成雙螺旋結構是因分子內產生氫鍵。

( ) 11. 定溫下有一平衡溶液之化學反應式為$Co(H_2O)_6^{2+}{}_{(aq)}+4Cl^-{}_{(aq)} \rightleftharpoons CoCl_4^{2-}{}_{(aq)}+6H_2O_{(l)}$，其中水溶液為粉紅色，而水溶液為藍色，若加入硝酸銀溶液於此反應中，則下列敘述何者正確？
(A)溶液顏色變得更藍
(B)溶液顏色變得更粉紅
(C)溶液各離子濃度下降
(D)銀離子將與產生白色沉澱物。

( ) 12. 將下列運算結果，以適當的有效數字表示，何者正確？
(A)$1.2 \times 4.55-3.45=2.01$
(B)$4.50 \div 1.50+3.40=6.40$
(C)$3.4 \times 1.20-1.20 \times 2.50=1.08$
(D)$3.4 \div 1.70+1.2 \times 4.50=7.40$。

( ) 13. 平衡下列化學方程式：$a\ Na_2O_{2(s)}+b\ H_2O_{(l)} \rightarrow c\ NaOH_{(aq)}+d\ O_{2(g)}$上述反應式中，a、b、c及d為平衡方程式的係數且為最小整數比，則下列何者正確？
(A)$a+b+c=9$
(B)$a+b+d=8$
(C)$a+c+d=7$
(D)$b+c+d=6$。

( ) 14. 將相同重量莫耳濃度的硝酸鈉$(NaNO_3)$、硝酸鎂$(Mg(NO_3)_2)$、硝酸鋁$(Al(NO_3)_3)$三種稀薄水溶液，在相同條件下，測其凝固點下降的溫度（$\triangle T$）分別為x、y、z，則下列何者正確？
(A)$x=y=z$
(B)$x=2y$
(C)$x=3y$
(D)$2x=z$。

( ) 15. 有關第15族元素（氮族），下列何者正確？
(A)磷的同素異形體常見的有白磷和紅磷，白磷在隔絕空氣下加熱至250℃會變成紅磷
(B)加熱亞硝酸銨(NH_4NO_2)分解，可產生氨氣(NH_3)
(C)硝酸(HNO_3)容易被氧化，實驗室常用濃硝酸的濃度約為16M
(D)加熱熟石灰$(Ca(OH)_2)$與氯化銨(NH_4Cl)的混合物，可製備氮氣(N_2)。

( ) 16. 有關0.5莫耳錯合物$[Cr(NH_3)_4Cl_2]$溶於水中，形成水溶液，下列何者正確？
(A)鉻(Cr)的氧化數為+2價
(B)加入足量$AgNO_3$可生成1.5莫耳$AgCl_{(s)}$沉澱
(C)鉻(Cr)離子的配位數為6
(D)主要解離產生0.5莫耳$Cr(NH_3)_4^{3+}$錯離子。

( )　17. 台灣南部海岸沙灘中的獨居石，北投溫泉所產出的北投石，皆含有放射性元素，經過多次的 α 衰變和 β 衰變，最後變成穩定核種，這過程共經歷幾次的 α 衰變和幾次的 β 衰變？
(A)6α，4β　　　(B)4α，6β　　　(C)2α，6β　　　(D)6α，2β。

( )　18. 許多有機化合物常含有相同的組成元素，卻構成不同的官能基，而形成不同類別的有機化合物，C_4H_8O可能是下列何種有機化合物？
(A)丁酮　　　(B)正丁醇　　　(C)丁烯　　　(D)丁酸。

( )　19. 假設輻射、空氣對流、卡計、溫度計與攪拌棒等造成之熱量偏差皆甚微而可忽略不計，且水與水溶液之比重皆視為1，比熱為1cal/g℃。在25.00℃和1.00大氣壓實驗室環境下，使用卡計進行兩個熱化學反應實驗，將1.00M50.0毫升氨水置入洗淨拭乾的卡計，待溫度穩定至室溫後，將同為穩定在室溫的1.00M50.0毫升鹽酸倒入卡計並迅速蓋好杯蓋插上溫度計與攪拌棒，持續攪拌至溫度不再上升，記錄最後溫度為31.00℃。由實驗推算氨水加鹽酸的莫耳中和反應熱（$\triangle H_{中和}$，Kcal/mol）為：
(A)12.0　　　(B)-12.0　　　(C)24.00　　　(D)-24.00。

( )　20. 有一反應經過下列4次實驗，其起始反應物之濃度與實驗測得之初始反應速率整理如表(一)，下列反應速率定律式何者正確？（k為速率常數）

反應物　　實驗次	$[MnO_4^-]_0$(M)	$[H_2C_2O_4]_0$(M)	$[H^+]_0$(M)	初始生成速率(M/s)
1	1×10^{-3}	1×10^{-3}	1.0	2×10^{-4}
2	2×10^{-3}	1×10^{-3}	1.0	8×10^{-4}
3	2×10^{-3}	2×10^{-3}	1.0	1.6×10^{-3}
4	2×10^{-3}	2×10^{-3}	2.0	1.6×10^{-3}

表(一)

(A)$k[MnO_4^-]^2[H_2C_2O_4]^5[H^+]^6$　　　(B)$k[MnO_4^-][H_2C_2O_4][H^+]$
(C)$k[MnO_4^-]^2[H_2C_2O_4][H^+]$　　　(D)$k[MnO_4^-]^2[H_2C_2O_4]$。

( )　21. 有酸A、B、C，鹼M、N、R，和指示劑I、II、III，而其酸鹼的解離常數如表(二)所示，若以鹼M滴定酸B，下列何者為最適合當指示劑？

表(二)

酸	鹼	指示劑
A,$K_a=\infty$	M,$K_b=\infty$	I,$pK_b=9.0$
B,$pK_a=4.40$	N,$pK_b=8.80$	II,$pK_a=5.0$
C,$pK_a=9.10$	R,$pK_b=4.10$	III,$pK_b=5.0$

(A)I　　　　(B)II　　　　(C)III　　　　(D)I和II皆可。

( )　22. 一化合物的莫耳質量介於165～170之間，其質量百分比組成：碳42.90%、氫3.57%、氧28.56%，氮24.97%。若該化合物的分子式為$C_aH_bN_cO_d$，下列何者正確？（原子量H=1，C=12，N=14，O=16）
(A)a+b+c=16　(B)a+b+d=14　(C)b+c+d=12　(D)a+c+d=10。

( )　23. 在實驗室氫氣的來源常常由下列化學反應的發生而產生$Zn_{(s)}+2HC_{l(aq)}$ →$ZnCl_{2(aq)}+H_{2(g)}$要在27℃，483mmHg狀態下收集410mL的氫氣需要多少公克的Zn參與反應？（假設27℃下，水的蒸氣壓為27mmHg；原子量H=1，Cl=35.5，Zn=65.4；氣體常數R=0.082atm·L·mole^{-1}·K^{-1}；1atm=760mmHg）
(A)0.693　　　(B)0.654　　　(C)6.54　　　(D)6.93。

( )　24. 鋁的標準還原電位$E^o=-1.66$伏特(V)，鎂的標準還原電位$E^o=-2.37$伏特(V)，鎂鋁電池總反應為：$3Mg_{(g)}+2Al^{3+}_{(aq)}+2Al_{(s)}$，此電池以0.4安培的電流放電10小時，下列何者正確？（1莫耳電子的電量=96500庫倫）
(A)此電池放電期間，鎂消耗0.05莫耳
(B)此電池放電期間，需要0.15莫耳電子的電量
(C)此電池放電期間，析出鋁0.075莫耳
(D)此電池的總電壓應為4.03V。

( )　25. 有關第四週期過渡金屬元素的性質，下列何者正確？
(A)鉻最穩定的電子組態為$[Ar]4s^1 3d^5$
(B)銅在潮濕空氣中表面生成銅綠，它是鹼式硫酸銅
(C)不鏽鋼304是在鋼中加入少量鉻、錳、鎳，添加最多的為鎳
(D)常溫常壓下錳最穩定的氧化數是+4價。

( )　26. 下列有關層析儀的敘述，何者正確？
(A)高效能液相層析儀，常利用重力來移動流動相溶劑，驅使移動相沖提試樣，使試樣中各成分於不同時間被沖提分離出來
(B)高效能液相層析儀，可使用往復式泵（幫）浦，驅使流動相溶劑移動，使移動相沖提試樣，讓不同試樣成分可於不同時間被沖提分離出來
(C)高效能液相層析儀常使用紫外線及可見光吸收偵檢器，當試樣中的成分流經偵檢器時，其放射光的強度會與濃度成正比，因此可偵測試樣中各成分的含量
(D)折射率偵檢器（RID）是專為氣相層析儀而設計的偵檢器，不適用於高效能液相層析儀。

( )　27. 沉澱法是重量分析常用的方法之一，係利用沉澱方式使試樣中待測成分於化學反應中形成難溶的沉澱物，並將此沉澱物過濾、洗淨、烘乾或灼燒成為一定組成的化合物，若此烘乾或灼燒後一定組成的化合物的恆重為W_1、此試樣中待測成分的重量為W_2（若待測物成分完全反應，且全部生成此一定組成的化合物），則$W_2 = W_1 \times F$，F稱為重量（分析）因數（gravimetric factor）。若$AlCl_3$（待測成分1）對$AgCl$（定組成的化合物1）的重量因數為F_1、Fe（待測成分2）對Fe_2O_3（定組成的化合物2）的重量因數為F_2、F（待測成分3）對CaF_2（定組成的化合物3）的重量因數為F_3，則下列有關F_1、F_2、F_3的大小順序何者正確？
（原子量：Al=27，Cl=35，Ag=108，Fe=56，O=16，F=19，Ca=40）（計算至小數第二位）
(A)$F_2 > F_3 > F_1$　　(B)$F_2 > F_1 > F_3$　　(C)$F_1 > F_2 > F_3$　　(D)$F_3 > F_2 > F_1$。

( ) 28. 使用傅立葉轉換紅外線光譜分析儀（FTIR）進行樣品的分析，透過官能基之特徵吸收峰進行定性鑑定化合物，某有機化合物在 1720cm⁻¹附近有一明顯的IR吸收峰，在3350cm⁻¹～2450cm⁻¹間也有一較寬且明顯的IR吸收峰，但在1600cm⁻¹～1680cm⁻¹間或2750cm⁻¹附近都沒有明顯的IR吸收峰，則此化合物最可能為下列何種化合物？

(A)羧酸類　　　(B)醚類　　　(C)烷類　　　(D)烯類。

( ) 29. 下列有關原子吸收光譜法及原子發射光譜法的敘述，何者正確？

(A)原子發射光譜法是利用氣態原子或離子，由基態躍遷（升）到激發態過程同時所發射的特徵光譜，來測定待測物質中元素組成和含量的方法

(B)ICP-AES光譜法是以ICP發射電磁波供待測原子吸收的原子吸收光譜分析法，此光譜法所使用的激發源主要為雷射（laser）

(C)ICP-AES光譜法主要用於無機元素的定性及定量分析，可同時測定多種元素

(D)原子發射光譜法是依據被測元素對特定波長的單色光之吸收程度進行定量分析的一種原子光譜技術，光譜儀結構中需加一可發射特定波長單色光的激發光源。

( ) 30. 下列有關原子吸收光譜儀（AAS）的敘述，何者正確？

(A)原子吸收光譜儀構造中含有光源、原子化器（原子化系統）、分光裝置、偵檢器等

(B)原子吸收光譜儀激發光源常用鎢絲燈光源，光源的陰極由鎢絲構成，利用其基態到激發態吸收與放射特定波長的電磁波能量，來產生所需窄譜線的光線

(C)火焰式原子吸收光譜法是將試樣直接送入火焰中，使試樣中的原子成為激發態分子，並加以偵測

(D)熱電偶（thermocouple）被廣泛應用於原子吸收光譜儀的偵檢器中，測定特定波長的電磁波能量的吸收度。

( ) 31. 層析法中，管柱理論板高可用范第姆特（Van Deemter）方程式 $H=A+(B/u)+(c \cdot u)$ 描述，則下列何者正確？（范第姆特方程式中，H：理論板高（單位cm），u移動相線性流速（單位cm/s），A單位 cm，B單位cm²/s，C單位s）

(A)最小理論板高H=A+B+C

(B)A為渦流擴散因子，B為縱向擴散因子，C為非平衡之質量轉移因子

(C)移動相線性流速越小，則理論板高H越小，層析管柱的效率越好

(D)最佳流速時層析管柱有最小理論板高，此時u=B+C。

( )　32. 下列有關氣相層析儀（GC）的敘述，何者正確？

(A)使用熱導度偵檢器（thermal conductivity detector，TCD）當氣相層析儀的偵檢器時，操作上常設定及控制分離管柱的溫度高於偵檢器及注射系統的溫度

(B)熱導度偵檢器（TCD）為破壞性偵檢器，使用熱導度偵檢器當氣相層析儀的偵檢器時，當試樣中的有機分子流經偵檢器時，大部分有機分子，在此高溫的環境下會被熱分解

(C)氣相層析儀可使用氦氣或氮氣當載體氣體，用以分析有機物，一般而言，氦氣與有機物的導熱係數落差較大，而氮氣與有機物的導熱係數落差較小

(D)以熱導度偵檢器（TCD）當氣相層析儀的偵檢器時，只適用於含鹵素有機分子試樣含量的分析。

( )　33. 在25℃下，在兩個燒杯（燒杯甲與燒杯乙）中分別置入0.01莫耳$Fe(OH)_3$沉澱物，再分別加入10毫升純水於兩個燒杯中並混合均勻，分別得到甲水溶液（燒杯甲）與乙水溶液（燒杯乙），（若甲水溶液與乙水溶液中$Fe(OH)_3$沉澱物僅會溶解產生Fe^{3+}陽離子），則下列敘述何者正確？（在25℃，$Fe(OH)_3$之$K_{sp}=3\times10^{-39}$）

(A)在25℃下，以1M鹽酸調整甲水溶液並混合均勻，使水溶液pH=2，另以1M鹽酸調整乙水溶液並混合均勻，使水溶液pH=4，則甲水溶液中有較多$Fe(OH)_3$沉澱物被溶解

(B)在兩個燒杯中，$Fe(OH)_3$為綠色沉澱物

(C)在25℃下，以1M鹽酸調整甲水溶液並混合均勻，使水溶液pH=4，另以1M鹽酸調整乙水溶液並混合均勻，使水溶液pH=5，則甲水溶液中有較多$Fe(OH)_3$沉澱物被溶解，甲水溶液中被溶解量為乙水溶液的10倍

(D)在25℃下，以1M鹽酸調整甲水溶液並混合均勻，使水溶液pH=3，則$Fe(OH)_3$沉澱物會完全溶解。

( ) 34. 下列有關鉻酸鉀及二鉻酸鉀的敘述，何者正確？
(A)鉻酸鉀溶於水中可解離出鉻酸根離子(CrO_4^{2-})，鉻酸根離子可與二鉻酸根離子($Cr_2O_7^{2-}$)形成平衡，加酸會使此反應平衡由鉻酸根離子轉變為二鉻酸根離子的方向移動
(B)二鉻酸鉀具有氧化性，在水溶液中可以被硫酸亞鐵還原為鉻酸鉀
(C)二鉻酸鉀在水溶液中與酒精反應時可當氧化劑，酒精可被氧化，二鉻酸鉀完全反應後水溶液顏色由橘紅色變為紫色
(D)鉻酸鉀在水溶液中提供鉻酸根離子，可以與Ba^{2+}形成藍色沉澱。

( ) 35. 有關第二屬陽離子的定性分析，下列何者正確？
(A)5%NH_4Cl溶於3M HCl酸性水溶液中可生成NH_4^+離子，可做為第二屬陽離子之沉澱劑
(B)5%硫代乙醯胺在3M NaOH水溶液中可生成$(NH_4)_2S$，可做為第二屬陽離子之沉澱劑
(C)5%硫代乙醯胺(NH_2CSNH_2，TAA)在0.3MHCl酸性水溶液中可生成H_2S，提供硫離子，可做為第二屬陽離子之沉澱劑
(D)5%碳酸銨($(NH_4)_2CO_3$)在鹼性水溶液中可生成CO_3^{2-}，可做為第二屬陽離子之沉澱劑。

( ) 36. 僅含有某種陰離子1M的水溶液，各取5毫升分別置入甲試管及乙試管中，再進行定性分析實驗，步驟如下(1)(2)(3)，(1)甲試管中再滴入1M硝酸銀水溶液1毫升並混合均勻，會產生白色沉澱；(2)乙試管中再滴入1M氯化鈣水溶液1毫升並混合均勻，也產生白色沉澱；(3)由步驟(1)、(2)所得沉澱的水溶液，經離心分離後，所得沉澱物再分別滴入6M鹽酸1毫升，均明顯產生無色、無味的氣泡。則此陰離子，最可能為下列何者？
(A)PO_4^{3-}　　　　(B)CO_3^{2-}　　　　(C)SO_4^{2-}　　　　(D)NO_3^-。

( ) 37. 在室溫下，四支試管分別裝有$Cr(NO_3)_3$、Na_2CO_3、$Al_2(SO_4)_3$、$FeCl_3$的水溶液，此四種水溶液濃度均為0.1M，分別在四支試管中逐滴滴入1M的NaOH水溶液並混合均勻。其中有一支試管滴入1M的NaOH水溶液會先產生白色沉澱，且再逐滴滴入更多的NaOH溶液後，沉澱會消失，則此試管最可能裝有下列何種水溶液？
(A)$Cr(NO_3)_3$　　(B)Na_2CO_3　　(C)$Al_2(SO_4)_3$　　(D)$FeCl_3$。

( )　38. 在室溫下，若濃度0.10M的某化合物水溶液（甲水溶液），取其體積3毫升，與0.10M的HCl水溶液3毫升混合均勻且完全反應後，會產生白色沉澱，另取甲水溶液體積3毫升，與0.10M的Na_2SO_4水溶液3毫升混合均勻且完全反應後，也會產生白色沉澱，則甲水溶液最可能含有下列何種化合物？
(A)$Z(NO_3)_2$　　(B)$B(NO_3)_2$　　(C)$F(NO_3)_2$　　(D)$P(NO_3)_2$。

( )　39. 有關銅離子及其化合物的定性分析，下列何者正確？
(A)銅離子的氧化物其熔球試驗在氧化焰中呈現綠色，含有0.1M銅離子的水溶液5毫升，加入醋酸使水溶液酸化後，再滴入0.1M黃血鹽（$K_4Fe(CN)_6$）水溶液5滴並混合均勻，會產生紅棕色沉澱
(B)銅離子的氧化物其熔球試驗在氧化焰中呈現黃色，含有0.1M銅離子的水溶液5毫升，加入醋酸使水溶液酸化後，再滴入0.1M黃血鹽($K_4Fe(CN)_6$)水溶液5滴並混合均勻，會產生黃色沉澱
(C)銅離子的氧化物其熔球試驗在氧化焰中呈現藍色，含有0.1M銅離子的水溶液5毫升，滴入0.1M硫化鈉水溶液5滴並混合均勻，會產生黃色沉澱
(D)銅離子的氧化物其熔球試驗在氧化焰中呈現藍色，含有0.1M銅離子的水溶液5毫升，滴入0.1M氫氧化鈉水溶液5滴並混合均勻，會產生紅色沉澱。

( )　40. 甲、乙、丙及丁四人進行某水試樣中的銅含量分析實驗，四人各自進行3次重複分析（濃度單位均為ppm（百萬分率）），若甲得到的三個測定值為10.00、10.20及9.80，乙得到的三個測定值為10.05、10.35及10.20，丙得到的三個測定值為10.10、10.20及10.30，丁得到的三個測定值為9.95、10.05及10.00，若甲、乙、丙及丁四人各自三個測定值的標準偏差（濃度均為ppm（百萬分率））分別為$S_甲$、$S_乙$、$S_丙$及$S_丁$，則下列有關$S_甲$、$S_乙$、$S_丙$及$S_丁$的大小順序，何者正確？
(A)$S_甲 > S_丙 > S_乙 > S_丁$　　　　(B)$S_乙 > S_甲 > S_丙 > S_丁$
(C)$S_丁 > S_丙 > S_乙 > S_甲$　　　　(D)$S_甲 > S_乙 > S_丙 > S_丁$。

( )　41. 有關紅外光及紅外光吸收光譜法的敘述，下列何者正確？
　　　(A)近紅外光、中紅外光及遠紅外光三者中，波長最長者為近紅外光
　　　(B)紅外光吸收光譜屬於分子光譜，是由於價電子吸收紅外光由基態躍遷至激發態而產生的電子能階光譜
　　　(C)分子振動躍遷所需能量通常大於分子中鍵結電子躍遷所需能量
　　　(D)若分子吸收紅外光的能量與分子振動躍遷所需能量相同，且使分子偶極矩發生改變，則可能在紅外光譜中被觀察到吸收峰

( )　42. 有關有機化合物的可見光與紫外線吸收光譜法的敘述，下列何者正確？
　　　(A)助色團與發色團相連時，通常會降低分子中發色團的吸收強度，使發色團的莫耳吸光係數變小
　　　(B)當助色團（例如羥基(-OH)）與發色團（例如苯）直接相連時，會使分子中發色團的吸收峰波長改變
　　　(C)助色團通常是含有雙鍵或參鍵的原子團
　　　(D)含共軛雙鍵的某有機化合物，其可見光與紫外線吸收光譜250nm在有最大吸收（最大吸收波長），主要是由分子內電子能階間的電子轉移以$\sigma \rightarrow \sigma^*$的躍遷所產生

( )　43. 在25℃下，90.0毫升的緩衝溶液中含有0.10M CH_3COOH及0.10M CH_3COONa，當加入0.10M NaOH 10.0毫升混合均勻且完全反應後，若水溶液總體積為100.0毫升，則此水溶液最終的$[H^+]$為多少（M）？(CH_3COOH之$K_2=1.8\times10^{-5}$)
　　　(A)8.1×10^{-2}　　　(B)2.3×10^{-5}　　　(C)1.8×10^{-5}　　　(D)1.4×10^{-5}

解答與解析

1.**C**　(A)越低；(B)基態轉為激發態需要吸收能量；(D)不同激發態所需要的能量不同，無法直接以倍數計算

2.**A**　布洛酸：釋出。布洛鹼H^+：接受H^+。由題目可知HI酸性最強（最容易釋出H^+），因此I的鹼性最弱

3.**D**　觸媒轉化器利用氧化還原反應降低排放汙染

4.**C**　暫時硬水：水中含有鈣、鎂之可溶性酸式碳酸鹽，煮沸即可產生沉澱，去除金屬離子。永久硬水：水中含鈣、鎂之硫酸鹽或氯化物，加熱所生成的沉澱物微溶於水，因此難以用煮沸方式加以軟化

5.**A**　石墨可導電

6.**A**　向下集氣法適用於比空氣輕的氣體。二氧化碳較常採取排水集氣法

7.**D**　a=c=1，b=4，d=e=2。Cu為還原劑，使HNO_3被還原成NO_2

8.**B**　(A)涉及脫水反應,雙醣分子量非單醣的兩倍;(C)麥芽糖;(D)最甜的是果糖

9.**D**　①兩者質量數分別為12和13。④化學性質相似，物理性質不同。碳－14具有放射性

10.**D**　(A)氫鍵;(B)較多的氫鍵;(C)CF_4分子接觸面積較小

11.**B**　(C)$Co(H_2O)_6^{2+}$上升;(D)兩者不會反應

12.**B**　在乘法和除法的運算中，有效數字的數量由原始數字中有效數字最少者決定。
在加法運算時，完成計算後再進行四捨五入;減法時先將所有數值調整成最小有效數字再進行運算

13.**C**　a=2，b=2，c=4，d=1

14.**D**　$\Delta T_f = iK_f Cm$
ΔT_f：凝固點下降量，Cm：溶液重量莫耳濃度，K_f：凝固點下降常數，i：凡特何夫因數。
此題中三種稀薄水溶液只有凡特何夫因數不同，硝酸鈉=2，硝酸鎂=3，硝酸鋁=4，故選(D)

15.**A**　(B)氮氣;(C)容易被還原;(D)製備氨氣

16.**C**　(A)+3;(B)Cl^-不足;(D)$[Cr(NH_3)_4Cl_2]^+$錯離子

17.**A**　α粒子：$_2^4He$　β粒子：$_{-1}^0e$

18.**A**　(C)烯類不會有氧

19.**B**　由於水和水溶液的比重都視為1，兩者混合後，總質量將是100.0克。△T則是31.00℃-25.00℃=6.00℃。熱量變化的計算公式為：q=m×c×△T其中m是質量，c是比熱，△T是溫度變化。帶入數值可得q=0.600Kcal。由於氨水和鹽酸都為1.00M，各自有50.0毫升，反應中每個溶液的莫耳數為：

$1.00\ M \times \dfrac{50.0mL}{1000\ \dfrac{mL}{L}} = 0.0500mol$。氨水和鹽酸反應時，它們會以1:1的比例

中和，因此實際反應的莫耳數為0.0500mol。最後可計算 $\triangle_{H中和} = \dfrac{q}{莫爾數}$

$= \dfrac{0.600K\ cal}{0.0500mol} = 12.00Kcal/mol$。實驗時溫度上升為放熱反應，故 $\triangle_{H中和}$ 應為

負值，選(B)

20. **D**　從表格中，可知

1. 當$[H_2C_2O_4]$濃度增加，$[MnO_4^-]$和$[H^+]$保持不變時，反應速率增加了8倍。
這表示$[H_2C_2O_4]$的濃度與反應速率成正比，可能為1級反應。

2. 當$[H^+]$濃度增加，$[H_2C_2O_4]$以及$[MnO_4^-]$保持不變時，反應速率沒有變化，
這表示$[H^+]$對反應速率不會造成影響。

3. $[MnO_4^-]$的濃度變化並沒有給出足夠的數據來直接決定它對速率的影響。
根據上述分析，答案選(D)

21. **C**　要找到與B相比最接近中性的共軛酸，其pKa應略高於B。B的pKa值為
4.40，而III的pKa為5.0，顯示III的共軛酸的酸性比B弱，因此更接近中性，
故最適合當指示劑。

22. **C**　該分子的分子量為168，a=b=6，c=d=3。答案(C)為正解。

23. **B**　PV=nRT，生成的氫氣為0.01mol，需要耗掉0.01mol的鋅，故選(B)

24. **B**　(A)0.15莫耳；(C)0.0995莫耳；(D)0.71V

25. **A**　(B)銅綠為碳酸銅；(C)不鏽鋼304的主要為鉻鎳合金；(D)+2價

26. **B**　(A)並非利用重力；(D)有氣相層析以外的用途

27. **A**　$F_1 = \dfrac{Al的原子量}{AgCl的分子量} = 0.19$

$F_2 = \dfrac{2(Fe的原子量)}{Fe_2O_3的分子量} = 0.70$

$F_3 = \dfrac{2(Fe的原子量)}{CaF2的分子量} = 0.49$

28. **A** 羧酸類會在$1720cm^{-1}$附近有一個$C=O$的伸縮振動吸收峰，以及在$3350cm^{-1}$~$2450\ cm^{-1}$間有一個$O-H$伸縮振動吸收峰。醚類化合物不會在$1720\ cm^{-1}$有吸收峰。烷類化合物通常不會在$1720cm^{-1}$有明顯的吸收峰。烯類化合物會在$1600cm^{-1}$ ~ $1680cm^{-1}$範圍有$C=C$雙鍵的吸收峰，但題目指出這個範圍內沒有明顯的吸收峰。歸納可得答案為(A)

29. **C** (A)吸收光譜；(B)發射光譜分析法；(D)此為對原子吸收光譜法的敘述

30. **A** (B)通常使用的是空心陰極燈（HCL）作為光源，而不是鎢絲燈。空心陰極燈的陰極由目標元素構成，可以發射出該元素特有的窄譜線光線；(C)被轉化為氣態原子；(D)熱電偶通常用於測量溫度

31. **B** (A)需要將u納入考量；(C)理論板高H會增加；(D)需要將范德姆特方程式進行微分，找到使H最小的u值

32. **C** (A)通常將偵檢器的溫度設定高於分離管柱的溫度，避免偵檢器處樣品冷凝；(B)非破壞性；(D)廣泛適用於各式有機和無機分子之檢測

33. **A** (B)紅棕色沉澱；(C)更多OH^-會造成更多沉澱；(D)酸性條件下尚有沉澱物存在

34. **A** (B)會被硫酸亞鐵還原，但不會產生鉻酸鉀；(C)橘色轉為綠色；(D)黃色沉澱物

35. **C** (B)生成硫化氫或硫離子；(D)產生碳酸根離子

36. **B** 添加酸性試劑後產生氣體，表示碳酸根離子在酸性條件下生成二氧化碳

37. **C** 在強鹼性條件下，鋁鹽會形成不溶於水的氫氧化鋁沉澱，消耗NaOH，所以當鹼性逐漸消耗至無法進一步形成沉澱時，表示所有的鋁離子已經沉澱完畢

38. **D** (A)(B)(C)中金屬離子與硫酸根形成的沉澱物溶解度較高，不會在此條件下完全沉澱。

39. **A** (C)黑色沉澱；(D)藍色沉澱

40. **D** 標準偏差：衡量數據偏離平均值的指標。甲：0.20ppm。乙：0.15ppm。丙：0.10ppm。丁：0.05ppm

41. **D** (A)最長為遠紅外光，接著是中紅外光，再來是近紅外光；(B)由於分子振動和旋轉時能量的變化；(C)電子躍遷所需能量較高

42.**B** (A)增加莫耳吸光係數；(C)助色團通常不含有雙鍵、參鍵；(D)$\pi \to \pi^*$或 $n \to \pi^*$躍遷

43.**D** $pH = pKa + \log\left(\dfrac{[A^-]}{[HA]}\right)$，其中$[A^-]$是鹽，$[HA]$是酸。由題目可知得加入了0.001mol的NaOH，又，$CH_3COOH+NaOH \to CH_3COONa+H_2O$，故可知增加了0.001mol的CH3COONa。歸納可得反應後CH_3COOH濃度為$0.10M \times 0.090L-0.0010mol$；$CH_3COONa$濃度為$0.10M \times 0.090L+0.0010\,mol$，總體積為0.100L。$CH_3COOH$之pKa為4.75，經由計算可得答案為(D)

↘112年經濟部所屬事業機構新進職員甄試

( )　1. 某元素M之化合物MO_2，在高溫以碳還原，在標準狀態下產生400ml一氧化碳及100ml二氧化碳，並得0.95克之M，請問該元素之原子量為多少g/mol？
(A)35.6　　　(B)66.8　　　(C)70.9　　　(D)123.7。

( )　2. 純酒精的沸點為78.41℃，其重量莫耳沸點上升常數K_b=1.22℃/m。某化合物5.0克溶於100.0克酒精中，則溶液的沸點變為78.91℃，請問該化合物的分子量為多少g/mol？
(A)98　　　(B)122　　　(C)144　　　(D)156。

( )　3. 230克之甲烷和乙烷混合氣體，與氧氣完全燃燒，產生660克之二氧化碳，請問混合氣體中乙烷有多少克？
(A)80　　　(B)120　　　(C)150　　　(D)180。

( )　4. 請問下列鍵結何者極性最小？
(A)Ca—F　　(B)Cl—F　　(C)H—F　　(D)O—F。

( )　5. 有68.0克之$CaCO_{3(s)}$，加熱後完全分解成$CO_{2(g)}$與$CaO_{(s)}$，請問所得之$CO_{2(g)}$在351℃及1.57atm時體積為多少升？（原子量Ca=40，C=12，O=16）
(A)22.2　　　(B)33.4　　　(C)40.6　　　(D)51.4。

( )　6. 在1.00升的容器中，有0.0129莫耳的PCl_5在250℃時氣化，容器壓力為1.00atm，已知PCl5有部分分解為PCl_3及Cl_2，請問PCl_5的分壓為多少atm？
(A)0.05　　　(B)0.11　　　(C)0.15　　　(D)0.21。

( )　7. 在常溫常壓下，下列何種氣體之真實氣體（Realgas）偏離理想氣體（Idealgas）最多？
(A)N_2　　　(B)NF_3　　　(C)NH_3　　　(D)NO。

( )　8. 有3瓶硫酸水溶液其濃度分別為①11%　②1.0m　③1.0M（比重1.06），若依濃度大小排列，請問下列何者正確？
(A)①>②>③　　(B)①>③>②　　(C)②>①>③　　(D)③>②>①。

( )　9. 欲將90%硫酸溶液配製成1公升之30%硫酸溶液（比重為1.224)，請問需多少克蒸餾水？
　　(A)715　　　　(B)816　　　　(C)964　　　　(D)1010。

( )　10. 在溫度25℃時血液的平均滲透壓為7.7atm，注射用生理食鹽水必須是血液的等張溶液，請問欲配製100ml的注射液需多少克NaCl？（原子量Na=23，Cl=35.5）
　　(A)0.25　　　(B)0.46　　　(C)0.92　　　(D)1.23。

( )　11. 化學反應A→C+D為二級反應，其速率常數為2.0（$l \cdot mol^{-1} \cdot S^{-1}$），若A之初始濃度為0.0500M，請問其半生期（Half-life）$t1/2$為多少秒？
　　(A)2　　　　　(B)5　　　　　(C)10　　　　　(D)50。

( )　12. 下列酸性強度比較之順序何者有誤？
　　(A)$H_2O<H_2S<H_2Se$　　　　　　(B)$HCl<H_2S<PH_3$
　　(C)$HClO<HClO_2<HClO_4$　　　　(D)$HOI<HOBr<HOCl$。

( )　13. 下列平衡系統中，何項操作可增加生成物濃度？
　　$Fe^{3+}_{(aq)}+SCN^-_{(aq)}\rightleftharpoons FeSCN^{2+}_{(aq)}$，定溫下加水
　　$H_2O_{(l)}\rightleftharpoons H_2O_{(g)}$，定溫定容下加$H_2O_{(g)}$
　　$N_{2(g)}+3H_{2(g)}\rightleftharpoons 2NH_{3(g)}$，定容下加入少量的$HCl_{(l)}$
　　$N_2O_{4(g)}\rightleftharpoons 2NO_{2(g)}$，定溫下縮小容積。

( )　14. 假設A+2B+C→D的反應機構為：
　　①A+B→X（快速平衡）　②X+C→Y（慢）　③Y+B→D（非常快）
　　請問此反應之反應速率定律式(Ratelaw)為何？
　　(A)R=K[A][B]　　　　　　　(B)R=K[A][B]^2
　　(C)R=K[A][B][C]　　　　　(D)R=K[A][B]^2[C]。

( )　15. 有pH=3和pH=9兩酸鹼溶液，若欲配成pH=5的溶液，請問酸、鹼兩溶液的體積比例為何？
　　(A)1：99　　　(B)2：99　　　(C)3：98　　　(D)4：85。

( )　16. 有0.1M之鉀鹽溶液KA、KB、KC，其pH依次為7、9、11，請問下列敘述何者有誤？

(A)同溫下同濃度之解離度：HA>HB>HC

(B)酸解離常數K_a：HA>HB>HC

(C)水解常數K_h：$C^->B^->A^-$

(D)水溶液中濃度：[HA]>[HB]>[HC]。

( )　17. 在常溫下，有下列4種電解液濃度不同之電池,請問何者電位最大？

(A)$Zn\,|\,Zn^{2+}(0.1M)\,\|\,Cu^{2+}(1.0M)\,|\,Cu$

(B)$Zn\,|\,Zn^{2+}(0.5M)\,\|\,Cu^{2+}(0.5M)\,|\,Cu$

(C)$Zn\,|\,Zn^{2+}(1.0M)\,\|\,Cu^{2+}(0.1M)\,|\,Cu$

(D)$Zn\,|\,Zn^{2+}(5.0M)\,\|\,Cu^{2+}(0.5M)\,|\,Cu$。

( )　18. 已知丙烷的燃燒熱為-530.6kcal/mol，$CO_{2(g)}$的生成熱為-94.0kcal/mol，$H_2O_{(l)}$的生成熱為-68.3kcal/mol，請計算丙烷的生成熱為多少kcal/mol？

(A)-55.8　　　　(B)-45.9　　　　(C)-36.4　　　　(D)-24.6。

( )　19. 下列4種化合物中，請問何者含有氧化數+3之碳？

(A)2-甲基-2-丙醇　　　　　　(B)乙酸甲酯

(C)丙酮　　　　　　　　　　(D)丁醛。

( )　20. 有一混合溶液加入Cl^-和SO_4^{2-}均可產生沉澱，請問此溶液含有下列何種離子？

(A)Ag^+　　　　(B)Ca^{2+}　　　　(C)Ni^{2+}　　　　(D)Pb^{2+}。

( )　21. 若以10安培(A)電流對含有下列鹽類之溶液電解20分鐘，請問哪個溶液的陰極可沉積最重之金屬？

(A)$HfCl_4$　　　　(B)$ScBr_3$　　　　(C)WCl_6　　　　(D)$ZnCl_2$。

( )　22. 請問有機物化合物$C_4H_{10}O$有幾種結構異構物？

(A)5　　　　　　(B)6　　　　　　(C)7　　　　　　(D)8。

( )　23. 有一含碳、氫和氧之有機化合物，取23毫克完全燃燒後生成二氧化碳44毫克及水27毫克，請問此化合物之實驗式為何？

(A)C_2H_4O　　　　(B)C_2H_6O　　　　(C)C_3H_6O　　　　(D)C_3H_8O。

( )　24. 依鹼度大小排列，請問下列何者正確？

(A)$RNH_2>RCONH_2>RSO_2NH_2$　　(B)$RCONH_2>RNH_2>RSO_2NH_2$

(C)$RCONH_2>RSO_2NH_2>RNH_2$　　(D)$RSO_2NH_2>RCONH_2>RNH_2$。

( ) 25. 下列有機化合物中，何者可以被氧化成為酮類？
(A)CH_3CH_2OH
(B)$(CH_3)_2CHOH$
(C)CH_3OCH_3
(D)CH_3CHO。

( ) 26. 下列何種過渡金屬離子在形成八面體錯合物時，有低自旋（Lowspin）與高自旋（Highspin）的差別？
(A)Cu^{2+}
(B)Fe^{3+}
(C)Ni^{2+}
(D)V^{2+}。

( ) 27. 下列何者具有尖晶石（Spinel）結構？
(A)Al_2O_3
(B)$CaTiO_3$
(C)Fe_2O_3
(D)$MgAl_2O_4$。

( ) 28. $[Co(en)_2(CO_3)]Cl$化合物有幾種配位基？
(A)0
(B)1
(C)2
(D)3。

( ) 29. 何種V元素之氧化態在自然界無法穩定存在？
(A)+1
(B)+2
(C)+3
(D)+5。

( ) 30. 下列4種金屬錯合物，何者為無色？
(A)$[Cu(NH_3)4]^{2+}$
(B)$Cr(CO)_6$
(C)$[Cr(NH_3)_6]^{3+}$
(D)$[Ni(H_2O)_6]^{2+}$

( ) 31. 關於錯合物的命名，下列何者有誤？
(A)$Cr(NH_3)_3Cl_3$,triamminetrichlorochromium(Ⅲ)
(B)$[Cr(H_2O)_5Br]^{2+}$,pentaaquabromochromium(Ⅲ)
(C)$[Fe(OH)_4]^-$,tetrahydroxoferrate(Ⅲ)
(D)$Pt(en)Cl_2$,dichloroethylenediaminetetraacetateplatinum(Ⅱ)。

( ) 32. 請問簡寫為EDTA之螯合劑可以提供幾個連接點與金屬原子螯合？
(A)2個
(B)3個
(C)4個
(D)6個。

( ) 33. 關於「酸是孤對電子的接受者而鹼是孤對電子的提供者」之敘述，屬下列何種酸鹼理論？
(A)阿瑞尼斯（Arrhenius）
(B)布忍斯特-羅瑞（Brønsted-Lowry）
(C)路易斯（Lewis）
(D)萊比錫（Leibig）。

( ) 34. 依據分子軌域（Molecular orbital）理論，下列何者為同核雙原子O_2^{2-}的鍵級數（Bond order）？
(A)1.0
(B)1.5
(C)2.0
(D)2.5。

( )｜35. 依據價殼層電子對排斥（Valence shell electron-pair repulsion, VSEPR）理論，關於混成軌域形狀之敘述，下列何者有誤？
(A)d^2sp^3，八面體形　　　　　　　(B)sp，線形
(C)sp^2，平面三角形　　　　　　　(D)sp^3，雙三角錐形

( )｜36. 下列何種化合物在常溫常壓下不穩定？
(A)CCl_2　　　(B)$GeCl_4$　　　(C)$PbCl_2$　　　(D)$SiCl_4$

( )｜37. 下列錯合物中，何者形狀為四面體形？
(A)$[NiBr_4]^{2-}$　　　　　　　　　(B)$[Ni(CN)_4]^{2-}$
(C)$[Pd(NH_3)_4]^{2+}$　　　　　　　(D)$[Pt(NH_3)_2Cl_2]$

( )｜38. 下列氮氧化物中，何者不具有線形結構？
(A)N_2O　　　(B)NO　　　(C)NO^+　　　(D)NO_2

解答與解析

1.**C**　由題目可知方程式為$MO_2+C \rightarrow CO+CO_2+M$。設M之原子量為x，則$MO_2$係數

=M係數=$\dfrac{質量}{原子量}=\dfrac{0.95}{x}$

由於屬標準狀態，1莫耳氣體有22.4公升，

因此CO有400毫升（0.4公升）$=\dfrac{0.4}{22.4}$莫耳；CO_2有100毫升（0.1公升）

=$\dfrac{0.1}{22.4}$莫耳。

又，反應前氧原子數=反應後氧原子數，$2(\dfrac{0.95}{x})=\dfrac{0.4}{22.4}+2(\dfrac{0.1}{22.4})$

解方程式可得x=70.9。

2.**B**　$\triangle T_b=K_b \times m$。$\triangle T_b$：沸點升高值；$K_b$：重量莫耳沸點上升常數；m：莫爾濃度。

已知$K_b=1.22\ ℃/m$；m=莫耳/千克溶劑

分子量=溶質的質量$\times \dfrac{K_b}{\triangle T_b} \times$溶劑的質量(千克)

帶入題目給定的值可得答案選(B)。

3.**C**　將甲烷、乙烷燃燒的化學式寫出，平衡之後再依據分子量$CH_4=16$，$CO_2=44$，$C_2H_6=30$即可求出答案(C)。

4.**D**　電負度差異越大，極性越強
(A)電負度差異約為3.0；(B)電負度差異約為1.0；(C)電負度差異約為1.9；(D)電負度差異約為0.5

5.**A**　$CaCO_3(s) \rightarrow CO_2(g) + CaO(s)$，$CaCO_3$分子量為100，經由計算可知有多少莫耳的$CaCO_3$，接著利用理想氣體方程式$PV=nRT$便可求得體積。

6.**B**

7.**C**　理想氣體假設氣體有無限小的分子體積且分子間無相互作用力。
(C)有氫鍵，分子間作用力最強，故最偏離理想氣體。

8.**B**　①硫酸質量為110g/kg；②硫酸質量為98.08g/kg；③硫酸質量為103.85g/kg

9.**B**　首先計算1公升30%硫酸溶液中的硫酸質量
$1.00L \times 1.224kg/L \times 0.30 = 0.3672kg = 367.2$ g
接著計算需要多少克的90%硫酸溶液來提供這些硫酸
$\dfrac{367.2g}{0.90} = 408.0g$
最後計算蒸餾水所需質量
$1.00L \times 1.224kg/L - 408.0g = 816g$

10.**C**　滲透壓需與血液的平均滲透壓7.7atm相等，計算公式為$\Pi=iCRT$。對於NaCl來説，i在水中完全解離成Na^+和Cl^-，故i=2。
帶入題目提供的數值得$7.7 = 2 \times C \times 0.0821 \times 298.15$
得C(單位為mol/L)後便可算出NaCl克數$= C \times 58.5 \times 0.1 = 0.92$，選(C)。

11.**C**　二級反應半生期$t_{\frac{1}{2}} = \dfrac{1}{k[A]_0}$，$[A]_0$是反應物A的初始濃度。
帶入題目所給數值得$t_{\frac{1}{2}} = \dfrac{1}{2.0 \times 0.0500} = 10$秒。

12.**B**　HCl酸性應為最強。

13.**D**　涉及勒沙特列原理。
(A)定溫下加水會增加系統的總體積，稀釋反應物和生成物的濃度
(B)定溫定容條件下增加產物會導致系統平衡向左側移動，即轉化成更多的液態水，這並不會增加生成物（氣態水）的濃度

(C)加入HCl不會直接改變氮、氫或氨的濃度，因為HCl不參與反應

(D)根據勒沙特列原理，當系統壓力增加（即減小容積時），平衡會向減少氣體分子總數的方向移動以減少壓力。在這個反應中，N_2O_4分解成2個NO_2，增加了分子數也增加了濃度。

14. **C**　反應機構中最慢的步驟，限制了整個反應的速率，故選(C)。

15. **B**　$pH_{final}=pH_{initial}+\log\left(\dfrac{[Base]}{[Acid]}\right)$根據題目，$5=3+\log\left(\dfrac{[Base]}{[Acid]}\right)$，解得$\dfrac{[Base]}{[Acid]}$ $=100$。考量酸本身的體積，酸：鹼=2：99。

16. **D**　(D)應為[HA] <[HB] <[HC]。

17. **A**　銅離子濃度最高，鋅離子濃度最低的情況下總電位最大。

(A)$[Zn^{2+}]=0.1M$；$[Cu^{2+}]=1.0M$

(B)$[Zn^{2+}]=0.5M$；$[Cu^{2+}]=0.5M$

(C)$[Zn^{2+}]=1.0M$；$[Cu^{2+}]=0.1M$

(D)$[Zn^{2+}]=5.0M$；$[Cu^{2+}]=0.5M$

18. **D**　$C_3H_8(g)+5O_2(g)\rightarrow 3CO_2(g)+4H_2O(l)$

$\triangle H_f(C_3H_8)=\triangle H_{燃燒}+3\triangle H_f(CO_2)+4\triangle H_f(H_2O)$

$=-530.6kcal/mol+3(-94.0kcal/mol)+4(-68.3kcal/mol)$

$=-24.6kcal/mol$

19. **B**　(A)2－甲基－2－丙醇的結構式為$CH_3C(CH_3)(OH)CH_3$，中間的碳原子與三個氫原子和一個氧原子結合，氧化數為－1。

(B)乙酸甲酯的結構式為CH_3COOCH_3，中間的碳原子與兩個氧原子和一個碳原子結合，氧化數為+3。

(C)丙酮的結構式為CH_3COCH_3，中間的碳原子與兩個氧原子和兩個碳原子結合，氧化數為+2。

(D)丁醛的結構式為CH_3CH_2CHO，末端的碳原子與一個氫原子和一個氧原子結合，氧化數為+1

20. **AD**　(A)產生白色$AgCl$沉澱；(D)產生白色$PbCl_2$沉澱

21. **A**　$Q=I\times t$

沉積質量計算公式為$m=\dfrac{M\times Q}{n\times F}$ 。F：法拉第常數；M：莫耳質量，n：價數，m：沉積金屬質量。

(A)價數為+4；(B)+3；(C)+6；(D)+2，經由計算可得答案為(A)。

22. **C** 結構異構物包括四種醇和三種醚，總共有7種。

23. **B** $CO_2=44$，$H_2O=18$，將題目所給之毫克換算成莫耳數，即可得解。

24. **A** 鹼度反映了一個分子或離子吸引質子（H^+）的能力。

RNH₂中，氮原子直接連接到烷基，使氮上的孤電子對相對可用於吸引質子。

$RCONH_2$中的氮原子通過共振與鄰近的羰基（C=O）相互作用，使孤電子對部分參與到C=O雙鍵中，減少了可用於吸引質子的孤電子對，從而降低了醯胺的鹼性。

RSO_2NH_2中，氮原子與更強的電子吸引基團SO_2相連，進一步降低氮上孤電子對的可用性，因為SO_2的強電子吸引效應比C=O更能夠降低氮的電子密度，使磺醯胺的鹼性最低。

綜上所述，答案為(A)。

25. **B** 二級醇會被氧化為酮類。(A)一級醇(B)二級醇(C)醚類(D)醛類。

26. **B** (A)Cu^{2+}有一個$3d^9$的電子配置，因此不會在八面體場中顯示高自旋和低自旋的差異，因為它幾乎填滿了d軌道，留下的單個空軌道不足以形成兩種不同的自旋狀態。

(B)Fe^{3+}具有$3d^5$電子配置，能夠根據配體的強度表現出高自旋或低自旋配置。

(C)Ni^{2+}具有$3d^8$電子配置，在大多數情況下傾向形成一種自旋狀態，通常不在低自旋和高自旋之間顯示顯著差異。

(D)V^{2+}具有$3d^3$電子配置，並不容易在八面體錯合物中展示明顯的低自旋和高自旋差異，因為它的d軌道電子較少，不足以在兩種不同自旋狀態間切換。

27. **D** 通式為AB_2O_4，其中A代表一個二價金屬離子，B代表一個三價金屬離子，O代表氧離子。

28. **C** 具有en與CO_3兩種配位基。

29. **A** V普遍存在+2~+5氧化態。

30. **B** (A)藍色；(C)紫色；(D)綠色。唯有(B)中金屬離子在錯合物裡氧化態為0，故無色。

31. **D** 應為dichloroethylenediamineplatinum(II)。

31. **D** 應為dichloroethylenediamineplatinum(II)。

32. **D** EDTA可以通過它的四個羧基和兩個氮原子，提供六個配位點來與金屬原子螯合。

33. **C** (A)水溶液產生H^+為酸，OH^-為鹼；(B)酸提供H^+，鹼接收H^+；(D)萊比錫並無貢獻酸鹼理論

34. **A** 在O_2中有10個鍵結電子與6個反鍵結電子，成為O_2^{2-}之後反鍵結電子數增加為8個。

$$鍵級數=\frac{鍵結電子數-反鍵結電子數}{2}=\frac{10-8}{2}=1$$

35. **D** 應為四面體結構。

36. **A** 因為缺少八隅體電子分布而在常溫常壓下不穩定。

37. **A** 錯合物的形狀由中心金屬離子的配位數（與中心金屬連接的配體數量）和配體的排列方式所決定。四面體錯合物通常具有四個配體。

38. **D** (D)具有未成對電子導致彎曲。

↘112年四技二專入學測驗

( )　1. 下列錯合物中金屬與配位基的鍵結何者屬於dsp³混成軌域？
　　　(A)Co(H₂O)₆³⁺　　　　　　　　(B)Pt(NH₃)₄²⁺
　　　(C)Cr(NH₃)₆³⁺　　　　　　　　(D)Fe(CO)₅。

( )　2. 常溫常壓時，下列有關鹼金族元素性質的比較，何者正確？
　　　(A)熔點：Li＞Na＞K＞Rb　　　(B)原子半徑：Li＞Na＞K＞Rb
　　　(C)密度：Li＞Na＞K＞Rb　　　(D)價電子數：Li＜Na＜K＜Rb。

( )　3. 在無添加過氧化物的條件下，下列何者是1-戊烯與氯化氫進行加成
　　　反應後的主要產物？
　　　(A)1-氯戊烷　　　(B)2-氯戊烷　　　(C)3-氯戊烷　　　(D)正戊烷。

( )　4. 取$N_{2(g)}$、$H_{2(g)}$，在一定條件下合成$NH_{3(g)}$，在10L容器內裝入反
　　　應物，反應進行2小時後，測得容器內有$4molH_{2(g)}$、$3molN_{2(g)}$、
　　　$4molNH_{3(g)}$，則NH_3生成的速率等於多少$mol \cdot L^{-1} \cdot min^{-1}$？
　　　(A)0.005　　　(B)0.003　　　(C)0.002　　　(D)0.001。

( )　5. 下列放射性元素衰變所形成的原子核變化，何者正確？
　　　$^{7}_{4}Be + ^{0}_{-1}e \rightarrow ^{7}_{3}Li$
　　　(A)電子捕獲，使一個質子變為中子
　　　(B)正子捕獲，使一個中子變為質子
　　　(C)β衰變，使一個電子變為質子
　　　(D)正子放射，使一個質子變為電子。

( )　6. 於25℃時，反應式$A_{(g)}+2B_{(g)}+3C_{(g)} \rightarrow D_{(g)}+2E_{(g)}$。"[ ]"表示體
　　　積莫耳濃度。當[B]、[C]固定而[A]減半，則反應速率為原來的1/8
　　　倍；當[A]、[C]固定而[B]增為2倍，則反應速率為原來的2倍；當
　　　[A]、[B]固定而[C]增為2倍，則反應速率不變。則該反應的反應級
　　　數為幾級？
　　　(A)1　　　　　(B)2　　　　　(C)3　　　　　(D)4。

( )　7. 下列有關化合物氯化鎂(MgC12)的敘述，何者正確？（原子序：
　　　Mg=12，Cl=17）

(A)$MgCl_2$為非極性的固態分子

(B)Mg的氧化數為−2，Cl的氧化數為+1

(C)鎂原子的電負度大於氯原子的電負度

(D)鎂離子的電子組態為$1s^22s^22p^6$。

( )　8. 25℃下乙酸($CH3COOH$)的解離常數Ka和氨($NH3$)的解離常數Kb大約都是1.8×10^{-5}。一大氣壓25℃下製備三種溶液各100mL，分別為甲溶液：0.20M氯化銨($NH4Cl$)；乙溶液：0.15M乙酸鈉($CH3COONa$)；丙溶液：0.10M乙酸銨($CH3COONH4$)；則下列三個溶液pH值的高低比較，何者正確？

(A)乙＞丙＞甲　(B)丙＞乙＞甲　(C)甲＞乙＞丙　(D)甲＞丙＞乙。

( )　9. 下列有關甲烷的鍵結、分子間作用力及性質的敘述，何者正確？

(A)由於C-H鍵是極性共價鍵，所以甲烷是一個極性分子

(B)C原子的外層電子$2p^4$與4個H原子形成四個共價鍵

(C)甲烷分子相互之間由於偶極-偶極的分散力作用而相互吸引

(D)甲烷分子的幾何形狀為正四面體，其C原子為sp^3混成軌域。

( )　10. 20世紀初期，由於哈伯法（Haber - Bosch process）的發明與應用，促成氮肥大量生產，農作物收成得以倍增，因而避免由於人口快速增加所可能面對的飢荒問題。現有下列甲~戊五種製作氣體的方法，大華想以其中三種方法所製造的氣體，利用哈伯法與氮肥製造程序生產氮肥，則下列關於大華製造氮肥的敘述何者正確？

甲：加熱氯酸鉀與二氧化錳混合物乙：電解水並收集陰極產物

丙：電解水並收集陽極產物丁：大理石加濃鹽酸

戊：加熱亞硝酸鈉與氯化銨混合物

(A)使乙與戊二法所製造氣體反應，產物再與丁反應，其所生產氮肥為尿素

(B)使乙與丁二法所製造氣體反應，產物再與戊反應，其所生產氮肥為硝酸銨

(C)使甲與乙二法所製造氣體反應，產物再與戊反應，其所生產氮肥為尿素

(D)使丁與戊二法所製造氣體反應，產物再與丙反應，其所生產氮肥為硝酸銨。

( )　11. 大氣中CO_2濃度持續增加,對地球環境的影響除了全球暖化與氣候變遷外,海洋、湖泊等水體的酸化,也是衝擊生存條件的重要課題。倘若2050年大氣中CO_2濃度上升至500ppm(v/v),小華想了解屆時水體pH值大約是多少。假設CO_2與空氣均可視為理想氣體且只考慮大氣CO_2的影響,則下列甲~戊中各項,何者為估算水體pH值時必須知道的資訊?

甲:氣體常數　乙:亨利常數

丙:CO_2的昇華溫度　丁:碳酸解離常數

戊:道耳頓(JohnDalton)分壓定律

(A)甲、丙、丁、戊　　　　　(B)甲、乙、戊

(C)乙、丙、丁　　　　　　　(D)乙、丁、戊。

( )　12. 圖為A、B、C三物質的升溫曲線實驗結果,依加熱時間增加與物質升溫方向,三個物質各線段對應之物理狀態分別為固態、熔化狀態、液態、沸騰狀態及氣態,且熔化狀態線段長短為A<B<C,沸騰狀態線段長短為B<A<C,液體狀態線段斜率B>A>C。若三物質實驗時稱量的質量相同,加熱速率亦均相同,並假設所加熱量均被物質吸收,則下列敘述何者錯誤?

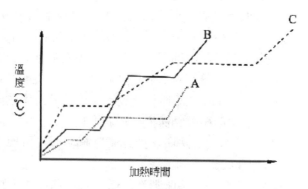

(A)A、B、C為不同物質,且均為純物質

(B)汽化熱A>B>C

(C)熔化熱A<B<C

(D)液體比熱以C最大。

( )　13. 平衡下列反應方程式：$Na_3PO_4 + MgCl_2 \rightarrow Mg_3(PO_4)_2 + NaCl$。現若加入8.2克$Na_3PO_4$與5.7克$MgCl_2$反應，則NaCl的理論產量為若干？(式量：$Na_3PO_4$=164，$MgCl_2$=95，NaCl=58.5)

(A)7.0g　　　　(B)8.8g　　　　(C)17.6g　　　　(D)21.1g。

( )　14. 四氧化二氮(N_2O_4)加熱分解為二氧化氮(NO_2)是一個可逆反應。在100℃下於100mL封閉試管進行三個實驗，實驗一及實驗二分別置入0.0200M及0.0400M的N_2O_4，到達平衡後[N_2O_4]和[NO_2]測量值如表；則實驗三置入0.0200M的NO_2，到達平衡後下列哪一組[N_2O_4]和[NO_2]的測量值最符合預期結果？

實驗	初始 [N2O4](M)	初始 [NO2](M)	平衡 [N2O4](M)	平衡 [NO2](M)
一	0.0200	0.0	0.0045	0.0310
二	0.0400	0.0	0.0134	0.0532
三	0.0	0.0200	?	?

(A)[N_2O_4]=0.0164M，[NO_2]=0.0036M

(B)[N_2O_4]=0.0M，[NO_2]=0.0200M

(C)[N_2O_4]=0.0014M，[NO_2]=0.0172M

(D)[N_2O_4]=0.0018M，[NO_2]=0.0195M。

( )　15. 室溫下張同學實驗結果發現每1L純水最多可溶解3.0×10^{-3}g的硫酸鋇；則1L濃度1.0M的硫酸鈉水溶液中，最多可溶解硫酸鋇多少g？（式量：BaSO4=233）

(A)6.0×10^{-2}　　(B)1.3×10^{-5}　　(C)4.0×10^{-8}　　(D)1.7×10^{-10}。

( )　16. 曉華是慶典會場設計師，為布置會場，準備以漂浮在場內的七彩氣球來裝飾。但是當他在氣球內灌入N_2時，氣球浮不起來，灌入He時，氣球又會上升到天花板上。化學老師告訴曉華，為使氣球能在場內空氣中任何位置停留，應灌入N_2與He的混合氣體，假設每一個未灌氣體的氣球質量均為4.0g且忽略氣球材質體積，氣球內所填充混合氣體的壓力1atm，體積5.0L，溫度27℃；會場內空氣密度1.16g/L；空氣、N_2與He均視為理想氣體，則該混合氣體中

N_2：He的體積比約為若干？（分子量：He=4，N2=28，O2=32，R=0.082atm・L・mol^{-1}・K^{-1}）

(A)1：6　　　　(B)1：4　　　　(C)5：2　　　　(D)3：1。

( )　17. 阿寶在花園裡收集到一些碎石狀的固體，他想知道這些是什麼成分，他決定先測定這些小碎石的比重，這些固體不會溶於水，因此他到實驗室拿了比重瓶，先稱空比重瓶的重量是W_0，加入小碎石後稱重是W_1，再以滴管加滿水後稱重是W_2，接著倒出小碎石後洗淨比重瓶，以滴管將比重瓶加滿水後稱重是W_3，依據前述步驟，阿寶該如何計算小碎石的比重？

(A)$\dfrac{W_1-W_0}{(W_3-W_1)-(W_2-W_0)}$ 　　　　(B)$\dfrac{W_1-W_0}{(W_3-W_0)-(W_2-W_1)}$

(C)$\dfrac{W_1-W_0}{(W_2-W_0)-(W_3-W_1)}$ 　　　　(D)$\dfrac{W_3-W_1}{(W_1-W_0)-(W_2-W_1)}$ 。

( )　18. 在實驗室中可用化合法來測定氧化鎂的化學式，取鎂帶與充分的空氣燃燒，可以生成氧化鎂，$2Mg_{(s)}+O_{2(g)} \rightarrow 2MgO_{(s)}$，現有四組同學都取了等重的鎂帶去做實驗，實驗數據如表（未完成計算），哪一組的實驗數據所得氧化鎂的實驗式為MgO？（原子量：Mg=24.3，O=16.0）

組別	第一組	第二組	第三組	第四組
鎂帶重(g)	2.430	2.430	2.430	2.430
氧化鎂重(g)	4.830	3.390	4.030	5.630
氧重(g)				
Mg與O莫耳數最簡單整數比				
氧化鎂實驗室				

(A)第一組　　　(B)第二組　　　(C)第三組　　　(D)第四組。

( )　19. 以純水配製200mL濃度分別為1.0M的氯化亞銅溶液和0.5M的硫酸銅溶液，然後以四片重量相同（W_0）的銅片組裝進行電解實驗，實驗裝置如圖。電解時電壓和電流分別為10V和1.5A，通電10分鐘，然後將銅片取出以蒸餾水淋洗、乾燥後稱重並記錄銅片A、B、C、D的重量，分別為W_A、W_B、W_C、W_D，則(W_B-W_0)：(W_D-W_0)的比值大約為何？

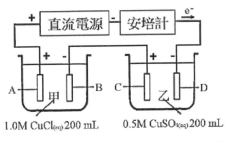

(A)2：1　　　　(B)1：2　　　　(C)1：1　　　　(D)–1：1。

( )　20. 明礬(KAl(SO₄)²·12H₂O)是淨水程序中常用於沉降顆粒性物質的藥劑，小華為降低家中魚缸濁度，同時也基於環保永續的目的，希望能使用回收鋁罐來自製明礬。經查資料，小華獲知利用回收鋁罐製造明礬的程序大略如下列四個步驟，依據明礬製造程序，下列選項中的敘述何者錯誤？

步驟一：以KOH(1.5M)將鋁片溶解，生成Al(OH)₄⁻及H₂；

步驟二：加H₂SO₄(9M)於步驟一溶液中，生成含Al³⁺的熱溶液；

步驟三：將步驟二的溶液降溫，生成純度較低的明礬，將明礬固體從溶液中分離；步驟四：以酒精水溶液（酒精：水=1：1）洗滌明礬固體。

(A)步驟一涉及的化學反應中包括氧化還原反應、酸鹼反應及錯合反應

(B)產製明礬的過程中，涉及的物理程序包括溶解、過濾與結晶等程序

(C)產製明礬的過程中，水除作為溶劑外，亦參與反應，於步驟一需適量補水

(D)步驟四以酒精水溶液洗滌明礬，目的在於控制明礬的結晶水數目。

( )　21. 趙同學以兩個套疊的保麗龍杯製作一個定壓卡計，首先在卡計置入50.0mL的純水，平衡後量測溫度為20.0℃；然後加入50.0mL溫度35.0℃的純水，卡計中冷水與熱水混和平衡後量測溫度為27.0℃；則該定壓卡計的熱容量為何？（純水比熱：1cal·g⁻¹·℃⁻¹；純水密度：1g·mL⁻¹）

(A)1.50cal·g⁻¹·℃⁻¹　　　　　　(B)–4.18cal·g⁻¹·℃⁻¹

(C)7.14cal·℃⁻¹　　　　　　　　(D)15.0cal·℃⁻¹。

( )　22. 紅外線、可見光、紫外線、X射線四種電磁波具有不同的波長及頻率範圍，其與物質交互作用的機制也會不相同，在分析化學及生活中也可發展出不同的應用。下列有關此四種電磁波的敘述，何者正確？

(A)可見光的頻率最低　　　　　(B)紫外線的頻率最高

(C)X射線的波長最長　　　　　(D)紅外線的波長最長。

( )　23. 利用紫外線/可見光吸收光譜儀測定下列化合物的吸收光譜，何者最大吸收峰（$\pi \rightarrow \pi^*$躍遷）出現的波長（λmax，nm）最長？

(A)$H_2C=CH-CH=CH_2$

(B)$H_3C-CH=CH-CH=CH_2$

(C)$H_3C-CH=CH-CH=CH-CH_3$

(D)$H_2C=CH-CH=CH-CH=CH_2$。

( )　24. 實驗室有一瓶僅含有氯化鈉的水溶液，已知其濃度為5.9%，取5.0mL此水溶液置入20.0g之蒸發皿秤重紀錄後，接著將蒸發皿置於加熱器上緩緩加熱直至水分完全蒸乾並冷卻後再秤重紀錄，重複此實驗3次，測得氯化鈉濃度分別為5.0%、5.1%和4.9%，則下列敘述何者正確？

(A)實驗結果精確，並無隨機誤差（不定誤差）

(B)實驗結果具有系統誤差（固定誤差），相對誤差為0.9%

(C)實驗結果具有系統誤差（固定誤差），絕對誤差為0.9%

(D)實驗結果準確，具有隨機誤差（不定誤差），平均偏差(絕對平均偏差)為0.9%。

( )　25. 使用傅立葉轉換紅外線光譜分析儀（FTIR）進行某有機化合物樣品的分析，利用官能基之特徵吸收峰定性分析該化合物，發現其在$2695cm^{-1} \sim 2830cm^{-1}$間有IR吸收峰，且在$1760cm^{-1}$及$1385cm^{-1}$附近各有一明顯的IR吸收峰，但在$1600cm^{-1} \sim 1680cm^{-1}$間、$2100cm^{-1} \sim 2260cm^{-1}$、$3000cm^{-1} \sim 3100cm^{-1}$附近都沒有明顯的IR吸收峰，則此化合物最可能為下列何種化合物？

(A)烷類　　　　　　　　　　　(B)烯類

(C)炔類　　　　　　　　　　　(D)醛類。

( )　26. 有關定性分析中陰離子$Fe(CN)_6^{3-}$及$Fe(CN)_6^{4-}$的敘述，下列何者正確？

(A)鐵離子(Fe^{3+})會與亞鐵氰根離子($Fe(CN)_6^{4-}$)反應，生成藍色$Fe_4[Fe(CN)_6]_3$沉澱

(B)鎘離子(Cd^{2+})會與亞鐵氰根離子($Fe(CN)_6^{4-}$)反應，生成藍色$Cd_4[Fe(CN)_6]_3$沉澱

(C)$Fe(CN)_6^{4-}$可被還原為$Fe(CN)_6^{3-}$

(D)亞鐵離子(Fe^{2+})會與鐵氰根離子($Fe(CN)_6^{3-}$)生成$Fe_3[Fe(CN)_6]_4$沉澱。

( )　27. 有關Br^-、I^-、SCN^-、$S_2O_3^{2-}$四種陰離子的敘述，下列何者正確？

(A)在可能含I^-的水溶液中加入環己烷，再加入少許Cl_2-H_2O(Cl_2/H_2O，氯水)震搖並萃取，環己烷層若有紫紅色，則表示此水溶液中有I^-存在

(B)Ag^+與Br^-作用會形成紅色的$AgBr$沉澱

(C)濃度0.1M的$NaSCN$水溶液10mL，逐滴滴入1M氯化鐵($FeCl_3$)水溶液，會生成黑色$Fe(SCN)_3$沉澱

(D)$Na_2S_2O_3$在碘滴定法中作為氧化劑，在水溶液中與I_2發生反應，用來標定碘標準溶液。

( )　28. 已知有甲、乙、丙及丁四個含硝酸銅($Cu(NO_3)_2$)的樣品，其硝酸銅濃度的分析資料分別如下，則此四個樣品中含硝酸銅質量的大小順序排列，下列何者正確？(式量：$Cu(NO_3)_2$=187.5)

甲樣品：其重量0.500mg的乾燥固體樣品、硝酸銅濃度為1.00%

乙樣品：其體積0.100L的水樣、硝酸銅體積莫耳濃度為1.00×10^{-6}M

丙樣品：其體積2.00mL的水樣、硝酸銅濃度為1.00ppm　（parts permillion）

丁樣品：其體積1.00mL的水樣、硝酸銅濃度1.00×10^2ppb（parts per billion）

(A)甲>乙>丙>丁

(B)丙>甲>乙>丁

(C)丁>丙>乙>甲

(D)乙>甲>丙>丁。

( )　29. 將某含氰化鈉及惰性成分試樣0.98g置於250mL錐形瓶中，加入純水100mL使其完全溶解並搖勻，以濃度0.100M的硝酸銀標準溶液滴定，當滴入30.00mL時，恰到達滴定終點(若試樣中僅有氰化鈉會與硝酸銀水溶液產生化學反應，試樣及其水溶液中不含干擾本滴定反應之物質)；另進行空白實驗，當滴入2.00mL硝酸銀標準溶液時，恰到達滴定終點。則該試樣中氰化鈉的重量百分率(NaCN%)為何？
（式量：NaCN=49）
(A)14%　　　(B)21%　　　(C)28%　　　(D)35%。

( )　30. 銅金屬的延展性好、導熱性和導電性高，因此在電纜、電氣和電子元件是常用的材料。下列有關銅離子或銅化合物的敘述，何者正確？
(A)0.01M$Cu(NO_3)_2$水溶液10mL，逐滴滴入0.1M$K_4Fe(CN)_6$水溶液，生成主要產物為紅棕色的沉澱
(B)以氧化銅進行硼砂珠試驗，在氧化焰及還原焰中都呈現藍色
(C)0.01M$Cu(NO_3)_2$水溶液10mL，逐滴滴入過量15M濃氨水溶液，生成主要產物為紅色$Cu(OH)_2$沉澱
(D)0.01M$Cu(NO_3)_2$水溶液10mL，逐滴滴入0.1MKOH水溶液，生成主要產物為紅色的Cu_2O沉澱。

( )　31. 壁癌可能是滲漏水造成的現象，當水泥中的氫氧化鈣遇到了水，會生成氫氧化鈣水溶液或含水的氫氧化鈣，再與空氣中的二氧化碳結合後，會生成不同形式的鈣化合物固體。下列有關鈣化合物的敘述何者正確？
(A)鈣鹽進行焰色試驗，其焰色反應為藍色火焰
(B)將含水的草酸鈣固體，由25℃慢慢加熱至500℃，使完全脫水且完全分解出CO後，則生成主要產物為$CaCO_3$固體
(C)若氫氧化鈣與二氧化碳結合後所得產物，加入濃鹽酸至完全溶解後，進行焰色試驗，其焰色反應為綠色火焰
(D)若氫氧化鈣與二氧化碳完全結合後所得產物，加入醋酸至完全溶解後，再加入二鉻酸鉀與醋酸銨後，會生成沉澱，其主要沉澱產物為白色醋酸鈣。

( )　32. 在25℃下，取0.1M NaCl水溶液5mL，加入$AgNO_3$水溶液，進行AgCl沉澱實驗時，下列四個實驗步驟，何者最有利於在水溶液中產生顆粒較大、純度較高且易於過濾及洗滌的AgCl固體沉澱？

(A)取0.1MNaCl水溶液5mL，加入硝酸酸化，逐滴緩慢滴入0.1M AgNO₃水溶液5mL，並緩慢攪拌，於沉澱完全後，才進行過濾

(B)取0.1M NaCl水溶液5mL，加入15M濃氨水1mL混合均勻後，再逐滴滴入0.1MAgNO₃水溶液5mL，不斷攪拌下進行沉澱

(C)取0.1M NaCl水溶液5mL，快速加入5.0M AgNO₃水溶液5mL，進行AgCl沉澱

(D)取0.1M NaCl水溶液5mL，先加入1M碘化鉀(KI)水溶液1mL混合均勻後，再逐滴加入0.1MAgNO₃水溶液5mL，並不斷攪拌。

( ) 33. 在25℃下，欲利用氯化銨及氨水配製pH值10.0的緩衝溶液，以供乙二胺四乙酸（EDTA）螯合滴定法測定水樣硬度之用。若此緩衝溶液係於200mL的容量瓶中，先置入10.7g氯化銨，加入純水80mL使氯化銨完全溶解，加入濃度15.0M的濃氨水體積為VmL，再加入純水至此容量瓶刻度線後，蓋上瓶蓋並搖盪使混合均勻，得到此緩衝溶液，則V（mL）為何？（原子量：N=14.0，H=1.00，Cl=35.5，O=16.0，NH_3之$K_b=1.80\times10^{-5}$）

(A)25.2　　　　(B)37.　　　　(C)50.0　　　　(D)74.1。

( ) 34. 下列有關原子吸收光譜法的敘述，何者正確？

(A)原子吸收光譜儀主要是由感應耦合電漿、離子化系統、分光系統和偵檢系統組成

(B)原子吸收光譜儀主要用在金屬元素的分析，將樣品中的分析物轉變成氣態原子，這些原子會吸收光源所提供之特性波長的光，利用吸收值與濃度之正比關係進行定量分析

(C)原子吸收光譜法是利用火焰或電火花所產生的熱量，將待測試樣激發並發出光，測定發射光的強度，進行定量分析

(D)原子吸收光譜法主要用來檢測化合物中官能基的種類。

( ) 35. 精秤0.50g的鉀明礬試樣（鉀明礬為硫酸鋁及硫酸鉀的複鹽（$K_2SO_4 \cdot Al_2(SO_4)_3 \cdot 24H_2O$），置於250mL燒杯中，加入100mL純水並加熱及攪拌使其完全溶解，接著加入適量3M氯化銨水溶液及適量酚紅指示劑，蓋上表玻璃並加熱至近沸騰。然後，於攪拌下逐滴加入6M氨水溶液至溶液由黃色變為橙色，使所有Al^{3+}完全形成$Al(OH)_3$沉澱（反應式：$K_2SO_4 \cdot Al_2(SO_4)_3 + 6N$

$H_3+6H_2O\rightarrow3(NH_4)2SO_4+2Al(OH)_3+K_2SO_4$）。經由過濾及洗滌後，將所得的$Al(OH)_3$沉澱置於高溫爐中灼燒成$Al_2O_3$（反應式：$2Al(OH)_3\rightarrow Al_2O_3+3H_2O$），冷卻後秤得$Al_2O_3$其恆重為0.050g，則在此鉀明礬試樣中含鋁的重量百分率（Al%）為何？（原子量：Al=27，O=16）

(A)1.3%　　　(B)2.6%　　　(C)5.3%　　　(D)7.9%。

( )　36. 取0.0200M氯化鈉標準溶液20.0mL置於錐形瓶中，加入30.0mL純水與適量鉻酸鉀指示劑並攪拌均勻，以某硝酸銀水溶液（甲水溶液），進行滴定，當滴入12.00mL時，恰到達滴定終點；另進行空白實驗，當滴入2.00mL甲水溶液時，恰到達滴定終點。取某含有氯化鍶及惰性成分的試樣0.318g（若此試樣中僅有氯化鍶會與硝酸銀水溶液產生沉澱反應，試樣及其水溶液中不含干擾本滴定反應之物質），置於錐形瓶中，加入100.0mL純水並攪拌使其完全溶解後，加入適量鉻酸鉀指示劑，使用甲水溶液進行滴定，滴入27.00毫升後，恰到達滴定終點；另進行空白實驗，當滴入2.00mL甲水溶液時，恰到達滴定終點。則此試樣中氯化鍶的重量百分率（$SrCl_2$%)為何？（式量：$SrCl_2$=159）

(A)25%　　　(B)37%　　　(C)50%　　　(D)54%。

( )　37. 室溫下，常用酸鹼滴定的指示劑，甲基橙之顏色變化由紅色變為黃色之pH值範圍為3.1~4.4，而酚酞之顏色變化由無色變為紅色之pH值範圍為8.2~10.0，當進行以0.1MNaOH標準水溶液滴定未知濃度的醋酸水溶液的滴定實驗時，考慮選擇以甲基橙或酚酞為指示劑，關於此酸鹼滴定實驗及其滴定指示劑選擇的敘述，下列何者正確？

(A)選擇甲基橙當指示劑進行滴定實驗所產生的系統誤差（固定誤差）一定較選擇酚酞時為小

(B)選擇甲基橙當指示劑進行滴定實驗所產生的系統誤差（固定誤差）一定較選擇酚酞時為大

(C)選擇甲基橙當指示劑進行滴定實驗所產生的隨機誤差（不定誤差）一定較選擇酚酞時為小

(D)選擇甲基橙當指示劑進行滴定實驗時其當量點的pH值一定較選擇酚酞時為大。

( )　38. 以強酸HCl標準水溶液分別滴定甲、乙、丙三個水溶液,甲為碳酸鈉的水溶液,乙為碳酸氫鈉的水溶液,丙為等莫耳數碳酸鈉與碳酸氫鈉的混合水溶液,分別得到三個酸鹼滴定曲線,其中有兩個酸鹼滴定曲線如圖所示(圖中橫軸的HCl體積由原點(0mL)往右依等比例增加及縱軸的pH由原點往上依等比例增加,Ⓐ曲線的第一當量點為b及第二當量點為d,Ⓑ曲線的當量點為f),則下列敘述何者正確?
(A)Ⓐ曲線可能為甲的滴定曲線
(B)Ⓐ曲線可能為乙的滴定曲線
(C)Ⓐ曲線可能為丙的滴定曲線
(D)Ⓑ曲線可能為丙的滴定曲線。

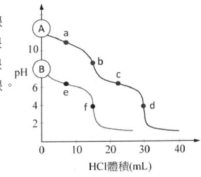

( )　39. 層析管柱之效率可利用管柱的理論板高度(H)來評估,而管柱理論板高可用范第姆特(VanDeemter)方程式H=A+B/u+C×u描述,其中u為移動相的流動速率,而A為渦流擴散因子,B為縱向擴散因子,C為非平衡之質量轉移因子。則下列敘述何者正確?(范第姆特方程式中,H:理論板高(單位cm),u:移動相線性流速(單位cm/s),A單位cm,B單位cm^2/s,C單位s)
(A)若u變大可提高層析之管柱效率,主要貢獻因素來自A(渦流擴散因子)
(B)若u變小可提高層析之管柱效率,主要貢獻因素來自B(縱向擴散因子)
(C)若u變大可提高層析之管柱效率,主要貢獻因素來自A(渦流擴散因子)和C(縱向擴散因子)
(D)若u變小可提高層析之管柱效率,主要貢獻因素來自C(非平衡之質量轉移因子)。

( )　40. 層析法可利用待分析物已知濃度標準溶液樣品的濃度與該分析物層析圖譜尖峰面積成正比的關係作檢量線,進行該待分析物未知濃

度溶液樣品的定量分析，若五個標準溶液樣品含A物質濃度分別為10.0%、20.0%、30.0%、40.0%和50.0%，經氣相層析法得到對應之尖峰面積為1.20、2.40、3.60、4.80和6.00cm²，由此實驗結果可得到濃度與其氣相層析圖譜尖峰面積之檢量線，在相同氣相層析實驗條件下，進行A物質未知濃度溶液樣品的定量分析，則下列敘述何者正確？

(A)此製作檢量線方式稱為標準添加法

(B)若A物質未知濃度溶液樣品，得到其氣相層析圖譜尖峰面積為4.20cm²，則推測此未知濃度溶液樣品A物質濃度可能為35.0%

(C)若A物質未知濃度溶液樣品，得到其氣相層析圖譜尖峰面積為0.60cm²，則推測此未知濃度溶液樣品A物質濃度可能為2.5%

(D)若A物質未知濃度溶液樣品，得到其氣相層析圖譜尖峰面積為8.40cm²，則推測此未知濃度溶液樣品A物質濃度可能為20.0%。

( )　41. 鉻被廣泛應用於化工、鑄造、冶金及各種高科技領域。在含0.01M $Cr(NO_3)_3$ 的水溶液10mL，逐滴滴入0.1MKOH水溶液6滴並混合均勻，會生成沉澱物，此沉澱物分離後，將此沉澱物置於一試管中，再加入過量0.1MKOH水溶液並攪拌均勻直到完全溶解，下列有關此實驗過程的敘述何者正確？

(A)逐滴滴入0.1MKOH水溶液並混合均勻，先生成 $Cr(OH)_6$ 沉澱物，將此沉澱物再加入過量0.1MKOH水溶液並攪拌直到完全溶解，則生成 $Cr(NH_3)_6^{3+}$ 綠色之水溶液

(B)逐滴滴入0.1MKOH水溶液並混合均勻，先生成 $Cr(OH)_3$ 沉澱物，將此沉澱物再加入過量0.1MKOH水溶液並攪拌直到完全溶解，則會生成含 $Cr(OH)_4^-$ 的水溶液

(C)逐滴滴入0.1MKOH水溶液並混合均勻，先生成 $Cr(OH)_3$ 沉澱物，將此沉澱物再加入過量0.1MKOH水溶液並攪拌直到完全溶解，則主要生成 CrO_4^{2-} 的黃色水溶液

(D)逐滴滴入0.1MKOH水溶液並混合均勻，先生成 $Cr(OH)_3$ 沉澱物，將此沉澱物再加入過量0.1MKOH水溶液並攪拌直到完全溶解，則主要生成 $Cr_2O_7^{2-}$ 的橙色水溶液。

( ) 42. 市售漂白水，主要分為氧系（含H_2O_2）和氯系（含ClO^-）兩種，此兩種化合物皆可當氧化劑，利用碘間接滴定法測量氧化劑之含量，已知化學反應如下：

氧系：$H_2O_{2(aq)}+2I^-_{(aq)}+2H^+_{(aq)} \rightarrow I_{2(s)}+2H_2O_{(l)}$

氯系：$OCl^-_{(aq)}+2I^-_{(aq)}+2H^+_{(aq)} \rightarrow I_{2(s)}+H_2O_{(l)}+Cl^-_{(aq)}$

滴定：$I_{2(s)}+2S_2O_3^{2-}_{(aq)} \rightarrow 2I^-_{(aq)}+S_4O_6^{2-}_{(aq)}$

有一市售氯系漂白水，主要成分為$Ca(OCl)Cl$，其有效氯（Cl_2，氯分子量=71.0）

測定實驗步驟如下：

(1)取此市售氯系漂白水10.00mL置於250mL錐形瓶中，

(2)加入去離子水60.00mL，

(3)加入3.0M硫酸10.00mL和3.0g碘化鉀均勻混合成深褐色，

(4)以0.100M硫代硫酸鈉水溶液滴定到淡黃色，

(5)加入約3mL澱粉指示劑使顏色變為深藍色，

(6)繼續以0.100M的硫代硫酸鈉水溶液滴定到深藍色消失後，記錄及扣除空白滴定所需體積後，得到硫代硫酸鈉水溶液所需滴定體積為20.60mL

（若試樣中僅有$Ca(OCl)Cl$的OCl^-會與I^-發生化學反應，其它成分不參與反應），則此市售漂白水有效氯(Cl_2)含量(mg/mL)為多少？

(A)3.66　　　(B)7.31　　　(C)14.6　　　(D)18.3。

▲閱讀下文，回答第43-44題

有甲、乙和丙三種不同有機指示劑，分別屬於羧酸類、酚類和酯類三種官能基（已知此三種指示劑的極性大小為甲＞乙＞丙），在中性緩衝溶液中各別呈現紅色、綠色和藍色，今取毛細管分別沾取少量的甲、乙和丙試劑點滴在矽膠製備的TLC片上，以丙酮與正己烷等體積混合溶液為展開劑（已知極性大小為丙酮＞正己烷），在達到展開劑之蒸氣飽和狀態下的展開槽進行薄層層析實驗，觀察展開劑上升情況，待展開劑上升至距離TLC片頂端1cm時，用鑷子將TLC片取出，並以鉛筆輕輕畫出展開劑前緣位置。

( ) 43. 計算甲、乙和丙三種指示劑的Rf值，則三種指示劑的Rf值由大到小的排序，下列何者正確？（Rf為阻滯因數）

(A)甲＞乙＞丙　(B)甲＞丙＞乙　(C)丙＞乙＞甲　(D)丙＞甲＞乙。

( )　44. 若該實驗結果發現紅、綠和藍色之斑點移動距離與混合展開劑之移動距離（展開劑前緣位置）太過接近的問題，改變下列實驗條件，何者最容易改善指示劑移動距離與混合展開劑之移動距離太過接近的問題？

(A)同時減少甲、乙和丙三種不同指示劑的濃度

(B)同時增加甲、乙和丙三種不同指示劑的濃度

(C)減少展開劑中丙酮的體積比例，增加展開劑中正己烷的體積比例

(D)增加展開劑中丙酮的體積比例，減少展開劑中正己烷的體積比例。

解答與解析

1.**D**　dsp3混成軌域通常出現在配位數為5的情況，形成三角雙錐的幾何結構。

(A)配位數=6，d^2sp^3混成軌域，八面體

(B)配位數=4，dsp^2或sp^3混成軌域

(C)配位數=6，d^2sp^3混成軌域，八面體

2.**A**　(B)Rb比Li大；(C)密度與原子序無關；(D)價電子數皆相同

3.**B**　根據馬可尼可夫法則，氫離子會優先加到雙鍵的次級碳上形成更穩定的化合物，故選(B)

4.**B**　$\dfrac{40mol}{L 120min \times 10}$

5.**A**　(B)電子捕獲，一個質子變中子；(C)釋放電子；(D)質子轉為中子

6.**D**　速率=$k[A]^x[B]^y[C]^z$

根據題目可知

$$\left(\frac{1}{2}\right)^x = \frac{1}{8}$$

$2^y=2$

$2^z=0$

x=3，y=1，z=0，相加得答案為(D)

7.**D**　(A)透過離子鍵形成晶格，為離子化合物；(B)Mg的氧化數為+2，Cl為-1；(C)氟較高

8.**A**　甲：酸性，乙：鹼性，丙：接近中性

9. **D**　(A)非極性；(B)$2s^2 2p^2$，碳原子透過sp^3混成，與氫原子形成四個 σ 共價鍵；(C)凡德瓦力

10. **A**　需要氮氣與氫氣加壓反應生成氨之後，再合成尿素
甲：產生氧氣
乙：產生氫氣
丙：產生氧氣
丁：產生二氧化碳
戊：釋放氮氣

11. **D**　甲：僅適用氣體與氣體之前的作用。丙：固態二氧化碳直接轉化為氣體的溫度，與水中二氧化碳含量無關

12. **B**　(A)應為B<A<C

13. **A**　平衡後的化學式如下，經計算可得答案(A)
$2Na_3PO_4 + 3MgCl_2 \rightarrow Mg_3(PO_4)_2 + 6NaCl$

14. **C**　$K_c = \dfrac{[NO_2]^2}{[N_2O_4]}$

將實驗三的$[N_2O_4]$設為x，消耗的$[NO_2]$為2x

得$K_c = \dfrac{\left([NO_2]_{initial} - 2x\right)^2}{x}$

解出x之後便可得答案為選項(C)

15. **C**　$K_{sp} = [Ba^{2+}][SO_4^{2-}] = 1.66 \times 10^{-10}$
1.0M硫酸鈉會有1.0M的SO_4^{2-}

由於 $\left[Ba^{2+}\right] = \dfrac{K_{sp}}{\left[SO_4^{2-}\right]}$

算出溶解度之後再轉為克數即可得選項(C)

16. **B**　$P_{總} = P_{N2} + P_{He} = 1atm$
又，PV=nRT
經過計算可得答案為(B)

17. **B**　屬邏輯問題

18.**C**　所有組別皆取0.1莫耳的鎂帶進行實驗。由氧化鎂的重量減去鎂帶重量可得每組所耗去的氧氣，再以題目給定的分子量進行計算便可得答案為(C)

19.**A**　電解池中B位置的氯化亞銅溶液濃度是D位置硫酸銅溶液濃度的2倍，故$(W_B-W_0)：(W_D-W_0)$的比值大約為2：1

20.**D**　(D)是為了洗去雜質

21.**C**　$Q_{加熱}=Q_{冷卻}+Q_{卡計}$

　　　$Q=mc\Delta T$，m：質量，c：比熱，ΔT：溫度變化

　　　$m_{加熱}c_{加熱}\Delta T_{加熱}=m_{冷卻}c_{冷卻}\Delta T_{冷卻}+C_{卡計}\Delta T_{卡計}$

　　　經過整理可得

$$C_{卡計}=\frac{m_{加熱}c_{加熱}\triangle T_{加熱}-m_{冷卻}c_{冷卻}\triangle T_{冷卻}}{\triangle T_{卡計}}$$

　　　而由題目可知

　　　$m_{加熱}=m_{冷卻}=50.0g$

　　　$c_{加熱}=c_{冷卻}=1cal/g℃$

　　　$\Delta T_{加熱}=35.0-27.0=8.0℃$

　　　$\Delta T_{冷卻}=27.0-20.0=7.0℃$

　　　$\Delta T_{卡計}=27.0-20.0=7.0℃$

　　　故答案為(C)

22.**D**　$c=\lambda\nu$。c：光速，λ：波長，ν：頻率

　　　(A)紅外線頻率更低

　　　(B)X射線頻率比紫外線高

　　　(C)波長最短

23.**D**　$\pi\to\pi^*$躍遷與分子中共軛系統的長度有關。共軛系統由交替的單雙鍵所組成，當共軛系統越長時，最大吸收峰（λmax）出現的波長通常會越長

　　　(A)(B)具有三個共軛π鍵；(C)具有四個共軛π鍵；(D)具有五個共軛π鍵

24.**C**　絕對誤差=|真實值－測量值|

　　　相對誤差=（絕對誤差/真實值）×100%

25.**D**　(A)烷烴通常在約$2850-2950cm^{-1}$有吸收峰

　　　(B)吸收峰範圍為$3080-3140cm^{-1}$

　　　(C)吸收峰範圍為2100到$2260cm^{-1}$

　　　(D)醛類化合物在約$1720-1740cm^{-1}$、$2700-2900cm^{-1}$有吸收峰，並在約$1375-1395cm^{-1}$出現特徵峰。

26. **A** (B)生成物並非藍色；(D)$Fe_3[Fe(CN)_6]_2$ 而非$Fe_3[Fe(CN)_6]_4$

27. **A** (B)淡黃色沉澱；(C)血紅色複合物；(D)作為還原劑

28. **D** 甲樣品中硝酸銅的質量＝0.500mg×1.00%＝0.005mg
乙樣品中硝酸銅的質量＝0.100L×1.00×10^{-6}mol/L×187.5g/mol×1000mg/g
丙樣品中硝酸銅的質量＝2.00mL×1.00mg/L＝0.002mg
丁樣品中硝酸銅的質量＝1.00mL×100ppb×1μg/L＝0.1μg＝0.0001mg

29. **C** 硝酸銀會和等比例的氰化鈉反應

30. **A** (B)在還原焰中不會有顏色；(C)深藍色沉澱；(D)藍色沉澱

31. **B** (A)紅色火焰；(C)氯化鈣在焰色試驗呈現橙紅色火焰；(D)氫氧化鈣與二氧化碳完全結合後所得產物為醋酸鈣，加入二鉻酸鉀和醋酸銨後，不會生成沉澱

32. **A** (B)加入濃氨水會形成錯合物，增加Ag^+的溶解度，不利形成AgCl沉澱
(C)容易獲得較細小的沉澱顆粒，並且可能含有更多雜質，不易於過濾和洗滌
(D)先加入KI溶液會與$AgNO_3$反應形成AgI沉澱，影響純度

33. **D** $pH=pKb+\log\left(\dfrac{[弱鹼]}{[共軛酸]}\right)$

$pKw=-\log(Kw)$

$pKb=-\log(Kb)$

$pOH=pKb+\log\left(\dfrac{[NH^3]}{[NH_4^{\ +}]}\right)$

$pH=pKw-pOH$

Kw為水的離子積常數＝1.00＝×10^{-14}
經過計算可得答案為(D)

34. **B** (A)感應耦合電漿用於原子發射光譜法或質譜法；(C)描述更符合原子發射光譜法；(D)原子吸收光譜法主要用於金屬元素的檢測

35. **C** $2Al(OH)_3 \rightarrow Al_2O_3+3H_2O$
Al_2O_3的分子量經由計算為102，而由題目可知生成的Al_2O_3為0.050g，故可得答案選(C)

36. **A** 由於氯化鈉和硝酸銀的反應是1:1，我們可以根據滴定的體積和氯化鈉的濃度計算出硝酸銀溶液的濃度。根據題目，含氯化鍶的試樣滴定所需的硝酸銀溶液體積為27.00mL－2.00mL=25.00mL

　　已知試樣質量=0.318g

　　$SrCl_2$的莫耳質量為159g/mol

　　$SrCl_2+2AgNO_3 \rightarrow 2AgCl\downarrow +Sr(NO_3)_2$

　　1莫耳$SrCl_2$會與2莫耳的AgCl反應。綜上所述，經由計算可得答案選(A)

37. **B** (A)變色範圍不含當量點pH=7；(C)隨機誤差（不定誤差）與操作者的技巧、實驗條件的控制等因素有關；(D)當量點的pH值是由酸和鹼的性質決定，非指示劑

38. **A** 碳酸鈉在與酸反應時會先釋放出一個質子形成碳酸氫鈉，然後再釋放第二個質子完全中和。曲線A具有兩個不同的pH變化區段，符合碳酸鈉的滴定行為碳酸氫鈉只能釋放一個質子，符合只有一個當量點的曲線B混合物應有更多當量點

39. **D** (A)A是一個常數，與u的大小無關

　　(B)會降低管柱效率

　　(C)隨著u增大，A不變，Cu項會增加，不利於效率提高

40. **B** (C)低於2.5%；(D)高於20%

41. **B** (A)沉澱物不存在；(C)需要氧化劑；(D)需在酸性環境下進行氧化作用才可得橙色水溶液

42. **B** $OCl^- +2I^- +2H^+ \rightarrow I_2+H_2O+Cl^-$

　　$I^2+2S_2O_3^{2-} \rightarrow 2I^- +S_4O_6^{2-}$

　　由反應式可知每莫爾OCl^-產生1莫爾I^2；每莫爾I_2則與2莫爾的硫代硫酸鈉反應。

　　根據題目，硫代硫酸鈉水溶液所需滴定體積為20.60mL，因此我們可以計算出OCl^-需要的量，進一步計算出Cl_2的含量。

43. **C** Rf值與物質的極性有關：極性越低的物質，Rf值越大，在非極性溶劑中更容易移動。

44. **C** 調整展開劑的極性能改善分離效果。減少展開劑中丙酮的體積比例，增加正己烷的體積比例會降低混合溶劑的整體極性，這樣可以加大不同極性物質之間的分離度，故選(C)。

一試就中，升任各大
國民營企業機構
高分必備，推薦用書

共同科目

編號	科目	作者	價格
2B811121	國文	高朋・尚榜	590元
2B821131	英文	劉似蓉	650元
2B331131	國文(論文寫作)	黃淑真・陳麗玲	470元

專業科目

編號	科目	作者	價格
2B031131	經濟學	王志成	620元
2B041121	大眾捷運概論（含捷運系統概論、大眾運輸規劃及管理、大眾捷運法 👑 榮登博客來、金石堂暢銷榜	陳金城	560元
2B061131	機械力學(含應用力學及材料力學)重點統整＋高分題庫	林柏超	430元
2B071111	國際貿易實務重點整理+試題演練二合一奪分寶典 👑 榮登金石堂暢銷榜	吳怡萱	560元
2B081131	絕對高分! 企業管理(含企業概論、管理學)	高芬	650元
2B111082	台電新進雇員配電線路類超強4合1	千華名師群	750元
2B121081	財務管理	周良、卓凡	390元
2B131121	機械常識	林柏超	630元
2B161132	計算機概論(含網路概論) 👑 榮登博客來、金石堂暢銷榜	蔡穎、茆政吉	近期出版
2B171121	主題式電工原理精選題庫	陸冠奇	530元
2B181131	電腦常識(含概論) 👑 榮登金石堂暢銷榜	蔡穎	590元
2B191131	電子學	陳震	近期出版
2B201121	數理邏輯(邏輯推理)	千華編委會	530元
2B211101	計算機概論(含網路概論)重點整理+試題演練	哥爾	460元

編號	書名	作者	定價
2B251121	捷運法規及常識(含捷運系統概述) ♕ 榮登博客來暢銷榜	白崑成	560元
2B321131	人力資源管理(含概要)	陳月娥、周毓敏	690元
2B351131	行銷學(適用行銷管理、行銷管理學) ♕ 榮登金石堂暢銷榜	陳金城	590元
2B421121	流體力學（機械）・工程力學（材料）精要解析	邱寬厚	650元
2B491121	基本電學致勝攻略　　　　♕ 榮登金石堂暢銷榜	陳新	690元
2B501131	工程力學(含應用力學、材料力學) ♕ 榮登金石堂暢銷榜	祝裕	630元
2B581112	機械設計(含概要)　　　♕ 榮登金石堂暢銷榜	祝裕	580元
2B661121	機械原理(含概要與大意)奪分寶典	祝裕	630元
2B671101	機械製造學(含概要、大意)	張千易、陳正棋	570元
2B691131	電工機械(電機機械)致勝攻略	鄭祥瑞	590元
2B701111	一書搞定機械力學概要	祝裕	630元
2B741091	機械原理(含概要、大意)實力養成	周家輔	570元
2B751131	會計學(包含國際會計準則IFRS) ♕ 榮登金石堂暢銷榜	歐欣亞、陳智音	590元
2B831081	企業管理(適用管理概論)	陳金城	610元
2B841131	政府採購法10日速成♕ 榮登博客來、金石堂暢銷榜	王俊英	630元
2B851141	8堂政府採購法必修課：法規+實務一本go！ ♕ 榮登博客來、金石堂暢銷榜	李昀	近期出版
2B871091	企業概論與管理學	陳金城	610元
2B881131	法學緒論大全(包括法律常識)	成宜	690元
2B911131	普通物理實力養成　　　　♕ 榮登金石堂暢銷榜	曾禹童	650元
2B921141	普通化學實力養成	陳名	550元
2B951131	企業管理(適用管理概論)滿分必殺絕技 ♕ 榮登金石堂暢銷榜	楊均	630元

以上定價，以正式出版書籍封底之標價為準

歡迎至千華網路書店選購

服務電話 (02)2228-9070

千華網路書店

更多網路書店及實體書店

博客來網路書店　　PChome 24hr書店　　三民網路書店

MOMO 購物網　　金石堂網路書店　　誠品網路書店

查詢實體書店

國家圖書館出版品預行編目(CIP)資料

普通化學實力養成 / 陳名編著. -- 第六版. -- 新北市：千
華數位文化股份有限公司, 2024.05

面；　公分

ISBN 978-626-380-446-3 (平裝)

1.CST: 化學

340　　　　　　　　　　　113006243

［國民營事業］ **普通化學實力養成**

編 著 者：陳 名

發 行 人：廖 雪 鳳
登 記 證：行政院新聞局局版台業字第 3388 號
出 版 者：千華數位文化股份有限公司
　　　　　地址：新北市中和區中山路三段 136 巷 10 弄 17 號
　　　　　電話：(02)2228-9070　　傳真：(02)2228-9076
　　　　　客服信箱：chienhua@chienhua.com.tw

法律顧問：永然聯合法律事務所
編輯經理：甯開遠
主　　編：甯開遠
執行編輯：黃郁純
校　　對：千華資深編輯群
設計主任：陳春花
編排設計：邱君儀

千華官網
／購書

千華蝦皮

出版日期：2024 年 5 月 25 日　　第六版／第一刷

本書如有勘誤或其他補充資料，
將刊於千華官網，歡迎前往下載。